Statistics Series with R

基于R应用的统计学丛书

数据可视化分析

——基于R语言（第2版）

Data Visualization Analysis with R

贾俊平 著

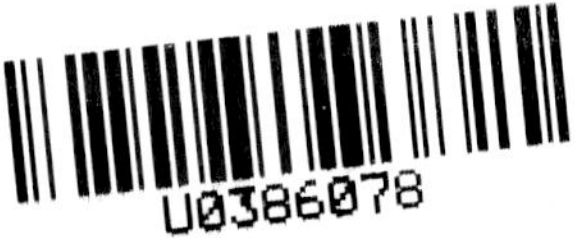

中国人民大学出版社

·北京·

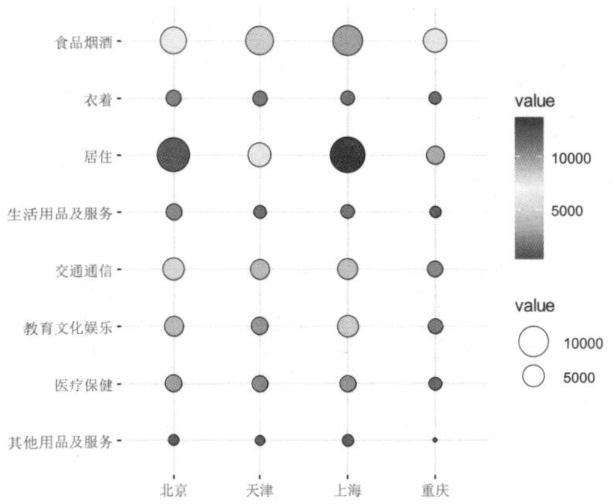

图 3-26 4 个地区 8 项消费支出的气球图

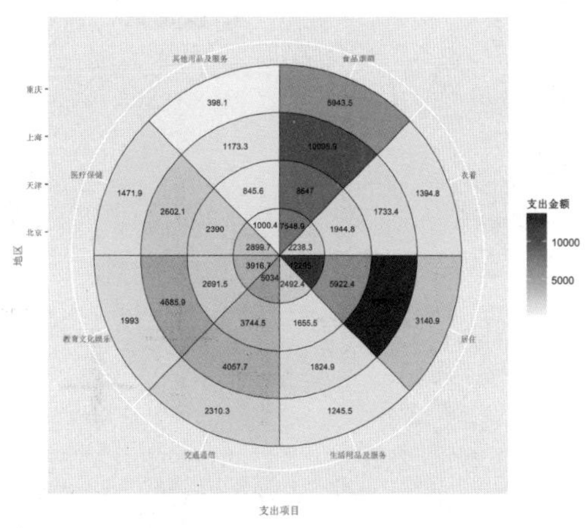

图 3-29 4 个地区 8 项消费支出的极坐标热图

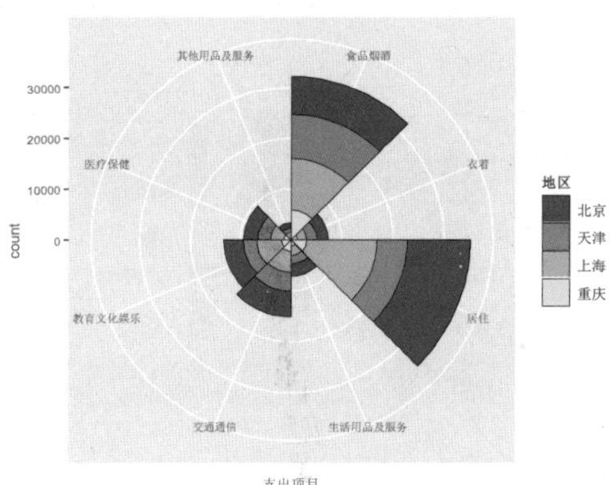

图 3-33 x 轴为支出项目的玫瑰图

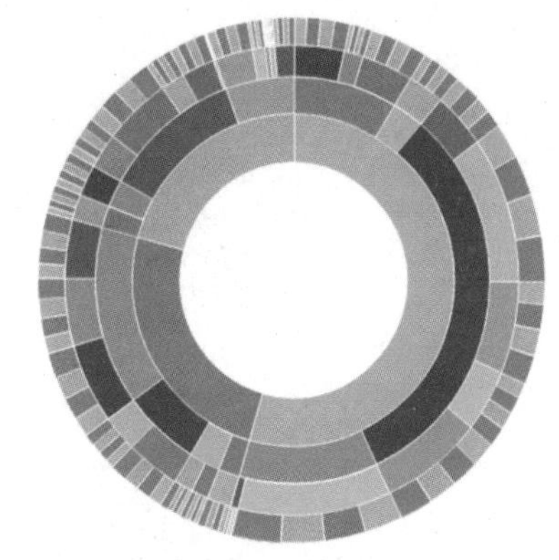

图 3-42 2019 年全国 31 个地区各季度地区生产总值的旭日图 (截图)

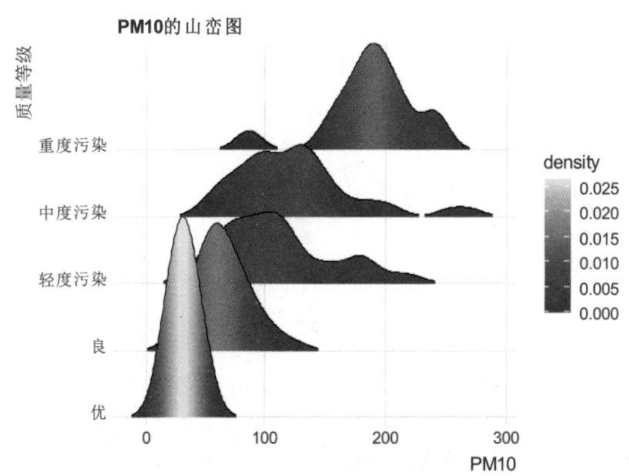

图 4-13 按空气质量等级分类的 PM10 的山峦图

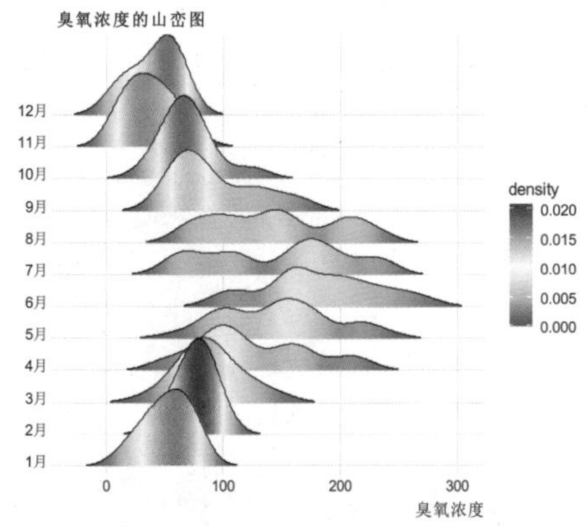

图 4-14 各月份臭氧浓度的山峦图

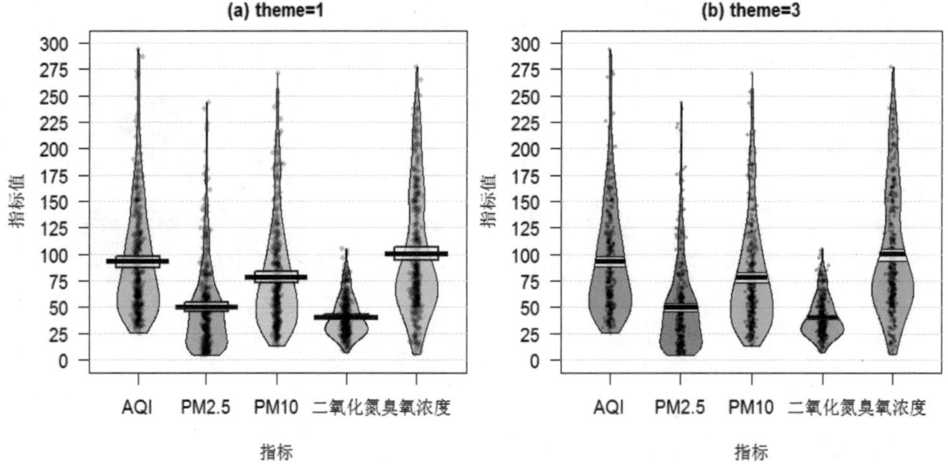

图 4-36　AQI 和 4 项空气污染指标的海盗图

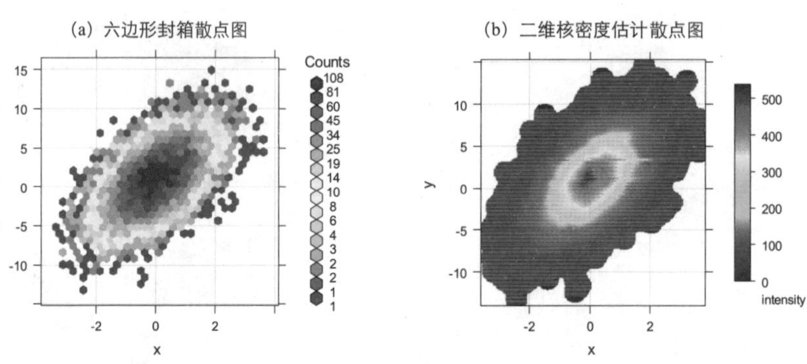

图 5-24　六边形封箱散点图和二维核密度估计散点图

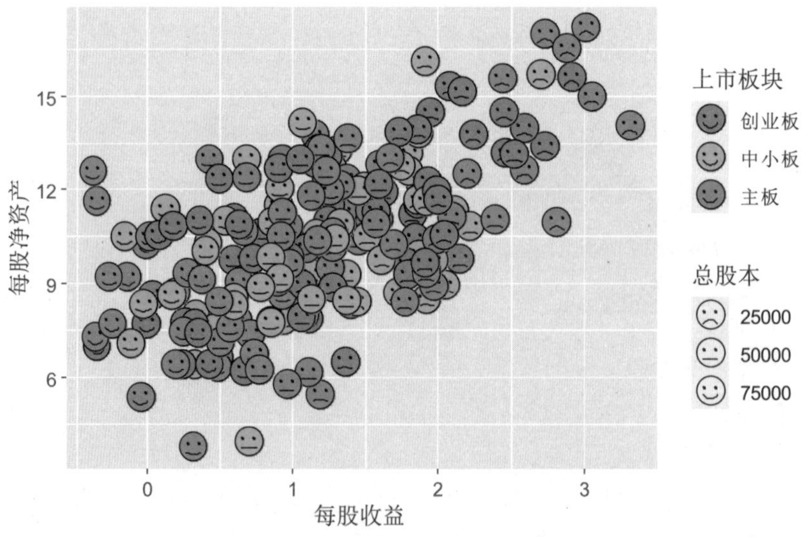

图 5-32　按上市板块分组的总股本、每股收益、每股净资产的笑脸散点图

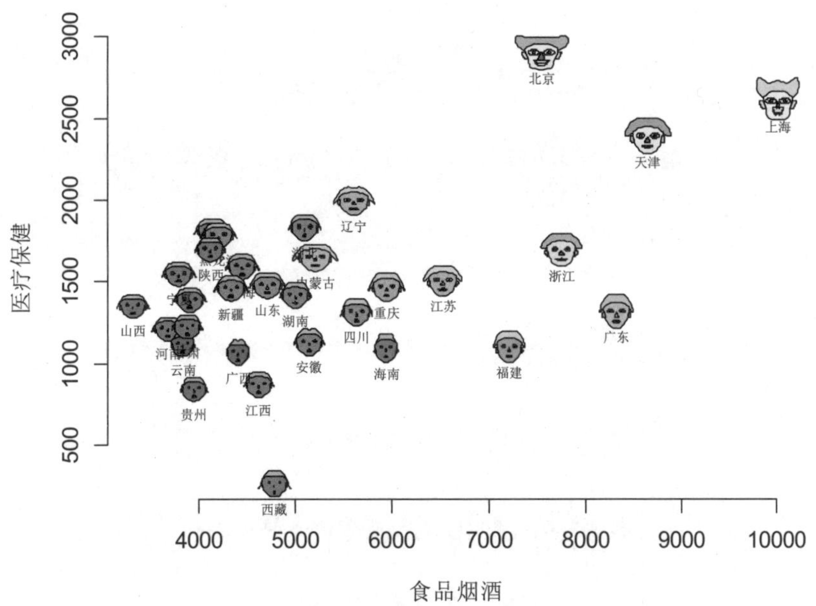

图 6-12　食品烟酒和医疗保健的脸谱散点图

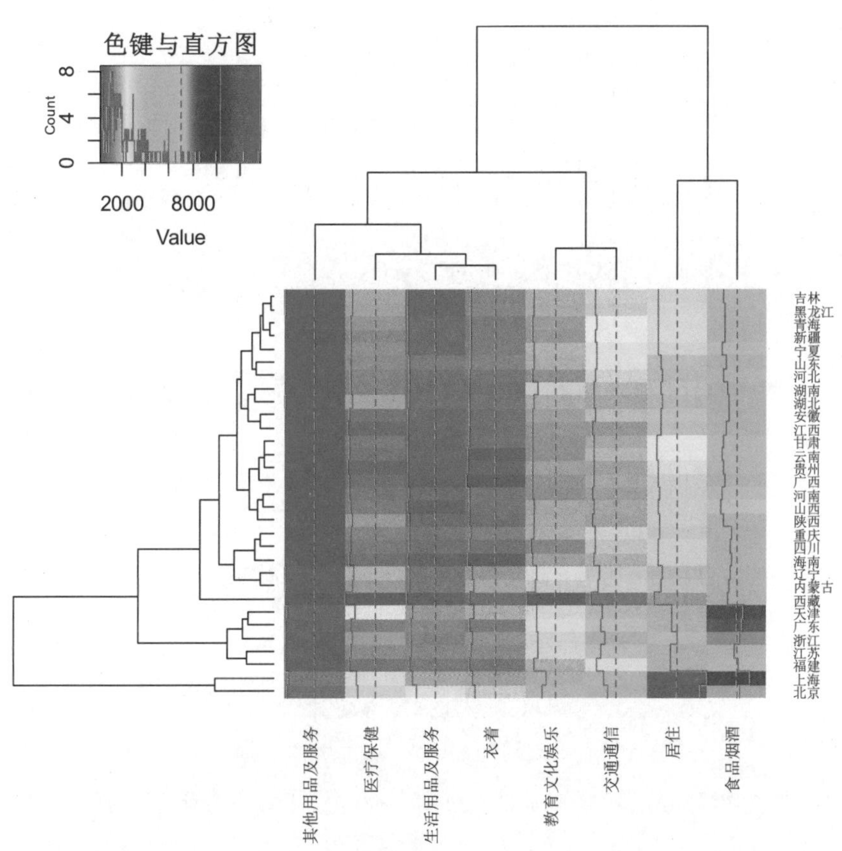

图 6-21　heatmap.2 绘制的 31 个地区 8 项消费支出的热图

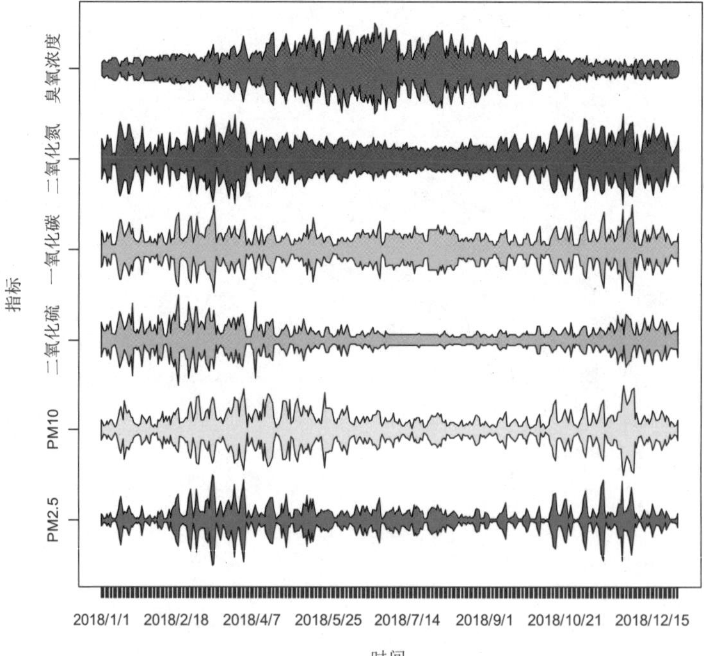

图 7-10　2018 年北京市 6 项空气污染指标归一化后的风筝图

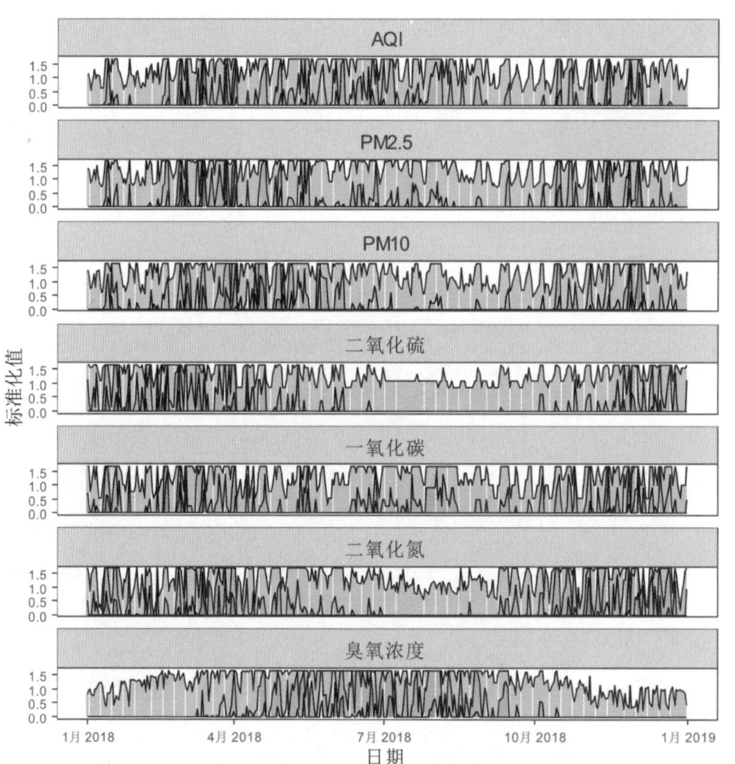

图 7-14　2018 年北京 AQI 和 6 项空气污染指标的地平线图

(a) H_0: $\mu = 80$; H_1: $\mu \neq 80$的检验图

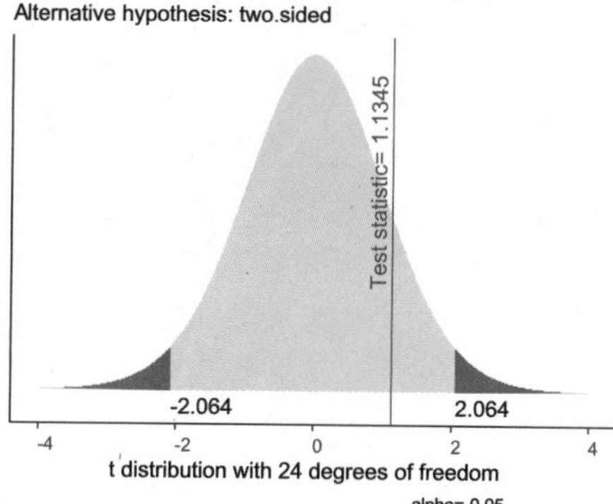

(b) H_0: $\mu \leq 80$; H_1: $\mu > 80$的检验图

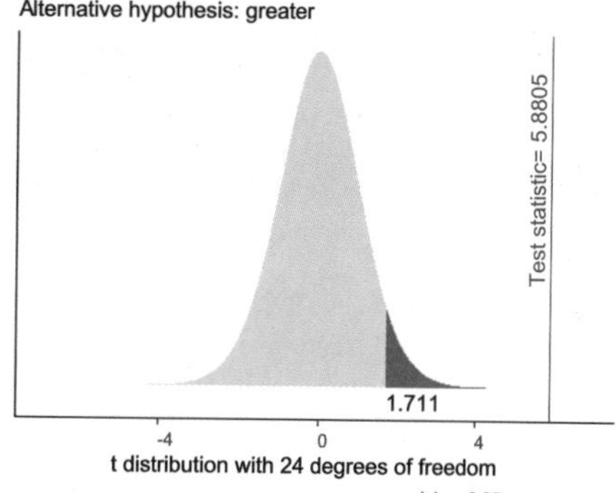

(c) H_0: $\mu_1 = \mu_2$; H_1: $\mu_1 \neq \mu_2$的检验图

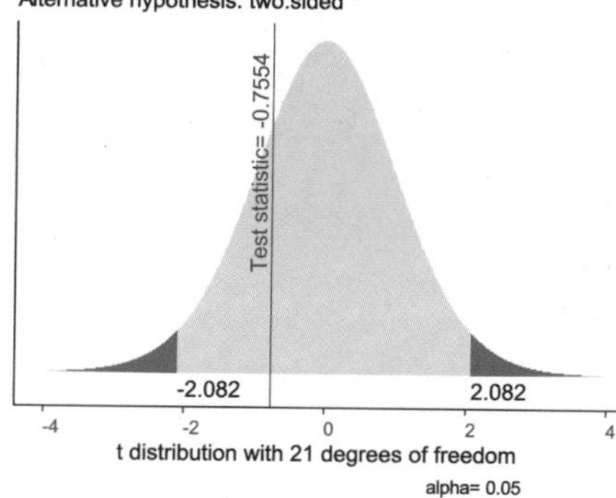

(d) H_0: $\rho = 0$; H_1: $\rho \neq 0$ 的检验图

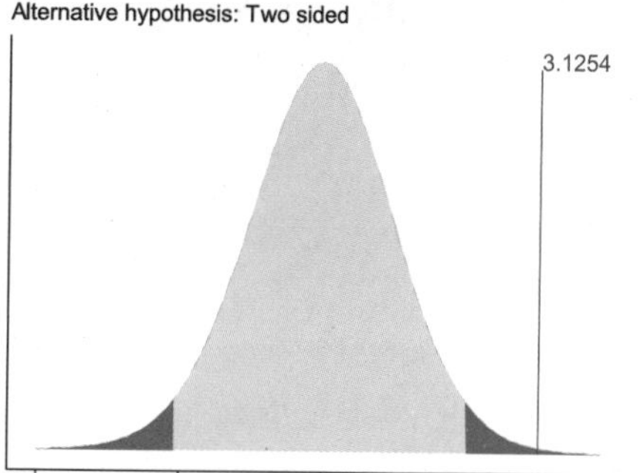

图 8-28　例 8-7 的 t 检验结果

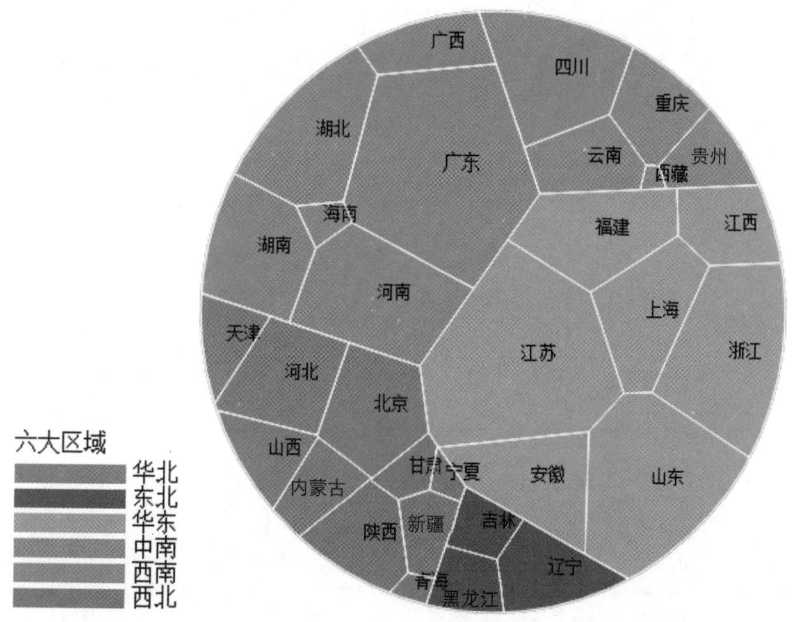

图 9-5　按六大区域划分的地区生产总值的沃罗诺伊图（截图）

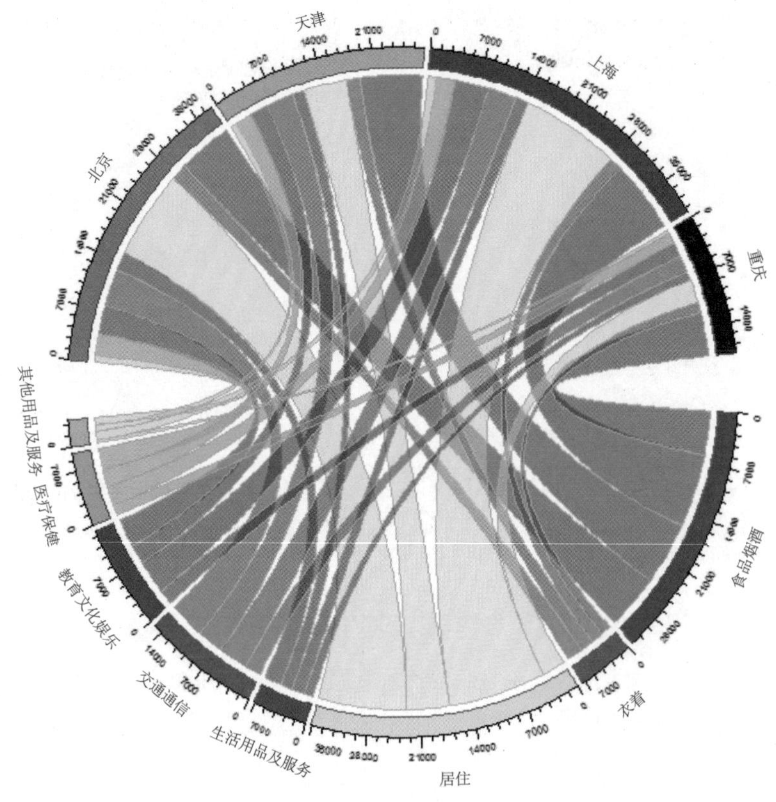

图 9-6　2017 年北京、天津、上海和重庆人均消费支出的和弦图

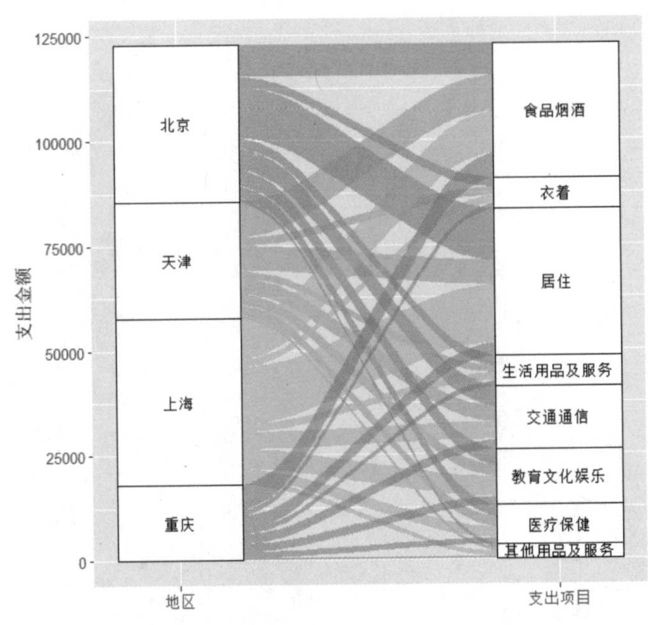

图 9-9　2017 年北京、天津、上海和重庆人均消费支出的桑基图

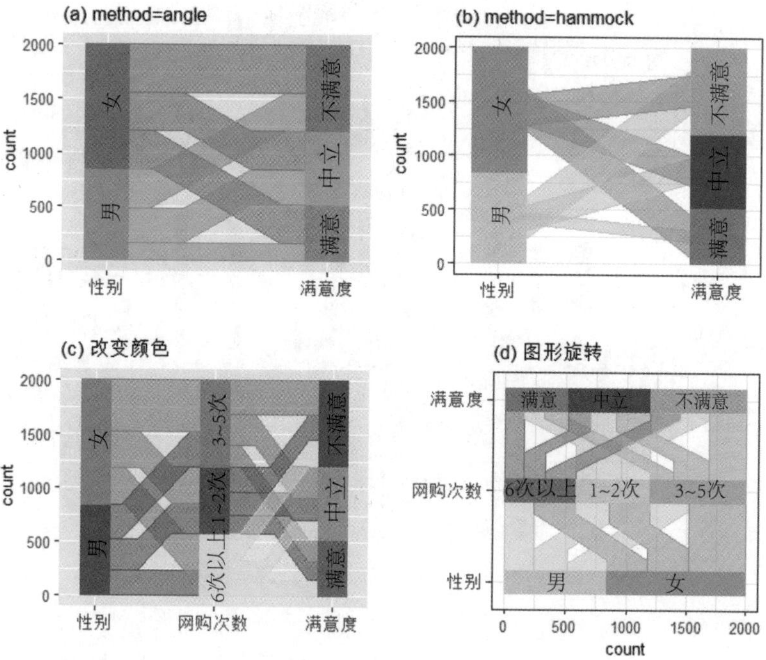

图 9-12 例 1-1 数据的不同类型的平行集图

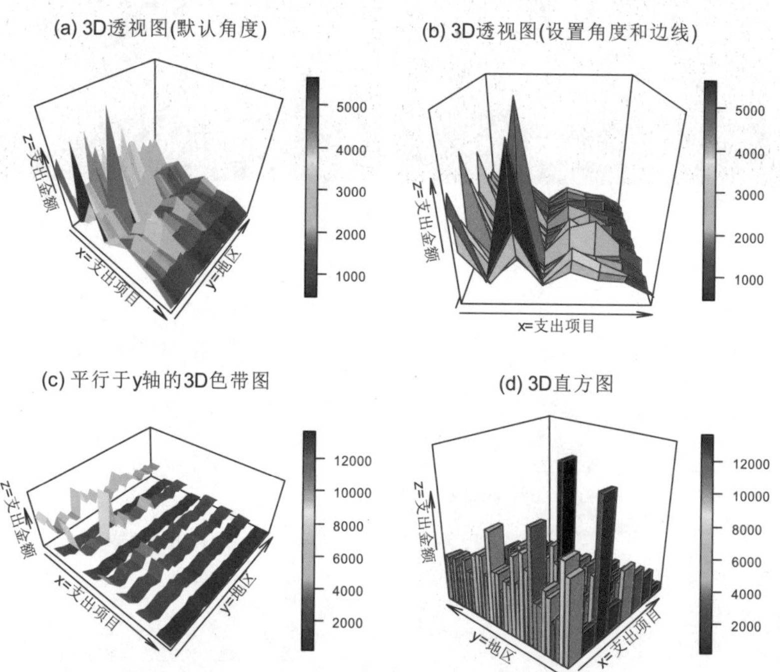

图 9-13 2017 年全国 31 个地区 8 项消费支出的 3D 透视图

图 9-15　60 个不同词的词云图（截图）

(a) WCtheme(1)　　(b) WCtheme(1)+ WCtheme(2)

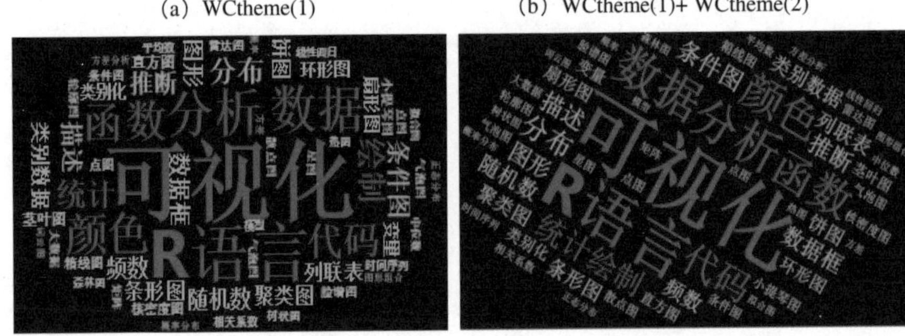

图 9-16　不同主题的词云图（截图）

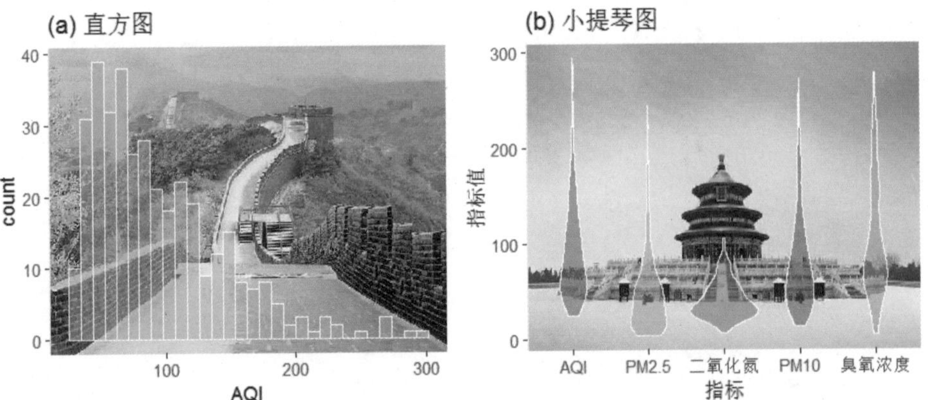

图 9-30　北京市 2018 年空气污染指标的直方图和小提琴图

前　言

数据可视化是数据分析的基础, 也是数据分析的重要组成部分. 可视化本身既是对数据的展示过程, 也是对数据信息的再提取过程, 它不仅可以帮助我们理解数据, 探索数据的特征和模式, 还可以提供数据本身难以发现的额外信息. 对使用者而言, 可视化分析需要清楚数据类型、分析目的和实现工具 3 个基本问题. 数据类型决定你可以画出什么图形; 分析目的决定你需要画出什么图形; 实现工具决定你能够画出什么图形.

本书概要

本书以 R 语言为实现工具, 以数据可视化分析为导向, 结合实际案例介绍数据的可视化方法. 全书包括 9 章内容. 第 1 章介绍数据可视化的基本问题以及 R 语言数据处理的基本技能, 为可视化分析奠定基础. 第 2 章介绍 R 语言绘图基础, 重点介绍 R 传统绘图包 graphics 中的绘图函数及基本使用方法. 第 3 章介绍类别数据的可视化方法, 包括类别频数和频数百分比的可视化方法. 第 4 章介绍数据分布特征的可视化方法, 包括直方图与核密度图、箱线图和小提琴图、茎叶图和点图等. 第 5 章介绍变量间关系的可视化方法, 包括散点图、散点图矩阵、相关系数矩阵等. 第 6 章介绍样本相似性的可视化方法, 包括轮廓图和雷达图、星图和脸谱图、聚类图和热图等. 第 7 章介绍时间序列的可视化方法, 包括变化模式和变动特征的可视化、序列成分的可视化和预测结果的可视化等. 第 8 章介绍概率分布的可视化方法, 包括二项分布、正态分布、χ^2 分布、t 分布和 F 分布的可视化, 抽样分布的可视化及统计推断结果的可视化等. 第 9 章介绍其他一些特殊的可视化图形以及出版物中图表的使用技巧. 附录给出了 R 语言表格制作的方法以及本书使用的 R 包和 R 函数.

本书特色

✧ 不同的可视化角度. 与其他可视化书籍不同, 本书基于数据类型和可视化目的对图形进行分类, 如类别数据的频数图形、数值数据的分布图形、多变量的关系图形、多样本的相似性图形、时间序列图形等, 从而有利于读者根据所面对的数据类型和分析目的选择图形.

- ✧ 体现 R 的多样性和灵活性. 同一种图形尽可能使用不同的 R 包和不同的函数实现. 除 R 基础安装中自带的包及其函数外, 本书还使用了 70 多个绘图包, 如 ggiraphExtra、ggplot2、ggpubr、plotrix、sjPlot 等, 涉及 300 多个绘图函数.
- ✧ 详细的绘图代码. 书中共绘制了 200 多幅不同的图形, 每幅图形均列出了相对独立的绘制代码, 并标有详细注释, 直接运行即可得到相应的图形.
- ✧ 详尽的图形解读. 每幅图形均结合实际数据做出了详尽解读, 以帮助读者更好地理解和应用.

读者对象

本书可作为高等院校各专业开设数据可视化课程的教材, 也可作为数据分析工作者、R 语言和可视化分析爱好者的参考书. 阅读本书需要具备一定的统计学知识.

R 语言是个永远也挖不完的金矿, 其中的更多资源还需要读者自己挖掘. 因作者水平有限, 书中绘制的可视化图形只是冰山一角, 其中也难免存在诸多不当之处. 只要能起到抛砖引玉的作用, 就达到了本书的目的.

贾俊平

目　录

第 1 章 Chapter 1 数据可视化与 R 语言

可视化 (visualization) 是将数据用图形表达出来的一种方法. 从可视化的原理或技术层面上看, 包括基于几何的技术、基于像素的技术、基于图标的技术、基于图像的技术、基于分布式的技术等. 由于本书并非介绍可视化原理, 而是从数据分析和应用的角度介绍可视化图形, 因此, 本章主要介绍与数据可视化分析及其应用相关的问题, 然后介绍 R 语言的初步使用和数据处理方法.

1.1 数据可视化概述

数据可视化是数据分析的基础, 也是数据分析的重要组成部分. 可视化本身既是对数据的展示过程, 也是对数据信息的再提取过程. 它不仅可以帮助我们理解数据, 探索数据的特征和模式, 还可以提供数据本身难以发现的额外信息.

1.1.1 可视化及其分类

1. 可视化的含义

可视化的起源最早可追溯到 17 世纪, 当时人们就开始对一些物理的基本测量结果手工绘制图表. 18 世纪统计图形得以迅速发展, 其奠基人苏格兰工程师威廉・普莱费尔 (William Playfair) 发明了折线图、条形图、饼图等. 随着绘制手段的进步, 到 19 世纪, 统计图形得到了进一步的发展和完善, 产生了直方图、轮廓图等更多的图形, 初步形成了统计图表体系. 进入 20 世纪 50 年代, 随着计算机技术的发展, 逐步形成了计算机图形学, 人们利用计算机创建出了首批图形和图表. 进入 21 世纪, 可视化作为一门相对独立的学科仍处于迅速发展和完善之中, 它在生活、生产和科学研究的各个领域得到广泛应用.

从一般意义上讲, **数据可视化** (data visualization) 是研究数据的视觉表现形式的方法和技术, 它是综合运用计算机图形学、图像、人机交互等技术将数据映射为可识别的图形、图像、视频或动画, 并允许用户对数据进行交互分析的理论、方法和技术. 数据可视化是将数据用图形表达出来的一种手段, 它可以帮助人们更好地理解或解释数据, 并从数据中提取更多的信息.

随着计算机和数据科学的发展以及可视化手段的不断进步, 数据可视化的概念和内涵也在不断演进之中, 可视化的形式也从传统的统计图表发展成形式多样的可视化技术, 并开发出了一些专业的可视化工具.

2. 可视化的分类

根据可视化所处理的数据对象, 数据可视化分为科学可视化和信息可视化两大类.

科学可视化主要是面向科学和工程领域的数据, 如空间坐标和几何信息的三维空间数据、医学影像数据、计算机模拟数据等, 主要探索如何以几何、拓扑和形状来呈现数据的特征和规律. 根据数据的类型, 科学可视化大致可分为标量场可视化、向量场可视化和张量场可视化三类.

信息可视化处理的是非结构化和非几何的数据, 如金融交易数据、社交网络数据、文本数据等. 统计图形就属于传统的信息可视化, 其表现形式通常是在二维空间中表达数据信息.

3. 可视化的应用

目前, 数据可视化在实际中已被广泛应用. 其应用的方式和形式主要取决于使用者的目的. 有些是用于数据观测和跟踪, 比如, 实时的股票价格指数变化图, 道路交通状况的实时监测等. 这类可视化强调实时性和图表的可读性. 有些是用于数据分析和探索, 比如, 分析数据分布特征的图表, 分析变量间关系的图表等. 这类图表主要强调数据的呈现或表达, 发现数据之间的潜在关联. 也有些是为帮助普通用户或商业用户快速理解数据的含义或变化, 比如, 商业类图表. 还有些则是用于教育或宣传, 比如出现在街头、杂志上的图表. 这类图表强调说服力, 通常使用强烈的对比、置换等方法绘制出具有冲击力的图像.

从数据分析和应用的角度看, 可视化就是将数据用图形表达出来. 但绘制什么样的图形, 则取决于使用者所面对的数据类型、分析目的和实现工具等.

1.1.2 可视化的数据类型

数据可视化的对象是数据. 数据类型决定你可以画出什么图形. 不同的数据可以画出不同的图形, 比如, 对于人的性别可以画出条形图, 对于人的年龄可以画出直方图, 等等. 因此, 绘图之前需要弄清楚自己手中的**数据** (data) 或**变量** (variable) 是什么类型 (数据是变量的观测结果, 二者的分类是相同的). 可视化使用的数据大致可分为两大类, 即**类别数据** (categorical data) 和**数值数据** (metric data).

类别数据也称分类数据或**定性数据** (qualitative data), 它是**类别变量** (categorical variable) 的观测结果. 类别变量 (或称分类变量) 是取值为对象属性、类别或区间值的变量, 也称分类变量或**定性变量** (qualitative variable). 比如, 人的性别可以分为“男”“女”两类; 上市公司所属的行业可以分为“金融”“地产”“医药”等多个类别; 顾客对某项服务的满意度可以分为“很好”“好”“一般”“差”“很差”. 人的性别、上市公司所属的行业、顾客对某项服务的满意度就是类别变量, 其观测值就是类别数据. 如果将学生的月生活费支出分为 1 000 元以下、1 000~1 500 元、1 500~2 000 元、2 000 元以上 4 个层级, 则"月生活费支出的层级"是数值区间, 因而也属于类别变量.

类别变量根据取值是否有序, 可分为无序类别变量和有序类别变量. 无序类别变量的各类别间是不可以排序的, 而有序类别变量的各类别间则是有序的. 比如, "服务满意度"的取值"很好""好""一般""差""很差"就是有序的. 取区间值的变量当然是有序类别变量.

数值数据也称**定量数据** (quantitative data), 它是**数值变量** (metric variable) 的观测结果. 数值变量是取值为数字的变量, 也称**定量变量** (quantitative variable). 数值变量根据其取值的不同, 可以分为**离散变量** (discrete variable) 和**连续变量** (continuous variable). 离散变量是只能取有限值的变量, 而且其取值可以列举, 连续变量是可以在一个或多个区间中取任何值的变量.

除数据类型外, 分析目的是影响数据可视化的因素之一. 分析目的通常决定你需要画出什么图形. 可视化不是为画图而画图, 画什么图完全取决于分析目的. 比如, 要分析男女人数的构成, 需要画出饼图、扇形图或环形图; 要分析身高和体重的关系, 需要画出散点图; 要分析身高或体重的分布, 需要画出直方图、核密度图, 等等. 只有清楚自己的分析目的, 才能正确选择要画的图形.

在可视化分析中, 使用的变量往往不是单一的某一类, 比如, 仅仅是类别变量或数值变量, 通常是不同类型变量的混合, 即绘图数据中既有类别变量, 也有数值变量, 或者说, 数值数据是在一个或多个因子的水平下获得的. 这类较复杂的数据结构通常可以画出多种图形, 但要画出什么图形需要根据分析的目的做出选择, 并非要画出所有可能的图形.

1.1.3 可视化的实现工具

实现工具决定你能够画出什么图形. 使用不同的可视化工具能够画出的图形是不同的, 即使是同一种图形, 不同工具也可能有不同的图形式样. 使用者希望使用易于操作的工具绘制出漂亮的图形, 但任何一款工具都不可能满足所有人的需要. 因此, 使用者可以考虑结合使用多种可视化工具.

统计软件中一般都有基本的绘图功能, 如 SAS、SPSS、Minitab、Matlab 等都可以绘制基本的统计图形. 此外, 还有一些较专业的可视化软件, 如 Tableau、Origin 等. 多数人熟悉的表格处理软件 Excel 也提供了一些基本的可视化功能. 有些软件只需要点击鼠标, 就可以绘制出所需的图形, 有些则需要一定的编程知识, 如 R 语言和 Python 语言等.

R 是一种免费的统计计算和绘图语言, 也是一套开源的数据分析解决方案. R 语言不仅提供了内容丰富的数据分析方法, 也具有功能强大的可视化技术. 因其开源和免费、功能强大、易于使用和更新速度快等优点受到人们的普遍欢迎.

本书使用 R 语言作为可视化的实现工具, 是因为 R 语言具有多样性和灵活性的特点, 它不仅可以绘制出式样繁多的图形, 满足不同的分析需求, 使用者还可根据需要对图进行修改. R 语言提供了大量的绘图包和函数, 几乎所有图形均可以使用 R 函数来绘制, 每个函数都附有详细的帮助信息, 使用者可随时查阅函数帮助以解决绘图中的疑问. 如果对图形有特殊要求, 使用者还可以自己编写程序绘制想要的图形.

R 软件每年都会有两次左右的版本更新, 新版本可能对某些包或函数做了升级, 使用前需要根据自己使用的版本检查使用的函数是否已经更新. 也有些 R 包或其中的函数并未随着 R 版本的更新而更新, 这时, 在 R 的新版本中运行本书代码 (本书使用的 R 是 4.0.2 版本) 时, 就可能出现错误信息, 甚至不能运行. 因此, 建议一直使用 R 软件的读者, 在下载或更新 R 版本时, 保留部分旧版本, 以备不时之需.

1.1.4 可视化的注意事项

图形是展示数据的有效方式. 在日常生活中, 阅读报纸杂志、看电视、用计算机网络查阅资料时都能看到大量的图形. 学术论文和其他出版物中也经常用图形来展示数据或数据的分析结果. 显然, 看图形要比看枯燥的数字更有趣, 也更容易理解. 合理使用图形是做好数据分析的基本技能.

一幅精心设计的图表可以有效地把数据呈现出来, 也会让人更容易看懂和理解数据, 但使用不当也会造成读者对数据的迷茫或误解. 图形应尽可能简洁合理, 以能够清晰地展示数据、合理地表达分析目的为依据, 应避免一切不必要的修饰. 过于花哨的修饰往往会使人注重图形本身, 而掩盖了图形所要表达的信息.

一幅完整的图形大体上包括图形主体、标题、坐标轴注释等要素. 图形主体用于表达数据信息. 标题用于注释图形的内容, 一般包括数据所属的时间 (when)、地点 (where) 和内容 (what), 此外, 还应包括必要的图形编号. 标题可以放在图的上方, 也可放在图的下方. 坐标轴注释需要标示出坐标轴代表的变量名称, 以便于阅读和理解. 此外, 图形的比例也十分重要, 一般图形大致为 4∶3 的一个矩形, 过长或过高的图形都有可能歪曲数据, 给人留下错误的印象.

1.2 R 软件的初步使用

1.2.1 R 软件的下载、安装与更新

使用前, 需要在使用的计算机系统中安装 R 软件. 在 CRAN 网站 (http://cran.r-project.org/) 上可以下载 R 的各种版本, 包括 Windows、Linux 和 Mac OX, 使用者可以根据自己的计算机系统选择相应的版本.

如果使用的是 Windows 系统, 下载完成后会在桌面出现带有 R 版本信息的图标, 双击该图标即可完成安装. 安装完成后, 双击即可启动 R 软件进入开始界面.

R 的版本更新较快. 如果你想使用最新版本的 R 软件, 不需要重新下载和安装, 那样不仅麻烦, 原有版本中安装的 R 包也需要重新下载和安装. 使用 R 命令自动更新, 不仅可以获得最新的版本, 而且可以保留原来安装到 R 中的包. 代码如下所示.

```
install.packages("installr")             # 需要先安装包 "installr"
library(installr)                        # 加载包
updateR()                                # 更新 R

注：喜欢 RStudio 的读者，在安装完 R 后，可以进入 RStudio 的官方网站 https://www.
rstudio.com/products/rstudio/download/点击 Free 下的 Download，根据自己的计算机
系统选择适合的版本. 下载完成后，根据安装向导进行安装即可.
```

根据运行中出现的提示, 点击“确定”, 即可完成更新.

R 软件的所有分析和绘图均由 R 命令实现. 使用者需要在提示符“>”后输入命令代码, 每次可以输入一条命令, 也可以连续输入多条命令, 命令之间用分号“;”隔开. 命令输入完成后, 按“Enter”键, R 软件就会运行该命令并输出相应的结果.

比如, 在提示符“>”后输入 2+3, 按“Enter”键后显示结果为 5. 如果要输入的数据较多, 超过一行, 可以在适当的地方按“Enter”键, 在下一行继续输入, R 软件会在断行的地方用“+”表示连接, 比如输入下面的数据.

```
> 2+3+5+3+7+12+25+
31+56+22+15+46+
89+76+35+56+78                          # 输入较多的数据
```

按“Enter”键后, 在控制台上的显示如下.

```
> 2+3+5+3+7+12+25+
+ 31+56+22+15+46+
+ 89+76+35+56+78
[1] 561
```

[1] 后的 561 就是计算结果. 这里的 [1] 表示这是输出结果的第 1 个, 如果有更多结果, 一行显示不下, 则会在下一行显示, 并标示出该行第 1 个结果的位置.

1.2.2 对象赋值与运行

如果要对输入的数据做多种分析, 如计算平均数、标准差, 绘制直方图等, 每次分析都要输入数据就非常麻烦, 这时, 可以将多个数据组合成一个数据集, 并给数据集起一个名称, 然后把数据集赋值给这个名称, 这就是所谓的 R **对象** (object). R 对象可以是一个数据集、模型、图形等任何东西.

R 语言的标准赋值符号是“<-”, 也允许使用“=”进行赋值, 但推荐使用更加标准的前者. 使用者可以给对象赋一个值、一个向量、一个矩阵或一个数据框等. 比如, 将 5 个数据 70, 85, 92, 71, 55 赋值给对象 x, 将数据文件 data1_1 赋值给对象 y, 代码如下.

```
# 给对象赋值
> x<-c(70,85,92,71,55)                  # 将 5 个数据赋值给对象 x
> y<-data1_1                            # 将数据文件 data1_1 赋值给对象 y
```

代码“x<-c(70,85,92,71,55)”中,“c”是一个 R 函数, 它表示将 5 个数据合并成一个向量, 然后赋值给对象 x. 这样, 在分析这 5 个数据时, 就可以直接分析对象 x. 比如, 要计算对象 x 的总和、平均数, 并绘制条形图, 如下面的代码所示.

```
> sum(x)                           # 计算对象 x 的总和
> mean(x)                          # 计算对象 x 的平均数
> barplot(x)                       # 绘制对象 x 的条形图
```

在上述代码中, sum 是求和函数, mean 是计算平均数的函数, barplot 是绘制条形图的函数. 代码中“#”是 R 语言的注释符号, 运行代码遇到注释符号时, 会自动跳过 # 后的内容而不运行, 未使用“#”标示的内容, R 软件都会视为代码运行, 没有“#”符号的注释, 运行时会显示错误或警告信息.

1.2.3 编写代码脚本

R 代码虽然可以在提示符后输入, 但如果输入的代码较多, 难免出现输入错误. 如果代码输入错误或书写格式错误, 运行后, R 会出现错误提示或警告信息. 这时, 在 R 界面中修改错误的代码比较麻烦, 也不利于保存代码. 因此, R 代码最好是在脚本文件中编写, 编写完成后, 选中编写的代码, 并单击鼠标右键, 选择“运行当前行或所选代码”, 即可在 R 中运行该代码并得到相应结果.

使用脚本文件编写代码时, 先在 R 控制台中单击“文件”→“新建程序脚本命令”, 会弹出 R 编辑器, 在其中编写代码即可, 如图 1–1 所示.

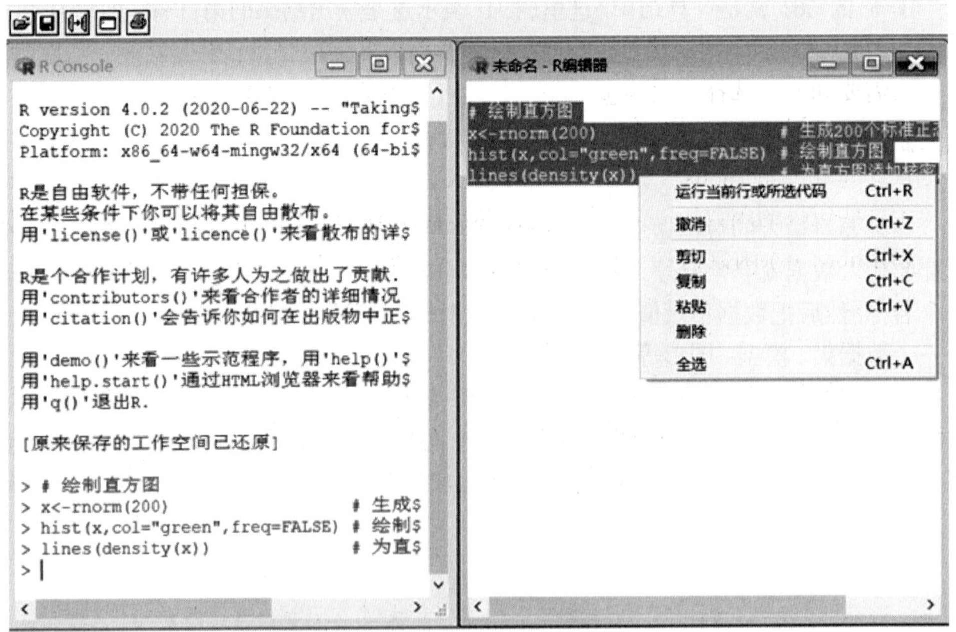

图 1–1 在脚本文件中编写代码

如果运行出现错误或需要增加新的代码, 可根据 R 的错误提示信息在脚本文件中修改, 运行没有问题后可将代码文件保存到指定目录的文件夹中, 下次使用时在 R 界面中打开代码即可.

1.2.4 查看帮助文件

R 软件的所有计算和绘图均可以由 R 函数完成, 这些函数通常来自不同的 R 包, 每个 R 包和函数都有相应的帮助说明. 使用中遇到疑问时, 可以随时查看帮助文件. 比如, 要想了解 sum 函数和 stats 包的功能及使用方法, 可使用 help (函数名) 或 "? 函数名" 查询. 直接输入函数名, 可以看到该函数的源代码 (封装函数除外), 代码如下.

```
# 查看帮助
> help(sum)                              # 查看 sum 函数的帮助信息
> ?plotmath                              # 查看 R 的数学运算符
> help(package="stats")                  # 查看包 stats 的信息
> var                                    # 查看 var 函数的源代码
```

help(sum) 会输出 sum 函数的具体说明, 包括函数的形式、参数设定、示例等内容. help(package=stats) 可以输出 stats 包的简短描述以及包中的函数名称和数据集名称的列表. 输入 var 并运行, 可以查 var 函数的源代码.

1.2.5 包的安装与加载

R 软件中的**包** (package) 是指包含数据集、R 函数等信息的集合. 大部分统计分析和绘图都可以使用已有的 R 包来实现. 一个 R 包中可能包含多个函数, 能做多种分析和绘图, 而对于同一问题的分析或绘图, 也可以使用不同的包来实现, 用户可以根据个人需要和偏好选择所用的包.

在最初安装 R 软件时, 自带了一系列默认包, 如 base、datasets、utils、grDevices、graphics、stats、methods 等, 它们提供了种类繁多的默认函数和数据集, 分析时可直接使用这些包中的函数, 而不必加载这些包. 其他包则需要事先安装并加载后才能使用. 使用 library() 函数、.packages(all.available=TRUE) 函数或 installed.packages() 函数, 可以显示 R 软件中已经安装了哪些包, 并列出这些包的名称.

在使用 R 软件时, 可根据需要随时在线安装所需的包. 对于放置在 CRAN 平台上的包, 输入 install.packages("包名称") 命令, 选择相应的镜像站点即可自动完成包的下载和安装. 完成安装后, 要使用该包时, 需要使用 library 函数或 require 函数将其加载到 R 界面中. 有关 R 包的一些简单操作如下面的代码所示.

```
# 安装包
> install.packages("ggplot2")              # 安装包 ggplot2
> install.packages(c("ggplot2","vcd"))     # 同时安装 ggplot2 和 vcd 两个包
```

```
# 加载包
> library(ggplot2)                          # 加载包 ggplot2
或
> require(ggplot2)                          # 加载包 ggplot2

# 显示已安装包的名称
>.packages(all.available=TRUE)
或
> installed.packages()

# 卸载（删除）安装在 R 中的包
> remove.packages("vcd")                    # 从 R 中彻底删除 vcd 包

# 解除（不是删除）加载到 R 界面中的包
> detach("vcd")                             # 解除加载到 R 界面中的 vcd 包
```

注: 在安装包时，如果出现“因为‘lib’没有被指定”的提示信息，此时继续安装，可能会将包安装在不是 R 软件所在的路径中. 这时就可能会造成不能加载和使用包的情况. 此时，可以先使用代码“.libPaths()”查看 library 的路径，然后选择 R 软件所在的路径后再安装包即可. 比如，使用代码“.libPaths("C:/Program Files/R/ R-4.0.2/library")”指定包的安装路径.

除 R 软件默认安装的包外, 本书还用到了 R 软件中的其他一些包, 见本书附录. 在 R 官网上可以查阅这些包的功能简介, 使用 help(package= 包名称) 可以查阅包的详细信息. 建议读者在使用本书前, 先将这些包安装好, 以方便随时调用.

1.3 创建 R 格式数据

R 软件自带了多个数据集, 并附有这些数据集的分析和绘图示例, 可作为学习 R 语言时的练习使用. 用 data() 函数可查看 R 软件的自带数据集, 输入数据集的名称可查看该数据, 用 help (数据集名称) 可查看该数据集的详细信息. 比如, 要查看泰坦尼克号的数据, 输入 Titanic 即可, 要查看该数据的详细信息, 输入 help(Titanic) 或 “?Titanic” 即可.

在 R 软件中分析数据或创建一个图形时, 首先要有分析或绘图的**数据集** (data set). R 语言处理的数据集类型包括**向量** (vector)、**矩阵** (matrix)、**数组** (array)、**数据框** (data frame)、**因子** (factor)、**列表** (list) 等.

1.3.1　向量、矩阵和数组

1. 向量

向量是个一维数组, 其中可以是数值数据, 也可以是字符数据或逻辑值 (如 TRUE 或 FALSE). 要在 R 中录入一个向量, 需要使用 c 函数将不同元素组合成向量. 下面是在 R 中创建不同元素向量的例子.

```
# 使用 c 函数创建向量
> a<-c(2,5,8,3,9)                              # 数值型向量
> b<-c("甲","乙","丙","丁")                    # 字符型向量
> c<-c("TRUE","FALSE","FALSE","TRUE")          # 逻辑值向量
> a;b;c                                        # 运行向量 a,b,c, 并显示其结果
```

运行各向量得到如下结果.

[1] 2 5 8 3 9

[1] "甲" "乙" "丙" "丁"

[1] "TRUE" "FALSE" "FALSE" "TRUE"

此外, 使用 seq 函数、rep 函数等也可以产生向量, 如下面的代码所示.

```
# 使用 seq 函数、rep 函数等创建向量
> v1<-seq(from=2,to=4,by=0.5)            # 在 2~4 之间产生步长为 0.5 的等差数列
> v2<-rep(1:3,times=3)                   # 将 1~3 的向量重复 3 次
> v3<-rep(1:3,each=3)                    # 将 1~3 的向量中每个元素重复 3 次
> v1;v2;v3                               # 运行向量 v1,v2,v3
```

运行各向量得到如下结果.

[1] 2.0 2.5 3.0 3.5 4.0

[1] 1 2 3 1 2 3 1 2 3

[1] 1 1 1 2 2 2 3 3 3

同一个向量中的元素只能是同一类型的数据, 不能混杂. 使用表示下标的方括号 “[ ]” 可以访问向量中的元素. 比如, 访问向量 a<-c(2,5,8,3,9) 中的第 2 个和第 5 个元素, 输入代码 a[c(2,5)], 显示的结果为 [1] 5 9.

2. 矩阵

矩阵是个二维数组, 其中的每个元素都是相同的数据类型. 用 matrix 函数可以创建矩阵. 比如, 下面的代码可以创建一个 2 行 3 列的矩阵.

```
# 用 matrix 函数创建矩阵
> a<-1:6                         # 生成 1~6 的数值向量
> mat<-matrix(a,                 # 创建向量 a 的矩阵
```

```
+   nrow=2,ncol=3,                      # 矩阵行数为 2, 列数为 3
+   byrow=TRUE)                         # 按行填充矩阵的元素
```

运行 mat 得到下面的结果.

	[,1]	[,2]	[,3]
[1,]	1	2	3
[2,]	4	5	6

第 1 列中的 [1,] 表示第 1 行, [2,] 表示第 2 行, 逗号在数字后表示行; 第 1 行中的 [,1] 表示第 1 列, [,2] 表示第 2 列, [,3] 表示第 3 列, 逗号在数字前表示列.

要给矩阵添加行名和列名, 可使用下面的代码.

```
> rownames(mat)=c("甲","乙")              # 给矩阵 mat 添加行名
> colnames(mat)=c("A","B","C")            # 给矩阵 mat 添加列名
> mat                                     # 查看矩阵 mat
```

结果如下.

	A	B	C
甲	1	2	3
乙	4	5	6

使用 t 函数可以将矩阵进行转置. 比如, 要将矩阵 mat 转置, 输入代码 t(mat), 结果如下.

	甲	乙
A	1	4
B	2	5
C	3	6

使用 as.matrix 函数可以将其他类型的数据转化成矩阵 (见 1.4.4 小节).

3. 数组

数组与矩阵类似, 但维数可以大于 2. 使用 array 函数可以创建数组. 下面的代码可以创建一个 2×3×4 的数组.

```
# 用 array 函数创建 2×3×4 的数组
> dim1<-c("男","女")                        # 指定第 1 个维度为 2 个元素
> dim2<-c("赞成","中立","反对")              # 指定第 2 个维度为 3 个元素
> dim3<-c("东部","西部","南部","北部")        # 指定第 3 个维度为 4 个元素
> data<-round(runif(24,50,100))             # 生成 24 个均匀分布的随机数, 并取整
> d<-array(data,c(2,3,4),dimnames=list(dim1,dim2,dim3))
                                            # 创建数组并赋值给对象 d
```

运行 d 的结果如下.

,, 东部

```
     赞成  中立  反对
男     54    89    82
女     84    57    73

,, 西部
     赞成  中立  反对
男     95    54    53
女     75    60    95

,, 南部
     赞成  中立  反对
男     56    61    95
女     69    81    64

,, 北部
     赞成  中立  反对
男     83    61    59
女     70    82    71
```

1.3.2 数据框

数据框是更一般的数据形式, 也是较为常见的数据形式.

1. 创建数据框

使用 data.frame 函数可创建数据框. 假定有 5 名学生 3 门课程的考试分数数据如表 1–1 所示.

表 1–1　5 名学生 3 门课程的考试分数 (table1_1)

姓名	统计学	数学	经济学
刘文涛	68	85	84
王宇翔	85	91	63
田思雨	74	74	61
徐丽娜	88	100	49
丁文彬	63	82	89

表 1–1 就是数据框形式的数据. 要将数据录入到 R 中, 可先以向量的形式录入, 然后用 data.frame 函数组织成数据框. 下面的代码演示了创建数据框的过程.

```
# 写入姓名和分数向量
> names<-c("刘文涛","王宇翔","田思雨","徐丽娜","丁文彬")   # 写入学生姓名向量
> stat<-c(68,85,74,88,63)                              # 写入统计学分数向量
> math<-c(85,91,74,100,82)                             # 写入数学分数向量
```

```
> econ<-c(84,63,61,49,89)                        # 写入经济学分数向量

# 将向量组织成数据框形式
> table1_1<-data.frame(学生姓名=names, 统计学=stat, 数学=math, 经济学=econ)
                                    # 将向量组织成数据框形式, 并赋值给 table1_1
```

运行 table1_1 得到如下结果.

```
  学生姓名 统计学 数学 经济学
1   刘文涛     68   85     84
2   王宇翔     85   91     63
3   田思雨     74   74     61
4   徐丽娜     88  100     49
5   丁文彬     63   82     89
```

如果数据框中的行和列都较多, 可以只显示数据框的前几行或后几行. 使用 head (table1_1) 默认显示数据的前 6 行, 如果只想显示前 3 行, 则可以写成 head(table1_1,3). 使用 tail(table1_1) 默认显示数据的后 6 行, 如果想显示后 3 行, 则可以写成 tail(table1_1, 3). 比如, 要显示数据框 table1_1 的前 3 行, 输入代码 head(table1_1,3), 得到如下结果.

```
  学生姓名 统计学 数学 经济学
1   刘文涛     68   85     84
2   王宇翔     85   91     63
3   田思雨     74   74     61
```

当数据量比较大时, 可以使用 str 函数查看数据的结构. 比如, 要查看数据框 table1_1 的数据结构, 输入代码 str(table1_1), 得到如下结果.

```
'data.frame':  5 obs. of  4 variables:
$ 学生姓名: Factor w/ 5 levels "丁文彬","刘文涛",..: 2 4 3 5 1
$ 统计学  : num  68 85 74 88 63
$ 数学    : num  85 91 74 100 82
$ 经济学  : num  84 63 61 49 89
```

结果显示, table1_1 是一个数据框, 有 4 个变量, 每个变量有 5 个观测值. 其中“学生姓名”是因子, 有 5 个水平, 因子的编码 (按姓名的拼音字母顺序) 为 2 4 3 5 1; “统计学”“数学”“经济学”是数值变量. 当数据量较大时, R 会显示前几个和最后一个, 其余省略.

要查看数据的类型, 可以使用 class 函数. 比如, 要查看 table1_1 属于什么数据类型, 输入代码 class(table1_1), 得到如下结果.

```
[1] "data.frame"
```

表示 table1_1 是数据框.

要查看数据有多少行和多少列, 可使用下面的代码.

```
> nrow(table1_1)                    # 查看 table1_1 的行数
> ncol(table1_1)                    # 查看 table1_1 的列数
> dim(table1_1)                     # 同时查看 table1_1 的行数和列数
```

要对数据框中的特定变量进行分析或绘图, 需要用 "$" 符号指定要分析的变量. 比如, 要分析统计学分数, 可写成 table1_1$ 统计学. 也可以用下标指定变量所在的列或行, 这样可以避免书写变量名. 比如, table1_1$ 统计学等价于 table1_1[,2], 要分析统计学和数学两个变量, 可写成 table1_1[,2:3] 或 table1_1[,c(2,3)]. 要分析指定的行时, 只需要将逗号放在数字后. 比如, 要分析第 3 行的数据, 可写成 table1_1[3,]; 要分析第 2 行和第 4 行, 可写成 table1_1[c(2,4),].

2. 数据框的合并

如果需要合并不同的数据框, 使用 rbind 函数可以将不同的数据框按行合并; 使用 cbind 函数可以将不同的数据框按列合并. 但需要注意, 按行合并时, 数据框中的列变量必须相同; 按列合并时, 数据框中的行变量必须相同, 否则合并是没有意义的. 假如除上面的数据框 table1_1 外, 还有一个数据框 table1_2, 如表 1–2 所示.

表 1–2　5 名学生 3 门课程的考试分数 (table1_2)

姓名	统计学	数学	经济学
李志国	78	84	51
王智强	90	78	59
宋丽媛	80	100	53
袁芳芳	58	51	79
张建国	63	70	91

表 1–2 是另外 5 名学生相同课程的考试分数. 如果要将两个数据框按行合并, 使用下面的代码.

```
> mytable<-rbind(table1_1,table1_2)     # 按行合并数据框, 并赋值给对象 mytable
```

运行 mytable 得到如下结果.

```
      姓名   统计学  数学  经济学
1   刘文涛      68    85      84
2   王宇翔      85    91      63
3   田思雨      74    74      61
4   徐丽娜      88   100      49
5   丁文彬      63    82      89
6   李志国      78    84      51
7   王智强      90    78      59
8   宋丽媛      80   100      53
9   袁芳芳      58    51      79
10  张建国      63    70      91
```

假定上面的 10 名学生还有两门课程的考试分数, 并取名为 table1_3, 如表 1–3 所示.

表 1-3 10 名学生另外两门课程的考试分数 (table1_3)

姓名	金融	会计
刘文涛	89	86
王宇翔	76	66
田思雨	80	69
徐丽娜	71	66
丁文彬	78	80
李志国	60	60
王智强	72	66
宋丽媛	73	70
袁芳芳	91	85
张建国	85	82

要将 table1_3 的数据合并到 mytable 中, 使用下面的代码.

```
> cbind(mytable,table1_3[,2:3])
                        # 将数据框 table1_3 中的第 2 列和第 3 列合并到数据框 mytable 中
```

结果如下.

	姓名	统计学	数学	经济学	金融	会计
1	刘文涛	68	85	84	89	86
2	王宇翔	85	91	63	76	66
3	田思雨	74	74	61	80	69
4	徐丽娜	88	100	49	71	66
5	丁文彬	63	82	89	78	80
6	李志国	78	84	51	60	60
7	王智强	90	78	59	72	66
8	宋丽媛	80	100	53	73	70
9	袁芳芳	58	51	79	91	85
10	张建国	63	70	91	85	82

3. 数据框排序

有时, 需要对数据进行排序. 使用 sort 函数可以对向量排序, 函数默认 decreasing=FALSE (默认的参数设置可以省略不写), 即升序排列, 降序时, 可设置参数 decreasing=TRUE. 比如, 将数据框 table1_1 中的姓名按升序排列, 使用代码 sort(table1_1$姓名), 得到如下结果.

[1] 丁文彬 刘文涛 田思雨 王宇翔 徐丽娜

Levels: 丁文彬 刘文涛 田思雨 王宇翔 徐丽娜

第 1 行是排序结果, 第二行表示因子 (姓名) 的水平个数 (当有多个水平时, 函数只列出开始的几个和最后一个, 中间部分省略).

要将 table1_1 中的统计学分数按降序排列, 使用代码 sort(table1_1$ 统计学, decreasing=TRUE), 得到如下结果.

[1] 88 85 74 68 63

如果要对整个数据框中的数据进行排序, 而排序结果与数据框中的行变量对应, 则可以使用 base 包中的 order 函数、dplyr 包中的 arrange 函数等. 其中 dplyr 包提供了数据框操作的多个函数, 比如排序函数 arrange、变量筛选或重命名函数 select、数据汇总函数 summarise 等.

排序函数 arrange 可以根据数据框中的某个列变量对整个数据框排序. 函数默认按升序排列, 降序时, 设置参数 desc (变量名) 即可. 比如, 要对数据框 table1_1 按姓名升序排序整个数据框, 代码如下.

```
> library(dplyr)                          # 加载包
> arrange(table1_1, 姓名)                 # 按姓名升序对整个数据框排序
```

结果如下.

	姓名	统计学	数学	经济学
1	丁文彬	63	82	89
2	刘文涛	68	85	84
3	田思雨	74	74	61
4	王宇翔	85	91	63
5	徐丽娜	88	100	49

要将数据框 table1_1 按数学分数降序排列, 代码如下.

```
> arrange(table1_1,desc(数学))            # 按数学分数降序对整个数据框排序
```

结果如下.

	姓名	统计学	数学	经济学
1	徐丽娜	88	100	49
2	王宇翔	85	91	63
3	刘文涛	68	85	84
4	丁文彬	63	82	89
5	田思雨	74	74	61

使用 order 函数也可以对数据框排序, 运行代码 table1_1[order(table1_1$ 姓名),] 和 table1_1[order(table1_1$ 数学, decreasing=TRUE),], 得到与上述相同的结果.

1.3.3 因子和列表

1. 因子

类别变量在 R 语言中称为**因子** (factor), 因子的取值称为**水平** (level). 很多分析或绘图都可以按照因子的水平进行分类处理.

使用 factor 函数可以将向量编码为因子. 比如, a<-c("金融","地产","医药","医药","金融","医药"), factor(a) 将此向量按元素的名称顺序编码为 (2,1,3,3,2,3). 根据分析的需要, 可以使用 as.numeric 函数将因子转换为数值. 比如, 将向量 a<-c("金融","地产","医药","医药","金融","医药") 编码为因子并转换为数值, 可以使用下面的代码.

```
# 将无序因子转换为数值
> a<-c("金融","地产","医药","医药","金融","医药")     # 因子向量 a
> f<-factor(a)                                        # 将向量 a 编码为因子
> as.numeric(f)                                       # 将因子 a 转换为数值
```

运行 f 的结果如下.

[1] 金融 地产 医药 医药 金融 医药

Levels: 地产 金融 医药

运行 as.numeric(f) 的结果如下.

[1] 2 1 3 3 2 3

要将无序因子转换为有序因子, 需要将 factor 函数中的参数设置为 ordered=TRUE (默认 ordered=FALSE). 比如, 将向量 b<-c("很好","好","一般","差","很差") 编码为有序因子并转换为数值, 可以使用下面的代码.

```
# 将无序因子转换为有序因子或数值
> b<-c("很好","好","一般","差","很差")            # 因子向量 b
> f<-factor(b,ordered=TRUE,levels=b)              # 将因子向量 b 转换为有序因子
> as.numeric(f)                                   # 将有序因子 b 转换为数值
```

运行 f 的结果如下.

[1] 很好 好 一般 差 很差

Levels: 很好 < 好 < 一般 < 差 < 很差

运行 as.numeric(f) 的结果如下.

[1] 1 2 3 4 5

2. 列表

列表是一些对象的集合, 它是 R 语言中较复杂的数据形式, 一个列表中可能包含若干向量、矩阵、数据框等. 使用 list 函数可以创建列表. 本书后面的绘图参数设置中多次使用列表. 限于篇幅, 这里不做详细介绍, 请读者使用 help(list) 查阅函数帮助.

1.4 R 语言数据处理

在绘制图形时, 不同的 R 函数对数据的形式可能有不同的要求. 比如, 有的函数要求绘图数据是向量, 有的要求是数据框, 有的要求是矩阵, 等等. 因此, 需要对在 R

中录入的数据或读取的外部数据做必要的处理, 以满足绘图的要求. R 语言具有强大的数据处理功能, 本节只介绍本书绘图用到的一些数据处理方法.

1.4.1　数据读取和保存

绘图时可以在 R 界面中录入数据, 但比较麻烦. 如果绘图使用的是已有的外部数据, 如 Excel 数据、SPSS 数据、SAS 数据、Stata 数据等, 可以将外部数据读入到 R 界面中.

1. 读取外部数据

R 软件可以读取不同形式的外部数据, 这里主要介绍如何读取 csv 格式的数据. 本书的绘图数据形式均为 csv 格式, 其他很多类型的数据也可以转换为 csv 格式, 比如 Excel 数据、SPSS 数据等均可以转换成 csv 格式.

使用 read.csv 函数可以将 csv 格式数据读入 R 界面中. 如果 csv 数据中包含标题 (即变量名, 如表 1–1 中的姓名, 统计学、数学、经济学等课程名称), 并已存放在指定的路径下, 比如, 已将表 1–1 的数据取名为 table1_1, 并存放在路径 "C:/mydata/chap01/" 中, 读取该数据可使用下面的代码.

```
# 读取含有标题的 csv 格式数据 (函数默认参数 header=TRUE)
> table1_1<-read.csv("C:/mydata/chap01/table1_1.csv")
```

如果数据中不含有标题, 比如, data1_1 中的第 1 行没有标题, 读取该数据可使用下面的代码.

```
# 读取不含有标题的 csv 格式数据 (设置参数 header=FALSE)
> table1_1<-read.csv("C:/mydata/chap01/table1_1.csv",header=FALSE)
```

如果数据本身是 R 格式, 或已将其他格式数据存成了 R 格式, 使用 load 函数可以将指定路径下的数据读入 R 界面. 比如, 假定 table1_1 已经是 R 格式数据, 读取该数据可使用代码 load("C:/mydata/chap01/table1_1.RData").

2. 保存数据

如果分析时, 读入的是已有的数据, 并且未对数据做任何改动, 就没必要保存, 下次使用时, 重新加载该数据即可. 但是, 如果是在 R 中录入的新数据, 或者对加载的数据做了修改, 保存数据就十分必要.

如果是在 R 界面中录入的新数据, 或者读入的是已有的数据, 想要将数据以特定的格式保存在指定的路径中, 则先要确定保存成何种格式. 如果想保存成 csv 格式, 则数据文件的后缀必须是 csv, 可以使用 write.csv 函数, 代码如下.

```
# 将数据保存成 csv 格式, 并存放在指定的路径中
> write.csv(table1_1,file="C:/mydata/chap01/table1_1.csv")
```

其中, file=" " 指定文件的存放路径和名称.

如果要将数据保存成 R 格式, 则可以使用 save 函数, 文件的后缀名必须是 RData, 代码如下.

```
# 将数据保存成 R 格式, 并存放在指定的路径中
> save(table1_1,file="C:/mydata/chap01/table1_1.RData")
```

1.4.2 随机数和数据抽样

有时需要生成各种分布的随机数用于模拟分析, 或者从已知的数据中抽取样本进行分析.

1. 生成随机数

用 R 软件产生随机数十分简单, 只需要在相应分布函数的前面加上字母 r 即可. 下面是产生几种不同分布随机数的代码.

```
# 生成不同分布的随机数
> rnorm(10)                # 产生 10 个标准正态分布随机数
> rnorm(1000,50,5)         # 产生 1000 个均值为 50, 标准差为 5 的正态分布随机数
> runif(50,0,100)          # 在 0~100 之间产生 50 个均匀分布随机数
> rchisq(30,15)            # 产生 30 个自由度为 15 的卡方分布随机数
```

使用上述代码产生随机数时, 每次运行都会产生不同的随机数. 要想每次运行都产生相同的一组随机数, 可在生成随机数之前使用函数 set.seed() 设定随机数种子. 在括号内可输入任意数字, 如 set.seed(12). 使用相同的随机数种子, 每次运行都会产生一组相同的随机数.

2. 数据抽样

使用 R 的 sample 函数可以从一个已知的数据集中抽取简单随机样本. 比如, 从 1~20 的数据中抽取 10 个数据, 代码如下 (读者可自己运行查看结果).

```
> N<-1:20                                  # 1~20 的数据集
> n1<-sample(N,size=10)                    # 无放回抽取 10 个数据
> n2<-sample(N,size=10,replace=TRUE)       # 有放回抽取 10 个数据
```

每次运行 n1 或 n2 都会得到不同的结果.

再比如, 从 5 种颜色中有放回抽取 8 个颜色, 代码如下 (读者可自己运行查看结果).

```
> Ncols<-c("black","red","green","blue","yellow")    # 5 种不同的颜色向量
> ncols<-sample(Ncols,size=8,replace=TRUE)           # 有放回抽取 8 个颜色
```

1.4.3 生成频数分布表

频数分布表 (frequency distribution table) 是对类别数据 (因子的水平) 计数或数值数据类别化 (分组) 后计数生成的表格. R 软件中的有些绘图函数要求数据是频数分布表形式. 频数分布表本身也是对数据的一种呈现形式.

1. 类别数据频数分布表

由于类别数据本身就是一种分类, 所以只要将所有类别都列出来, 然后计算出每一类别的频数, 就可生成一张频数分布表. 根据观测变量的多少, 频数分布表可分为一维列联表、二维列联表和多维列联表.

(1) 一维列联表

当只涉及一个类别变量时, 这个变量的各类别既可以放在频数分布表中"行"的位置, 也可以放在"列"的位置, 将该变量的各类别及其相应的频数列出来就是简单频数分布表, 也称**一维列联表** (one - dimensional contingency table) 或简称一维表. 下面通过一个例子说明一维表的生成过程.

【例 1–1】 (数据: data1_1.csv) 对 2 000 个消费者的网购情况进行调查, 得到的数据如表 1–4 所示 (为节省篇幅, 只列出前 5 行和后 5 行, 并在表的下方列出数据的结构).

表 1–4 2 000 个消费者的网购情况调查数据 (前 5 行和后 5 行)

性别	网购次数	满意度
女	6 次以上	满意
男	3~5 次	不满意
女	3~5 次	不满意
男	3~5 次	中立
女	1~2 次	满意
⋮	⋮	⋮
女	3~5 次	满意
女	1~2 次	不满意
女	6 次以上	不满意
男	3~5 次	中立
女	1~2 次	不满意

表 1–4 的数据结构如下.

```
'data.frame':  2000 obs. of  3 variables:
$ 性别     : Factor w/ 2 levels "男","女": 2 1 2 1 2 1 1 1 2 2...
$ 网购次数: Factor w/ 3 levels "1-2 次","3-5 次",..: 3 2 2 2 1 3 2 2 2 3...
$ 满意度   : Factor w/ 3 levels "不满意","满意",..: 2 1 1 3 2 1 1 3 1 3...
```

这里涉及 3 个类别变量, 即性别、网购次数和满意度. 对每个变量可以生成一个一维表. R 中生成列联表的函数有 base 包中的 table 函数、stats 包中的 ftable 函数、vcd 包中的 structable 函数等.

以满意度为例, 使用 table 函数生成一维表的代码如下.

```
# 生成满意度的一维表
> data1_1<-read.csv("C:/mydata/chap01/data1_1.csv")     # 读入数据 data1_1
> mytable1<-table(data1_1$满意度);mytable1
```

结果如下.

满意度

不满意	满意	中立
800	520	680

使用 prop.table 函数可以将频数表转换为百分比表, 代码如下.

```
> prop.table(mytable1)*100                    # 将 mytable1 转换为百分比表
```

结果如下.

满意度

不满意	满意	中立
40	26	34

(2) 二维列联表

当涉及两个类别变量时, 可以将一个变量的各类别放在"行"的位置, 另一个变量的各类别放在"列"的位置 (行和列可以互换), 由两个类别变量交叉分类形成的频数分布表称为**二维列联表** (two-dimensional contingency table), 简称二维表或**交叉表** (cross table). 比如, 对例 1–1 的 3 个变量, 可以分别生成性别与网购次数、性别与满意度、网购次数与满意度 3 个二维列联表.

使用 table 函数可以生成两个类别变量的二维列联表, 使用 addmargins 函数可以为列联表添加边际和. 以性别和满意度为例, 生成二维列联表的代码如下.

```
# 生成性别和满意度的二维列联表
> data1_1<-read.csv("C:/mydata/chap01/data1_1.csv")
> mytable2<-table(data1_1$ 性别,data1_1$ 满意度)  # 生成性别和满意度的二维列联表
> addmargins(mytable2)                          # 为列联表添加边际和
> mytable2
```

结果如下.

	满意度			
性别	不满意	满意	中立	sum
男	360	160	320	840
女	440	360	360	1160
sum	800	520	680	2000

使用代码 addmargins(prop.table(mytable2)*100) 将二维列联表 mytable2 转换成百分比表.

(3) 多维列联表

当有两个以上类别变量时, 通常将一个或多个变量按“列”摆放, 其余变量按“行”摆放, 这种由多个类别变量生成的频数分布表称为**多维列联表** (multidimensional contingency table), 简称多维表或**高维表** (higher-dimensional tables). 比如, 对例 1–1 中的 3 个变量, 可以生成一个三维列联表, 分别观察 3 个变量频数的交叉分布状况.

使用 stats 包中的 ftable 函数、vcd 包中的 structable 函数均可以生成多维列联表 (这些函数也可以生成一维列联表和二维列联表). 使用 ftable 函数生成性别、网购次数和满意度的三维列联表的代码如下.

```
# 生成三维列联表 (列变量为“满意度”)
> data1_1<-read.csv("C:/mydata/chap01/data1_1.csv")
> mytable3<-ftable(data1_1,row.vars=c("性别","网购次数"),col.vars="满意度")
> mytable3
```

结果如下.

		满意度	不满意	满意	中立
性别	网购次数				
男	1~2 次		117	57	106
	3~5 次		137	54	131
	6 次以上		106	49	83
女	1~2 次		122	114	102
	3~5 次		179	141	162
	6 次以上		139	105	96

也可以将多个变量放在列的位置, 其余变量放在行的位置. 比如, 将性别和满意度放在列的位置, 网购次数放在行的位置, 生成三维列联表的代码如下.

```
# 生成三维列联表 (列变量为"性别"和"满意度")
> mytable4<-ftable(data1_1,row.vars=c("网购次数"),col.vars=c("性别","满意度"))
> mytable4
```

结果如下.

	性别	男			女		
	满意度	不满意	满意	中立	不满意	满意	中立
网购次数							
1~2 次		117	57	106	122	114	102
3~5 次		137	54	131	179	141	162
6 次以上		106	49	83	139	105	96

使用 vcd 包中的 structable 函数可以创建形式多样的列联表. 函数中的 formula 是一个表达式 (公式), 用于指定列联表的列变量和行变量; data 是包含交叉制表中变量的数据框、列表或从类表 (如 table 函数、ftable 函数等生成的表) 继承的对象; direction 是指定拆分方向 ("h" 表示水平拆分, "v" 表示垂直拆分) 的字符向量; split_vertical 为逻辑向量, 指定每个维度是否应垂直拆分 (默认为 FALSE, 设置 direction 后可忽略);

subset 为可选向量, 指定要使用的观测子集, 数据是列联表时可忽略该设置; na.action 是一个函数, 指示有 NA 值 (无效的值) 时如何处理, 数据是列联表时可忽略该函数.

使用 structable 函数时, 需要先安装并加载 vcd 包. 以例 1–1 的数据为例, 使用 structable 函数生成多维表的代码如下.

```
# 使用 structable 函数生成多维表
> library(vcd)
> structable(data1_1)                              # 默认参数设置
```

结果如下.

		网购次数	1~2 次	3~5 次	6 次以上
性别	满意度				
男	不满意		117	137	106
	满意		57	54	49
	中立		106	131	83
女	不满意		122	179	139
	满意		114	141	105
	中立		102	162	96

代码 structable(~ 性别 + 网购次数 + 满意度,data=data1_1) 生成的列联表与上述相同. 表达式的不同写法会生成不同形式的多维表. 比如, 代码 structable(性别 + 满意度 ~ 网购次数,data=data1_1) 生成的多维列联表如下.

性别	男			女		
满意度	不满意	满意	中立	不满意	满意	中立
网购次数						
1~2 次	117	57	106	122	114	102
3~5 次	137	54	131	179	141	162
6 次以上	106	49	83	139	105	96

也可以使用参数 direction 指定某个变量所在的行或列, 使用代码 structable (data1_1,direction=c("v","h","v")) 生成的列联表与上述相同. 如果想要将满意度放在列, 其他两个变量放在行, 则设置参数 direction=c("h","h","v") 即可.

2. 数值数据类别化

生成数值数据的频数分布表时, 需要先将其类别化, 即转化为类别 (因子) 数据, 然后再生成频数分布表. 类别化的方法是将原始数据分成不同的组别, 比如, 将一个班学生的考试分数分为 60 以下、60~70、70~80、80~90、90~100 几个区间, 通过分组将数值数据转化为有序类别数据. 类别化后再计算出各组别的数据频数, 即可生成频数分布表.

下面结合具体例子说明数值数据频数分布表的生成过程.

【例 1–2】 (数据: data1_2.csv) 表 1–5 是一家购物网站连续 60 天的销售额数据. 生成一张频数分布表, 并计算各组频数的百分比.

表 1-5　某购物网站 60 天的销售额　　单位: 万元

572	623	620	635	569	621	628	537	639	589
588	537	606	576	516	585	597	708	596	676
678	566	572	547	642	645	585	660	613	523
604	578	689	589	608	644	581	544	599	629
606	661	625	549	543	641	565	580	598	606
686	618	502	564	663	634	590	577	668	611

首先, 确定要分的组数. 确定组数的方法有几种. 设组数为 K, 根据 Sturges 给出的组数确定方法, $K = 1 + \log 10(n)/\log 10(2)$. 当然这只是个大概数, 具体的组数可根据需要适当调整. 例 1–2 共有 60 个数据, $K = 1 + \log 10(60)/\log 10(2) = 6.9$, 或使用 R 函数 nclass.Sturges(data1_2$ 销售额), 得 $K = 7$, 因此, 可以将数据大概分成 7 组.

其次, 确定各组的组距 (组的宽度). 组距可根据全部数据的最大值和最小值及所分的组数来确定, 即组距 = (最大值 – 最小值) ÷ 组数. 对于例 1–2 数据, 最小值为 min(data1_2$ 销售额)=502, 最大值 max(data1_2$ 销售额)=708, 则组距=(max(data1_2$ 销售额)–min(data1_2$ 销售额))/7=29.4, 因此组距可取 30 (当然也可以取组距 =50, 组距 =20, 等等, 使用者根据分析的需要确定一个大概的数即可).

最后, 统计出各组的频数即得频数分布表. 在统计各组频数时, 恰好等于某一组上限的变量值一般不算在本组内, 而算在下一组, 即一个组的数值 x 满足 $a \leqslant x < b$.

使用 R 基础安装包 base 中的 cut 函数可以将数据分组. 函数中的 x 是要分组的数值向量; breaks 是要分的组数; labels 是生成组的标签, 默认用 (a,b] 的间隔表示; include.lowest 是逻辑值, 确定区间是否包括下限值或上限值; right 为逻辑值, 确定区间是否包含上限值, 默认 right=TRUE 包含上限值; dig.lab 设置区间组使用的数字位数; ordered_result 为逻辑值, 设置结果是否应该是有序因子.

使用 cut 函数分组的代码如下.

```
# 使用 cut 函数生成频数分布表
> data1_2<-read.csv("C:/mydata/chap01/data1_2.csv")
> v<-as.vector(data1_2$ 销售额)     # 将销售额转化成向量
> d<-table(cut(v,breaks=30*(17:24),right=FALSE,dig.lab=4))
                           # 分成间隔为 30 的组, 上限不封闭, 列出频数分布表
> dd<-data.frame(d)                 # 组织成数据框
# 为频数表增加百分比, 并重新命名变量
> percent<-round(dd$Freq/sum(dd$Freq)*100,2)  # 计算频数百分比, 结果保留2位小数
> df<-data.frame(dd,percent)                  # 组织成数据框
> mytable<-data.frame(分组=df$Var1, 频数=df$Freq, 频数百分比=df$percent)
                                      # 重新命名并组织成频数分布表
> mytable
```

结果如下.

	分组	频数	频数百分比
1	[510,540)	4	6.78
2	[540,570)	8	13.56
3	[570,600)	17	28.81
4	[600,630)	14	23.73
5	[630,660)	7	11.86
6	[660,690)	8	13.56
7	[690,720)	1	1.69

频数分布表显示, 销售额集中在 570 万元 ~600 万元的时间最多, 为 17 天, 占总天数的 28.81%.

上述分组的组距和上下限值都不便于理解. 在实际分组时, 可先将组距确定为某个易于理解的值, 如 50, 然后根据组距确定可分的组数, 代码如下.

```
# 使用 cut 函数生成频数分布表
> v<-as.vector(data1_2$ 销售额)
> d<-table(cut(v,breaks=c(500,550,600,650,700,750),right=FALSE))
                                              # 分组间隔为 50, 并生成频数分布表
> dd<-data.frame(d)                           # 组织成数据框 dd
> percent<-round(dd$Freq/sum(dd$Freq)*100,2)  # 计算频数百分比,结果保留 2 位小数
> df<-data.frame(dd,percent)                  # 组织成数据框 df
> mytable<-data.frame(分组=df$Var1, 频数=df$Freq, 频数百分比=percent)
                                              # 重新命名并整理成频数分布表
> mytable                                     # 显示频数分布表
```

结果如下.

	分组	频数	频数百分比
1	[500,550)	9	15.00
2	[550,600)	21	35.00
3	[600,650)	21	35.00
4	[650,700)	8	13.33
5	[700,750)	1	1.67

使用 cut 函数生成频数表需要很长的代码. 使用 actuar 包中的 grouped.data 函数、DescTools 包中的 Freq 函数也可以实现数据分组并生成频数分布表, 而且只需很少的代码. 这里推荐使用 DescTools 包中的 Freq 函数. 由 Freq 函数生成频数分布表的代码如下.

```
# 使用 Freq 函数分组并生成频数分布表
> data1_2<-read.csv("C:/mydata/chap01/data1_2.csv")
> library(DescTools)                          # 加载包 DescTools
> tab<-Freq(data1_2$ 销售额);tab              # 使用默认分组, 含上限值
```

结果如下.

	level	freq	perc	cumfreq	cumperc
1	[500,550]	9	15.0%	9	15.0%
2	(550,600]	21	35.0%	30	50.0%
3	(600,650]	21	35.0%	51	85.0%
4	(650,700]	8	13.3%	59	98.3%
5	(700,750]	1	1.7%	60	100.0%

上述频数分布表列出了组别 (level)、各组的频数 (freq)、各组频数百分比 (perc)、累积频数 (cumfreq)、累积频数百分比 (cumperc) 等.

如果想根据需要分成特定的组数或特定的组距, 可通过参数 breaks 来设置. 比如, 要分成组距为 20 的组, 代码如下.

```
# 使用 Freq 函数生成频数分布表, 指定组距=20
> data1_2<-read.csv("C:/mydata/chap01/data1_2.csv")
> tab1<-Freq(data1_2$销售额,breaks=c(500,520,540,560,580,600,620,640,660,680,
700,720),right=FALSE)                          # 指定组距=20, 不含上限值
> tab2<-data.frame(分组=tab1$level, 频数=tab1$freq, 频数百分比=tab1$perc*100,
累积频数=tab1$cumfreq, 累积频数百分比=tab1$cumperc*100)
                                               # 重新命名频数表中的变量
> print(tab2,digits=2)                         # 用 print 函数定义输出结果的小数位数
```

结果如下.

	分组	频数	频数百分比	累积频数	累积百分比
1	[500,520)	2	3.33	2	3.33
2	[520,540)	3	5.00	5	8.33
3	[540,560)	4	6.67	9	15.00
4	[560,580)	9	15.00	18	30.00
5	[580,600)	12	20.00	30	50.00
6	[600,620)	8	13.33	38	63.33
7	[620,640)	9	15.00	47	78.33
8	[640,660)	4	6.67	51	85.00
9	[660,680)	6	10.00	57	95.00
10	[680,700)	2	3.33	59	98.33
11	[700,720]	1	1.67	60	100.00

1.4.4　数据类型的转换

为满足不同分析或绘图的需要, 有时要将一种数据结构转换为另一种数据结构. 比如, 将数据框中的一个或几个变量转换为向量, 将数据框转换为矩阵, 将短格式数据转化成长格式数据, 等等.

1. 将变量转换成向量

为方便分析, 可以将数据框中的某个变量转换为一个向量, 也可以将几个变量合并转换成一个向量 (注意: 只有数据合并有意义时转换才有价值). 比如, 将 table1_1 中的统计学分数转换成向量, 将统计学和数学分数合并转换成一个向量, 可以使用下面的代码.

```
# 将 table1_1 中的统计学分数、统计学分数和数学分数转换为向量
> table1_1<-read.csv("C:/mydata/chap01/table1_1.csv")
> vector1<-as.vector(table1_1$ 统计学)    # 将统计学分数转换成向量
> vector2<-as.vector(c(table1_1$ 统计学,table1_1$ 数学))
                                          # 将统计学和数学分数合并转换成一个向量
> vector1;vector2                         # 查看向量
```

结果如下.

```
[1]  68  85  74  88  63
[1]  68  85  74  88  63  85  91  74  100  82
```

2. 将数据框转换成矩阵

R 软件中的有些绘图函数要求数据必须是矩阵形式, 有些则要求必须是数据框形式. 这时就需要做数据转换. 比如, 要将数据框 table1_1 转换成名为 mat 的矩阵, 可以使用下面的代码.

```
# 将数据框 table1_1 转换为矩阵 mat
> table1_1<-read.csv("C:/mydata/chap01/table1_1.csv")
> mat<-as.matrix(table1_1[,2:4])    # 将table1_1 中的第 2~第 4 列转换成矩阵 mat
> rownames(mat)=table1_1[,1]        # 矩阵的行名为 table1_1 第 1 列的名称
> mat                               # 查看矩阵 mat
```

结果如下.

```
        统计学  数学  经济学
刘文涛      68    85      84
王宇翔      85    91      63
田思雨      74    74      61
徐丽娜      88   100      49
丁文彬      63    82      89
```

要将矩阵 mat 转换成数据框, 可以使用代码 as.data.frame(mat).

3. 将列联表转化成数据框

如果得到的数据本身就是列联表形式, 为满足自身的分析需要, 也可以将列联表转换成原始数据 (数据框形式). 使用 DescTools 包中的 Untable 函数很容易完成转换.

比如, 将上面的 mytable3 转换成原始的数据框形式, 代码如下.

```
# 将列联表转换成原始的数据框形式
> library(DescTools)
> df<-Untable(mytable3)                          # 将列联表转化成数据框
> head(df,3);tail(df,3)                          # 显示前 3 行和后 3 行
```

结果如下.

	性别	网购次数	满意度
1	男	1~2 次	不满意
2	男	1~2 次	不满意
3	男	1~2 次	不满意

…………………………………………

	性别	网购次数	满意度
1998	女	6 次以上	中立
1999	女	6 次以上	中立
2000	女	6 次以上	中立

如果要将列联表转化成带有类别频数的数据框, 可以使用 as.data.frame 函数, 代码如下.

```
# 将列联表转化成带有类别频数的数据框
> data1_1<-read.csv("C:/mydata/chap01/data1_1.csv")
> tab<-ftable(data1_1)             # 生成列联表 (也可以使用 table 函数生成列联表)
> df<-as.data.frame(tab);df        # 将列联表转化成带有类别频数的数据框
```

结果如下.

	性别	网购次数	满意度	Freq
1	男	1~2 次	不满意	117
2	女	1~2 次	不满意	122
3	男	3~5 次	不满意	137
4	女	3~5 次	不满意	179
5	男	6 次以上	不满意	106
6	女	6 次以上	不满意	139
7	男	1~2 次	满意	57
8	女	1~2 次	满意	114
9	男	3~5 次	满意	54
10	女	3~5 次	满意	141
11	男	6 次以上	满意	49
12	女	6 次以上	满意	105
13	男	1~2 次	中立	106
14	女	1~2 次	中立	102

```
15  男    3~5 次   中立  131
16  女    3~5 次   中立  162
17  男   6 次以上  中立   83
18  女   6 次以上  中立   96
```

其中的 Freq 表示交叉分类的频数.

当使用 table 函数生成列联表时, 使用 reshape2 包中的 melt 函数融合数据, 也可以将列联表转化成带有类别频数的数据框, 代码 reshape2::melt(table(data1_1)) 得到的结果与上述相同 (代码 reshape2::melt 表示直接调用 reshape2 包中的 melt 函数, 而不必加载 reshape2 包).

4. 将短格式数据转化成长格式数据

数据框 table1_1 的数据属于短格式或称宽格式, 这里只涉及两个变量: 一个是"姓名 (因子)", 一个是"课程", 一门课程占据一列. 这种格式的数据往往是为出版的需要而设计的. 使用 R 做数据分析或绘图时, 有时需要将"姓名"和"课程"两个变量各放在一个单独的列中, 这种格式的数据就是长格式.

将短格式数据转化成长格式数据, 可以使用 reshape2 包中的 melt 函数、tidyr 包中的 gather 函数等. 使用前需要安装并加载 reshape2 包或 tidyr 包.

使用 reshape2 包中的 melt 函数将 table1_1 的数据转化成长格式, 可以使用下面的代码.

```
# 将短格式数据转换为长格式 (数据框中有标识变量 (类别因子))
> table1_1<-read.csv("C:/mydata/chap01/table1_1.csv")
> library(reshape2)                                    # 加载 reshape2 包
> tab.long<-melt(table1_1,id.vars="姓名",variable.name="课程",value.name=
"分数")
       # 融合 table1_1 与 id 变量, 并命名 variable.name="课程",value.name="分数"
> tab.long                                             # 显示 tab.long
```

结果如下.

```
    姓名    课程  分数
1  刘文涛  统计学   68
2  王宇翔  统计学   85
3  田思雨  统计学   74
4  徐丽娜  统计学   88
5  丁文彬  统计学   63
6  刘文涛    数学   85
7  王宇翔    数学   91
8  田思雨    数学   74
9  徐丽娜    数学  100
```

10　丁文彬　　数学　82
11　刘文涛　经济学　84
12　王宇翔　经济学　63
13　田思雨　经济学　61
14　徐丽娜　经济学　49
15　丁文彬　经济学　89

函数中的 id.vars 称为标识变量, 用于指定按哪些因子 (一个或多个因子) 汇集其他变量 (通常是数值变量) 的值. 比如, id.vars="姓名", 表示要将统计学、数学和经济学的分数按姓名汇集成一个变量, 而且汇集到一列的数值与原来的课程和姓名相对应. 如果不设置参数 id.vars, 函数会自动使用数据框中的因子变量作为 id 变量进行融合.

如果数据集中没有标识变量, 比如, 假定 table1_1 中没有“姓名”这一列, 只有三门课程的名称和分数, 形式如表 1–6 所示 (table1_4).

表 1–6　3 门课程的考试分数 (table1_4)

统计学	数学	经济学
68	85	84
85	91	63
74	74	61
88	100	49
63	82	89

这时, 可以在融合数据之前给数据框增加一个 id 变量, 也可以不使用 id 变量, 函数会自动使用列变量 (测度变量) 名称进行融合, 代码如下.

```
# 将短格式数据转换为长格式 (数据框中无标识变量)
> table1_4<-read.csv("C:/mydata/chap01/table1_4.csv")
> library(reshape2)
> tab.long<-melt(table1_4,variable.name="课程",value.name="分数")
                                                # 不使用标识变量直接融合
> head(tab.long,3)                              # 显示 tab.long 的前 3 行
```

结果如下.

```
   课程  分数
1  统计学  68
2  统计学  85
3  统计学  74
```

使用 tidyr 包中的 gather 函数融合数据就更为简单. 比如将 table1_1 (有标识变量) 和 table1_4 (无标识变量) 融合为长格式, 可以使用下面的代码.

```
# 将短格式数据转换为长格式
> table1_1<-read.csv("C:/mydata/chap01/table1_1.csv")
> library(tidyr)
```

```
> df1<-gather(table1_1,key="课程",value="分数","统计学","数学","经济学")
                                                    # key 为融合后的变量名称
> table1_4<-read.csv("C:/mydata/chap01/table1_4.csv")
> df2<-gather(table1_4,key="课程",value="分数","统计学","数学","经济学")
```

运行 df1 和 df2 得到的结果与上述相同.

使用 reshape2 包中的 dcast 函数、tidyr 包中的 spread 函数, 可以将相应的长格式数据转换成短格式数据, 详细信息请查阅函数帮助.

本章图谱

下面的图谱展示了本章的知识结构.

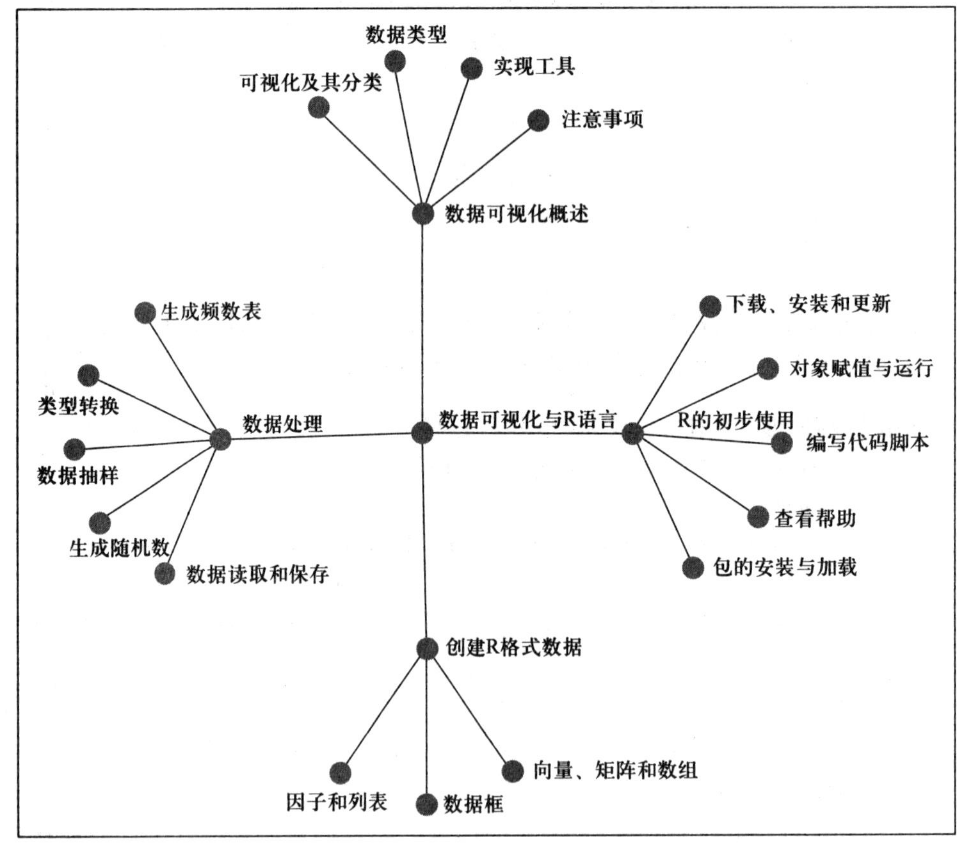

习题

1.1　什么是数据可视化? 举出几个数据可视化应用的例子.

1.2　举例说明变量和数据的分类.

1.3　数据可视化需要注意哪些问题?

1.4　从你所在的班级 (或工作单位) 的全部人数中, 随机抽取一个由 10 个人组成的随机样本.

1.5　R 自带的数据集 Titanic 记录了泰坦尼克号上乘客的生存和死亡信息, 该数据集包含船舱等级 (class)、性别 (sex)、年龄 (age) 和生存状况 (survived) 4 个类别变量. 根据该数据集生成以下频数表.

(1) 生成 sex 和 survived 两个变量的二维列联表, 并为列联表添加上边际和.

(2) 生成 class、sex、age 和 survived 4 个变量的多维列联表.

(3) 将问题 (2) 生成的列联表转化成带有类别频数的数据框.

1.6　从均值为 200、标准差为 10 的正态总体中产生 1 000 个随机数, 并将这 1 000 个数据分成组距为 10 的组, 生成频数分布表.

第 2 章 Chapter 2 R 语言绘图基础

R 软件的所有图形均由相应的函数绘制, 这些函数通常来自不同的包, 其中部分来自 R 基础安装时自带的 graphics 绘图包, 有些则来自其他包. R 软件中有多个可视化包, 如 graphics、ggplot2、lattice、poltrix、ggiraphExtra、ggpubr 等, 还有专门用于类别数据分析和可视化的 vcd 包, 以及可创建自动绘图的 ggfortify 包、社会科学统计分析的可视化包 sjPlot, 还有多个基于 ggplot2 开发的其他绘图包. 本章主要介绍 graphics 包的基本绘图函数及其使用方法, 其他包的使用方法将在后面各章中介绍.

2.1 R 语言的基本绘图函数

graphics 包也称为传统绘图系统, 一些基本绘图函数均由该包提供. 在最初安装 R 软件时, 该包就已经安装在 R 中, 其中的绘图函数可以直接使用, 不必加载 graphics 包.

2.1.1 高级绘图函数

graphics 包中的绘图函数大致可分为两大类: 一类是高级绘图函数, 这类函数可以产生一幅独立的图形; 另一类是低级绘图函数, 这类函数通常不产生独立的图形, 而是在高级函数绘制的图形上添加一些新的图形元素, 如标题、文本注释、线段等.

1. plot 函数

plot 函数是 graphics 包中最重要的高级绘图函数, 该函数可以绘制多种图形. 下面先通过一个例子简要说明 plot 函数的使用方法.

【例 2–1】 (数据: data2_1.csv) 调查 30 名选修 R 语言和 Python 语言课程的学生, 得到他们的性别和两门课程的考试分数数据如表 2–1 所示.

表 2–1 30 名学生两门课程的考试分数 (只列出前 5 行和后 5 行)

性别	R	Python
男	89	70
女	82	66

续表

性别	R	Python
男	70	56
女	84	70
女	78	63
⋮	⋮	⋮
女	77	62
女	79	60
女	74	62
男	91	72
男	86	68

图 2–1 是 plot 函数绘制的 4 种不同图形.

```
# 图 2-1 的绘制代码
> data2_1<-read.csv("C:/mydata/chap02/data2_1.csv")
> attach(data2_1)
> par(mfrow=c(2,2),mai=c(0.6,0.6,0.4,0.4),cex=0.7,cex.main=1,font.main=1)
> plot(R,Python,main="(a) 散点图")
> plot(factor(性别),xlab="性别",ylab="人数",main="(b) 条形图")
> plot(R~factor(性别),xlab="性别",main="(c) 箱线图")
> plot(factor(性别)~R,ylab="性别",main="(d) 脊形图")
```

plot 函数是一个泛函数, 给函数传递不同类型的数据, 会绘制不同的图形. 比如, 图 2–1(a) 传递给函数的是两个数值变量, plot 函数绘制出两个变量的散点图; 图 2–1(b) 传递给函数的是一个因子 (性别), plot 函数绘制出条形图; 图 2–1(c) 传递给函数的是一个数值变量和一个因子, plot 函数绘制出按因子分类的箱线图; 图 2–1(d) 传递给函数的是一个因子和一个数值变量, plot 函数绘制出脊形图.

表 2–2 列出了 plot 函数对应不同数据类型时绘制的图形.

表 2–2　plot 函数对应不同数据类型时绘制的图形

函数	数据类型	图形
plot()	数值	散点图
plot()	因子	条形图
plot()	一维频数表	条形图
plot()	数值, 数值	散点图
plot()	因子, 因子	脊形图
plot()	二维列联表	马赛克图
plot()	数值, 因子	箱线图
plot()	因子, 数值	脊形图
plot()	数值型数据框	散点图矩阵

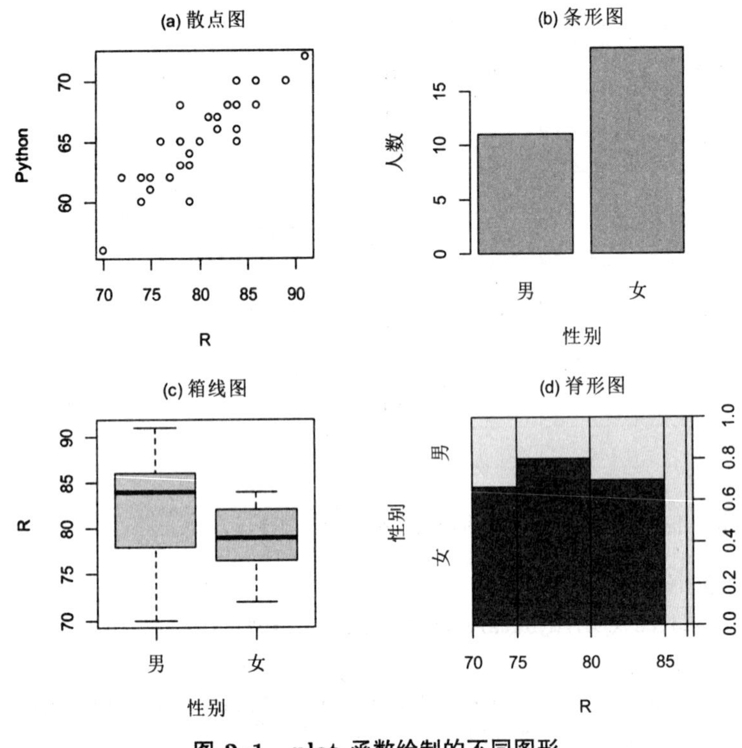

图 2-1 plot 函数绘制的不同图形

表 2-2 只列出了 plot 函数绘制的部分图形. 实际上, plot 函数还能绘制出更多的图形, 比如, 传递给函数的是数据的密度, plot 函数绘制出密度曲线; 传递给函数的是时间序列对象, 函数绘制出折线图; 等等. 此外, 很多统计分析的结果也可以由 plot 函数绘制图形. 比如, 对 R 分数和 Python 分数两个变量拟合一个线性模型 model, plot 函数会对模型对象 model 绘制出模型的诊断图, 如图 2-2 所示.

```
# 图 2-2 的绘制代码
> data2_1<-read.csv("C:/mydata/chap02/data2_1.csv")
> par(mfrow=c(2,2),mai=c(0.6,0.6,0.2,0.1),cex=0.7)
> model<-lm(R~Python,data=data2_1)                # 拟合 R 与 Python 的线性模型
> plot(model)                                     # 绘制模型
```

2. 其他高级绘图函数

除 plot 函数外, graphics 包中还有其他一些高级绘图函数, 其中有些是作为 plot 的替代函数, 比如, 用 barplot 函数来绘制条形图. 有些则是作为一种独立的绘制函数, 比如, 用 hist 函数绘制直方图等. 表 2-3 列出了 graphics 包中的部分高级绘图函数. 这些函数的参数设置及含义将在后面各章中陆续介绍, 读者可以使用 help 查看函数帮助.

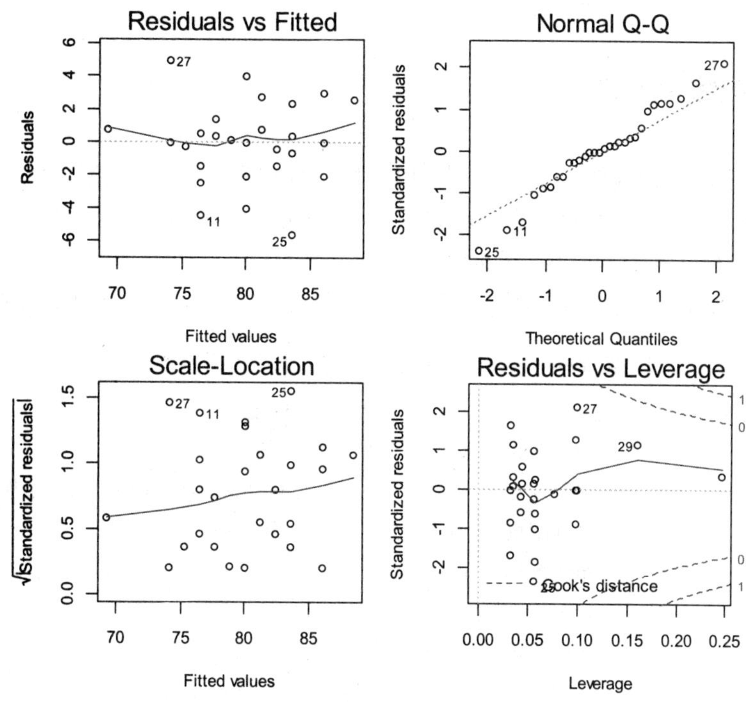

图 2-2　plot 函数绘制的线性模型诊断图

表 2-3　graphics 包中的部分高级绘图函数

函数	数据类型	图形
assocplot	二维列联表	关联图
barplot	数值向量, 矩阵, 列联表	条形图
boxplot	数值向量, 列表, 数据框	箱线图
cdplot	单一数值向量, 一个对象	条件密度图
contour	数值, 数值, 数值	等高线图
coplot	表达式	条件图
curve	表达式	曲线
dotchart	数值向量, 矩阵	点图
fourfoldplot	2×2 表	四折图
hist	数值向量	直方图
image	数值, 数值, 数值	色阵图
matplot	数值向量, 矩阵	矩阵列图
mosaicplot	二维列联表, n 维列联表	马赛克图
pairs	矩阵, 数据框	散点图矩阵
persp	数值, 数值, 数值	三维透视图
pie	非负的数值向量, 列联表	饼图
stars	矩阵, 数据框	星图
stem	数值向量	茎叶图
stripchart	数值向量, 数值向量列表	带状图
sun flower plot	数值向量, 因子	太阳花图
symbols	数值, 数值, 数值	符号图

2.1.2 低级绘图函数

R 软件中的每个高级绘图函数都可以产生一幅独立的图形. 当这些图形不能满足可视化需要时, 可以使用低级绘图函数为现有的图形添加新的元素, 如添加线段、标题、图例、注释文本、多边形、坐标轴等.

表 2–4 列出了 graphics 包中的部分低级绘图函数, 并对其功能做了简要描述.

表 2–4 graphics 包中的部分低级绘图函数

函数	描述
abline	为图形添加截距为 a、斜率为 b 的直线
arrows	在坐标点 (x0,y0) 和 (x1,y1) 之间绘制线段, 并在端点处添加箭头
box	绘制图形的边框
layout	布局图形页面
legend	在坐标点 (x,y) 添加图例
lines	在坐标点 (x,y) 之间添加直线
mtext	在图形区域的边距或区域的外部边距添加文本
points	在坐标点 (x,y) 添加点
polygon	沿着坐标点 (x,y) 绘制多边形
polypath	绘制由一个或多个连接坐标点的路径组成的多边形
rasterlmaga	绘制一个或多个网格图像
rect	绘制一个左下角在 (xleft,ybottom), 右上角在 (xright,ytop) 的矩形
rug	添加地毯图
segments	在坐标点 (x0,y0) 和 (x1,y1) 之间绘制线段
text	在坐标点 (x,y) 添加文本
title	为图形添加标题
xspline	根据控制点 (x,y) 绘制 x 样条曲线 (平滑曲线)

图 2–3 是用高级绘图函数 plot 绘制的散点图, 绘图数据 x 和 y 是随机模拟的具有线性关系的两个变量, 然后用低级函数为散点图添加多种新的元素, 以增强图形的可读性.

```
# 图 2-3 的绘制代码
> par(mai=c(0.7,0.7,0.4,0.4),cex=0.8)
> set.seed(1)
> x<-rnorm(200)
> y<-1+2*x +rnorm(200)
> d<-data.frame(x,y)
> plot(x,y,xlab="x=自变量",ylab="y=因变量")        # 绘制散点图
> grid(col="grey60")                                # 添加网格线
> axis(side=4,col.ticks="blue",lty=1)               # 添加坐标轴
```

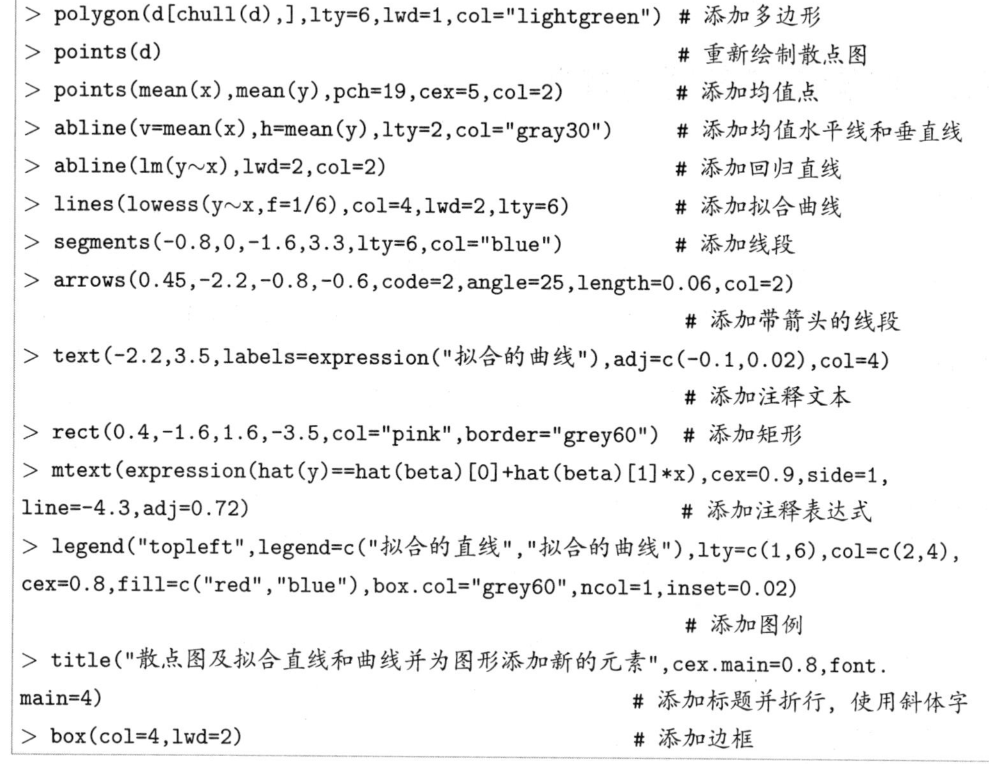

```
> polygon(d[chull(d),],lty=6,lwd=1,col="lightgreen") # 添加多边形
> points(d)                                           # 重新绘制散点图
> points(mean(x),mean(y),pch=19,cex=5,col=2)          # 添加均值点
> abline(v=mean(x),h=mean(y),lty=2,col="gray30")      # 添加均值水平线和垂直线
> abline(lm(y~x),lwd=2,col=2)                         # 添加回归直线
> lines(lowess(y~x,f=1/6),col=4,lwd=2,lty=6)          # 添加拟合曲线
> segments(-0.8,0,-1.6,3.3,lty=6,col="blue")          # 添加线段
> arrows(0.45,-2.2,-0.8,-0.6,code=2,angle=25,length=0.06,col=2)
                                                       # 添加带箭头的线段
> text(-2.2,3.5,labels=expression("拟合的曲线"),adj=c(-0.1,0.02),col=4)
                                                       # 添加注释文本
> rect(0.4,-1.6,1.6,-3.5,col="pink",border="grey60")  # 添加矩形
> mtext(expression(hat(y)==hat(beta)[0]+hat(beta)[1]*x),cex=0.9,side=1,
line=-4.3,adj=0.72)                                    # 添加注释表达式
> legend("topleft",legend=c("拟合的直线","拟合的曲线"),lty=c(1,6),col=c(2,4),
cex=0.8,fill=c("red","blue"),box.col="grey60",ncol=1,inset=0.02)
                                                       # 添加图例
> title("散点图及拟合直线和曲线并为图形添加新的元素",cex.main=0.8,font.
main=4)                                                # 添加标题并折行，使用斜体字
> box(col=4,lwd=2)                                     # 添加边框
```

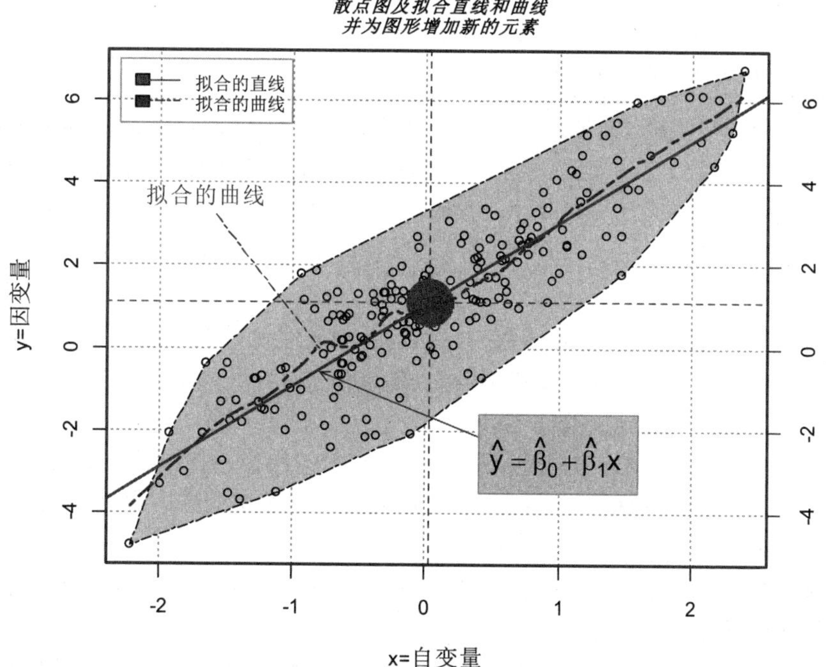

图 2–3 在散点图上添加新的图形元素

图 2–3 只是演示在现有图形上添加新元素的方法, 在实际应用时, 可根据需要选择要添加的元素.

2.2 绘图参数与图形控制

2.2.1 绘图参数

R 的每个绘图函数都有多个参数, 图形的输出是由这些参数控制的. 使用者可以用 help(函数名) 查阅函数参数的详细解释. 绘图时, 若不对参数做任何修改, 则函数使用默认参数绘制图形. 如果默认设置不能满足个人需要, 可对其进行修改, 以改善图形输出. 图 2–4 是默认设置和修改绘图参数后的图形比较.

```
# 图 2-4 的绘制代码
> data2_1<-read.csv("C:/mydata/chap02/data2_1.csv")
> par(mfrow=c(2,2),mai=c(0.6,0.6,0.3,0.2),cex=0.7,cex.main=1,font.main=1)
> barplot(table(data2_1$ 性别))
> title("(a) 默认设置的条形图")
> barplot(table(data2_1$ 性别),horiz=TRUE,density=40,col="red",
+   xlab="频数",ylab="性别",main="(b) 修改参数后的条形图")
> boxplot(R~ 性别,data=data2_1)
> title("(c) 默认设置的箱线图")
> boxplot(R~ 性别,data=data2_1,col=c("lightgreen","skyblue"),
+   xlab="性别",ylab="R 考试分数",varwidth=TRUE,
+   main="(d) 修改参数后的箱线图")
```

在图 2–4 中, 使用 barplot 函数绘制出条形图, 使用 boxplot 函数绘制出箱线图. 图 2–4(a) 使用参数的默认设置, 绘图完成后, 使用低级函数 title 给图形加上标题. 图 2–4(b) 设置函数的参数 horiz=TRUE, 将条形图按水平方向摆放 (默认 horiz=FALSE, 垂直摆放), 设置参数 density=40 来填充条的密度 (默认 density=NULL), 并使用参数 main="" 设置图形标题 (默认 main = NULL).

图 2–4(c) 是使用 boxplot 函数的默认参数设置绘制的箱线图, 使用低级函数 title 给图形加标题. 图 2–4(d) 设置 col=c("lightgreen","skyblue"), 为箱子加上不同的颜色, 设置 xlab="性别"、ylab="R 考试分数", 为图形加上 x 轴和 y 轴标签, 使用参数 main="", 设置图形主标题 (使用参数 sub="" 可以为图形添加副标题, 放在图形的下方), 设置 varwidth=TRUE, 使箱子的宽度与样本量的平方根成正比 (默认 varwidth=FALSE, 每个箱子的宽度都一样).

在实际绘图时, 使用者可根据需要调整参数, 根据参数调整产生的图形变化决定参数是否要修改以及如何修改.

图 2–4 的绘制代码显示, 不同函数具有不同的参数及参数设置, 这样的参数属于函数的特定参数, 但有些参数在不同函数中都可以使用, 比如, xlab=""、ylab=""、col=""、main="" 等在条形图和箱线图中都可以使用, 这样的参数属于绘图函数的标准参数. 但有的标准参数在不同函数中的作用是不同的, 比如, col 参数在有些函数中用于设置

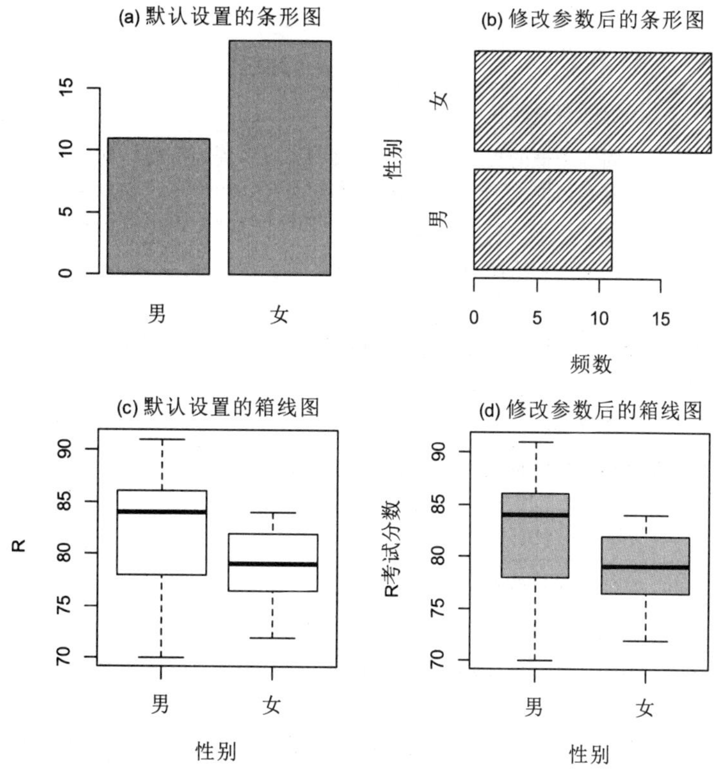

图 2-4 默认设置与修改参数后的图形比较

点、符号等的颜色, 但在条形图、箱线图等函数中, col 参数用来填充条、箱子的颜色, 使用时要注意.

2.2.2 图形控制

除绘图函数本身的参数外, 也可以在绘图前先设置绘图参数. 比如, 在图 2–1 中, 代码 par(mfrow=c(2,2),mai=c(0.6,0.6,0.4,0.4),cex=0.7,cex.main=1,font.main=1) 设置了 4 幅图的排列方式、图形的边界大小、图中字体或符号的大小、主标题字体的大小、主标题的字体等.

par 函数是传统绘图函数中最常用的参数控制函数, 它可以对图形进行多种控制. 表 2–5 列出了 par 函数的部分参数及其含义, 其中有些也可以作为其他绘图函数 (如 plot 函数、lines 函数等) 的参数. 使用 help(par) 可以查阅详细信息.

表 2-5 par 函数的部分参数及其描述

参数	描述
adj	设置文本、标题等字符串在图中的对齐方式. adj=0 表示左对齐, adj=0.5 (默认值) 表示居中, adj=1 表示右对齐 (允许使用 [0,1] 中的任何值)
ann	控制高级绘图函数的主标题和坐标轴标题注释. 若 ann=FALSE, 将不显示这些注释

续表

参数	描述
bg	图形的背景颜色
bty	图周围边框的类型. bty="o" (默认) 表示周围都有边框; bty="l" 表示左侧和下方有边框,; bty="7" 表示上方和右侧有边框; bty="c" 表示左侧和上方有边框; bty="u" 表示两侧和下方有边框; bty="]" 表示右侧和下方有边框
cex	控制文字和绘图符号的大小. cex=1 表示正常大小. cex=0.8 表示绘图文字和符号缩小为正常大小的 80%
cex.axis, cex.lab cex.main, cex.sub	分别是坐标轴文字、坐标轴标签、主标题、副标题的缩放倍数, 以 cex 为基准
col	绘图颜色
col.axis, col.lab col.main, col.sub	分别是坐标轴注释、坐标轴标签、主标题、副标题的颜色
family	文字的字体族
fg	绘图的前景颜色
font	文字的字体 (黑体, 斜体)
font.axis, font.lab font.main, font.sub	分别是坐标轴注释、坐标轴标签、主标题、副标题的字体
lab	由 3 个值构成的向量 (x,y,len). x 和 y 设置 x 轴和 y 轴刻度的数量, len 设置标签的长度
las	坐标轴标签的风格. las=0 表示平行于坐标轴; las=1 表示水平的; las=2 表示垂直于坐标轴; las=3 表示垂直的
lend, ljoin, lmitre	设置线条端点以及线条连接处的风格. lend=0 或 lend="round" 表示圆头; lend=1 或 lend="butt" 表示粗头; lend=2 或 lend="square" 表示方头
lty, lwd	线条的类型和线的宽度 (见图 2–5)
mai, mar	参数是一个数值向量 c(底部, 左侧, 上方, 右侧). 设置图形边距大小, 单位是英寸 (mai) 和文字行数 (mar)
mfcol, mfrow	参数是一个数值向量 c(nr,nc), 用于将绘图区域分割成 nr 行和 nc 列的矩阵, 并按列 (mfcol) 或按行 (mfrow) 填充各图
new	设置 new=TRUE 表示在现有的图形上添加一幅新图
mgp	含有 3 个值的向量, 控制轴标题、轴标签和轴线的边距 (与图形边界的距离), 默认值为 c(3, 1, 0). 第 1 个值控制坐标轴标签到轴的距离; 第 2 个值控制坐标轴刻度到轴的距离; 第 3 个值控制整个坐标轴 (包括刻度) 到图的距离
pch	绘图点或符号的类型 (见图 2–5)
srt	字符串的旋转角度, 单位是度
tck	坐标轴刻度的长度 (根据绘图区域尺寸的比例设置)
tcl	坐标轴刻度的长度 (根据文本行高度的比例设置)
xaxp	设置 x 轴刻度的数量
xaxs	x 轴坐标间隔的计算方法

续表

参数	描述
xaxt	设置 x 轴的类型. xaxt="n" 表示没有坐标轴, 取其他值都会画出坐标轴
yaxp	设置 y 轴刻度的数量
yaxs	y 轴坐标间隔的计算方法
yaxt	设置 y 轴类型. yaxt="n" 表示没有坐标轴, 取其他值都会画出坐标轴
ylog	逻辑值, 设置是否对 y 轴取对数

图 2-5 展示了 par 函数的常用参数及其对应的数字.

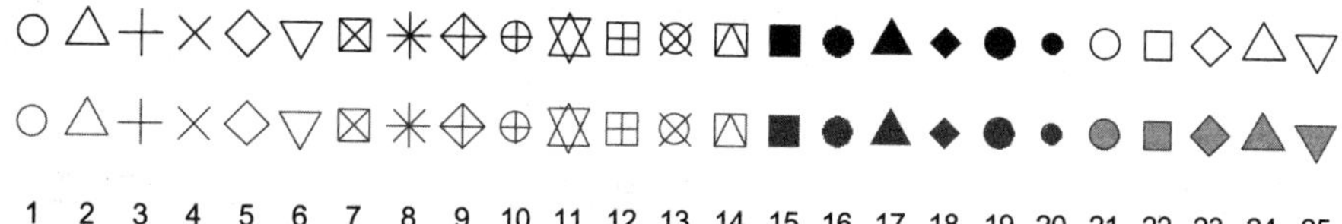

图 2-5 par 函数的部分参数示意图

图 2-5 列出了 par 函数中的绘图符号 (pch)、线型 (lty)、线宽 (lwd)、点的大小 (pt.cex)、位置调整参数 (adj)、主要颜色 (col) 及其对应的数字.

图 2-6 演示了控制绘图参数对图形的影响.

```
# 图 2-6 的绘制代码
> x<-1:30
> y<-sin(pi/10*x)
> par(mfrow=c(2,3),mai=c(0.5,0.5,0.2,0.1),
+   cex=0.7,cex.axis=0.6,cex.lab=0.7,mgp=c(2,1,0),cex.main=0.8)
> plot(x,y,type="p",main="(a) type= “p” ",font.main=2,col.main="red")
> plot(x,y,type="b",pch=21,font.axis=3,font.lab=3,bg="lightgreen",
+   main="(b) type= “b” ",font.main=3)
> plot(x,y,type="o",las=3,pch=0,fg="blue",col.lab="blue",
```

```
+   main="(c) type= “o” ",font.main=1)
> plot(x,y,type="l",lty=2,col="blue",lwd=2,bty="l",main="(d) type= “l” ")
> plot(x,y,type="s",col="grey20",main="(e) type= “s” ",font.main=4)
> plot(x,y,type="h",col="red",lwd=2,col.axis="red",main="(f) type= “h” ")
```

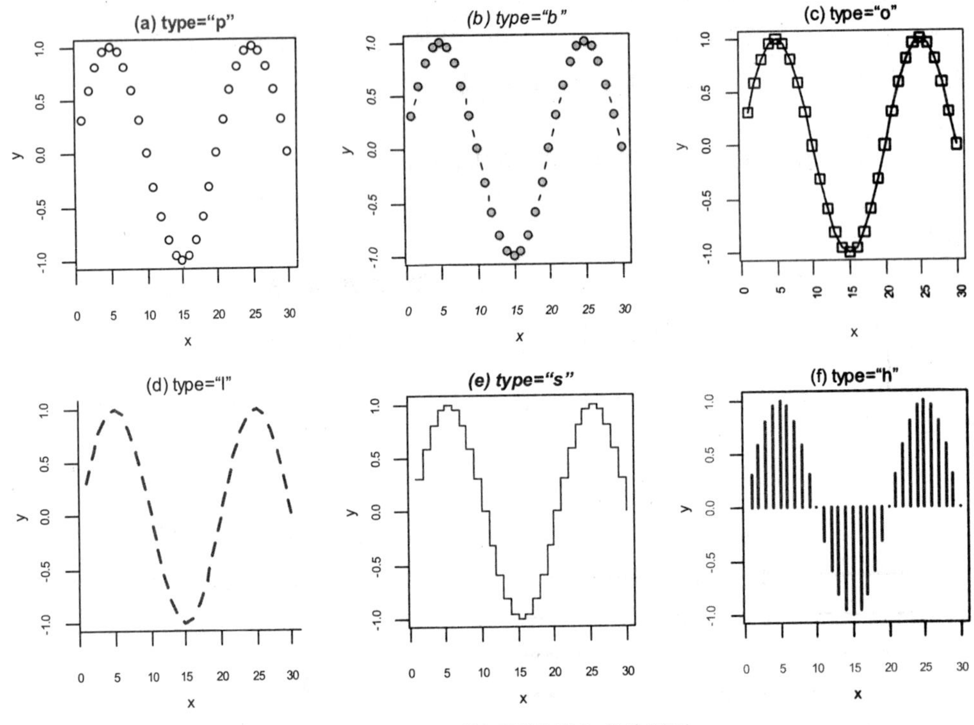

图 2-6　type 的不同设置生成的图形

图 2-6 只是演示控制绘图参数对图形的影响, 在实际应用时, 可以根据需要修改图形参数. 观察图 2-6 中的绘制代码不难发现, 绘制一幅图时, par 函数的许多参数可以在绘图函数中设置. 要绘制多幅图时, 若希望所有的图形都使用相同的参数, 则可以将参数放在 par 函数中统一设置, 如果不同的图形有不同的参数设置, 则需要将参数设置放在相应的绘图函数中.

2.2.3　图形颜色

图形配色在可视化中十分重要, 从某种角度上说, 颜色可以作为展示数据的一个特殊维度. R 软件提供了丰富的绘图颜色, 绘图时可以使用颜色名称、调色板或调色板函数为图形配色.

1. 颜色名称

使用 colors() 函数可以查看 R 软件中全部 657 种颜色的名称. 下面的代码列出了前 5 种和后 5 种颜色的名称.

```
# 查看 R 的颜色名称
> head(colors(),5);tail(colors(),5)            # 看前 5 种和后 5 种颜色
```

结果如下.

```
[1] "white"    "aliceblue"    "antiquewhite"  "antiquewhite1"  "antiquewhite2"
[1] "yellow1"  "yellow2"   "yellow3"    "yellow4"    "yellowgreen"
```

使用 graphics 包时, 设置绘图颜色的参数主要有 3 个: col、bg 和 fg. col 主要用于设置绘图区域中绘制的数据符号、线条、文本等元素的颜色; bg 用于设置图形的前景颜色, 如坐标轴、图形的边框等; fg 用于设置图形的背景颜色, 如图形区域的颜色等.

R 软件的几种主要颜色也可以直接用数字 1~8 表示 (如图 2–5 所示), 比如, 1="black", 2="red", 3="green", 4="blue" 等. 设置单一颜色时, 表示成 col="red" (或 col=2). 设置多个颜色时, 则为一个颜色向量, 如 col=c("red","green","blue"), 或 col=c(2,3,4), 连续的颜色数字也可以写成 col=2:4, 这 3 种写法等价. 需要填充的颜色多于设置的颜色向量时, 颜色会被重复循环使用. 比如, 要填充 10 个条的颜色, col=c("red", "green") 两种颜色被重复使用.

图 2–7 展示了 col 的一些简单设置.①

```
# 图 2-7 的绘制代码
> x<-1:10                                        # 生成 1 到 10 的等差数列
> a<-LETTERS[1:10]                               # 生成字母标签向量
>par(mfrow=c(1,2),mai=c(0.4,0.4,0.3,0.2),cex=0.8,cex.axis=0.7,cex.lab=0.8,mgp=
c(2,1,0),cex.main=0.9,font.main=1)               # 图形参数设置
> barplot(x,names=a,col=c("red","green"),main="(a) 循环使用 2 种颜色")
> barplot(x,names=a,col=1:8,main="(b) 重复使用颜色 1:8")
```

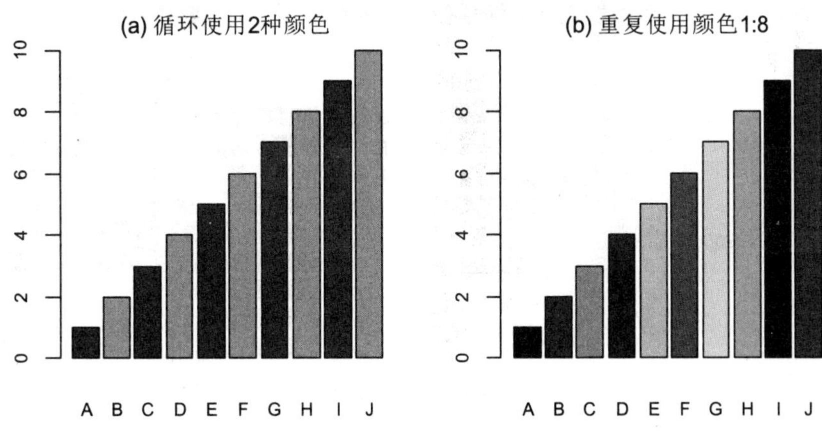

图 2–7　不同颜色设置的条形图

① 本书是单色印刷, 无法显示彩色效果. 建议读者自己运行代码获得彩图, 观看绘图效果 (部分图的彩色效果见彩插部分).

2. 调色板

如果对颜色有特殊的要求, 也可以使用调色板对图形进行配色. 使用 RColorBrewer 包中的 display.brewer.all 函数可以查看 R 的调色板, 其中包括连续型部分 (单色系)、离散型部分 (多色系) 和极端值部分 (双色系), 如图 2–8 所示.

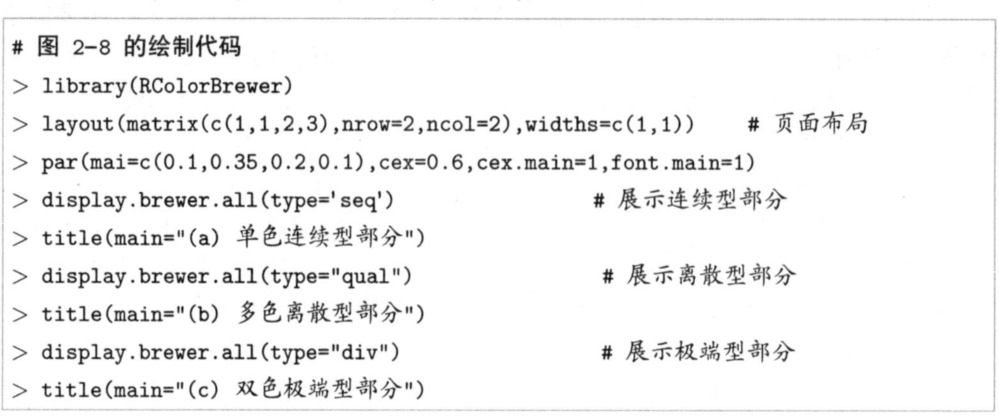

```
# 图 2-8 的绘制代码
> library(RColorBrewer)
> layout(matrix(c(1,1,2,3),nrow=2,ncol=2),widths=c(1,1))     # 页面布局
> par(mai=c(0.1,0.35,0.2,0.1),cex=0.6,cex.main=1,font.main=1)
> display.brewer.all(type='seq')                          # 展示连续型部分
> title(main="(a) 单色连续型部分")
> display.brewer.all(type="qual")                          # 展示离散型部分
> title(main="(b) 多色离散型部分")
> display.brewer.all(type="div")                          # 展示极端型部分
> title(main="(c) 双色极端型部分")
```

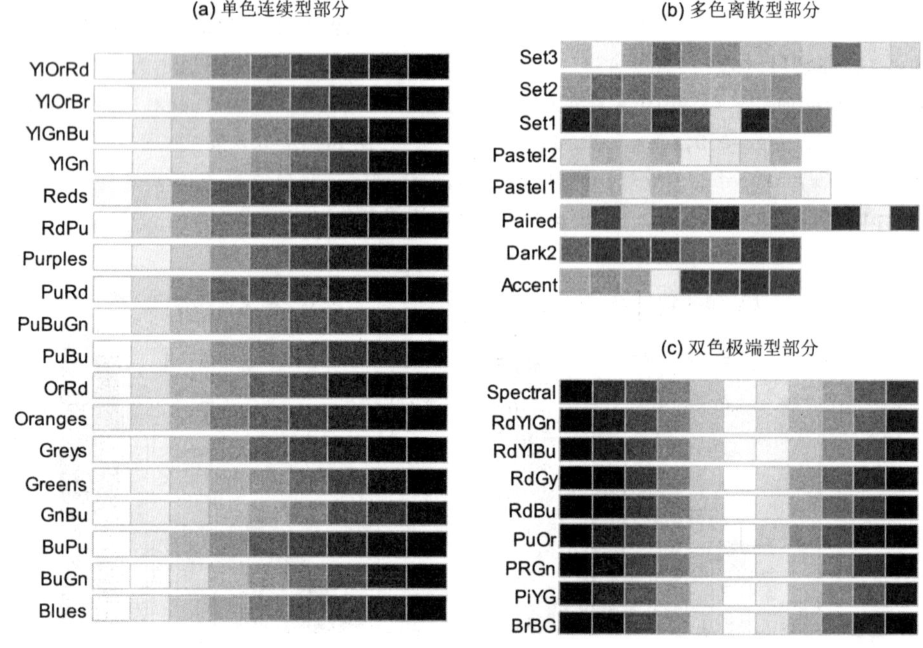

图 2–8　R 的调色板

根据图 2–8(a) 中的行名称, 使用 brewer.pal 函数可以创建自己的调色板. 创建离散型调色板时, 在最低的起点数值 (3) 和最高的终点数值 (不同调色板的最大值不同, 见图 2–8(b)) 之间选择一个数值, 即可生成所需颜色数量的调色板. 使用 display.brewer.pal 函数可以展示创建的调色板. 图 2–9 展示了不同调色板绘制的条形图.

```
# 图 2-9 的绘制代码
> library(RColorBrewer)
> par(mfrow=c(2,3),mai=c(0.1,0.3,0.3,0.1),cex=0.6,font.main=1)
> palette1<-brewer.pal(7,"Reds")               # 7 种颜色的红色连续型调色板
> palette2<-brewer.pal(7,"Set1")               # 7 种颜色的离散型调色板
> palette3<-brewer.pal(7,"RdBu")               # 7 种颜色的红蓝色极端值调色板
> palette4<-rev(brewer.pal(7,"Greens"))        # 调色板颜色反转
> palette5<-brewer.pal(8,"Spectral")[-1]       # 去掉第 1 种颜色，使用其余 7 种
> palette6<-brewer.pal(6,"RdYlBu")[2:4]        # 使用其中的 2:4 种颜色

> a<-LETTERS[1:7]
> barplot(1:7,names=a,col=palette1,main="(a) 单色连续型调色板")
> barplot(1:7,names=a,col=palette2,main="(b) 多色离散型调色板")
> barplot(1:7,names=a,col=palette3,main="(c) 双色极端值调色板")
> barplot(1:7,names=a,col=palette4,main="(d) 调色板颜色反转")
> barplot(1:7,names=a,col=palette5,main="(e) 去掉第 1 种颜色")
> barplot(1:7,names=a,col=palette6,main="(f) 使用其中的 2:4 种颜色")
```

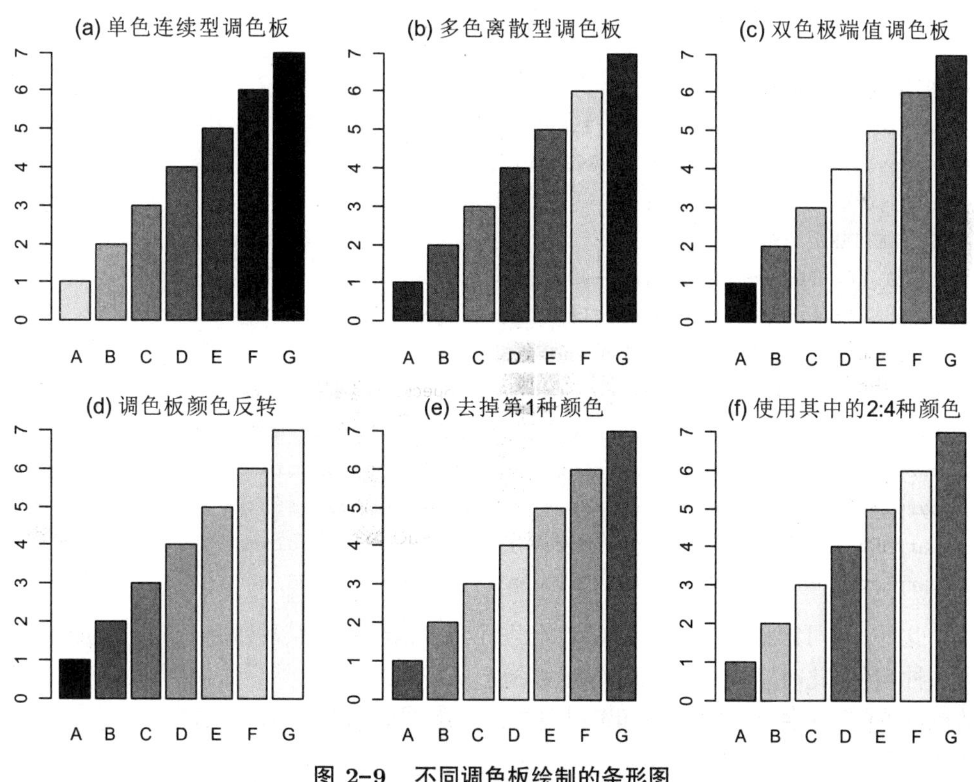

图 2-9 不同调色板绘制的条形图

运行 palette1 得到的 16 进制的颜色字符串为: "#FEE5D9" "#FCBBA1" "#FC9272" "#FB6A4A" "#EF3B2C" "#CB181D" "#99000D". 绘图时, 可使用偏爱颜色的字符串作为颜色名称, 比如, col="#FC9272". 使用 rev 函数可使调色板的颜

色反向排列, 比如, rev(brewer.pal(7,"Reds")), 表示颜色由深到浅排列.

3. grDevices 包中的调色板函数

要使用多种颜色绘图时, 也可以使用 R 的 grDevices 包提供的调色板函数, 如 col=colors() 或 col=colors(256)、col=rainbow(n,start=0.4, end =0.5) 等. 表 2–6 列出了 grDevices 包中的部分调色板函数及其简单描述.

表 2–6 grDevices 包中的部分调色板函数及其描述

函数	描述
rainbow()	颜色从红色开始, 经过橙色、黄色、绿色、蓝色、靛蓝色到紫色的顺序变化
heat.colors()	颜色从红色开始, 经过橙色到白色的顺序变化
terrain.colors()	颜色从绿色开始, 经过棕色到白色的顺序变化
topo.colors()	颜色从蓝色开始, 经过棕色到白色的顺序变化
cm.colors()	颜色从浅蓝色开始, 经过白色到紫色的顺序变化
gray.colors()	灰度 (取值在 0~100 之间) 渐变的颜色集合

图 2–10 展示了不同调色板函数生成的条形图.

```
# 图 2-10 的绘制代码
> par(mfrow=c(2,4),mai=c(0.3,0.3,0.3,0.1),cex=0.7,
+   mgp=c(1,1,0),cex.axis=0.7,cex.main=1,font.main=1)
> x<-1:8
> a<-LETTERS[1:8]                          # 生成字母标签向量
> barplot(x,names=a,col=rainbow(8),main="col=rainbow()")
> barplot(x,names=a,col=rainbow(8,start=0.4,end=0.5),
+   main="col=rainbow(start=0.4,end=0.5)")
> barplot(x,names=a,col=heat.colors(8),main="col=heat.colors()")
> barplot(x,names=a,col=terrain.colors(8),main="col=terrain.colors()")
> barplot(x,names=a,col=topo.colors(8),main="col=topo.colors()")
> barplot(x,names=a,col=cm.colors(8),main="col=cm.colors()")
> barplot(x,names=a,col=gray.colors(8),main="col=gray.colors()")
> barplot(x,names=a,col=colors(256),main="col=colors(256)")
```

此外, 也可以根据需要将满足特定条件的数据绘制成某种颜色, 其他数据绘制成另一种颜色. 此时, 可以使用 ifelse 函数指定所需要的条件, 然后绘制图形. 比如, 根据随机抽取的 10 名学生的性别和考试分数绘制的图形如图 2–11 所示.

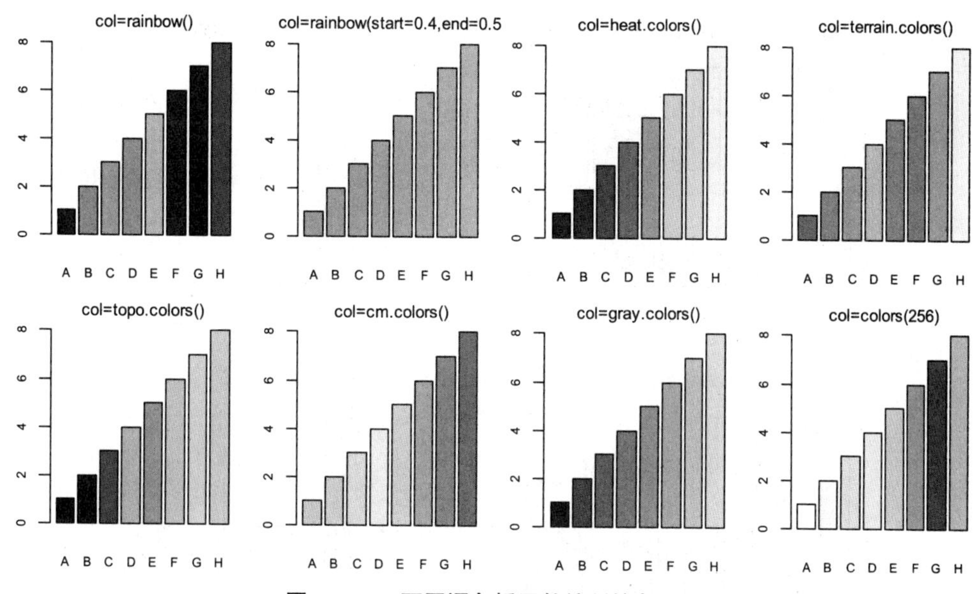

图 2-10 不同调色板函数绘制的条形图

```
# 图 2-11 的绘制代码
> x<-c(84,95,82,55,91,86,71,89,78,65)          # 10 个学生的考试分数
> sex<-c("女","女","男","女","男","男","女","女","男","女")  # 性别向量
> par(mfrow=c(2,2),mai=c(0.4,0.6,0.4,0.2),cex=0.7,font.main=1)

# 图(a)
> cols<-ifelse(x>=90,"red","blue")             # 分数 >=90 为红色，否则为蓝色
> barplot(x,names=sex,col=cols,ylab="分数",
+   main="(a) 分数 >=90 为红色，否则为蓝色")

# 图(b)
> cols<-ifelse(x<60,"green","red")             # 分数 <60 为绿色，否则为红色
> barplot(x,names=sex,col=cols,ylab="分数",
+   main="(b) 分数 <60 为绿色，否则为红色")

# 图(c)
> cols<-ifelse(x>mean(x),"red","blue")         # 分数 > 均值为红色，否则为蓝色
> barplot(x,names=sex,col=cols,ylab="分数",
+   main="(c) 分数 > 均值为红色，否则为蓝色")

# 图(d)
> cols<-ifelse(sex=="男","red","blue")         # 男性为红色，否则为蓝色
> barplot(x,names=sex,col=cols,ylab="分数",
+   main="(d) 男性为红色，否则为蓝色")
```

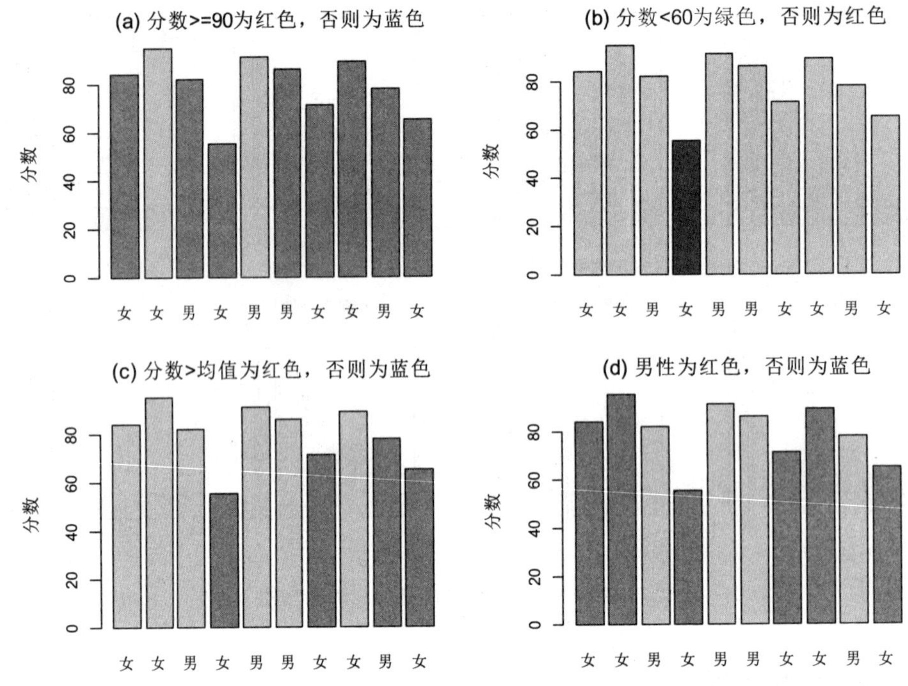

图 2–11　根据条件颜色绘制的条形图

2.3　页面布局与图形组合

一个绘图函数通常生成一幅独立的图形. 有时需要在一个绘图区域 (图形页面) 内同时绘制多幅不同的图, 或者将多幅独立的图形组合成一幅图形. R 软件有不同的页面分割方法和图形组合方法. 本节主要介绍 graphics 图形的页面分割方法, 其他图形的组合方法将在后面各章中介绍.

2.3.1　用 par 函数布局页面

par 函数中的参数 mfrow 或 mfcol 可以将一个绘图页面分割成 nr×nc 的矩阵, 然后在每个分割的区域填充一幅图. 参数 mfrow=c(nr,nc) 表示按行填充各图, mfcol=c(nr,nc) 则表示按列填充各图. 图 2–12 显示了两个参数的差异.

```
# 图 2-12 (1) 的绘制代码 (设置参数 mfcol=c(1,2) 即为图 2-12 (2))
> par(mfrow=c(2,2),mai=c(0.4,0.4,0.3,0.1),cex=0.7,
+   mgp=c(2,1,0),cex.axis=0.8,cex.main=1.2,font.main=1)
> set.seed(123)                        # 设置随机数种子
> x<-rnorm(100)                        # 生成 100 个标准正态分布随机数
```

```
> y<-rexp(100)                                  # 生成 100 个指数分布随机数
> df<-data.frame(x,y)                           # 构建数据框
> plot(df,col=sample(c("black","red","blue"),100,replace=TRUE),
+   main="(a) 散点图")
> boxplot(df,col=2:3,main="(b) 箱线图")
> hist(x,col="orange1",main="(c) 直方图")
> barplot(runif(5,10,20),names=LETTERS[1:5],col=2:6,main="(d) 条形图")
```

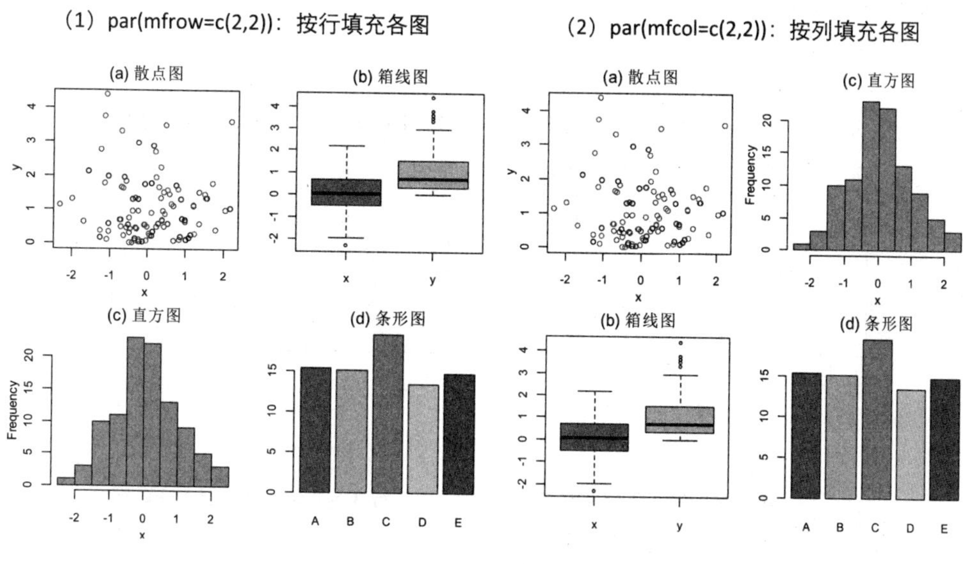

图 2-12　par 函数的页面布局

2.3.2 用 layout 函数布局页面

par 函数中的参数 c(nr,nc) 是将绘图页面的行和列分成大小相同的区域. 有时需要将绘图页面划分成不同大小的区域, 以满足不同图形的要求, 这时可以使用 layout 函数来布局. layout 函数将绘图区域划分为 nr 行 nc 列的矩阵, 并可以设置参数 widths 和 heights 将矩阵分割成大小不同的区域.

使用 layout.show 函数可以预览图形的布局. 图 2–13 显示了 layout 函数几种不同的图形布局方式.

```
# 图 2-13 的绘制代码
# 2 行 2 列的图形矩阵, 第 2 行为 1 幅图
> layout(matrix(c(1,2,3,3),nrow=2,ncol=2,byrow=TRUE),heights=c(2,1))
> layout.show(3)

# 2 行 2 列的图形矩阵, 第 2 列为 1 幅图
> layout(matrix(c(1,2,3,3),nrow=2,ncol=2),heights=c(2,1))
> layout.show(3)
```

```
# 2 行 3 列的图形矩阵, 第 2 行为 3 幅图
> layout(matrix(c(1,1,1,2,3,4),nrow=2,ncol=3,byrow=TRUE),
+   widths=c(3:1),heights=c(2,1))
> layout.show(4)

# 3 行 3 列的图形矩阵, 第 2 行为 2 幅图
> layout(matrix(c(1,2,3,4,5,5,6,7,8),3,3,byrow=TRUE),
+   widths=c(2:1),heights=c(1:1))
> layout.show(8)
```

(a) 2 行 2 列布局，第 2 行为 1 幅图

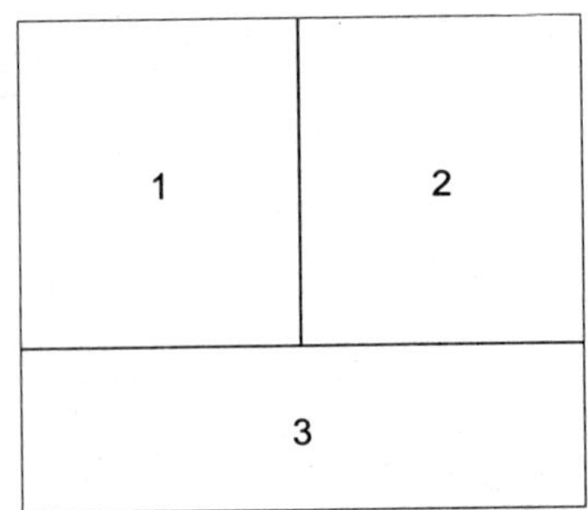

(b) 2 行 2 列布局，第 2 列为 1 幅图

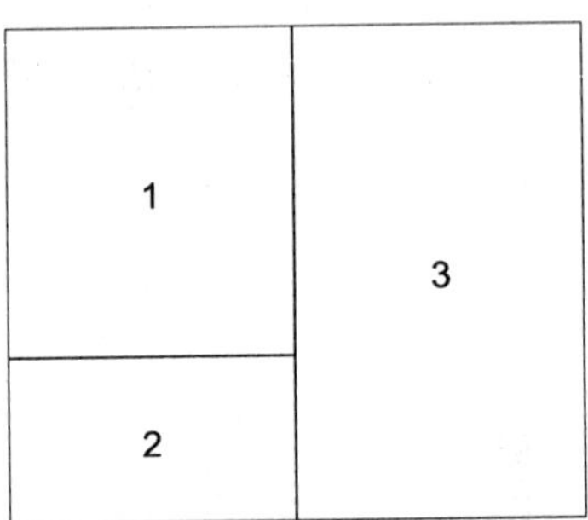

(c) 2 行 3 列布局，第 2 行为 3 幅图

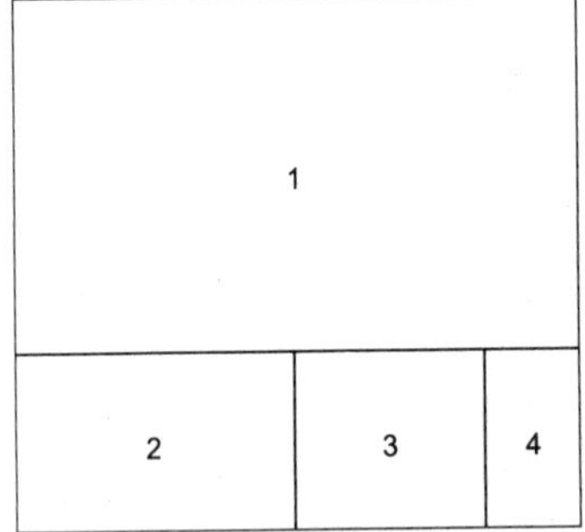

(d) 3 行 3 列布局，第 2 行为 2 幅图

1 2 3
4 5
6 7 8

图 2-13　layout 函数的页面布局

图 2–14 是 8 幅图的 layout 函数的页面布局结果.

```
# 图 2-14 的绘制代码
> n=100;set.seed(12);x<-rnorm(n);y<-rexp(n)
> layout(matrix(c(1,1,2,3,4,4,5,5,6,7,7,8),3,4,byrow=TRUE),
+   widths=c(1:1),heights=c(1:1))
> par(mai=c(0.3,0.3,0.3,0.1),cex.main=0.9,font.main=1)
> barplot(runif(8,1,8),names=LETTERS[1:8],col=2:7,main="(a) 条形图")
> pie(1:12,col=rainbow(6),labels="",border=NA,main="(b) 饼图")
> qqnorm(y,col=1:7,pch=19,xlab="",ylab="",main="(c) Q-Q 图")
> plot(x,y,pch=21,bg=c(2,3,4),cex=1.2,xlab="",ylab="",main="(d) 散点图")
```

```
> plot(rnorm(25),rnorm(25),cex=(y+2),col=2:4,lwd=2,
+   xlab="",ylab="",main="(e) 气泡图")
> hist(rnorm(1000),col=3,xlab="",ylab="",main="(f) 直方图")
> plot(density(y),col=4,lwd=1,xlab="",ylab="",main="(g) 核密度图")
> polygon(density(y),col="gold",border="blue")
> boxplot(x,col=2,main="(h) 箱线图")
```

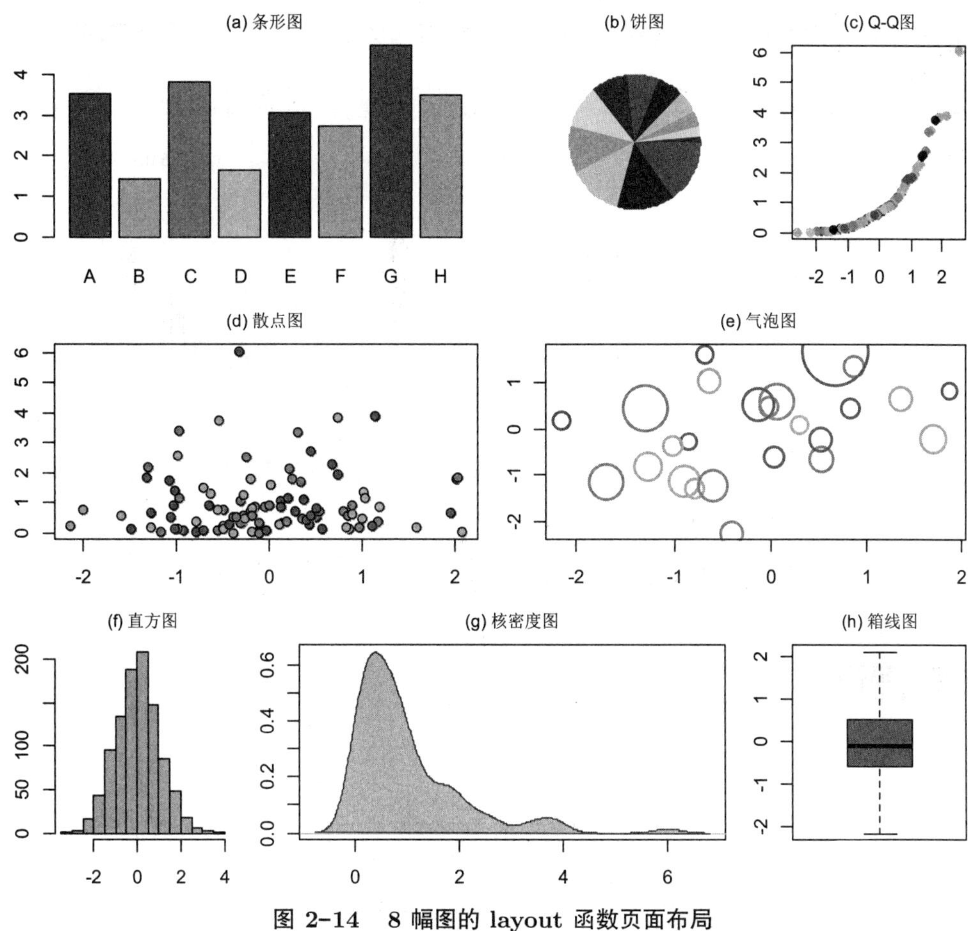

图 2-14　8 幅图的 layout 函数页面布局

2.3.3 同时打开多个绘图窗口

页面布局和图形组合是在一个图形页面中绘制多幅图. 也可以在 R 平台中同时打开多个绘图窗口, 以比较不同的图形. 比如, 画出一组数据的直方图后, 想再画出该组数据的核密度图. 在画完直方图后, 如果再输入一条绘制核密度图的命令, 前面绘制的直方图就会被删除, 无法再次看到. 如果想保留之前绘制的直方图, 在绘制核密度图之前, 输入命令 dev.new(), 就会打开一个新的绘图窗口, 在新窗口绘制核密度图, 之前绘制的直方图窗口依然保留. R 软件可以同时打开多个绘图窗口. 图 2-15 是在不同窗口绘制的同一组数据的直方图与核密度图.

```
# 图 2-15 的绘制代码
> x<-rnorm(1000)                                        # 生成 1000 个标准正态分布的随机数
> hist(x,col=3,xlab="",ylab="",main="直方图")          # 绘制直方图
> dev.new()                                             # 打开一个新的绘图窗口
> plot(density(x),xlab="",ylab="",main="核密度图")     # 绘制核密度图
```

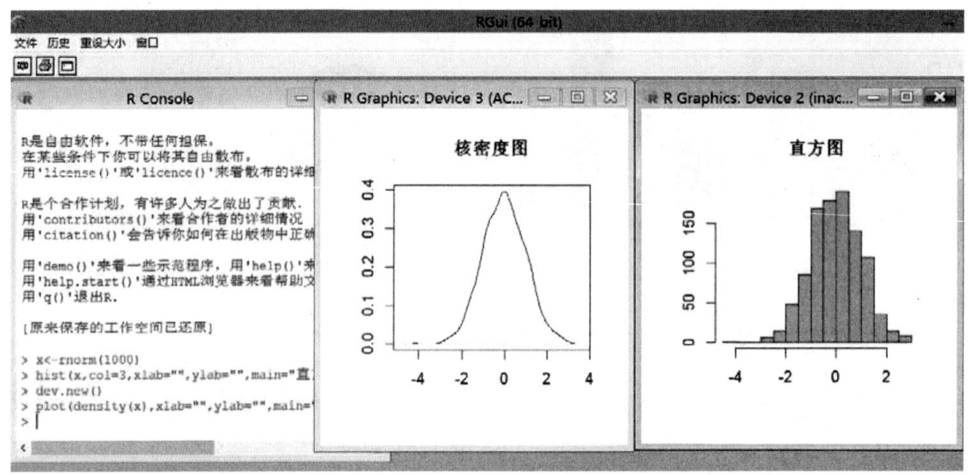

图 2-15 在两个绘图窗口分别绘制直方图与核密度图

要关闭新的绘图窗口, 使用函数 dev.off() 即可.

本章图谱

下面的图谱展示了本章的知识结构.

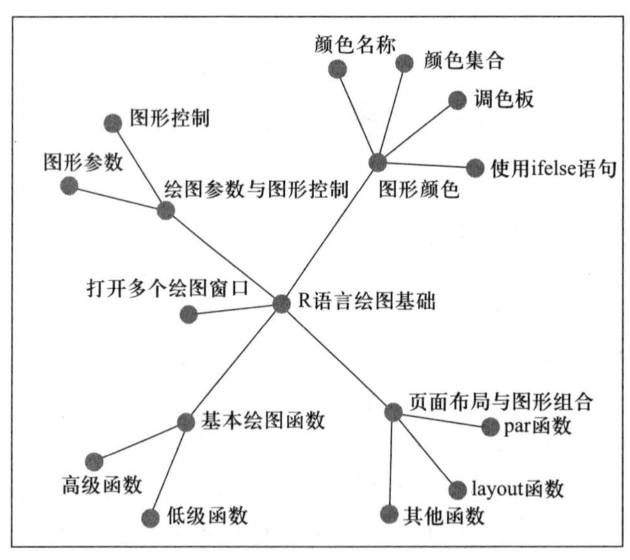

习题

2.1　graphics 包中的高级绘图函数和低级绘图函数有何区别? 请说出其中的两个高级绘图函数和两个低级绘图函数.

2.2　简要说明 par 函数和 layout 函数在图形页面布局上的差异.

2.3　用 layout 函数设置 11 幅图的一个页面, 并用 layout.show 函数显示该页面.

2.4　下面是 5 个不同专业的统计学考试的平均分数.

专业	经济	会计	营销	金融	管理
平均分数	85	82	78	91	75

(1) 绘制条形图, 分别使用 rainbow 函数和 topo.colors 函数生成的颜色填充图中的各条.

(2) 分别使用连续型调色板、离散型调色板和极端值调色板绘制条形图.

(3) 绘制条形图, 分数大于 90, 用红色填充, 否则用蓝色填充.

2.5　根据习题 2.4 的数据, 在 R 中同时打开 3 个窗口绘制条形图.

第 3 章 Chapter 3 类别数据可视化

类别数据分析主要是观察类别的频数分布、频数百分比、类别变量之间的关系等，其可视化图形有条形图、树状图、马赛克图、关联图、气球图、热图、玫瑰图、金字塔图、饼图等.

3.1 条形图及其变种

条形图 (bar plot) 是用一定宽度和高度的矩形表示各类别频数多少的图形, 主要用于展示类别数据的频数分布. 绘制条形图时, 各类别可以放在 x 轴 (横轴), 也可以放在 y 轴 (纵轴). 类别放在 x 轴的条形图称为**垂直条形图** (vertical bar plot) 或柱形图, 类别放在 y 轴的条形图称为**水平条形图** (horizontal bar plot).

3.1.1 简单条形图和帕累托图

根据一个类别变量或一维表绘制的条形图就是**简单条形图** (simple bar plot), 它是用一个坐标轴表示各类别、另一个坐标轴表示类别频数绘制的条形图.

下面通过一个例子说明简单条形图的绘制方法及其解读.

【例 3-1】 (数据: data3_1.csv) 沿用例 1-1. 为便于表述, 将数据 data1_1 重新命名为 data3_1. 根据 2 000 个消费者网购情况的调查数据, 分别绘制性别、网购次数和满意度的简单条形图.

R 软件中有多个包都提供了绘制条形图的函数. 下面首先使用基础安装包 graphics 中的 barplot 函数来绘制条形图. 该函数使用的绘图数据可以是向量、矩阵或列联表. 图 3-1 是由 barplot 函数绘制的 2 000 个被调查者网购情况的条形图.

```
# 图 3-1 的绘制代码
> data3_1<-read.csv("C:/mydata/chap03/data3_1.csv")
> attach(data3_1)                               # 绑定数据框 data3_1
> table1<-table(性别)                           # 生成性别的一维表
> table2<-table(网购次数)                       # 生成网购次数的一维表
> table3<-table(满意度)                         # 生成满意度的一维表
> layout(matrix(c(1,2,3,3),2,2,byrow=TRUE))     # 页面布局
```

```
> par(mai=c(0.6,0.6,0.3,0.1),cex.main=1,font.main=1,font.main=1)
                                              # 设置图形边距和字体大小等
# 图 3-1(a)
> barplot(table1,xlab="人数",ylab="性别",        # 绘制性别的条形图
+   horiz=TRUE,                                # 水平排放各条
+   density=30,angle=0,                        # 设置填充密度和密度线的角度
+   col=c("grey80","grey50"),border="blue",     # 设置颜色向量
+   main="(a) 水平条形图")                       # 添加标题
# 图 3-1(b)
> barplot(table2,xlab="网购次数",ylab="人数",density=20,angle=90,
+  col=2:4,border="red",main="(b) 垂直条形图")  # 绘制网购次数的条形图
# 图 3-1(c)
> barplot(table3,xlab="满意度",ylab="人数",cex.names=1.2,cex.lab=1.2,
+   col=c("#DE2D26","#31A354","#3182BD"),
+   main="(c) 垂直条形图")                       # 绘制满意度的条形图
```

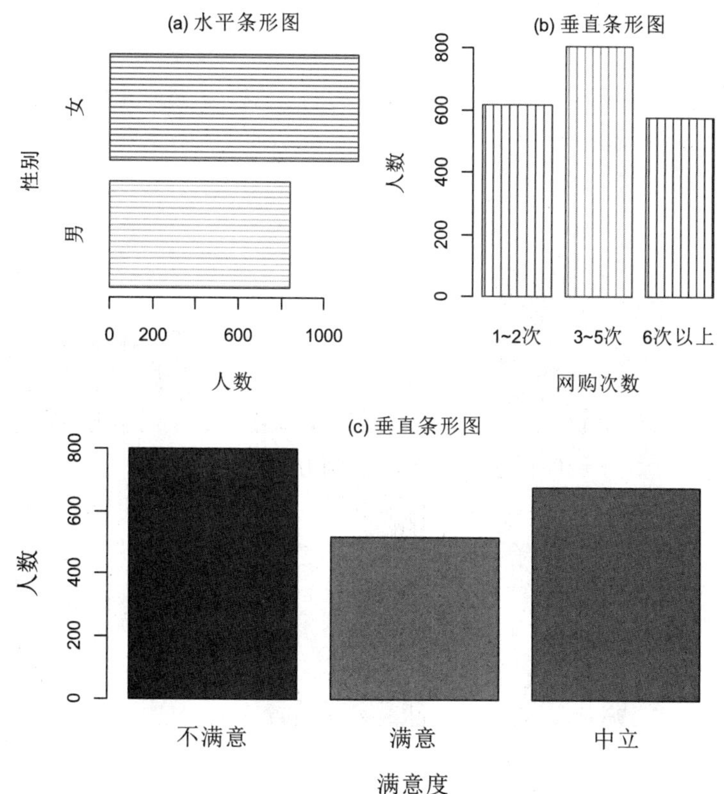

图 3-1　2 000 个被调查者网购情况的条形图

图 3–1(a) 显示, 在全部 2 000 个被调查者中, 女性人数多于男性. 图 3–1(b) 显示, 网购次数在 3~5 次的人数最多, 6 次以上的人数最少. 图 3–1(c) 显示, 在全部被调查者中, 不满意的人数最多, 满意的人数最少.

为使条形图反映出更多信息, 也可以给条形图添加频数标签、频数百分比、误差

条等. barplot 函数中没有提供添加频数的参数, 需要使用 text 函数添加频数, 也可以使用 DescTools 包中的 BarText 函数、plotrix 包中的 barlabels 函数给条形图添加标签, 但相对来说比较繁琐.

sjPlot 包是专门用于社会科学统计分析的数据可视化包, 其中提供了数据可视化的多个函数. 该包中的 plot_frq 函数绘制条形图 (该函数可以绘制条形图、点图、直方图、线图、核密度图、箱线图、小提琴图等多种图形) 时, 可以自动为图形添加类别的频数标签和频数百分比标签等信息, 而且该函数可直接使用类别变量绘图, 而不需要事先生成列联表. 使用 sjPlot 包前需要下载并安装. 以满意度为例, 由 plot_frq 函数绘制的条形图如图 3–2 所示.

```
# 图 3-2 的绘制代码
> data3_1<-read.csv("C:/mydata/chap03/data3_1.csv")
> library(sjPlot)
# 设置图形主题 (可根据需要设置, 也可以省略, 使用函数的默认设置)
> set_theme(axis.textsize=0.8,                    # 设置坐标轴刻度字体大小
+   axis.title.size=0.8,                          # 设置坐标轴标题字体大小
+   geom.label.size=2.5)                          # 设置图形标签字体大小
# 绘制条形图
> plot_frq(data=data3_1, 满意度,type="bar",        # 绘制满意度的条形图
+   show.n=TRUE,show.prc=TRUE)                    # 显示类别频数和频数百分比
```

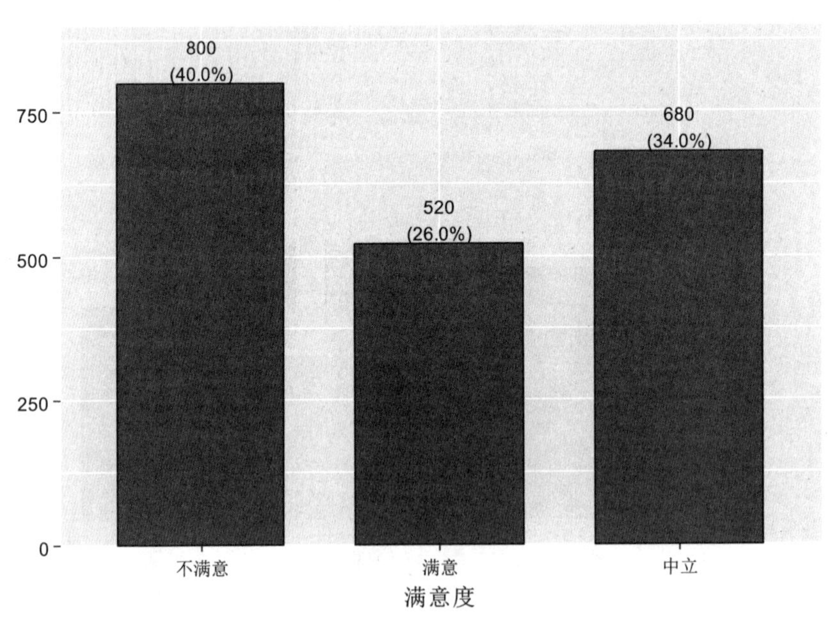

图 3–2　2 000 个被调查者满意度的条形图

图 3–2 中画出了各类别频数, 括号中的数字是各类别的频数百分比.

帕累托图 (Pareto plot) 是将各类别的频数降序排列后绘制的条形图, 该图是以意大利经济学家维尔弗雷多 · 帕累托 (Vilfredo Pareto) 的名字命名的. 帕累托图可以看作简单条形图的变种, 利用该图很容易看出哪类频数出现得最多, 哪类频数出现得最

少. 以例 3-1 的满意度为例, 绘制的帕累托图如图 3-3 所示.

```
# 图 3-3 的绘制代码
> data3_1<-read.csv("C:/mydata/chap03/data3_1.csv")
> x<-sort(table(data3_1$ 满意度),decreasing=TRUE) # 生成一维表并将频数降序排列
> bar<-barplot(x,xlab="满意度",ylab="人数",         # 绘制条形图
+   col=RColorBrewer::brewer.pal(3,"Reds"),          # 设置调色板
+   ylim=c(0,1000))                                  # 设置 y 轴范围
> text(bar,x,labels=x,pos=3,col="black")             # 为条形图添加频数标签
> y<-cumsum(x)/sum(x)                                # 计算累积频率
> par(new=T)                                         # 绘制一幅新图加在现有的图形上
> plot(y,type="b",pch=15,axes=FALSE,xlab=' ',ylab=' ',main=' ')
                                                     # 绘制累积频率折线
> axis(side=4)                                       # 在第 4 个边添加坐标轴
> mtext("累积频率",side=4,line=3,cex=0.8)             # 增加坐标轴标签
> text(labels="累积分布曲线",x=2.4,y=0.95,cex=1)      # 增加注释文本
```

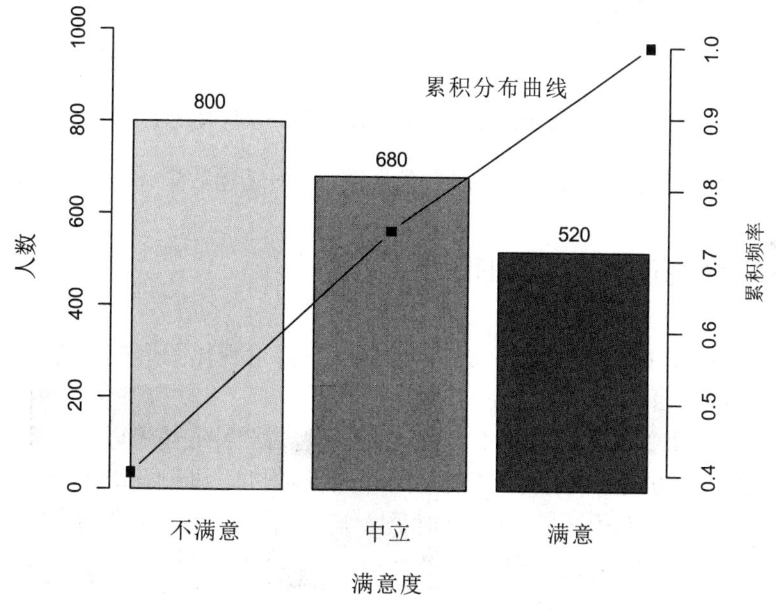

图 3-3　被调查者满意度分布的帕累托图

图 3-3 显示, 被调查者中不同满意度的人数从多到少依次是“不满意”“中立”“满意”.

使用 DescTools 包中的 Desc 函数[①], 不仅可以生成某个类别变量的频数分布表, 还可以绘制出该类别变量按各类别频数排序的条形图 (实际上就是帕累托图), 并同时

① Desc 函数是对各种类型的变量进行汇总的一个函数, 用于计算变量 x 的描述性统计结果并绘制图形, 参数 x 可以是某个类别变量, 也可以是列联表. 对于一个类别变量或一维表, 函数绘制出条形图 (代码 Desc(table(data3_1$ 满意度),main="") 绘制的图形与图 3-4 相同) ; 对于二维表或多维表, 函数绘制出马赛克图. 读者可运行代码 Desc(table(data3_1$ 性别,data3_1$ 满意度)) 和 Desc(table(data3_1$ 性别,data3_1$ 网购次数,data3_1$ 满意度)) 观察其图形. 更多信息查阅函数帮助.

绘制出各类别频数的累计百分比图. 以例 3–1 的满意度为例, 由 Desc 函数绘制的条形图如图 3–4 所示.

```
# 图 3-4 的绘制代码 (以被调查者的满意度分布为例)
> data3_1<-read.csv("C:/mydata/chap03/data3_1.csv")
> library(DescTools)
> Desc(data3_1$ 满意度,main="")
```

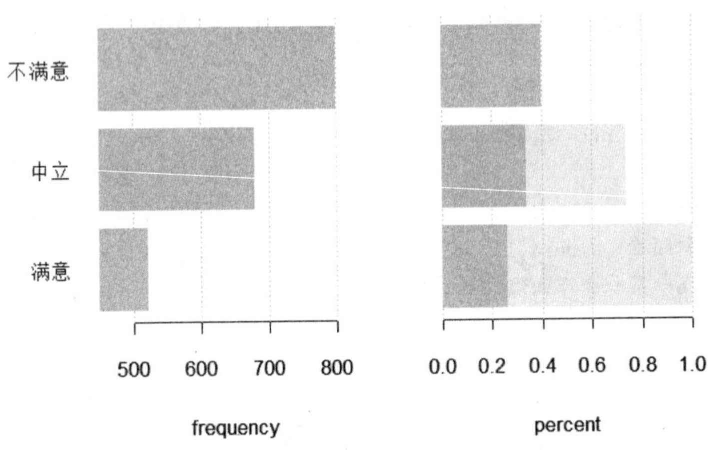

图 3–4　被调查者满意度频数的条形图和累计百分比条形图

图 3–4 的左图是按频数多少排序的条形图, 右图是频数累计百分比条形图.

3.1.2　并列条形图和堆叠条形图

当有两个类别变量时, 可以生成二维列联表, 其可视化图形有并列条形图和堆叠条形图、脊形图、百分比条形图等.

绘制两个类别变量的条形图时, 可以使用原始数据绘图, 也可以先生成二维列联表再绘图. 根据绘制方式不同有**并列条形图** (juxtaposed bar plot) 和**堆叠条形图** (stacked bar plot) 等. 在并列条形图中, 一个类别变量作为坐标轴, 另一个类别变量各类别频数的条形并列摆放; 在堆叠条形图中, 一个类别变量作为坐标轴, 另一个类别变量各类别的频数按比例堆叠在同一个条中.

使用 barplot 函数默认绘制堆叠条形图, 设置参数 beside=TRUE 可绘制并列条形图. 使用 DescTools 包中的 BarText 函数、plotrix 包中的 barlabels 函数可以给条形图添加频数标签. 使用 barplot 结合 BarText 函数绘制的条形图如图 3–5 所示.

```
# 图 3-5 的绘制代码
> data3_1<-read.csv("C:/mydata/chap03/data3_1.csv")
> attach(data3_1)
# 生成频数表
> tab1<-table(性别, 网购次数)                # 生成性别与网购次数的二维表
> tab2<-table(性别, 满意度)                  # 生成性别与满意度的二维表
```

```
> tab3<-table(网购次数, 满意度)                    # 生成网购次数与满意度的二维表
# 绘制条形图 b1、b2、b3 和 b4
> library(DescTools)                               # 加载包
> par(mfrow=c(2,2),mai=c(0.55,0.6,0.7,0.1),cex.main=1,font.main=1)
> b1<-barplot(tab1,beside=TRUE,                    # 绘制垂直并列条形图
+   xlab="网购次数",ylab="人数",main="(a) 垂直并列",
+   col=c("#66C2A5","#FC8D62"),                    # 设置颜色向量
+   legend=rownames(tab1),                         # 设置图例名称
+     args.legend=list(x=4,y=550,                  # 设置图例位置坐标
+     ncol=2,cex=0.8,box.col="grey80"))            # 设置图例摆放方式和边框颜色
> BarText(tab1,b=b1,beside=TRUE,cex=1,top=TRUE,col="blue3")    # 添加标签

> b2<-barplot(tab2,beside=TRUE,horiz=TRUE,xlab="人数",ylab="满意度",
+   main="(b) 水平并列",col=c("#66C2A5","#FC8D62"),
+   legend=rownames(tab2),args.legend=list(x=165,y=10.5,ncol=2,
+     cex=0.8,box.col="grey80"))
> BarText(tab2,b=b2,beside=TRUE,horiz=TRUE,cex=1,top=FALSE)

> b3<-barplot(tab3,xlab="满意度",ylab="人数",main="(c) 垂直堆叠",
+   col=c("#66C2A5","#FC8D62","#E78AC3"),
+   legend=rownames(tab3),args.legend=list(x=3.6,y=950,ncol=3,
+     cex=0.8,box.col="grey80"))
> BarText(tab3,b=b3,cex=1)

> b4<-barplot(tab3,horiz=TRUE,xlab="人数",ylab="满意度",
+   main="(d) 水平堆叠",col=c("#66C2A5","#FC8D62","#E78AC3"),
+   legend=rownames(tab3),args.legend=list(x=750,y=4.5,ncol=3,
+     cex=0.8,box.col="grey80"))
> BarText(tab3,b=b4,horiz=TRUE,col="black",cex=1)
```

使用 sjPlot 包中的 plot.xtab 函数也可以绘制条形图, 而且可以自动为图形添加频数标签和频数百分比标签等信息, 还可以根据需要添加列联表的 Pearson 卡方独立性检验及相关性等信息. 以例 3-1 中的性别和满意度两个变量为例, 绘制的并列条形图和堆叠条形图如图 3-6 所示.

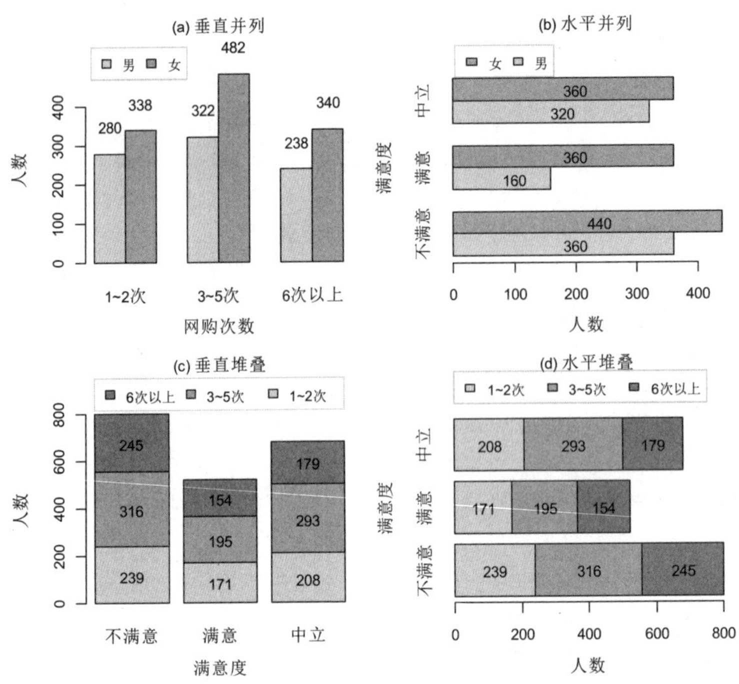

图 3-5　性别、网购次数、满意度人数分布的并列条形图和堆叠条形图

```
# 图 3-6 的绘制代码
> data3_1<-read.csv("C:/mydata/chap03/data3_1.csv")
> library(sjPlot)
# 设置图形主题 (省略则使用函数默认设置)
> set_theme(title.size=0.8,                # 设置图形标题字体大小
+    axis.title.size=0.8,                  # 设置坐标轴标题字体大小
+    axis.textsize=0.8,                    # 设置坐标轴字体大小
+    geom.label.size=2.5,                  # 设置图形标签字体大小
+    legend.size=0.8,                      # 设置图例字体大小
+    legend.title.size=0.8)                # 设置图例标题主题大小
# 绘制图形 p1 和 p2
> p1<-plot.xtab(data3_1$ 满意度,data3_1$ 性别,
+   bar.pos="dodge",                       # 绘制并列条形图
+   show.n=TRUE,show.prc=TRUE,             # 显示频数和百分比
+   show.summary=TRUE,                     # 显示卡方检验的统计量信息摘要
+   show.total=FALSE,                      # 不绘制各类别的总和
+   vjust="center",                        # 调整频数标签摆放的垂直位置
+   title="(a) 并列条形图")                  # 设置图形标题
> p2<-plot.xtab(data3_1$ 满意度,data3_1$ 性别,
+   bar.pos="stack",                       # 绘制堆叠条形图
+   show.n=TRUE,show.prc=TRUE,
+   show.total=TRUE,                       # 绘制各类别的总和
+   vjust="middle",title="(b) 堆叠条形图")
> plot_grid(list(p1,p2),margin=c(0.3,0.3,0.3,0.3)) # 组合图形 p1 和 p2
```

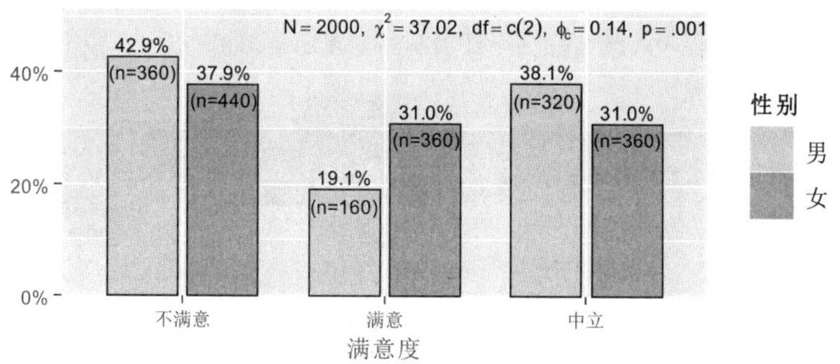

(b) 堆叠条形图

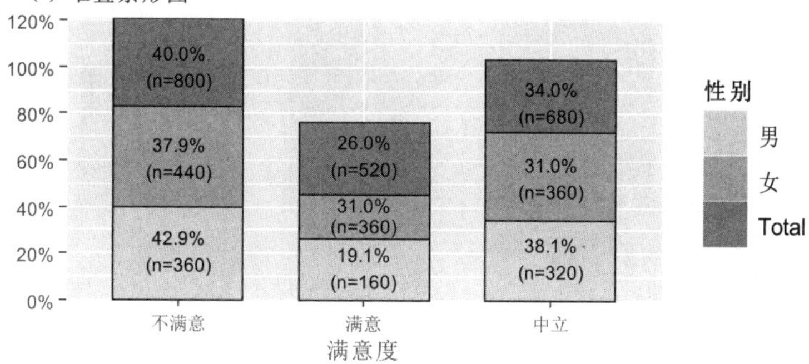

图 3-6　性别与满意度人数分布的并列条形图和堆叠条形图

图 3-6 中画出了每个类别的频数和相应于本类别的频数百分比. 图 3-6(a) 中列出了 Pearson 卡方检验的统计量信息, 其中包括样本量 N, χ^2 统计量的值, 表示相关程度的列联系数和检验的 P 值. 结果显示, $P = 0.001$, 表示满意度与性别不独立, 或者说二者之间具有相关性; 列联系数 $\phi_c = 0.14$, 表示满意度与性别的相关程度. 图 3-6(b) 绘制了每个类别频数的总和及其百分比. 如果要将条形图水平摆放, 可设置 coord.flip=TRUE.

为增强视觉效果, 也可以绘制 3D (三维) 条形图. R 有多个包都提供了绘制 3D 图形的函数, 其中 epade 包中的 bar3d.ade 函数和 bar.plot.ade 函数、barplot3d 包中的 barplot3d 函数等均可以绘制 3D 条形图.

使用 epade 包中的 bar.plot.ade 函数绘制 3D 条形图时, 默认参数 beside=TRUE, 即绘制并列条形图, 设置 beside=FALSE 可绘制堆叠条形图. 以例 3-1 的性别和满意度为例, 绘制的 3D 并列条形图如图 3-7 所示.

```
# 图 3-7 的绘制代码
> data3_1<-read.csv("C:/mydata/chap03/data3_1.csv")
> library(epade)
> bar.plot.ade(data3_1$ 性别,data3_1$ 满意度,      # 绘制并列条形图 (默认)
+   form="z",wall=4,                              # 设置 3D 条形式样和图形风格
+   prozent=TRUE,                                 # 在条形上画出百分比
```

```
+    btext=TRUE,                             # 画出卡方检验的 P 值
+    xlab="满意度",ylab="人数",main="性别与满意度的条形图")
```

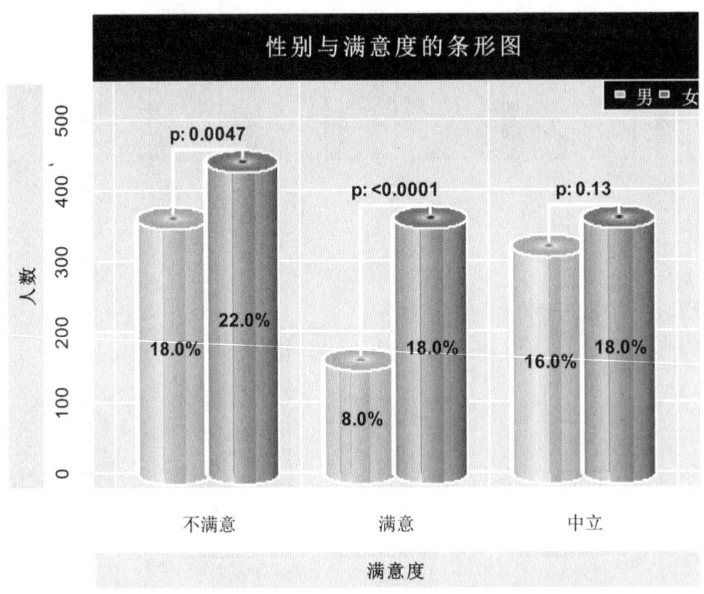

图 3–7　性别与满意度的 3D 并列条形图

图 3–7 中画出了在“不满意”“满意”“中立”三个类别中, 男女人数分布差异的显著性检验 P 值. 以“不满意”这一类别为例, 该检验的原假设是: 男性人数与女性人数 (与期望频数相比) 无显著差异, 利用 χ^2 检验得到的 $P = 0.004\,7$. 这一 P 值足以拒绝原假设, 表示男女人数有显著差异. 在“满意”这一类别中, 检验的 $P < 0.000\,1$, 表示男女人数也有显著差异; 而在中立这一类别中, 检验的 $P = 0.13$, 这一 P 值不足以拒绝原假设, 表示在“中立”这一类别中, 男女人数无显著差异.

根据满意度和网购次数绘制的 3D 堆叠条形图如图 3–8 所示.

```
# 图 3-8 的绘制代码
> data3_1<-read.csv("C:/mydata/chap03/data3_1.csv")
> library(epade)
> bar.plot.ade(data3_1$满意度,data3_1$网购次数,beside=FALSE,   # 绘制堆叠条形图
+    form="c",wall=1,prozent=TRUE,btext=TRUE,lhoriz=FALSE,
+    xlab="网购次数",ylab="人数")
```

图 3–8 中的 P 值均较小, 表示网购次数在 1~2 次、3~5 次、6 次以上三个类别中, 表示不满意、满意、中立的人数之间均有显著差异.

使用 plotrix 包中的 addtable2plot 函数, 可以将列联表添加在由 barplot 函数绘制的图形中. 限于篇幅, 这里不再举例, 要了解更多信息可查阅函数帮助.

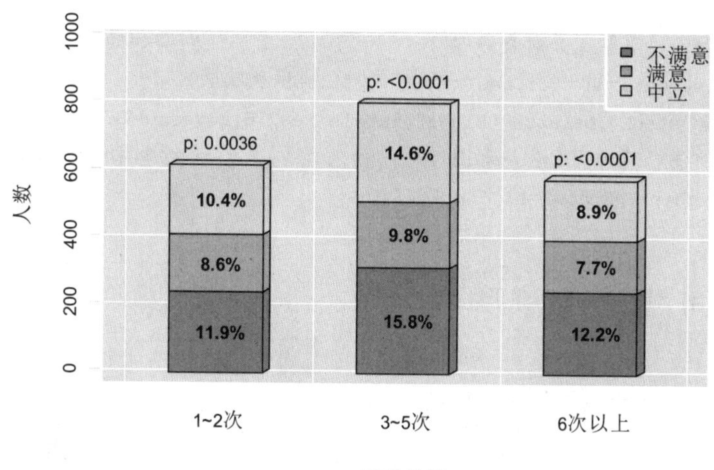

图 3-8 满意度与网购次数的 3D 堆叠条形图

3.1.3 不等宽条形图和脊形图

在普通条形图中, 每个条的宽度都是相同的 (宽度不含任何信息), 而条的高度则取决于各类别的相应频数. 如果能用各条形的宽度表示样本量的大小, 就会提供更多的信息.

1. 不等宽条形图

对于两个类别变量或二维列联表, 可以用一个变量各类别条形的宽度表示样本量, 另一个类别变量的各类别以并列或堆叠的方式绘制条形图. 这样的条形图就是不等宽条形图. 使用 ggiraphExtra 包 (需要同时加载 ggplot2 包) 中的 ggSpine 函数可以绘制不等宽条形图. 以例 3–1 中的性别、网购次数和满意度为例, 由 ggSpine 函数绘制的不等宽条形图如图 3–9 所示.

```
# 图 3-9 的绘制代码
> library(ggiraphExtra) ;require(ggplot2)
> library(gridExtra)                          # 为使用图形组合函数 grid.arrange
> data3_1<-read.csv("C:/mydata/chap03/data3_1.csv")
# 绘制图形 p1 和 p2
> p1<-ggSpine(data=data3_1,aes(x=满意度,fill=网购次数),
+   position="dodge",palette="Reds",labelsize=2.5)+   # 绘制并列条形图
+   theme(legend.position=c(0.52,0.88),               # 设置图例位置
+     legend.direction="horizontal",                  # 图例水平排列
+     legend.title=element_text(size=7),              # 设置图例标题字体大小
+     legend.text=element_text(size="6"))+            # 设置图例字体大小
```

```
+   ggtitle("(a) 不等宽并列条形图")                          # 添加标题
> p2<-ggSpine(data=data3_1,aes(x=满意度,fill=网购次数),
+   position="stack",palette="Blues",labelsize=2.5,reverse=TRUE)+
+   ggtitle("(b) 不等宽堆叠条形图")                          # 绘制堆叠条形图
> grid.arrange(p1,p2,ncol=1)                                 # 按 1 列组合图形 p1 和 p2
```

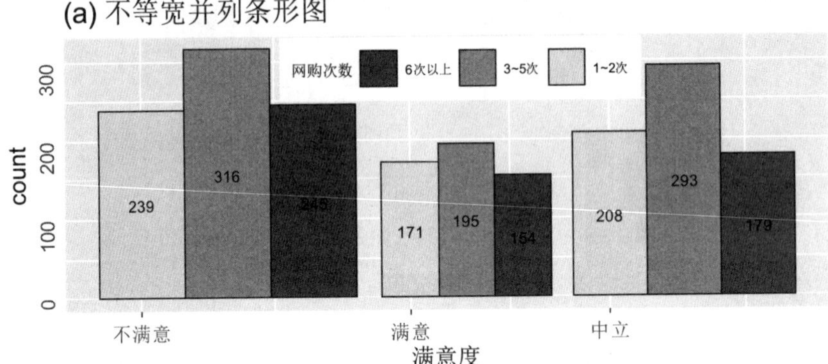

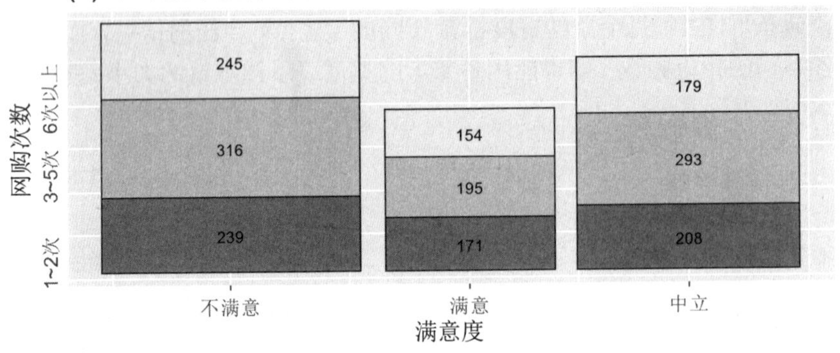

图 3–9 满意度和网购次数的不等宽并列条形图和堆叠条形图

在图 3–9 中, x 轴上不同满意度的条形宽度与相应的样本量成正比例.

2. 脊形图

脊形图 (spine plot) 是根据各类别的比例绘制的一种条形图, 它可以看作堆叠条形图的变种, 也可以看作马赛克图的一个特例. 绘制脊形图时, 将某个类别各条的高度都设定为 1 或 100%, 条的宽度与观测频数 (样本量) 成正比, 条内每一段的高度表示另一个类别变量各类别的频数比例. 脊形图比普通百分比条形图提供的信息更多, 可作为百分比条形图的替代图形.

使用 graphics 包中的 spineplot 函数、vcd 包中的 spine 函数、ggiraphExtra 包中的 ggSpine 函数等均可以绘制脊形图. 以例 3–1 的性别与满意度、网购次数与满意度为例, 由 graphics 包中的 spineplot 函数绘制的脊形图如图 3–10 所示.

```
# 图 3-10 的绘制代码
> data3_1<-read.csv("C:/mydata/chap03/data3_1.csv")
> par(mfrow=c(1,2),mai=c(0.6,0.6,0.4,0.4),cex.main=1,font.main=1)
> spineplot(factor(性别)~factor(满意度),data=data3_1,
+   col=c("#FB8072","#80B1D3"),
+   xlab="满意度",ylab="性别",main="(a) 性别与满意度")
> spineplot(factor(网购次数)~factor(满意度),data=data3_1,
+   col=c("#7FC97F","#BEAED4","#FDC086"),
+   xlab="满意度",ylab="网购次数",main="(b) 网购次数与满意度")
```

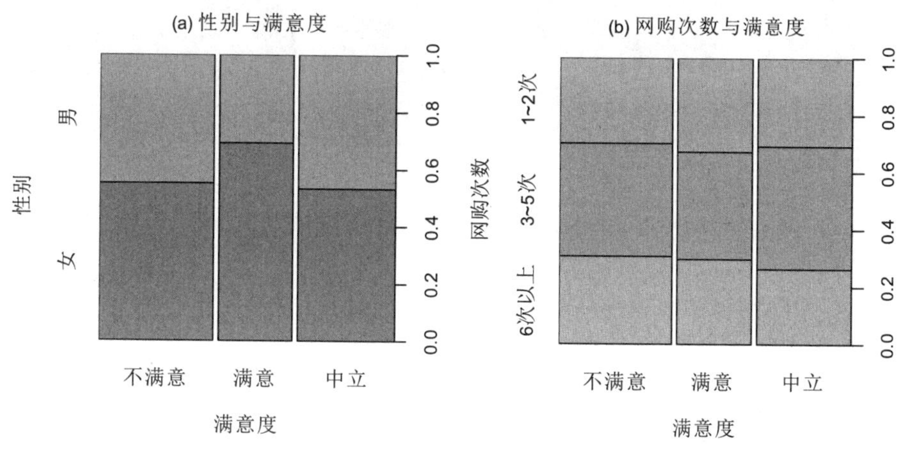

图 3-10 性别与满意度、网购次数与满意度的脊形图

图 3–10 中的第 4 个坐标轴列出的是频数比例. 图 3–10(a) 显示, 表示不满意的条最宽, 表示中立的其次, 表示满意的最窄. 说明在所有被调查者中, 不满意的人数比例最高, 中立的人数比例次之, 满意的人数比例最低. 从性别看, 在表示满意的人中, 女性的人数比例高于男性, 而表示不满意和中立的男女人数比例相差不大. 图 3–10(b) 显示, 从网购次数看, 网购次数在 3~5 次的人数比例最高, 而网购次数在 1~2 次和 6 次以上的人数比例相差不大.

使用 ggiraphExtra 包中的 ggSpine 函数不仅可以绘制两个类别变量的脊形图, 还可以绘制按第 3 个类别变量分面的脊形图. 由该函数绘制的按性别分面的满意度与网购次数的脊形图如图 3–11 所示.

```
# 图 3-11 的绘制代码
> data3_1<-read.csv("C:/mydata/chap03/data3_1.csv")
> library(ggiraphExtra);require(ggplot2)
> ggSpine(data=data3_1,aes(x=满意度,fill=网购次数,facet=性别),
+   palette="Reds",labelsize=3,reverse=TRUE)
```

图 3–11 实际上是一种不等宽百分比条形图, 条的宽度与样本量成正比. 图中列出了每个类别频数的百分比.

使用 descriptr 包中的 ds_cross_table 函数可以生成另一种形式的二维列联表, 用

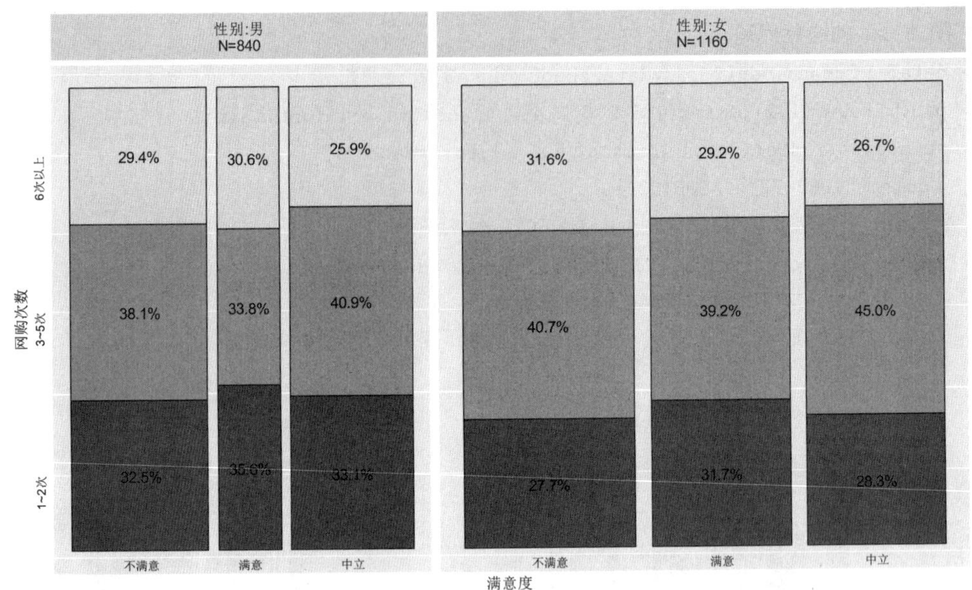

图 3–11 按性别分面的满意度与网购次数的脊形图

plot 函数可以绘制该列联表的百分比条形图, 限于篇幅, 这里不再举例.

3.2 树状图

当有两个或两个以上类别变量时, 可以将各类别的层次结构画成树状的形式, 称为**树状图** (dendrogram) 或分层树状图. 树状图有不同的表现形式, 它可以看作条形图的另一个变种, 主要用来展示各类别变量之间的层次结构关系, 尤其适合展示 3 个及 3 个以上类别变量的情形 (也可以用于展示两个类别变量).

3.2.1 条形树状图

条形树状图是将多个类别变量的层次结构画成条形分支的形式. 第 1 个变量作为一级分类, 然后依次画出第 2 个变量、第 3 个变量等对应类别的层次结构.

使用 plotrix 包中的 plot.dendrite 函数和 sizetree 函数可以绘制出不同式样的树状图. 根据例 3–1 的数据, 由 plot.dendrite 绘制的条形树状图如图 3–12 所示.

```
# 图 3-12 的绘制代码
> data3_1<-read.csv("C:/mydata/chap03/data3_1.csv")
> library(plotrix)
> cols=c(不满意="violetred2", 满意="steelblue1", 中立="darkorange1")
> plot.dendrite(data3_1,xlabels=names(data3_1), # 设置 x 轴标签
+   col=cols,cex=0.95,mar=c(1,0,0,0))           # 设置颜色、字体大小和图形边界
```

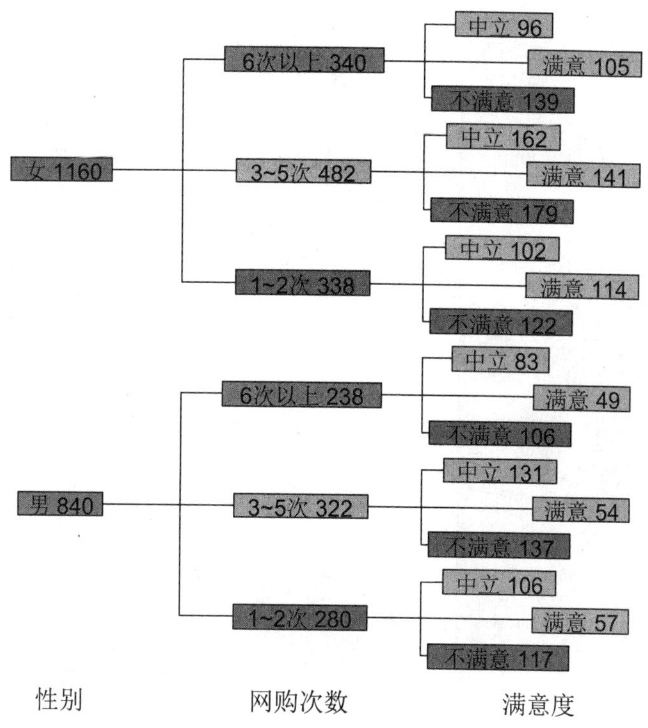

图 3–12　性别、网购次数、满意度的条形树状图

图 3–12 的第 1 层是性别分类; 第 2 层是网购次数分类, 可视为第 1 层的子类; 第 3 层是满意度分类, 可视为第 1 层和第 2 层的子类.

使用 sizetree 函数可以绘制另一种形式的树状图, 称为**大小树状图** (size tree) 或规模树状图. 该树状图用于展示数据框中多个类别变量各类别的层次结构. 第 1 列矩形表示一个变量的类别, 第 2 列矩形表示第 1 列的子类, 等等, 每个矩形的高度均为 1 或 100%. 每个类别变量的子类堆叠在相应的矩形中, 其高度与相应的频数成正比. 以例 3–1 的数据为例, 由 sizetree 函数绘制的大小树状图如图 3–13 所示.

```
# 图 3-13 的绘制代码
> data3_1<-read.csv("C:/mydata/chap03/data3_1.csv")
> library(plotrix)
>cols<-list(c("#FDD0A2","#FD8D3C"),c("#C6DBEF","#9ECAE1","#6BAED6"),c("#C7E9C0
","#A1D99B","#74C476"))                                    # 设置颜色列表
> sizetree(data3_1,col=cols,
+    showval=TRUE,showcount=TRUE,stacklabels=TRUE, # 显示类别标签、频数、变量名
+    border="black",base.cex=0.7)              # 设置矩形边框的颜色和标签字体的大小
```

图 3–13 中括号内的数字是各类别的相应频数. 根据需要也可以绘制某个类别的树状图, 比如, 使用数据 data3_1[data3_1$ 性别 =="女",], 即可绘制性别为女性的网购次数和满意度的大小树状图.

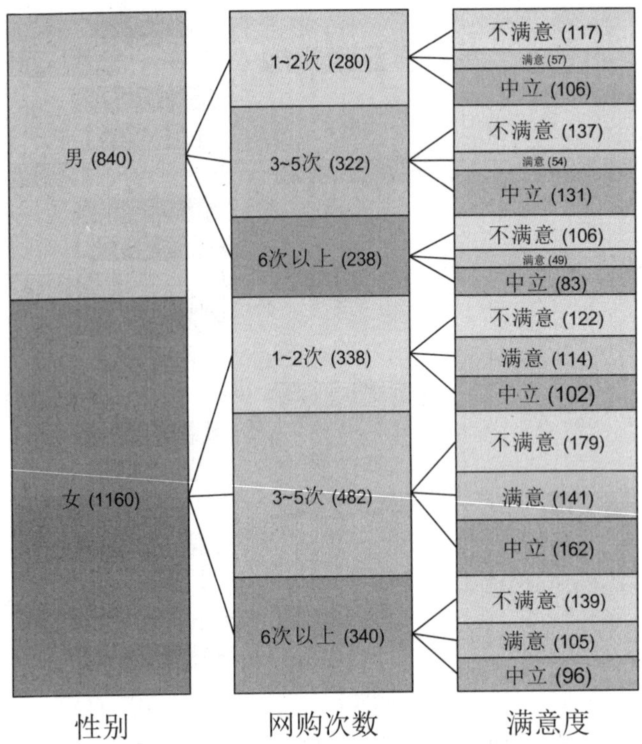

图 3-13　性别、网购次数、满意度的大小树状图

3.2.2 矩形树状图

矩形树状图是将多个类别变量的层次结构绘制在一个表示总频数的大的矩形中, 每个子类用不同大小的矩形嵌套在这个大的矩形中. 嵌套矩形表示各子类别的频数, 其大小与相应的子类频数成正比.

使用 treemap 包中的 treemap 函数、DescTools 包中的 PlotTreemap 函数等均可以绘制矩形树状图.

treemap 包中的 treemap 函数要求的绘图数据必须是数据框, 其中包含一个或多个索引 (index) 列, 即因子 (类别变量), 一个确定矩形区域大小 (vSize) 的列 (数值变量), 以及确定矩形颜色 (vColor) 的列 (可选的数值变量). 矩形树状图的索引变量可以是一个或多个, 但为了反映层次结构, 索引变量通常需要两个或两个以上. 以例 3–1 的数据为例, 使用性别、网购次数、满意度 3 个索引变量绘制的矩形树状图如图 3–14 所示.

```
# 图 3-14 的绘制代码
> library(treemap)
> data3_1<-read.csv("C:/mydata/chap03/data3_1.csv")
# 生成带有交叉频数的数据框
> tab<-ftable(data3_1)          # 生成列联表 (也可以使用 table 函数生成列联表)
```

```
> d<-as.data.frame(tab)          # 将列联表转换成带有类别频数的数据框
> df<-data.frame(d[,-4],频数=d$Freq)                    # 将 Freq 修改为频数
# 绘制矩形树状图
> treemap(df,index=c("性别","网购次数","满意度"),        # 设置索引的列名称
+   vSize="频数",                                       # 设置矩形大小的列名称
+   type="index",                                       # 设置矩形的着色方式
+   fontsize.labels=9,                                  # 设置标签字体大小
+   position.legend="bottom",                           # 设置图例位置
+   title="")                                           # 不显示主标题
```

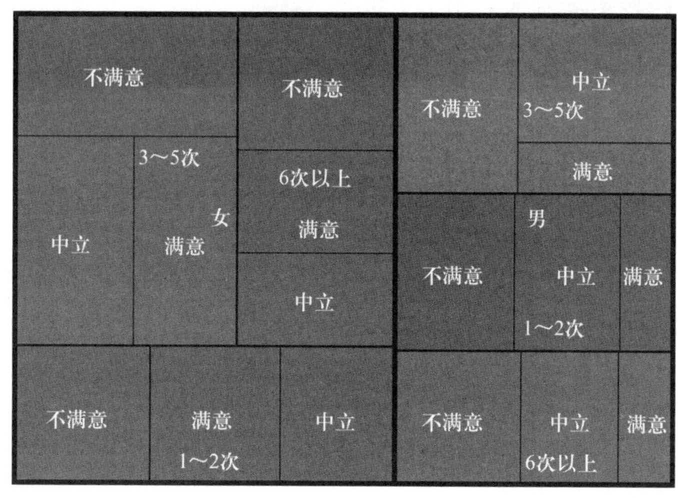

图 3-14 以性别、网购次数、满意度为索引的矩形树状图

图 3–14 是包含 3 个索引变量的矩形树状图. 其中, 第 1 层聚类是按两种颜色区分的性别, 并在图中用粗线分割整个矩形, 分割的大小与男女的人数成正比; 第 2 层聚类是网购次数, 在图中用较粗的线分割层内矩形; 第 3 层聚类是满意度, 图中用细线分割层内矩形. 根据各矩形的大小可以分析不同层次结构中的频数.

设置参数 vColor="频数" 和 type="value", 可以将 vColor 指定的列直接映射到调色板. 调色板中的 0 值表示中间颜色 (白色或黄色), 负值和正值为其他颜色 (默认负值为红色, 正值为绿色), 如图 3–15 所示.

```
# 图 3-15 的绘制代码 (使用图 3-14 构建的数据框 df)
> treemap::treemap(df,index=c("性别","网购次数","满意度"),
+   vSize="频数",
+   vColor="频数",                  # 设置矩形颜色的列名称
+   type="value",                   # 设置矩形的着色方式
+   fontsize.labels=9,title="")
```

图 3–15 下方调色板中的颜色越浅, 表示频数越小, 颜色越深, 表示频数越大. 比

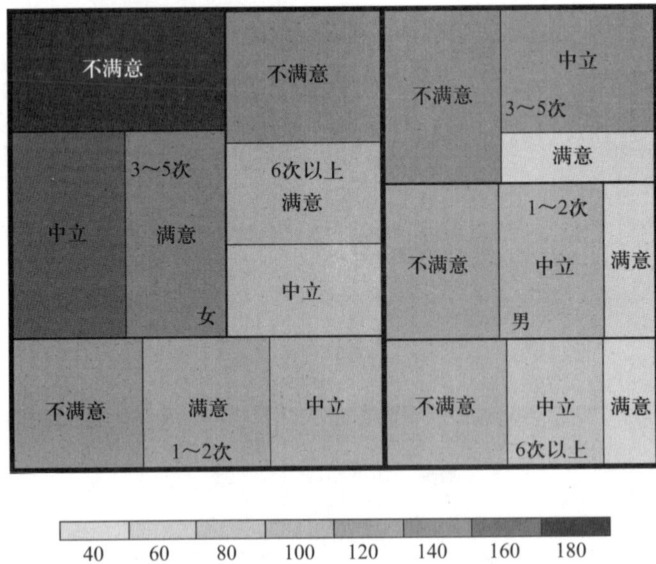

图 3-15 用频数着色的矩形树状图

如, 女性网购次数在 3~5 次时, 表示不满意的人数最多; 在 6 次以上时, 表示中立的人数最少; 等等.

当数据的层次结构较多时, 用矩形树状图展示就显得有些凌乱, 不易于观察和分析, 此时可以使用能展示更多层次结构的旭日图, 见 3.8 节.

3.3 马赛克图及其变种

马赛克图 (mosaic plot) 是可视化两个或两个以上类别变量的图形, 尤其适合展示两个以上的类别变量, 它可视为条形图的变种. 马赛克图使用的绘图数据可以是原始的类别变量, 也可以是列联表.

3.3.1 马赛克图

马赛克图是用矩形表示列联表中对应频数的一种图形, 图中嵌套矩形的面积与列联表相应单元格的频数成正比.

使用 graphics 包中的 mosaicplot 函数、vcd 包中的 mosaic 函数和 strucplot 函数、DescTool 包中的 PlotMosaic 函数、ggmosaic 包中的 geom_mosaic 函数等均可以创建马赛克图. 以例 3-1 的性别、网购次数和满意度为例, 由 graphics 包中的 mosaicplot 函数绘制的简单马赛克图和扩展的马赛克图如图 3-16 所示.

```
# 图 3-16 的绘制代码
> data3_1<-read.csv("C:/mydata/chap03/data3_1.csv")
> par(mfrow=c(1,2),mai=c(0.3,0.3,0.2,0.1),cex.main=0.8,font.main=1)
> mosaicplot(~性别 + 网购次数 + 满意度,data=data3_1,cex.axis=0.7,
+   col=c("#E41A1C","#377EB8","#4DAF4A"),
+   off=8,        # 确定镶嵌图每一层的百分比间距的偏移向量
+   dir=c("v","h","v"),
                  # 设置镶嵌图每一层的分割方向 (垂直方向为“v”, 水平方向为“h”)
+   main="(a) 简单马赛克图")
> mosaicplot(~性别 + 网购次数 + 满意度,data=data3_1,
+   shade=TRUE,cex.axis=0.7,off=8,dir=c("v","h","v"),
+   main="(b) 扩展的马赛克图")
```

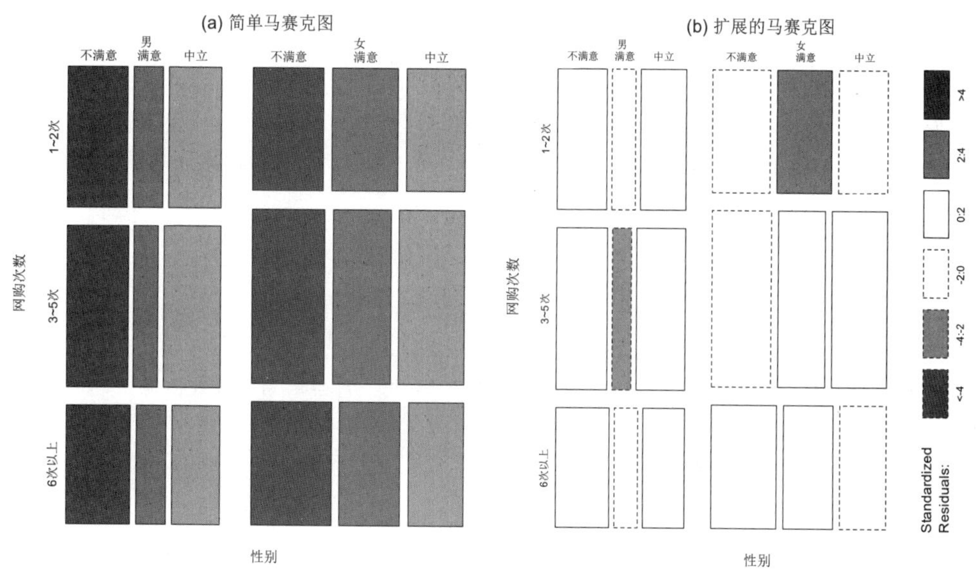

图 3-16　性别、网购次数、满意度的马赛克图

图 3–16 中的每个矩形对应于多维列联表的单元格频数, 矩形的相对高度和宽度与单元格频数成正比.

图 3–16(a) 显示, 在全部被调查者中, 女性的人数多于男性; 网购次数在 3~5 次的人数最多, 1~2 次的次之, 6 次以上的最少. 在满意度评价方面, 网购次数在 1~2 次和 3~5 次时, 男性表示不满意和中立的人数相当, 表示满意的人数最少; 网购次数在 6 次以上时, 男性不满意的人数最多, 满意的人数最少. 女性在各网购次数中不满意的人数都最多, 但网购次数在 1~2 次和 6 次以上时, 满意的人数略多于中立的人数; 网购次数在 3~5 次时, 满意的人数和中立的人数相当.

图 3–16(b) 是设置参数 shade=TRUE 绘制的扩展的马赛克图. 图的右侧列出了用颜色表示的 Pearson 标准化残差. 图中的实线表示残差为正, 虚线表示残差为负. 不同的颜色表示不同的残差大小, 蓝色表示正残差, 红色表示负残差, 颜色越深, 表示残差越大. 结果显示, 在女性中, 网购次数在 1~2 次时, 表示满意的残差为正值, 且残差

较大, 矩形用蓝色表示; 在男性中, 网购次数在 3~5 次时, 表示满意的残差为负值, 且残差较大, 矩形用红色表示.

3.3.2 马赛克图的变种

除了普通的马赛克图外, vcd 包还提供了各式各样变种的马赛克图. 比如, sieve 函数绘制的筛网图、tile 函数绘制的瓦片图、doubledecker 函数绘制的双层图、cotabplot 函数绘制的条件马赛克图、pairs 函数绘制的马赛克图矩阵等. 函数的绘图数据是矩阵形式的列联表, 或是由 structable 函数、ftable 函数或 table 函数生成的列联表对象.

使用 mosaic 函数或 strucplot 函数可以绘制形式多样的马赛克图, 而且可以在图上添加观测频数或期望频数等信息; 使用 mplot 函数可以将多幅马赛克图组合在一起. 以性别、网购次数和满意度为例, 由该函数绘制的马赛克图如图 3–17 所示.

```
# 图 3-17 的绘制代码
> library(vcd)
> data3_1<-read.csv("C:/mydata/chap03/data3_1.csv")
> tab<-structable(data3_1)    # 生成多维列联表 (或用 table 或 ftable 生成列联表)
> p1<-mosaic(tab,shade=TRUE,
+   labeling=labeling_values,                   # 生成频数标签
+   return_grob=TRUE,                           # 返回 grob 对象
+   main="(a) 显示观测频数")
> p2<-mosaic(tab,shade=TRUE,labeling=labeling_values,
+   value_type="expected",                      # 绘制期望频数标签
+   return_grob=TRUE,
+   main="(b) 显示期望频数")
> mplot(p1,p2,cex=0.5,layout=c(1,2))            # 按 1 行 2 列组合 p1 和 p2
```

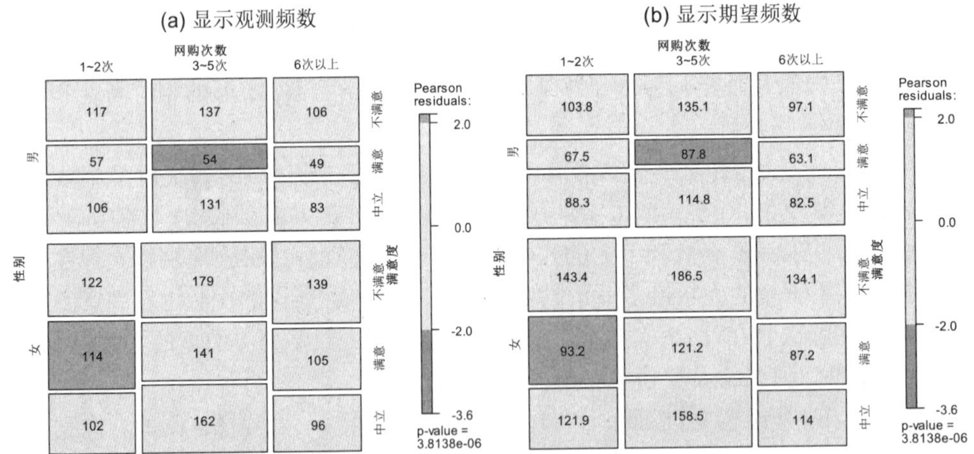

图 3–17　带有观测频数和期望频数的马赛克图

图 3–17(a) 设置了参数 labeling=labeling_values, 函数默认画出各单元格的观测频

数, 并用不同颜色标出残差较大的单元格, 其中蓝色表示残差为正, 红色表示残差为负. 图 3–17(b) 设置了参数 labeling=labeling_values 和 value_type="expected", 函数画出相应单元格的期望频数. 图的右侧画出了用颜色表示的 Pearson 残差 (观测频数与期望频数之差), 下方列出了 χ^2 检验的 P 值. P 值显示, 不同类别之间的频数差异显著.

使用 sieve 函数可以绘制**筛网图** (sieve plot), 该图可用于展示二维列联表或多维列联表, 图中矩形的面积与相应单元格的观测频数成正比, 每个矩形中的多个小正方形 (网格) 表示该单元格的观测频数, 网格的密度表示观察频数与期望频数的差异. 以性别、网购次数和满意度为例, 由 sieve 函数绘制的筛网图如图 3–18 所示.

```
# 图 3-18 的绘制代码 (使用图 3-17 生成的列联表 tab)
> p3<-vcd::sieve(tab,shade=TRUE,labeling=labeling_values,
+   return_grob=TRUE,main="(a) 显示观测频数")
> p4<-vcd::sieve(tab,shade=TRUE,
+   labeling=labeling_values,value_type="expected",
+   return_grob=TRUE,main="(b) 显示期望频数")
> mplot(p3,p4,cex=0.5,layout=c(1,2))                # 按 1 行 2 列组合 p3 和 p4
```

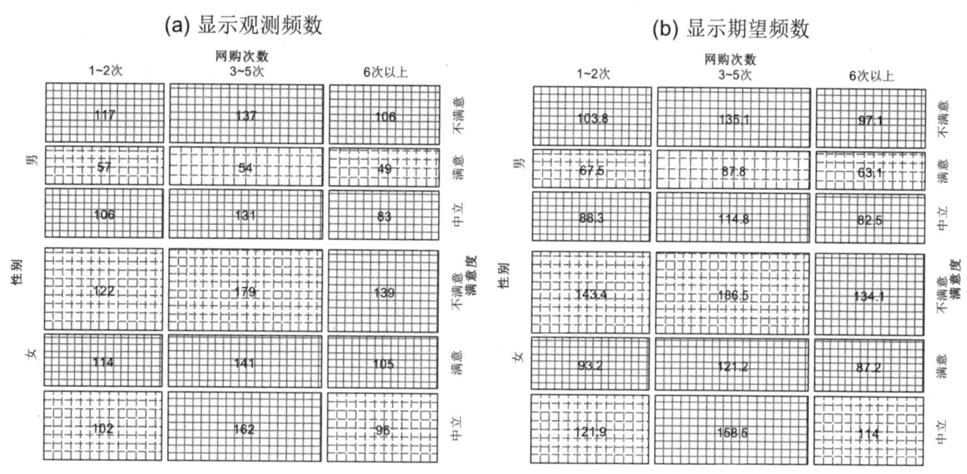

图 3–18　带有观测频数和期望频数的筛网图

图 3–18 中的每个矩形大小与列联表相应单元格的观测频数成正比, 每个矩形中筛网的数量表示该单元格的观测频数. 用蓝色的实线矩形表示该单元格的残差为正, 用红色的虚线矩形表示该单元格的残差为负.

使用 tile 函数可以绘制**瓦片图** (tile plot). 该图生成一个矩形网格矩阵, 其中每一个矩形的面积 (宽度或高度) 与相应单元格的观测频数成正比. 用 tile 函数绘制的瓦片图如图 3–19(a) 所示.

使用 doubledecker 函数可以绘制**双层图** (doubledecker plot), 该图展示了一个类别变量与另一个类别变量的依赖关系. 在形式上, 它们是镶嵌图形. 除最后一个表示因变量的维度水平拆分外, 其他维度的所有矩形都是垂直拆分, 如图 3–19(b) 所示.

```
# 图 3-19 的绘制代码 (使用图 3-17 生成的列联表 tab)
> p5<-vcd::tile(tab,shade=TRUE,tile_type="area",       # 用面积表示矩形大小
+   squared_tiles=FALSE,                               # 不显示行或列中的空白
+   labeling=labeling_values,
+   return_grob=TRUE,main="(a) 瓦片图")
> p6<-vcd::doubledecker(tab,abeling=labeling_values,
+   return_grob=TRUE,main="(b) 双层图")
> mplot(p5,p6,cex=0.5,layout=c(1,2))                  # 按 1 行 2 列组合 p5 和 p6
```

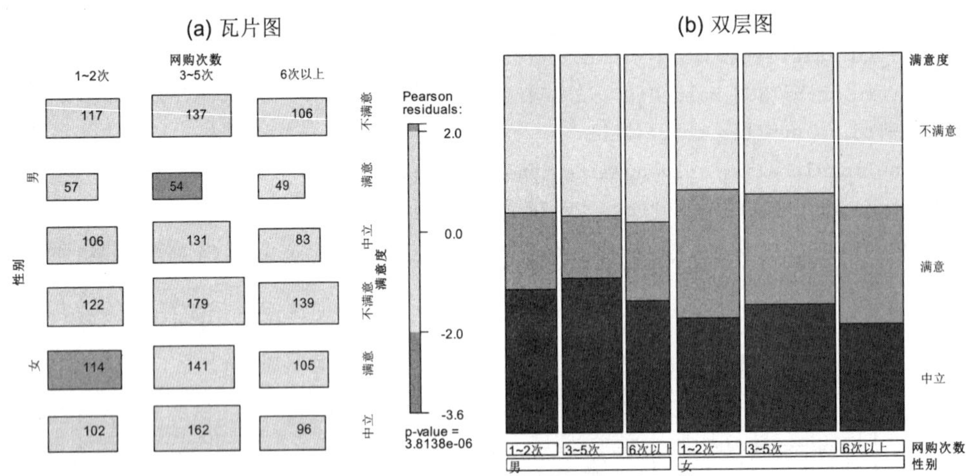

图 3-19　性别、网购次数、满意度的瓦片图和双层图

图 3–19(a) 显示, 面积最大的是网购次数为 3~5 次时, 女性不满意的矩形, 对应单元格的频数是 179; 面积最小的是网购次数在 6 次以上时, 男性满意的矩形, 对应单元格的频数是 49. 图 3–19(b) 是将性别和网购次数垂直拆分、满意度水平拆分绘制的双层图.

使用 vcd 包中的 cotabplot 函数可以创建条件马赛克图. 该图类似于使用 lattice 包创建的网格图. 它将一个类别变量作为条件变量, 并以这个变量分类绘制其他变量的马赛克图, 如图 3–20 所示.

```
# 图 3-20 的绘制代码
> tab<-structable(性别 ~ 网购次数 + 满意度,data=data3_1)     # 生成多维列联表
> vcd::cotabplot(tab,labeling=labeling_values)             # 显示相应单元格的频数
```

使用 vcd 包中的 pairs 函数可以绘制马赛克图矩阵, 请读者自己练习.

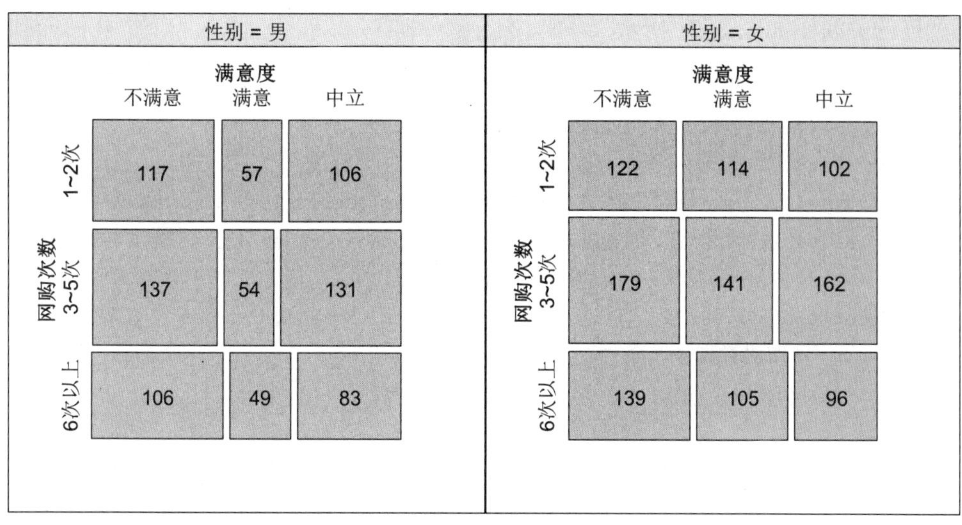

图 3–20　以性别为条件的马赛克图

3.4　关联图和独立性检验 P 值图

关联图 (association plot) 和独立性检验的 P 值图是分析列联表中行变量和列变量关系的两种图形.

3.4.1　关联图

对于二维列联表, 可以使用 Pearson 卡方检验来分析行变量 (R) 和列变量 (C) 是否独立. 设 f_{ij} 为单元格的观测频数, e_{ij} 为单元格的期望频数, $(f_{ij}-e_{ij})$ 称为 Pearson 残差. 由卡方统计量的计算公式 $\chi^2=\sum\sum\dfrac{(f_{ij}-e_{ij})^2}{e_{ij}}$ 可知, f_{ij} 与 e_{ij} 差异越大, 卡方统计量的值就越大, 而检验的 P 值就越小, 从而导致拒绝原假设, 表示行变量与列变量不独立, 或者说二者之间有相关性.

关联图就是展示行变量和列变量差异的图形. 它将图形以 $R\times C$ 的形式布局, 列联表中每一个单元格的观测频数和期望频数用一个矩形表示. 设 $d_{ij}=(f_{ij}-e_{ij})/\sqrt{e_{ij}}$, 矩形的高度与 d_{ij} 成比例, 矩形的宽度与期望频数的平方根 $\sqrt{e_{ij}}$ 成比例, 而矩形的面积则与观测频数和期望频数之差 $(f_{ij}-e_{ij})$ 即 Pearson 残差成正比. 每行中的矩形相对于表示独立的基线 ($d_{ij}=0$) 进行定位 (当观测频数等于期望频数时, $d_{ij}=0$, 表示行变量与列变量独立). 如果一个单元格的观测频数大于期望频数, 矩形将高于基线; 如果一个单元格的观测频数小于期望频数, 则矩形低于基线.

graphics 包中的 assocplot 函数可用于绘制二维列联表的相关图. 当矩形高于基线时, 函数以 col 参数指定的第一个颜色着色 (默认为黑色); 当矩形低于基线时, 函数以 col 指定的第二个颜色着色 (默认为红色). 由该函数绘制的满意度与性别、网购次数与满意度的关联图如图 3–21 所示.

```
# 图 3-21 的绘制代码
> data3_1<-read.csv("C:/mydata/chap03/data3_1.csv")
> attach(data3_1)
> par(mfrow=c(1,2),mai=c(0.7,0.7,0.3,0.1),cex=0.7,cex.main=1,font.main=1)
> assocplot(table(满意度, 性别),col=c("black","red"),main="(a) 满意度与性别")
> box(col="grey50")
> assocplot(table(网购次数, 满意度),col=c("black","red"),
+  main="(b) 网购次数与满意度")
> box(col="grey50")                # 为图形添加边框
```

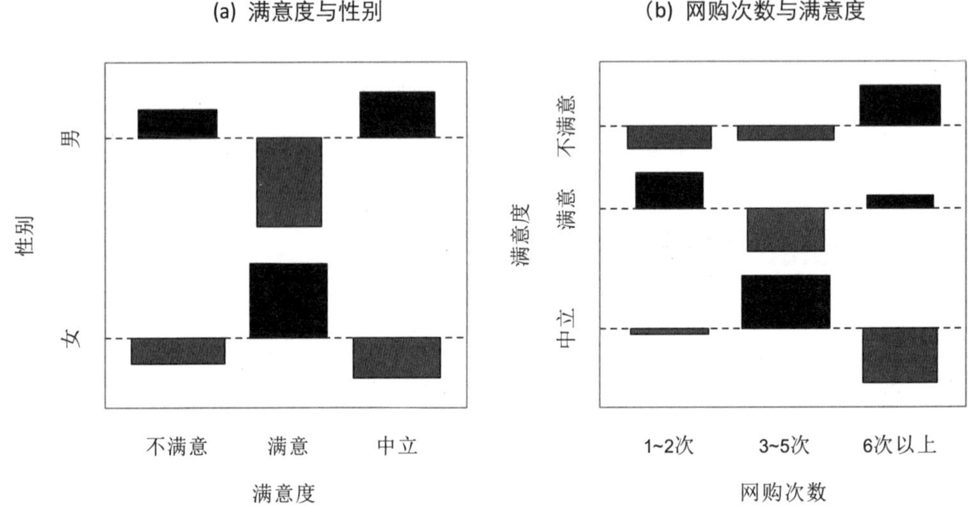

图 3–21　满意度与性别、网购次数与满意度的关联图

图 3–21 中的虚线是表示独立的基线 ($d_{ij} = 0$). 如果两个变量独立, 矩形的高度理论上是 0. 矩形的高度越高, 表示两个变量越相关.

图 3–21(a) 显示, 男性中表示满意的人数 (为 160 人) 低于期望频数 (计算结果为 218.4), Pearson 残差为负值 ($160 - 218.4 = -58.4$), 矩形低于基线; 表示不满意和中立的 Pearson 残差则为正值, 矩形高于基线. 女性中表示满意的 Pearson 残差为正值 ($360 - 301.6 = 58.4$), 矩形高于基线; 表示不满意和中立的 Pearson 残差则为负值, 矩形低于基线. 此外, 在表示满意的人中, 无论是男性还是女性, 都有较高的矩形, 表示观测频数与期望频数差异较大. 从整体上看, 性别与满意度具有相关性.

图 3–21(b) 显示, 网购次数在 1~2 次时, 表示满意的人数高于期望频数, Pearson 残差为正值, 矩形高于基线; 表示不满意和中立的 Pearson 残差则为负值, 矩形低于基线. 网购次数在 3~5 次时, 表示中立的人数高于期望频数, 矩形高于基线; 表示不满意和满意的人数低于期望频数, 矩形低于基线. 网购次数在 6 次以上时, 表示不满意和满意的人数都高于期望频数, 矩形高于基线, 但表示不满意的矩形面积远大于表示满意的矩形面积; 表示中立的人数低于期望频数, 矩形低于基线, 且矩形面积较大. 从整体上看, 网购次数与满意度具有相关性.

使用 vcd 包中的 assoc 函数和 strucplot 函数可以创建多维列联表的关联图, 该函数也可以绘制二维表的相关图. 图 3–22 是 assoc 函数绘制的性别、网购次数、满意度的关联图.

```
# 图 3-22 的绘制代码
> data3_1<-read.csv("C:/mydata/chap03/data3_1.csv")
> library(vcd)
> tab<-structable(data3_1)          # 生成多维列联表
> assoc(tab,shade=TRUE,labeling=labeling_values)
                                    # 绘制关联图，并为矩形增加相应单元格的观测频数
```

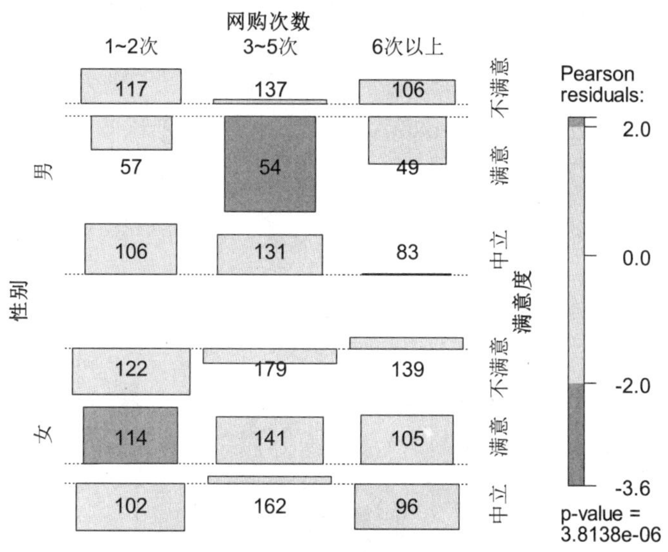

图 3–22　性别、网购次数和满意度的扩展关联图

在图 3–22 的绘制代码中, 设置参数 shade=TRUE 表示要生成“扩展的关联图”, 并用颜色来表示对数线性模型的标准残差. 右侧列出了用颜色表示的 Pearson 残差的标度, 蓝色表示正残差, 红色表示负残差, 颜色越深, 表示残差越大. 右下方列出的 χ^2 检验的 P 值显示, 性别、网购次数、满意度之间具有相关性.

图 3–22 显示, 在男性中, 表示不满意的残差均为正值, 表示满意的残差均为负值, 且网购次数在 3~5 次时, 表示满意的残差有较大的负值, 因此矩形的面积也较大, 而表示中立的残差均为正值; 但网购次数在 6 次以上时, 残差很小, 表示观测频数与期望频数差异不大. 在女性中, 网购次数在 1~2 次时, 表示不满意和中立的残差为负值, 表示满意的残差为正值, 且矩形面积较大. 网购次数在 6 次以上时, 表示中立的残差为负值, 表示满意和不满意的残差为正值. 网购次数在 3~5 次时, 表示满意的残差有较大的正值, 其他残差与基线的差异不大. 从总体上看, 除少数几个矩形外, 其余矩形均与基点偏离较大, 这表示性别、网购次数、满意度之间有相关性.

3.4.2 独立性检验的 P 值图

关联图只是大概判断两个类别变量是否独立, 难以得出确切的结论. 对于多个类别变量, 如果要分析任意两个变量之间是否独立, 可以使用 Pearson 卡方检验. 该检验的原假设是: 二维列联表中的行变量与列变量独立. 如果检验的 P 值较小, 足以拒绝原假设, 则表示行变量与列变量不独立, 或者说二者之间具有相关性.

使用 sjPlot 包中的 sjp.chi2 函数可以绘制多个二维表的 Pearson 卡方独立性检验的 P 值矩阵. 以例 3–1 为例, 绘制的卡方检验的 P 值矩阵如图 3–23 所示.

```
# 图 3-23 的绘制代码
> data3_1<-read.csv("C:/mydata/chap03/data3_1.csv")
> library(sjPlot)
> sjp.chi2(data3_1,show.legend=TRUE,legend.title="P值色标", # 绘制图例和标题
+   title="Pearson 卡方独立性检验")
```

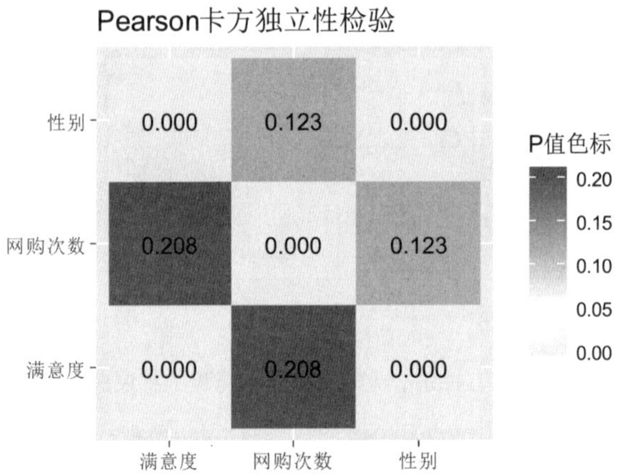

图 3–23 性别、网购次数、满意度的 Pearson 卡方检验 P 值矩阵

在图 3–23 中, 从左下角到右上角的对角线上显示的是每个变量同自身的独立性检验的 P 值, 这显然为 0, 表示两个变量不独立, 用最浅的颜色表示. 对角线上半部分 (与下半部分对称) 列出的是行变量与列变量独立性检验的 P 值, P 值越大, 矩形的颜色越深, 表示行变量与列变量越相关 (不独立). 第 1 行的第 1 个矩形是性别与满意度独立性检验的 P 值, 结果显示为 0 (由于图中结果只保留 3 位小数, 所以显示为 0), 实际的 P 值是 9.128e-09, 读者可运行代码 chisq.test(table(data3_1$ 性别,data3_1$ 满意度)) 得到该 P 值. 由于 P 值接近 0, 拒绝原假设, 表示性别与满意度不独立. 第 1 行的第 2 个矩形是性别与网购次数独立性检验的 P 值, 结果为 0.123. 由于 P 值较大, 所以不拒绝原假设, 表示性别与网购次数独立. 第 2 行的第 1 个矩形是网购次数与满意度独立性检验的 P 值, 结果为 0.208. 由于 P 值较大, 所以不拒绝原假设, 表示网购次数与满意度独立.

3.5 气球图和热图

气球图 (balloon plot) 和**热图** (heat map) 是展示列联表中频数或其他数值矩阵的图形, 用于可视化类别变量的列联表或带有类别标签的矩阵形式的其他数据.

3.5.1 气球图

气球图是用圆的大小表示数据的图形, 它画出的是一个图形矩阵, 其中每个单元格包含一个点 (气球), 其大小与相应数据的大小成正比. 气球图可用于展示由两个类别变量生成的二维列联表, 也可用于展示具有行名和列名的其他数据. 绘图的数据形式是一个数据框或矩阵, 数据框中包含至少三列, 第 1 列对应第 1 个类别变量, 第 2 列对应第 2 个类别变量, 第 3 列是两个类别变量对应的频数或其他数值.

使用 ggpubr 包中的 ggballoonplot 函数可以绘制气球图. 以例 3–1 为例, 绘制的满意度和网购次数的气球图如图 3–24 所示.

```
# 图 3-24 的绘制代码
> library(ggpubr)
> data3_1<-read.csv("C:/mydata/chap03/data3_1.csv")
> tab<-ftable(data3_1)                                 # 生成列联表
> df<-as.data.frame(tab)                               # 将列联表转化成数据框
>my_cols<-c("#0D0887FF","#6A00A8FF","#B12A90FF","#E16462FF","#FCA636FF",
"#F0F921FF")                                           # 设置配色方案
> ggballoonplot(df,x="满意度",y="网购次数",              # 设置图形的 x 轴和 y 轴
+   shape=21,                    # 设置点的形状, 默认 21, 可选 22,23,24,25
+   size="Freq",fill="Freq",                           # 设置点的大小和填充颜色
+   rotate.x.text=FALSE,                               # x 轴文本标签不旋转
+   ggtheme=scale_fill_gradientn(colors=my_cols))      # 设置渐变颜色
```

在图 3–24 中, 圆的大小与列联表中相应单元格的频数成正比, 频数越大, 圆的半径也越大. 图的右侧列出了由圆的大小和渐变颜色表示的数值大小. 图 3–24 显示, 在 2 000 个被调查者中, 表示不满意的人数最多, 表示满意和中立的人数相当. 其中, 网购次数在 3~5 次时, 表示不满意、满意和中立的人数均最多; 网购次数在 1~2 次时, 表示不满意、满意和中立的人数相当; 网购次数在 6 次以上时, 表示不满意的人数最多, 表示中立的人数最少.

当有 3 个类别变量时, 也可以按照其中的某个类别变量分面绘制气球图. 比如, 按性别分面绘制的满意度与网购次数的气球图如图 3–25 所示.

图 3–25 可用于分析按性别分组的网购次数和满意度人数的交叉分布. 比如, 在男性被调查者中, 不同网购次数中满意的人数最少, 不满意和中立的人数相当; 在女性被调查者中, 不满意的人数最多, 满意和中立的人数相当, 其中, 网购次数在 3~5 次的人

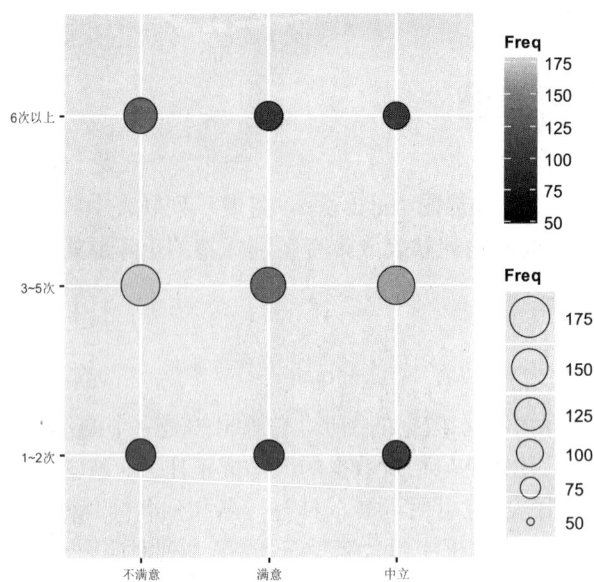

图 3–24 满意度和网购次数的气球图

数最多, 1~2 次和 6 次以上的人数相当.

```
# 图 3-25 的绘制代码 (使用图 3-24 构建的数据框 df)
> library(ggpubr);library(RColorBrewer)
> palette<-rev(brewer.pal(11,"RdYlGn"))                    # 设置调色板
> ggballoonplot(df,x="满意度",y="网购次数",
+    size="Freq",fill="Freq",
+    facet.by=c("性别"),                                  # 按性别分面
+    rotate.x.text=FALSE,
+    ggtheme=scale_fill_gradientn(colors=palette))
```

气球图也可以用于展示具有行名和列名的其他数据, 比如下面的例子.

【例 3–2】 (数据: data3_2.csv) 表 3–1 是 2017 年北京、天津、上海和重庆 4 个地区的人均消费支出数据.

表 3–1 2017 年北京、天津、上海和重庆的人均消费支出 单位: 元

支出项目	北京	天津	上海	重庆
食品烟酒	7 548.9	8 647.0	10 005.9	5 943.5
衣着	2 238.3	1 944.8	1 733.4	1 394.8
居住	12 295.0	5 922.4	13 708.7	3 140.9
生活用品及服务	2 492.4	1 655.5	1 824.9	1 245.5
交通通信	5 034.0	3 744.5	4 057.7	2 310.3
教育文化娱乐	3 916.7	2 691.5	4 685.9	1 993.0
医疗保健	2 899.7	2 390.0	2 602.1	1 471.9
其他用品及服务	1 000.4	845.6	1 173.3	398.1

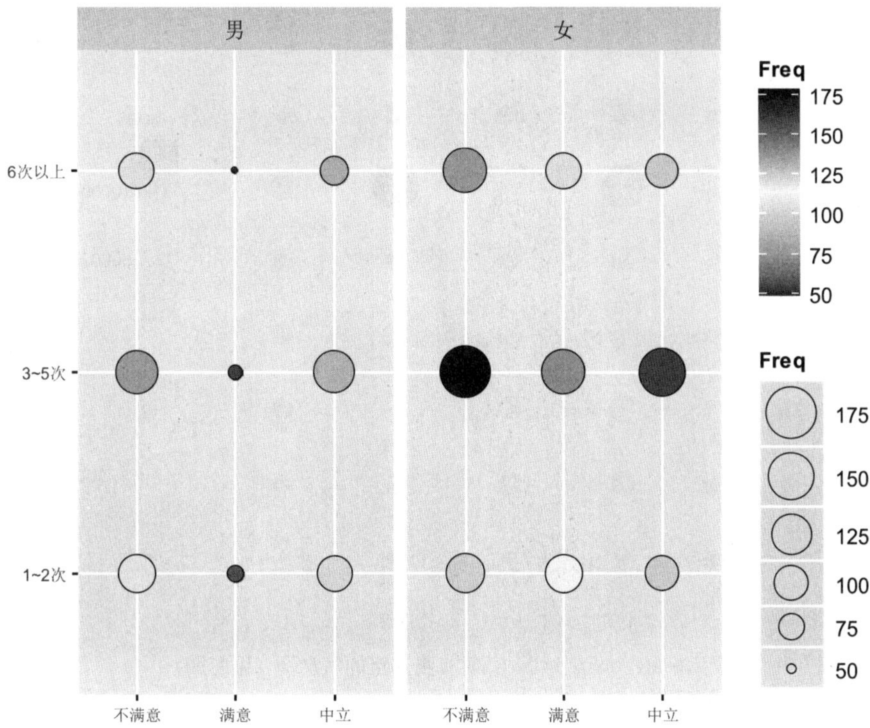

图 3–25　按性别分面的满意度与网购次数的气球图

表 3–1 中涉及支出项目和地区两个类别变量, 每个单元格并不是类别的频数, 而是其他数值, 这种矩阵形式的数据结构也可以使用气球图来展示两个类别变量各单元格数值的大小. 由 ggballoonplot 函数绘制的气球图如图 3–26 所示.

```
# 图 3-26 的绘制代码 (矩阵形式的数据)
> library(ggpubr);library(RColorBrewer)
> data3_2<-read.csv("C:/mydata/chap03/data3_2.csv")
> mat<-as.matrix(data3_2[,2:5]);rownames(mat)=data3_2[,1]
                                                # 将 data3_2 转化成矩阵
> palette<-rev(brewer.pal(11,"Spectral"))       # 设置调色板
> ggballoonplot(mat,fill="value",
+   rotate.x.text=FALSE)+                       # x 轴文本标签不旋转
+   scale_fill_gradientn(colors=palette)        # 使用梯度调色板
```

在图 3–26 中, 圆的大小表示各项消费支出的多少, 圆越大, 表示支出越多. 在居住支出中, 上海最多, 其次是北京、天津和重庆; 在食品烟酒支出中, 上海最多, 其次是天津、北京和重庆, 而天津和重庆的食品烟酒支出则多于居住支出, 等等.

气球图也可以绘制成其他形状, ggballoonplot 函数默认为圆形 (shape=21, 可选值有 22, 23, 24, 25). 同时, 使用不同的图形主题也可以绘制出式样不同的图形.

使用 plotrix 包中的 battleship.plot 函数, 可以将一个二维矩阵、二维列联表或数

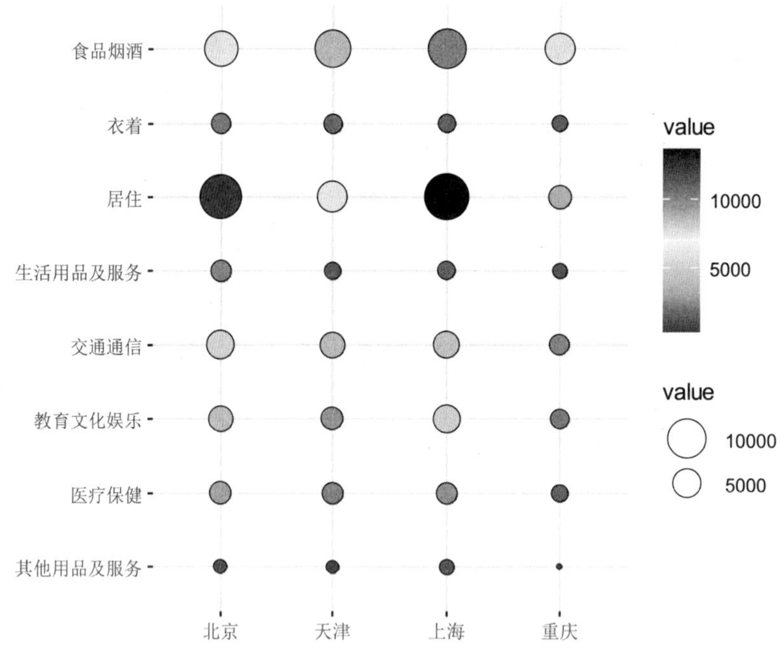

图 3-26 4 个地区 8 项消费支出的气球图 (见彩图)

据框绘制成一个堆叠矩形, 其中矩形的宽度与单元格的数值大小成正比. 比如, 可以绘制例 3-1 中的二维列联表, 也可以绘制例 3-2 的数据框. 该函数的更多信息请查阅函数帮助, 这里不再举例.

3.5.2 热图

热图是用颜色的饱和度 (深浅) 表示数值大小的图形. 它可以绘制成矩形的形式, 用每个矩形的颜色饱和度表示二维表中每个单元格对应的数值大小; 也可以将矩形转换成极坐标, 绘制出圆形的热图.

使用 ggiraphExtra 包中的 ggHeatmap 函数不仅可以绘制静态热图, 设置参数 interactive=TRUE 还可以绘制动态交互热图. 图中的 x 轴为一个类别变量, y 轴为另一个类别变量, 如果还有第 3 个类别变量, 可以将其作为分面变量. 使用 ggiraphExtra 包时, 需要同时加载 ggplot2 包. 以例 3-1 为例, 由 ggHeatmap 函数绘制的热图如图 3-27 所示.

```
# 图 3-27 的绘制代码
> library(ggiraphExtra);require(ggplot2);library(gridExtra)
> data3_1<-read.csv("C:/mydata/chap03/data3_1.csv")
# 绘制图形 p1、p2、p3、p4
> p1<-ggHeatmap(data3_1,aes(x=网购次数,y=性别),        # 绘制矩形热图
+    addlabel=TRUE,                                    # 添加数值标签
+    palette="Reds")+                                  # 使用红色调色板
```

```
+    ggtitle("(a1) 矩形热图")                        # 添加标题
> p2<-ggHeatmap(data3_1,aes(x=网购次数,y=性别),polar=TRUE,
+    addlabel=TRUE,palette="Reds")+                  # 绘制极坐标热图
+    ggtitle("(a2) 极坐标热图")
> p3<-ggHeatmap(data3_1,aes(x=满意度,y=性别),
+    addlabel=TRUE,palette="Blues")+                 # 使用蓝色调色板
+    ggtitle("(b1) 矩形热图")
> p4<-ggHeatmap(data3_1,aes(x=满意度,y=性别),polar=TRUE,
+    addlabel=TRUE,palette="Blues")+
+    ggtitle("(b2) 极坐标热图")
> grid.arrange(p1,p2,p3,p4,ncol=2)              # 按 2 列组合图形 p1、p2、p3、p4
```

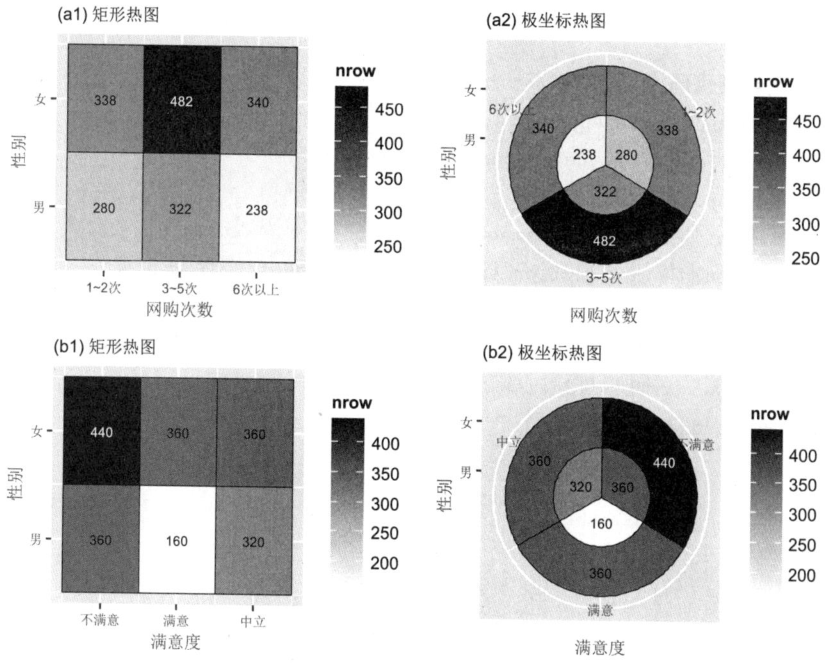

图 3-27　性别、网购次数和满意度的热图

图 3–27 中分别画出以网购次数和满意度为 x 轴、以性别为 y 轴的矩形热图以及对应的极坐标热图. 图中列出了二维列联表中每个单元格的频数, 同时用颜色的深浅表示频数的多少. 图右侧的图例显示了颜色深浅代表的数值大小.

如果有两个以上的类别变量, 则可以用另一个类别变量来分面绘制热图. 比如, 按性别分面绘制的满意度和网购次数的矩形热图如图 3–28 所示.

```
# 图 3-28 的绘制代码
> data3_1<-read.csv("C:/mydata/chap03/data3_1.csv")
> ggiraphExtra::ggHeatmap(data3_1,aes(x=满意度,y=网购次数,facet=性别),
+   addlabel=TRUE,palette="Oranges")
```

图 3–29 是根据例 3–2 绘制的 4 个地区 8 项消费支出的极坐标热图.

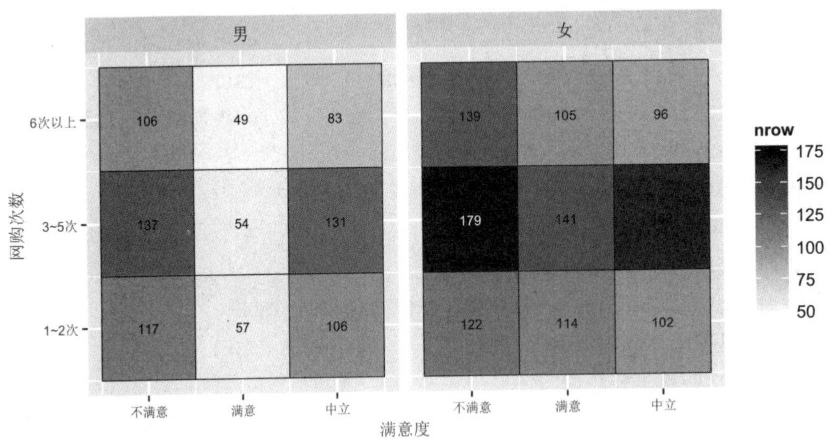

图 3-28　按性别分面的满意度和网购次数的矩形热图

```
# 图 3-29 的绘制代码
> library(ggiraphExtra);require(ggplot2)
> data3_2<-read.csv("C:/mydata/chap03/data3_2.csv")
> d.long<-reshape2::melt(data3_2,id.vars="支出项目",
+  variable.name="地区",value.name="支出金额")     # 将数据转化成长格式
> f<-factor(data3_2$ 支出项目,ordered=TRUE,levels=data3_2$ 支出项目)
                                                  # 将支出项目变为有序因子
> df<-data.frame(支出项目=f,d.long[,2:3])        # 构建新的有序因子数据框
> ggHeatmap(df,aes(x=支出项目,y=地区,fill=支出金额),
+   polar=TRUE,addlabel=TRUE,palette="Reds")
```

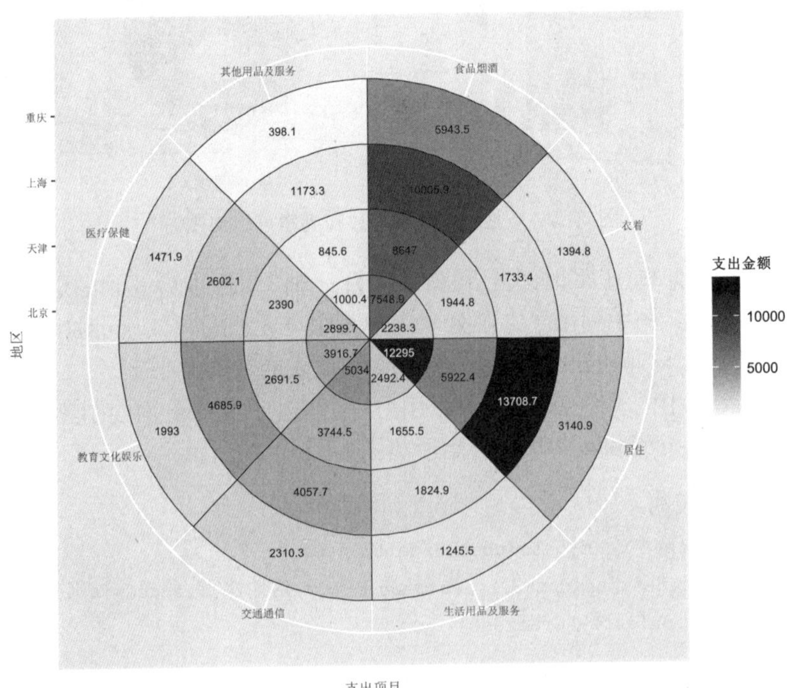

图 3-29　4 个地区 8 项消费支出的极坐标热图 (见彩图)

图 3–29 的 y 轴表示地区, 其含义是图的极坐标从里到外依次表示北京、天津、上海和重庆. 颜色越深, 表示数值越大. 设置 polar=FALSE 可以绘制出矩形热图.

3.6 南丁格尔玫瑰图

南丁格尔玫瑰图 (Nightingale rose diagram) 是在极坐标下绘制的一种条形图, 又称**极区图** (polar area diagram). 玫瑰图由英国护士和统计学家弗罗伦斯 · 南丁格尔 (Florence Nightingale) 发明, 她自己称这类图为**鸡冠花** (coxcomb), 用于表达战地军医院季节性的死亡率. 为表述方便, 以下简称玫瑰图.

普通的条形图是在直角坐标下绘制的, 玫瑰图则是在极坐标下绘制的, 它使用弧形的半径长度表示数据的大小, 每个类别的数据在极坐标中用一个扇形表示, 扇形的大小与类别的频数成正比. 以例 3–1 为例, 分别绘制出直角坐标下性别与满意度、网购次数与满意度的堆叠条形图, 再转化成极坐标下的玫瑰图, 如图 3–30 所示.

```
# 图 3-30 的绘制代码
> library(ggiraphExtra);library(ggplot2);library(gridExtra)
> data3_1<-read.csv("C:/mydata/chap03/data3_1.csv")
> attach(data3_1)
> tab1<-ftable(性别,满意度)                       # 生成网购次数与满意度的二维表
> d1<-as.data.frame(tab1)                        # 将列联表转换成带有类别频数的数据框
> df1<-data.frame(d1[,-3],频数=d1$Freq)          # 将 Freq 修改为频数
> tab2<-ftable(网购次数,满意度)                   # 生成网购次数与满意度的二维表
> d2<-as.data.frame(tab2)                        # 将列联表转换成带有类别频数的数据框
> df2<-data.frame(d2[,-3],频数=d2$Freq)          # 将 Freq 修改为频数

> mytheme<-theme(plot.title=element_text(size="9"),   # 设置主标题字体大小
+   axis.title=element_text(size=8),                  # 设置 X 轴标签字体大小
+   axis.text=element_text(size=7),                   # 设置 X 轴刻度字体大小
+   legend.title=element_text(size=7),                # 设置图例标题字体大小
+   legend.text=element_text(size="7"))               # 设置图例字体大小
# x 轴为满意度
> p1<-ggBar(df1,aes(x=满意度,y=频数,fill=性别),
+   stat="identity",reverse=TRUE)+          # 颜色反转
+   ggtitle("(a1)堆叠条形图")+mytheme
> p2<-ggRose(df1,aes(x=满意度,y=频数,fill=性别),
+   stat="identity",reverse=TRUE)+
+   ggtitle("(a2)玫瑰图")+mytheme
# x 轴为网购次数
> p3<-ggBar(df2,aes(x=满意度,y=频数,fill=网购次数),
+   stat="identity",reverse=TRUE)+
+   ggtitle("(b1)堆叠条形图")+mytheme
```

```
> p4<-ggRose(df2,aes(x=满意度,y=频数,fill=网购次数),
+   stat="identity",reverse=TRUE)+
+   ggtitle("(b2)玫瑰图")+mytheme
> grid.arrange(p1,p2,p3,p4,ncol=2)                    # 按 2 列组合图形
```

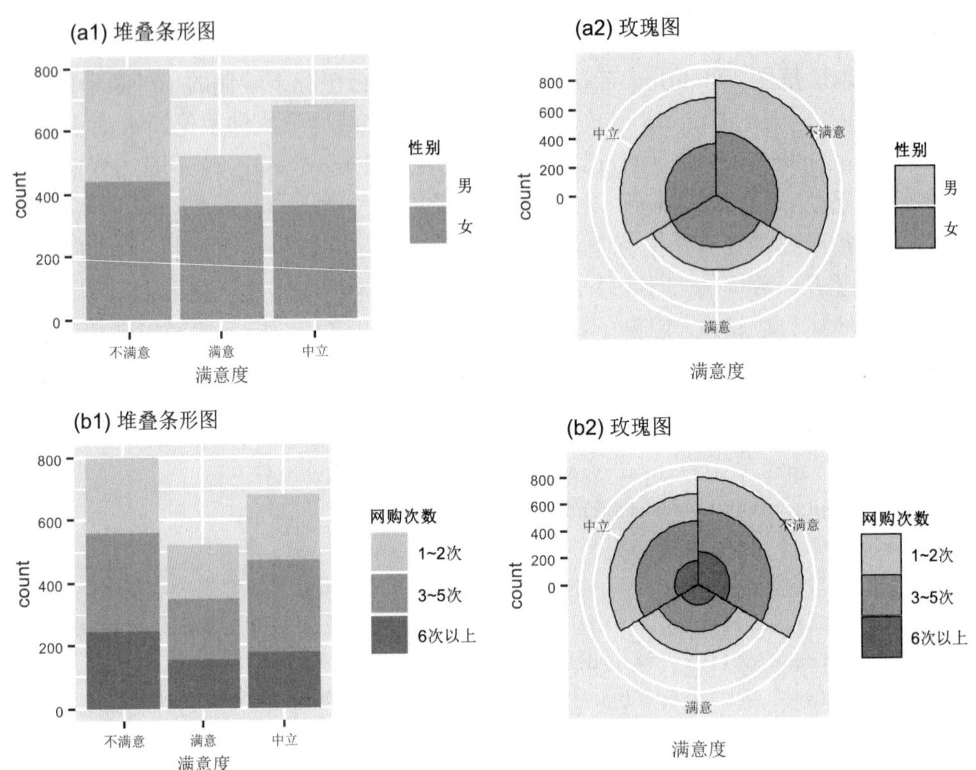

图 3–30　堆叠条形图及其玫瑰图

使用 ggplot2 包中的 coord_polar 函数可以将条形图转化成玫瑰图. 根据例 3–2 绘制的北京各项支出的玫瑰图如图 3–31 所示.

```
# 图 3-31 的绘制代码 (以北京为例)
> library(RColorBrewer);library(ggplot2)
> data3_2<-read.csv("C:/mydata/chap03/data3_2.csv")
> f<-factor(data3_2[,1],ordered=TRUE,levels= data3_2[,1])
                                                  # 将支出项目变为有序因子
> df<-data.frame(支出项目=f,data3_2[,2:5])          # 构建新的数据框
> palette<-brewer.pal(8,"Set3")                   # 设置离散型调色板
> ggplot(df,aes(x=支出项目,y=北京,fill=factor(北京)))+
+   geom_bar(width=1,stat="identity",colour="black",fill=palette)+
                                                  # 画出条形图
+   geom_text(aes(y=北京,label=北京),color="grey30")+  # 添加 y 轴和数据标签
+   coord_polar(theta="x",start=0)+               # 转化成极坐标图
+   theme(axis.title=element_text(size=8))+       # 设置坐标轴标签字体大小
```

```
+    theme(axis.text.x=element_text(size=7,color="black"))
                                        # 设置坐标轴刻度字体大小
```

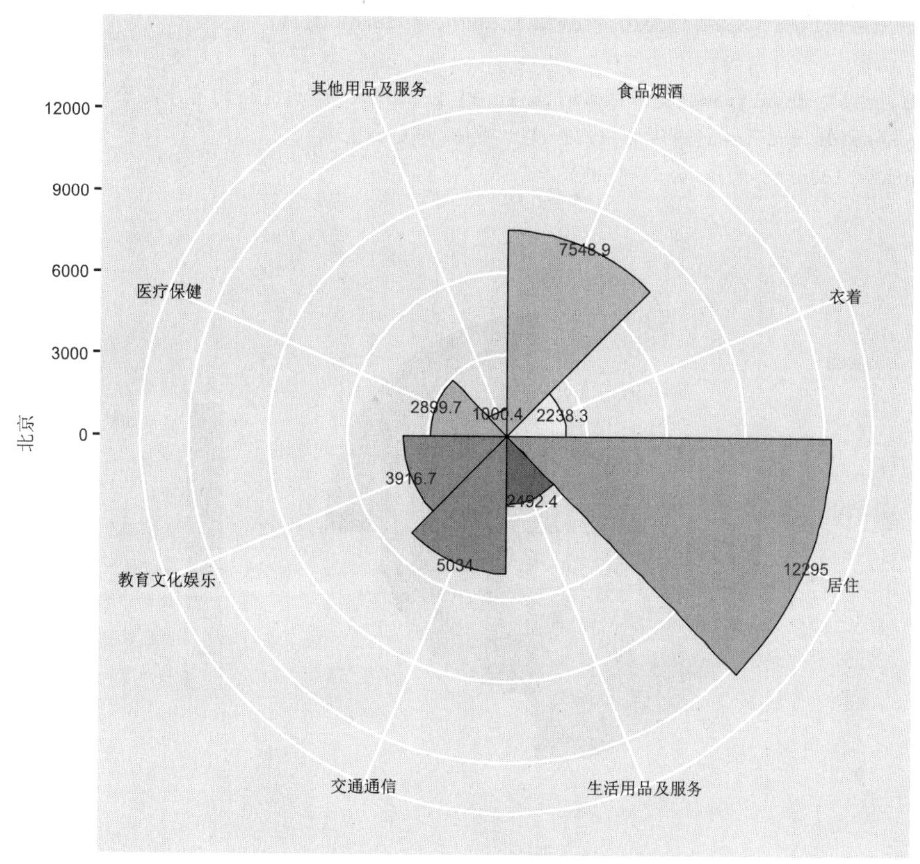

图 3-31　2017 年北京人均消费支出的玫瑰图

图 3–31 实际上是将简单条形图转换成玫瑰图. 图 3–31 中的每个半径及扇形的大小与各项支出的多少成比例. 图形显示, 北京的居住支出最多, 其次是食品烟酒支出, 其他用品及服务的支出最少.

使用 ggiraphExtra 包中的 ggRose 函数可以直接绘制出玫瑰图, 也可以使用 ggBar 函数, 设置参数 polar=TRUE, 将堆叠条形图转换成玫瑰图. 此外, 设置参数 interactive=TRUE, 还可以绘制出动态交互玫瑰图.

如果要将北京、天津、上海和重庆 4 个地区的各项支出画出玫瑰图, 可以设置 x 轴为地区, y 轴为支出金额, 这实际上是将以 x 轴为地区的堆叠条形图转换成玫瑰图. 为使图中坐标轴的顺序与原始数据框的顺序一致, 绘图前, 可以将支出项目转换成有序因子. 使用 ggiraphExtra 包中的 ggBar 函数绘制的玫瑰图如图 3–32 所示.

```
# 图 3-32 的绘制代码 (以北京、天津、上海、重庆为坐标轴的玫瑰图)
> library(ggiraphExtra);library(ggplot2)
# 构建新的数据框, 以使支出项目的排列顺序与原始数据框一致
```

```
> data3_2<-read.csv("C:/mydata/chap03/data3_2.csv")
> d.long<-reshape2::melt(data3_2,id.vars="支出项目",variable.name="地区",
value.name="支出金额")                          # 将数据转化成长格式
> f<-factor(data3_2[,1],ordered=TRUE,levels= data3_2[,1])
                                                # 将支出项目变为有序因子
> df.rose<-data.frame(支出项目=f,d.long[,2:3])   # 构建新的有序因子数据框
> ggRose(df.rose,aes(x=地区,fill=支出项目,y=支出金额),
+  stat="identity",reverse=TRUE)
```

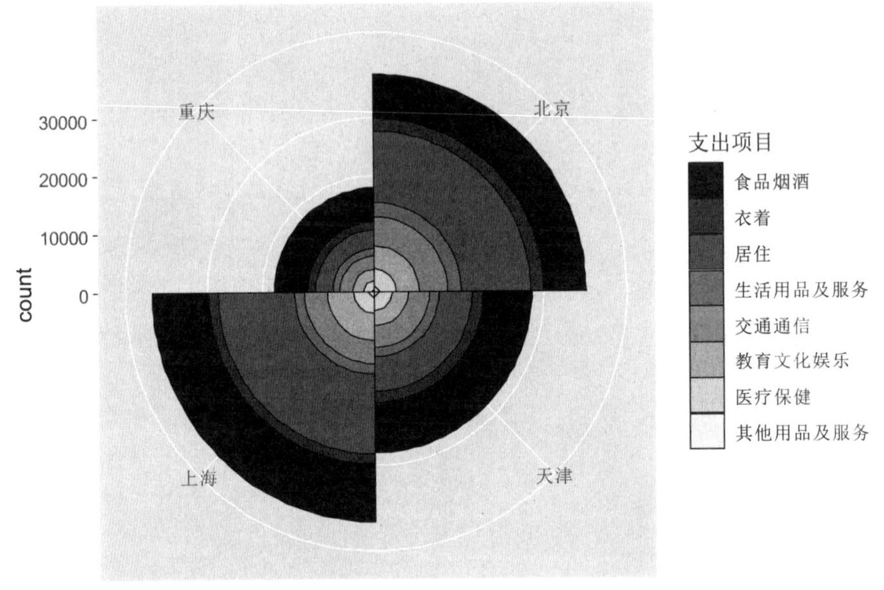

图 3-32　2017 年北京、天津、上海和重庆人均消费支出的玫瑰图

图 3-32 显示, 上海的各项支出金额均较大, 其次是北京、天津和重庆. 其中, 上海和北京的居住支出较多, 其次是食品烟酒支出.

也可以将 x 轴设置为支出项目, 用不同地区作为填充颜色, 绘制的玫瑰图如图 3-33 所示.

```
# 图 3-33 的绘制代码 (使用图 3-32 构建的数据框 df.rose) (见彩图)
> ggRose(df.rose,aes(x=支出项目,fill=地区,y=支出金额),
+   stat="identity",reverse=TRUE)
```

图 3-33 显示, 在各项消费支出中, 居住的支出最多, 其次是食品烟酒支出. 其中, 上海和北京的居住支出较多, 其次是食品烟酒支出, 其他用品及服务的支出最少. 从扇形的半径看, 重庆的各项支出总额较少. 在食品烟酒支出和居住支出中, 上海最多, 其次是北京、天津和重庆.

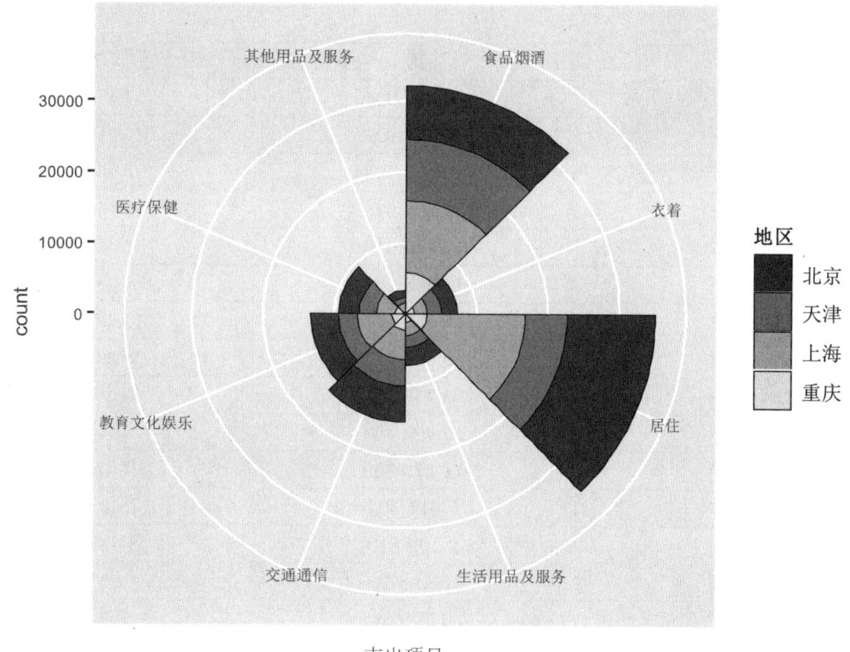

图 3-33　x 轴为支出项目的玫瑰图 (见彩图)

3.7　金字塔图

金字塔图 (pyramid chart) 是一种特殊的塔状条形图, 主要用于展示不同性别和不同年龄组的人口分布状况, 因此也称为**人口金字塔图** (population pyramid chart). 绘制金字塔图时, 通常将人口数或人口百分比作为 x 轴, 将不同年龄组作为 y 轴, 不同年龄组内的人口数或百分比绘制成背靠背的条形图. 金字塔图可用于展示不同年龄组中男性和女性人口的分布状况, 也可以用于展示两个国家人口年龄分布的差异, 或不同时间点人口年龄的分布.

【例 3–3】 (数据: data3_3.csv) 表 3–2 是 2010 年我国第六次全国人口普查的年龄和性别构成数据.

表 3–2　2010 年第六次全国人口普查的年龄和性别构成　　单位: 人

年龄组	男	女
0 岁	7461 199	6 325 235
1~4 岁	33 601 367	28 144 809
5~9 岁	38 464 665	32 416 884
10~14 岁	40 267 277	34 641 185
15~19 岁	51 904 830	47 984 284
20~24 岁	64 008 573	63 403 945

续表

年龄组	男	女
25~29 岁	50 837 038	50 176 814
30~34 岁	49 521 822	47 616 381
35~39 岁	60 391 104	57 634 855
40~44 岁	63 608 678	61 145 286
45~49 岁	53 776 418	51 818 135
50~54 岁	40 363 234	38 389 937
55~59 岁	41 082 938	40 229 536
60~64 岁	29 834 426	28 832 856
65~69 岁	20 748 471	20 364 811
70~74 岁	16 403 453	16 568 944
75~79 岁	11 278 859	12 573 274
80~84 岁	5 917 502	7 455 696
85~89 岁	2 199 810	3 432 118
90~94 岁	530 872	1 047 435
95~99 岁	117 716	252 263
100 岁及以上	8 852	27 082

使用 DescTools 包中的 PlotPyramid 函数、plotrix 包中的 Pyramid.plot 函数等均可以绘制金字塔图. 使用 DescTools 包中的 PlotPyramid 函数绘制的人口金字塔图如图 3–34 所示.

```
# 图 3-34 的绘制代码
> data3_3<-read.csv("C:/mydata/chap03/data3_3.csv")
> library(DescTools)
> par(mfrow=c(1,2),mai=c(0.8,0.7,0.3,0.2),cex.main=0.7,font.main=1)
# 图 (a)
> PlotPyramid(lx=data3_3$ 男,rx=data3_3$ 女,      # 设置左侧条形和右侧条形
+   col=c("cornflowerblue","indianred"),        # 设置颜色向量
+   lxlab="男",rxlab="女",                       # 设置左侧 x 轴和右侧 x 轴的标签
+   ylab=data3_3[,1],ylab.x=0,                  # 设置 y 轴标签和在 x 轴的位置
+   cex.axis=0.7,cex.lab=1,cex.names=0.6,adj=0.5, # 设置坐标轴和标签大小及位置
+   main="(a) y轴标签在中间")
# 图 (b)
> PlotPyramid(lx=data3_3$男,rx=data3_3$女,
+   col=c("cornflowerblue","indianred"),
+   ylab=data3_3[,1],ylab.x=-80000000,
+   lxlab="男",rxlab="女",
+   gapwidth=0,space=0,                  # 设置左右条形间隔和上下条形间隔
+   cex.axis=0.7,cex.lab=1,cex.names=0.6,adj=0.5,
+   main="(b) y轴标签在左侧")
```

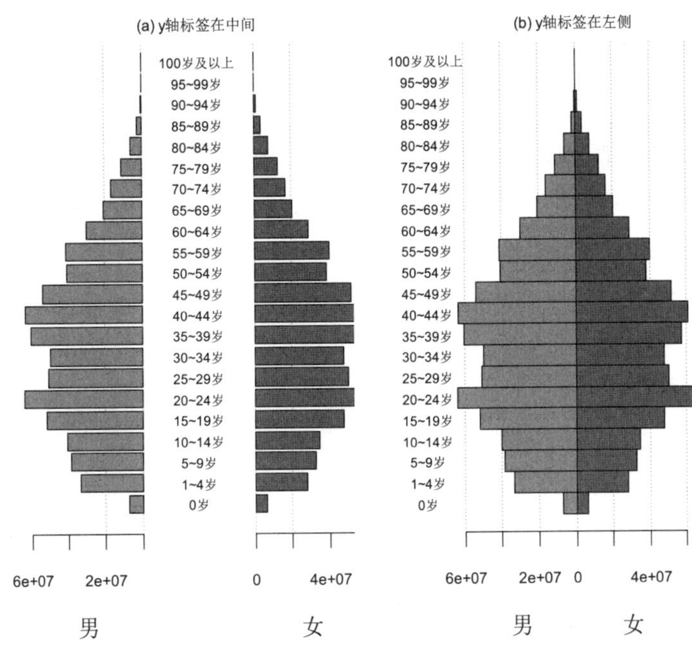

图 3-34 2010 年 (第六次全国人口普查) 人口金字塔图

金字塔图的底部代表低年龄组人口, 顶部代表高年龄组人口. 如果塔底宽、塔顶尖, 则表示低年龄段人口多, 高年龄段人口少, 属于年轻型人口结构; 如果塔底和塔顶宽度基本一致, 在塔尖处才逐渐收缩, 而中间年龄段的人口较多, 则属于中年型人口结构; 如果塔顶宽, 塔底窄, 则表示低年龄段人口少, 高年龄段人口多, 属于老年型人口结构, 表示人口出现老龄化.

图 3-34 显示, 无论是男性还是女性, 中间年龄段的人口均较多, 金字塔的顶部随着年龄段的增大而逐渐收缩, 表示 2010 年时中国的人口结构为中年型.

3.8 饼图及其变种

饼图是展示一个类别变量各类别频数构成的一种图形, 其变种形式有扇形图、环形图、弧形图等. 当有两个及两个以上类别变量时, 可以使用饼环图和旭日图等来展示其频数构成.

3.8.1 饼图和扇形图

1. 饼图

饼图 (pie chart) 是用圆形及圆内扇形的角度来表示数值大小的图形, 它主要用于展示一个类别变量 (单层结构) 中各类别的频数占总频数的百分比, 对研究单层结构问题十分有用.

使用 R 基础安装包 graphics 中的 pie 函数、ggiraphExtra 包中的 ggPie 函数、DataVisualizations 包中的 Piechart 函数等均可以绘制饼图; 使用 plotrix 包中的 pie3D 函数可以绘制 3D 饼图. 以例 3–1 中不同满意度的被调查者人数构成为例, 绘制的普通饼图和 3D 饼图如图 3–35 所示.

```
# 图 3-35 的绘制代码 (以不同满意度的被调查者人数构成为例)
> data3_1<-read.csv("C:/mydata/chap03/data3_1.csv")
> par(mfrow=c(1,2),mai=c(0.1,0.4,0.1,0.4),cex=0.7)
# (a) 普通饼图
> tab<-table(data3_1$满意度)                          # 生成频数表
> name<-names(tab)                                    # 设置名称向量
> percent<-prop.table(tab)*100                        # 计算百分比
> labs<-paste(name," ",percent,"%",sep="")            # 设置标签向量
> pie(tab,labels=labs,init.angle=90,radius=1,
+   col=c("red1","green1","turquoise1"))              # 绘制普通饼图
# (b) 3D 饼图
>plotrix::pie3D(tab,labels=labs,explode=0.1,labelcex=0.7,
+   col=c("lightgreen","pink","deepskyblue"))         # 绘制 3D 饼图
```

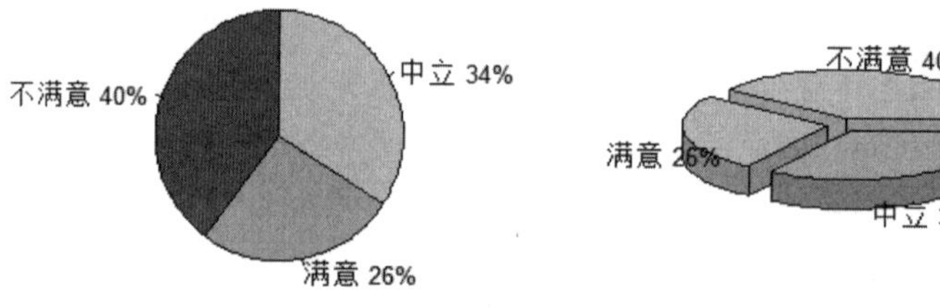

图 3–35　不同满意度人数构成的饼图

使用 graphics 中的 pie 函数绘制饼图需要很多代码, 比较繁琐. 使用 ggiraphExtra 包中的 ggPie 函数绘制饼图十分简单, 绘图使用的数据既可以是原始数据框, 也可以是带有交叉频数的数据框. 以例 3–1 中的网购次数和满意度为例, 由 ggPie 函数绘制的饼图如图 3–36 所示.

```
# 图 3-36 的绘制代码
> library(ggiraphExtra);require(ggplot2);library(gridExtra)
> data3_1<-read.csv("C:/mydata/chap03/data3_1.csv")
> p1<-ggPie(data=data3_1,aes(pies=网购次数),title="(a) 网购次数")
                                          # 使用原始数据框
# 生成带有交叉频数的数据框 (根据原始数据绘图时不需要)
> tab<-ftable(data3_1)               # 生成列联表 (也可以使用 table 函数生成列联表)
> df<-as.data.frame(tab)             # 将列联表转换成带有类别频数的数据框
```

```
> p2<-ggPie(data=df,aes(pies= 满意度,count=Freq),title="(b) 满意度")
                                    # 使用带有交叉频数的数据框绘图
> grid.arrange(p1,p2,ncol=2)        # 按 2 列组合图形 p1 和 p2
```

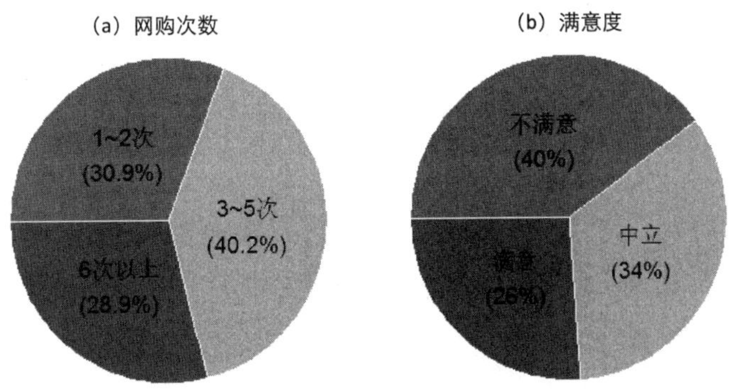

图 3–36　不同网购次数和不同满意度人数构成的饼图

2. 扇形图

扇形图 (fan chart) 是饼图的一个变种, 它是将频数构成中百分比最大的一个绘制成一个扇形区域, 其他各类百分比按大小使用不同的半径绘制出扇形, 并叠加在这个最大的扇形上.

使用 plotrix 包中 fan.plot 函数、DataVisualizations 包中的 Fanplot 函数均可以绘制扇形图. 以例 3–1 中的满意度为例, 使用 plotrix 包中的 fan.plot 函数绘制的扇形图如图 3–37 所示.

```
# 图 3-37 的绘制代码
> data3_1<-read.csv("C:/mydata/chap03/data3_1.csv")
> library(plotrix)
> tab<-table(data3_1$满意度)                      # 生成频数表
> name<-names(tab)                                # 设置名称向量
> percent<-prop.table(tab)*100                    # 计算百分比
> labs<-paste(name," ",percent,"%",sep="")        # 设置标签向量
> fan.plot(tab,labels=labs,
+   max.span=0.9*pi,                              # 设置扇形图的最大跨度
+   shrink=0.06,radius=1.2,                       # 设置扇形错开的距离和半径
+   label.radius=1.4,ticks=200,                   # 设置标签与扇形的距离
+   col=c("deepskyblue","lightgreen","pink"))     # 设置颜色向量
```

与饼图相比, 扇形图更易于比较各类别的构成, 可作为饼图的一个替代图形.

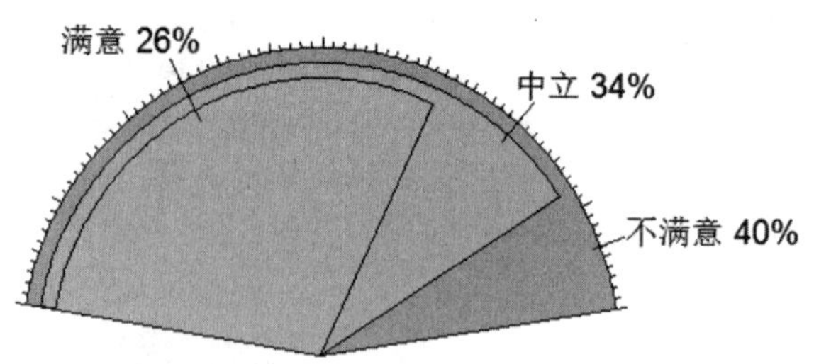

图 3-37 不同满意度人数的扇形图

3.8.2 环形图和弧形图

1. 环形图

环形图 (donut chart) 是将饼图的中间部分挖掉后剩下的圆环, 也称为甜甜圈图. 环形图可以看作是饼图的变种, 它是用圆环的各个分段来展示各部分的构成. 使用 ggiraphExtra 包的 ggDonut 函数可以绘制环形图. 以例 3–2 为例, 绘制的北京和上海各项消费支出的环形图如图 3–38 所示.

```
# 图 3-38 的绘制代码
> library(ggiraphExtra);require(ggplot2);library(gridExtra)
> data3_2<-read.csv("C:/mydata/chap03/data3_2.csv")
> p1<-ggDonut(data3_2,aes(donuts=支出项目,count=北京),
+   labelposition=1,labelsize=2.5,          # 设置标签位置和字体大小
+   xmin=2,xmax=4,                          # 设置 x 的最小位置和最大位置
+   title="(a) 北京")                        # 设置标题
> p2<-ggDonut(data3_2,aes(donuts=支出项目,count=上海),
+   labelposition=1,labelsize=2.5,xmin=2,xmax=4,
+   title="(b) 上海")
> grid.arrange(p1,p2,ncol=2)                # 按 2 列组合图形 p1 和 p2
```

图 3–38 显示, 北京和上海的各项支出中, 居住支出的比例最大, 其次是食品烟酒支出, 其他商品及服务的支出比例最小.

2. 弧形图

弧形图 (arc chart) 也称**弧条图** (arc bar chart), 它是将各个部分绘制成跨度为 180 度 (半圆) 的圆弧形式, 并用弧的分段表示各类别的频数.

使用 ggpol 包 (需要同时加载 ggplot2 包) 中的 geom_arcbar 函数可以绘制弧形图, 绘图数据是由类别和相应频数构成的数据框. 以例 3–1 中的网购次数和满意度为例, 由 geom_arcbar 函数绘制的弧形图如图 3–39 所示.

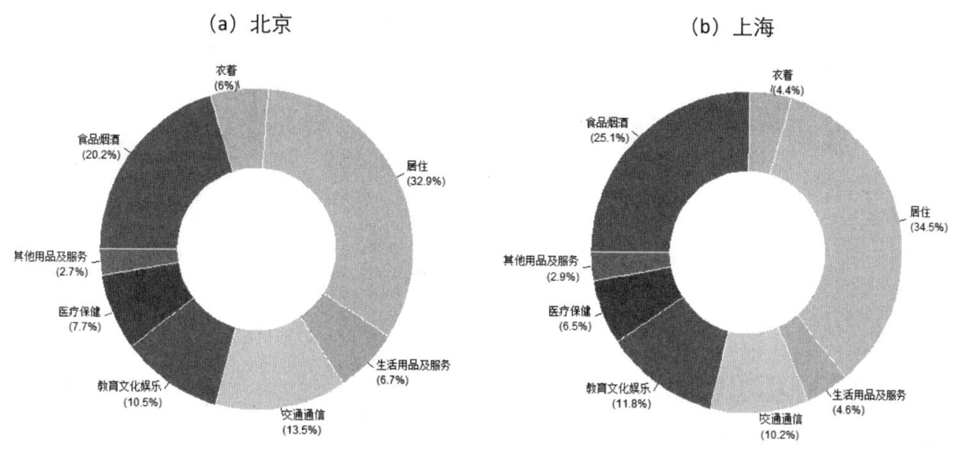

图 3-38　北京和上海各项消费支出的环形图

```
# 图 3-39 的绘制代码
> library(ggpol);library(ggplot2);library(gridExtra)
> data3_1<-read.csv("C:/mydata/chap03/data3_1.csv")
# 图 (a) —网购次数
> tab1<-ftable(data3_1$网购次数)          # 生成列联表
> d1<-as.data.frame(tab1)                # 将列联表转换成带有类别频数的数据框
> df1<-data.frame(网购次数=d1$Var1, 频数=d1$Freq)  # 将 Freq 修改为频数
> p1<-ggplot(df1)+
+ geom_arcbar(aes(x=网购次数,shares=频数,fill=网购次数,r0=5,r1=10),
                                         # 设置弧形的内半径、外半径和填充变量
+   sep=0.05,                            # 设置弧形间的间隔
+   show.legend=TRUE)+                   # 显示图例
+   coord_fixed()+                       # 坐标固定
+   ggtitle("(a) 网购次数")+              # 添加标题
+   theme_void()                         # 图形主题
# 图 (b) —满意度
> d2<-as.data.frame(ftable(data3_1$满意度))
> df2<-data.frame(满意度 =d2$Var1,频数 =d2$Freq)
> p2<-ggplot(df2)+
+   geom_arcbar(aes(x=满意度,shares=频数,fill=满意度,r0=5,r1=10),
+   sep=0.05,show.legend=TRUE)+coord_fixed()+ggtitle("(b) 满意度")
+   theme_void()
> grid.arrange(p1,p2,ncol=2)
```

图 3–39(a) 显示, 网购次数在 3~5 次的人数比例最大, 1~2 次的其次, 6 次以上的最小; 图 3–39(b) 显示, 表示不满意的人数比例最大, 表示中立的其次, 表示满意的最小.

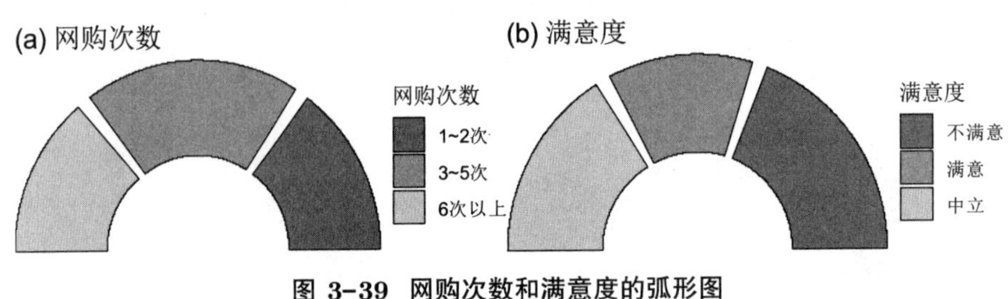

图 3–39　网购次数和满意度的弧形图

3.8.3　饼环图和旭日图

对于只有两个类别变量的双层结构数据, 可以使用饼环图进行展示; 对于两个以上的多层结构数据, 可以使用旭日图进行展示.

1. 饼环图

饼环图 (pie and donut plot) 是将饼图和环形图组合在一起的一种图形, 它将一个类别变量绘制成饼图, 在饼图分类的基础上, 绘制出另一个类别变量的环形图. 使用 ggiraphExtra 包的 ggPieDonut 函数可以绘制饼环图. 以例 3–1 为例, 由该函数绘制的饼环图如图 3–40 所示.

```
# 图 3-40 的绘制代码
> library(ggiraphExtra);require(ggplot2);library(gridExtra)
> data3_1<-read.csv("C:/mydata/chap03/data3_1.csv")
> p1<-ggPieDonut(data=data3_1,aes(pies=网购次数,donuts=满意度),
+   title="(a) 网购次数为饼图,满意度为环形图")
> p2<-ggPieDonut(data=data3_1,aes(pies=满意度,donuts=性别),
+   title="(b) 满意度为饼图,性别为环形图)
> grid.arrange(p1,p2,ncol=2)
```

图 3–40(a) 的里面是网购次数的饼图, 属于一级分类; 外面是在饼图分类基础上绘制的满意度的环形图, 属于二级分类. 图形显示, 网购次数在 1~2 次时, 不满意的人数占 11.9%, 满意的人数占 8.6%, 中立的人数占 10.4%, 其余的解读依此类推. 图3–40(b) 里面是满意度的饼图, 外面是性别的环形图. 将哪个变量绘制成饼图, 哪个变量绘制成环形图, 可根据分析需要确定.

2. 旭日图

当数据集的层次结构较多时, 虽然可以使用 3.2 节介绍的树状图进行展示, 但会显得凌乱, 不易观察和分析, 而旭日图则可以清晰地展示多层结构的数据.

旭日图 (sunburst chart) 可以看作饼图的一个特殊变种, 它实际上是多个环形图的集合, 或看作矩形树状图的一种极坐标形式. 当数据集只有一个分层时, 旭日图就是

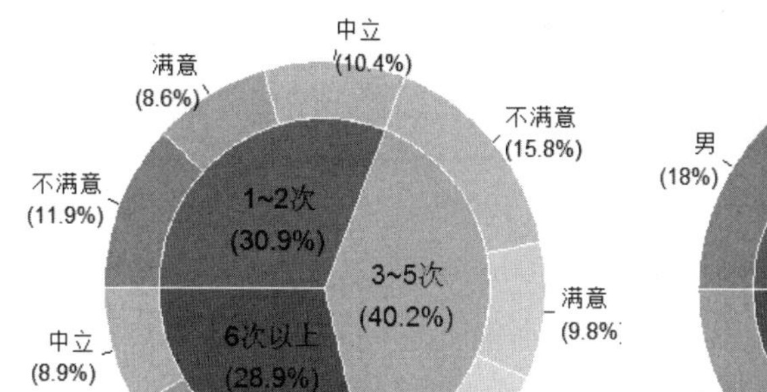

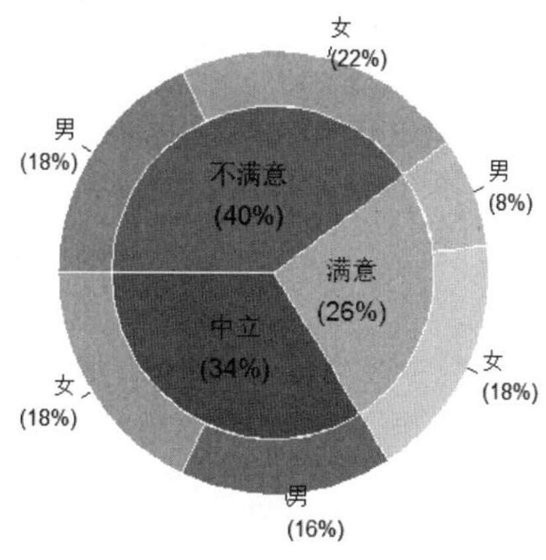

图 3-40　网购次数与满意度、满意度与性别的饼环图

环形图. 当数据集有多个分层时, 旭日图是一种嵌套多层的环形图, 其中的每一个圆环代表同一级别的数据比例, 离原点 (圆心) 越近的圆环级别越高, 最内层的圆环表示层次结构的顶级, 称为父层, 向外的圆环级别依次降低, 称为子环. 相邻两层中, 是内层包含外层的关系. 除圆环外, 旭日图还可以绘制若干条从原点放射出去的射线, 这些射线展示出了不同级别数据间的脉络关系.

利用旭日图可以清晰地展示各层次的结构和路径走向. 现实中有很多数据都适合用旭日图, 比如, 观察全年的销售额中每个季度和每个月的销售额构成等.

R 中有多个包可以绘制旭日图, 使用 sunburstR 包中的 sunburst 函数可以绘制动态交互的旭日图. 该函数的绘图数据是一种特殊的结构, 绘图前需要将数据框转换为绘图所要求的特定格式, 即“d3.js”层次结构, 然后进行绘图. 以例 3–1 为例, 由 sunburst 函数绘制的性别、网购次数和满意度 3 个变量的动态交互旭日图如图 3–41 所示 (截图).

```
# 图 3-41 的绘制代码 (例 3-1 的旭日图)
> library(d3r)                                   # 为了使用 d3_nest 函数
> library(sunburstR)
> data3_1<-read.csv("C:/mydata/chap03/data3_1.csv")
> df<-as.data.frame(ftable(data3_1))            # 生成带有交叉频数的数据框
> tree<-d3_nest(df,value_cols="Freq")           # 将数据框转换为“d3.js”层次结构
> sunburst(data=tree,                           # 绘制旭日图
+   valueField="Freq",                          # 计算大小字段的字符为 Freq
+   count=TRUE,                                 # 在解释中包括计数和总数
+   sumNodes=TRUE)                              # 默认总和节点=TRUE
```

图 3–41 中最里面的环是性别, 属于最高层级的父层, 向外依次是网购次数和满意度, 属于较低层级的子环. 图中环的每一部分的大小, 表示相应类别的数据比例. 将鼠标指针移至环中的任意位置, 可以显示相应类别对应的频数和频数百分比.

下面再通过一个实际例子说明旭日图的应用.

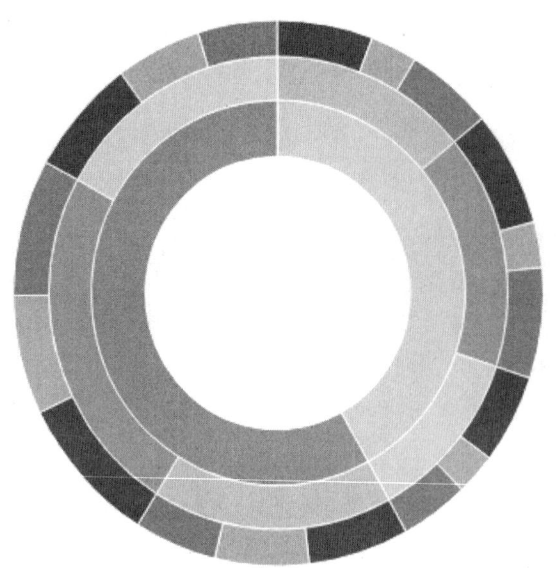

图 3-41 性别、网购次数和满意度的旭日图 (截图)

【例 3-4】 (数据: data3_4.csv) 表 3-3 是 2019 年全国 31 个地区各季度的地区生产总值数据 (只列出前 5 行和后 5 行).

表 3-3 2019 年全国 31 个地区各季度的地区生产总值 单位: 亿元

地区	区域划分	三大地带	季度	地区生产总值
北京	华北	东部地带	1 季度	7 784.27
北京	华北	东部地带	2 季度	8 659.25
北京	华北	东部地带	3 季度	9 003.19
北京	华北	东部地带	4 季度	9 924.57
天津	华北	东部地带	1 季度	3 103.97
⋮	⋮	⋮	⋮	⋮
宁夏	西北	西部地带	4 季度	1 051.76
新疆	西北	西部地带	1 季度	2 992.36
新疆	西北	西部地带	2 季度	3 328.71
新疆	西北	西部地带	3 季度	3 460.92
新疆	西北	西部地带	4 季度	3 815.12

由 sunburstR 包中的 sunburst 函数绘制的动态交互旭日图如图 3-42 所示 (截图).

```
# 图 3-42 的绘制代码
> library(sunburstR);library(d3r)
> data3_4<-read.csv("C:/mydata/chap03/data3_4.csv")
> df<-data.frame(data3_4[,c(3,2,1,4,5)])     # 根据需要调整列变量的位置
> df_tree<-d3_nest(df,value_cols=" 地区生产总值")
                                     # 将数据框转换为“d3.js”层次结构
```

```
> sunburst(data=df_tree,valueField=" 地区生产总值",
+   count=TRUE,sumNodes=TRUE)
```

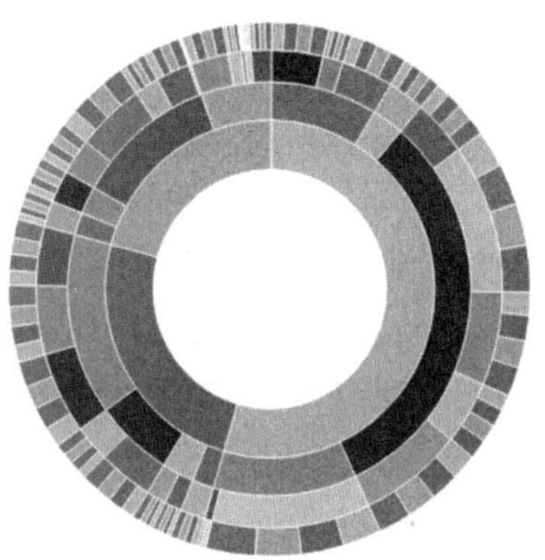

图 3-42　2019 年全国 31 个地区各季度地区生产总值的旭日图 (截图) (见彩图)

图 3-42 中最里面的环是三大地带, 属于最高层级的父层, 向外依次是区域划分、地区和季度, 属于较低层级的子环. 图中环的每一部分表示相应类别的数据比例大小. 将鼠标指针移至环中的任意位置, 可以显示相应类别对应的数据和数据百分比.

除本章介绍的图形外, 展示类别数据的图形还有很多, 如瀑布图、沃罗诺伊图、和弦图、桑基图、平行集图、词云图等, 具体内容见第 9 章.

本章图谱

下面的图谱展示了本章所绘制的主要图形.

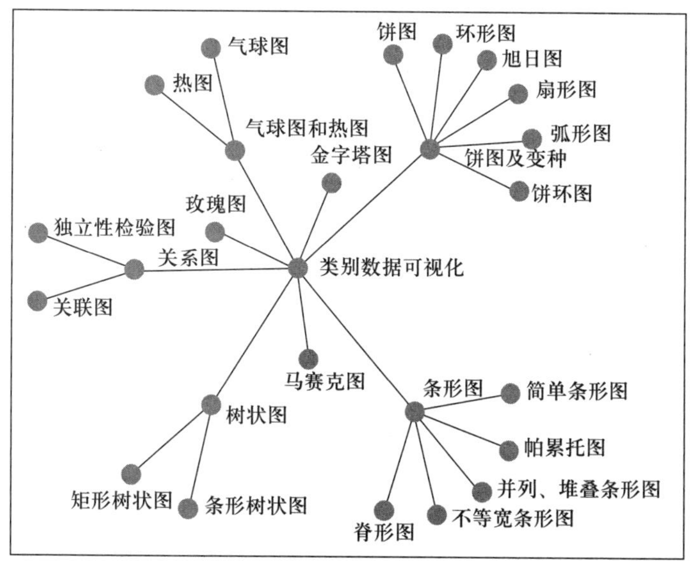

习题

3.1 简要说明条形图、脊形图和马赛克图的应用场合.

3.2 条形图和玫瑰图有何异同?

3.3 关联图的主要用途是什么?

3.4 金字塔图的主要用途是什么?

3.5 使用 R 自带的数据集 Titanic, 绘制以下图形.

(1) 绘制 Sex 和 Survived 的并列条形图和堆叠条形图, 并为条形图添加频数标签.

(2) 绘制 Class 的帕累托图.

(3) 绘制 Class 和 Survived 的脊形图.

(4) 绘制 Class、Sex、Age 和 Survived 4 个变量的条形树状图和矩形树状图.

(5) 绘制 Class、Sex、Age 和 Survived 4 个变量独立性检验的 P 值图.

(6) 绘制 Class、Sex、Age 和 Survived 4 个变量的马赛克图, 并在图中显示出观测频数.

(7) 绘制 Class 和 Survived 的气球图、热图和南丁格尔玫瑰图.

(8) 绘制 Class 的饼图、扇形图、环形图和弧形图.

(9) 绘制 Class 和 Sex 的饼环图.

3.6 使用矩形树状图和旭日图展示表 3–1 中的数据.

第 4 章 Chapter 4 分布特征可视化

数据的分布特征主要是指分布的形状是否对称、分布偏斜的方向和程度、分布中是否存在离群点等，其可视化图形主要有直方图、核密度图、箱线图、小提琴图、点图、带状图等.

4.1 直方图与核密度图

直方图 (histogram) 与**核密度图** (kernel density plot) 是观察数据分布特征的常用图形，它们可以直观地展示数据分布的形状是否对称、偏斜的方向和程度等.

4.1.1 直方图

将数据分组后，在 x 轴上用矩形的宽度表示每个组的组距，在 y 轴上用矩形的高度表示每个组的频数或密度，多个矩形并列在一起就是直方图.

1. 普通直方图

R 软件中有多个函数可以绘制直方图，如 graphics 中的 hist 函数、lattice 包中的 histogram 函数、sjPlot 包中的 plot_frq 函数、epade 包中的 histogram.ade 函数，等等. 下面以 2018 年 1 月 1 日至 12 月 31 日北京市空气质量数据为例，说明直方图的绘制方法.

【例 4–1】 (数据: data4_1.csv) 空气质量指数 (air quality index, AQI) 用来描述空气质量状况，指数越大，说明空气污染越严重. 用来评价空气质量的主要污染物有细颗粒物 (PM 2.5)、可吸入颗粒物 (PM10)、二氧化硫 (SO_2)、一氧化碳 (CO)、二氧化氮 (NO_2)、臭氧浓度 (O_3) 6 项. 根据空气质量指数将空气质量分为 6 级: 优 (0~50)、良 (51~100)、轻度污染 (101~150)、中度污染 (151~200)、重度污染 (201~300)、严重污染 (300 以上); 分别用绿色 (green)、黄色 (yellow)、橙色 (orange)、红色 (red)、紫色 (purple)、褐红色 (maroon) 表示. 表 4–1 是 2018 年 1 月 1 日至 12 月 31 日北京市的空气质量数据.

表 4–1 2018 年 1 月 1 日至 12 月 31 日北京市空气质量数据 (只列出前 5 天和后 5 天的数据)

日期	AQI	质量等级	PM2.5 (μg/m³)	PM10 (μg/m³)	二氧化硫 (μg/m³)	一氧化碳 (μg/m³)	二氧化氮 (μg/m³)	臭氧浓度 (mg/m³)
2018/1/1	60	良	33	61	10	1.1	48	41
2018/1/2	49	优	27	49	7	0.9	35	50
2018/1/3	29	优	11	28	5	0.4	23	55
2018/1/4	44	优	15	29	5	0.5	35	42
2018/1/5	69	良	32	53	9	1.0	55	39
⋮	⋮	⋮	⋮	⋮	⋮	⋮	⋮	⋮
2018/12/27	52	良	7	53	4	0.3	10	54
2018/12/28	40	优	9	40	5	0.5	19	50
2018/12/29	33	优	10	28	5	0.5	26	52
2018/12/30	47	优	15	32	5	0.5	37	44
2018/12/31	70	良	38	58	10	1.0	56	20

图 4–1 是使用 hist 函数绘制的 AQI 的直方图.

```
# 图 4-1 的绘制代码
> data4_1<-read.csv("C:/mydata/chap04/data4_1.csv")
> attach(data4_1)
> par(mfrow=c(2,2),mai=c(0.4,0.5,0.4,0.1),cex.main=0.8,font.main=1)
> hist(AQI,labels=TRUE,
+   xlab="AQI",ylab="频数",ylim=c(0,80),main="(a) 添加频数标签")
> hist(AQI,breaks=20,col="deepskyblue",
+   xlab="AQI",ylab="频数",main="(b) 将数据分成 20 组")
> hist(AQI,freq=FALSE,breaks=20,col="lightgreen",
+   xlab="AQI",ylab="密度",main="(c) 添加地毯图、核密度线和统计量")
> rug(AQI)                                   # 添加地毯图
> lines(density(AQI))                        # 添加核密度曲线
> points(quantile(AQI),c(0,0,0,0,0),pch=19,col="red",lwd=3)
                                             # 添加最大值、最小值、中位数和四分位数
> hist(AQI,prob=TRUE,breaks=20,col="pink",
+   xlab="AQI",ylab="密度",main="(d) 添加扰动点和正态分布曲线")
> rug(jitter(AQI))                           # 添加扰动点
> curve(dnorm(x,mean(AQI),sd(AQI)),col="blue",add=TRUE) # 添加理论正态分布线
```

图 4–1 显示, AQI 为右偏分布, 而且偏斜程度较大.

图 4–1 中的 4 幅图分别添加了不同信息. 图 4–1(a) 是在 R 默认绘制的普通直方图上添加了各组的频数标签. 图 4–1(b) 是指定分成 20 组绘制的直方图 (所分的组数只是一个大概数, 可根据需要确定).

图 4–1(c) 是使用 rug 函数在直方图的 x 轴上画出原始数据的位置, 用线段表示, 称为**地毯图** (rug plot) 或轴须线, 用于展示原始数据在坐标轴上的位置和分布, 弥补直

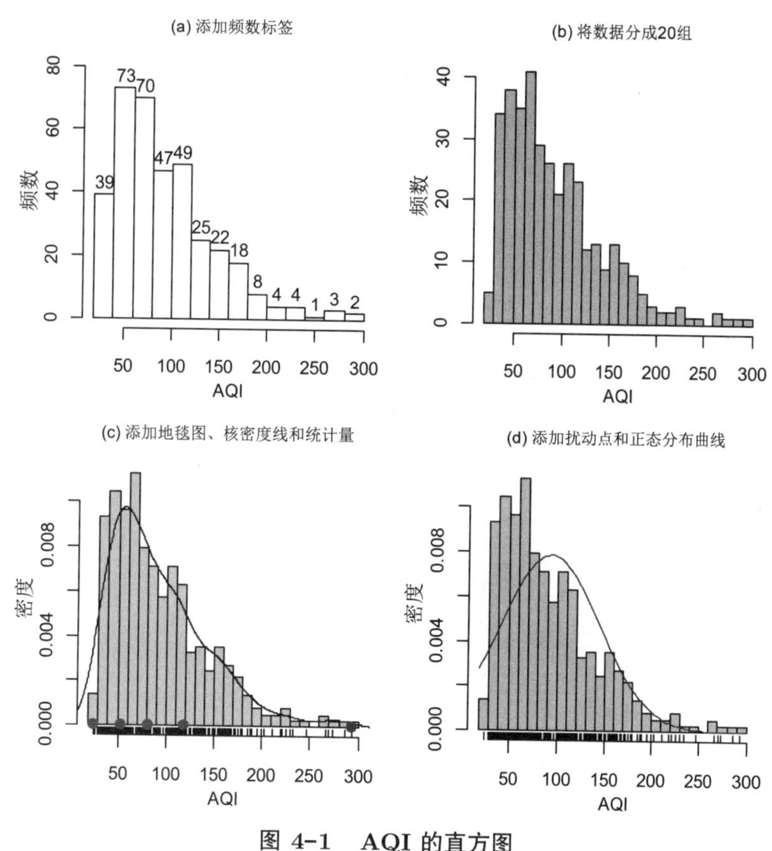

图 4–1　AQI 的直方图

方图丢失的原始数据信息. 此外, 还为直方图加上一条核密度曲线 (见 4.1.2 节), 以便更直观地观察数据分布的形状. 使用 quantile 函数计算出数据的最小值、最大值、中位数、25% 和75% 两个四分位数, 并使用 points 函数画出这些点在坐标轴上的位置.

图 4–1(d) 是使用 jitter 函数计算出数据的扰动点 (noise) 后, 绘制出地毯图, 并用 curve 函数在直方图上画出理论正态分布曲线. 将直方图的形状与理论正态曲线做比较, 可以大致判断数据是否近似正态分布.

使用 sjPlot 包中的 plot_frq 函数可以绘制出带有均值和标准差等信息的直方图. 根据 AQI 数据绘制的直方图如图 4–2 所示.

```
# 图 4-2 的绘制代码
> data4_1<-read.csv("C:/mydata/chap04/data4_1.csv")
> library(sjPlot)
# 设置图形主题
> set_theme(title.size=0.8,                    # 设置图形标题字体大小
+   axis.title.size=0.8,                       # 设置坐标轴标签字体大小
+   axis.textsize=0.8,                         # 设置坐标轴字体大小
+   geom.label.size=2.5,                       # 设置图形标签字体大小
+   geom.alpha=0.8)                            # 设置颜色透明度
```

```
> plot_frq(data4_1$AQI,type="histogram",          # 绘制直方图
+   show.mean=TRUE,show.sd=TRUE,                  # 画出数据的均值和标准差
+   geom.colors="green4",                         # 设置直方图的颜色
+   title="AQI 的直方图")                          # 绘制标题
```

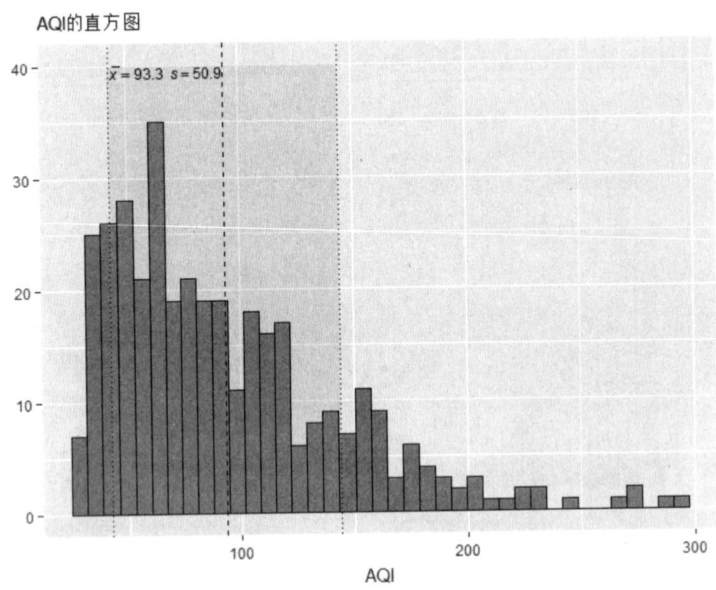

图 4–2　带有均值和标准差信息的 AQI 的直方图

图 4–2 中间的虚线表示均值的位置, 两侧的虚线是均值 ± 标准差的范围, 并用深灰色阴影区域表示.

2. 叠加直方图和堆叠直方图

如果想用直方图对少数几个样本或变量的分布特征进行比较, 可以在 hist 函数中设置参数 add=TRUE, 将一个变量的直方图叠加到另一个变量的直方图上, 绘制出**叠加直方图** (superimposed histogram). 当变量或样本具有可比性时, 叠加直方图就很有用. 比如, 根据 AQI 和 PM2.5 数据绘制的叠加直方图如图 4–3 所示.

```
# 图 4-3 的绘制代码
> data4_1<-read.csv("C:/mydata/chap04/data4_1.csv")
> hist(data4_1$PM2.5,prob=TRUE,breaks=20,
+   xlab="指标值",ylab="密度",col="deepskyblue",main="")
> hist(data4_1$AQI,prob=TRUE,breaks=20,
+   xlab="",ylab="",col="red2",density=60,main="",add=TRUE)
> legend("topright",legend=c("PM2.5","AQI"),ncol=1,inset=0.04,
+   col=c("deepskyblue","red2"),density=c(200,60),
+   fill=c("deepskyblue","red2"),box.col="grey80",cex=0.8)     # 添加图例
```

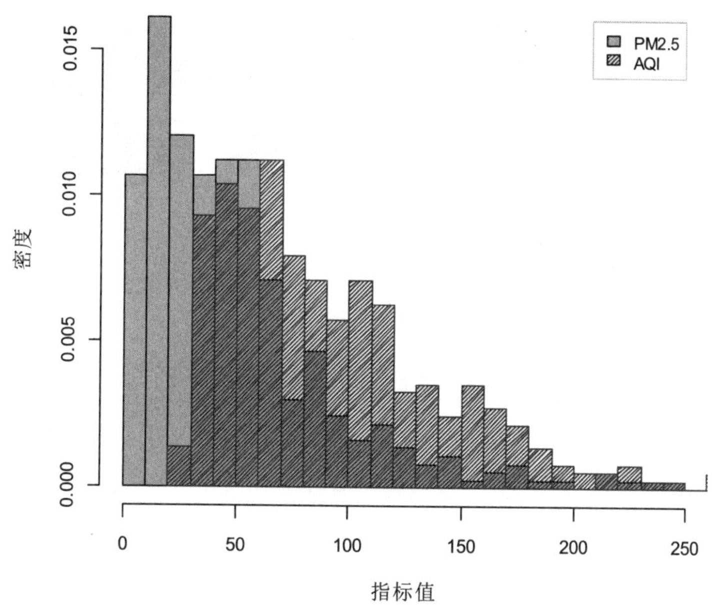

图 4-3　AQI 和 PM2.5 的叠加直方图

在图 4-3 的绘制代码中, 使用参数 add=TRUE 将 AQI 数据的直方图叠加到 PM2.5 的直方图上, 并对要叠加的直方图设置参数 density 的值改变叠加后的效果. 同时, 使用 legend 函数为直方图添加图例. 图 4-3 显示, PM2.5 和 AQI 均为右偏分布, 而且分布的形状也很相似, 这说明 AQI 在一定程度上受 PM2.5 的影响.

使用 epade 包中的 histogram.ade 函数可以绘制按因子分类的叠加直方图 (也可以称为条件直方图), 它是将一个数值变量按某个因子的水平分类, 然后根据因子的每个水平分别绘制直方图, 并将直方图叠加在一起. 比如, 想要比较不同空气质量等级条件下 PM2.5 的分布, 可以根据质量等级分别绘制直方图, 并叠加在一起, 如图 4-4 所示.

```
# 图 4-4 的绘制代码
> data4_1<-read.csv("C:/mydata/chap04/data4_1.csv")
> labels<-c("优","良","轻度污染","中度污染","重度污染")
> f<-factor(data4_1[,3],ordered=TRUE,levels=labels)# 将质量等级转换成有序因子
> df<-data.frame(质量等级=f,data4_1[,-3])                # 构建新的数据框
> attach(df)

> library(epade)
> cols=c("green","yellow","orange","red","purple") # 设置颜色向量
> histogram.ade(PM2.5,group=质量等级,col=cols,wall=4,
+   breaks=30,bar=TRUE,alpha=0.4,
+   main="按质量等级分类的 PM2.5 的直方图")
```

图 4-4 中的不同颜色代表不同空气质量等级的直方图, 图中还画出了核密度估计曲线和理论正态分布曲线. 图 4-4 显示, 空气质量为优时, PM2.5 的数值较低, 分布呈

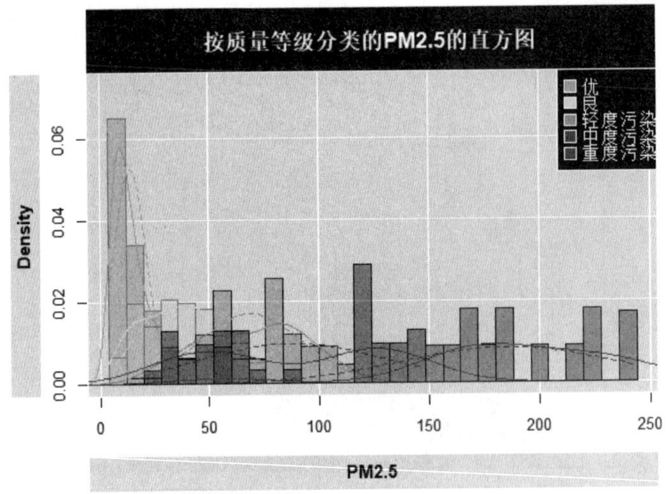

图 4-4 按质量等级分类的 PM2.5 的叠加直方图

现右偏; 空气质量为良和轻度污染时, PM2.5 的分布近似对称, 且离散程度也较小; 空气质量为中度污染和重度污染时, PM2.5 的数值较高, 且分布较为分散.

堆叠直方图 (stacked histogram) 是将按因子水平分类的直方图堆叠在一起的一种图形. 比如, 按“质量等级”这一因子来绘制 AQI 的直方图并堆叠在一起, 就是堆叠直方图. 使用 plotrix 包中的 histStack 函数可以绘制堆叠直方图. 根据质量等级绘制的 PM10 和臭氧浓度的堆叠直方图如图 4–5 所示.

```
# 图 4-5 的绘制代码
> data4_1<-read.csv("C:/mydata/chap04/data4_1.csv")
> labels<-c("优","良","轻度污染","中度污染","重度污染")
> f<-factor(data4_1[,3],ordered=TRUE,levels=labels)  # 将质量等级转换成有序因子
> df<-data.frame(质量等级=f,data4_1[,-3])             # 构建新的数据框

> par(mfrow=c(1,2),mai=c(0.6,0.6,0.4,0.1),cex.main=0.9,font.main=1)
> library(plotrix)
> cols=c("green","yellow","orange","red","purple")
> histStack(PM10~质量等级,data=df,
+   xlab="PM10",ylab="频数",ylim=c(0,80),
+   col=cols,legend.pos="topright",main="(a) PM10 的堆叠直方图")
> histStack(臭氧浓度~质量等级,data=df,
+   xlab="臭氧浓度",ylab="频数",xlim=c(0,300),ylim=c(0,70),
+   col=cols,legend.pos="topright",main="(b) 臭氧浓度的堆叠直方图")
```

图 4–5(a) 除了展示 PM10 的整体分布特征外, 还可以观察数据的不同分组中各因子数观测值的频数多少. 比如, PM10 在 50 以下时, 空气质量主要为优和良的天数较多; PM10 在 200 以上时, 空气质量为中度污染和重度污染的天数较多. 图 4–5(b) 显示, 臭氧浓度在 50~100 之间时, 空气质量为优和良的天数较多; 臭氧浓度在 200 以上

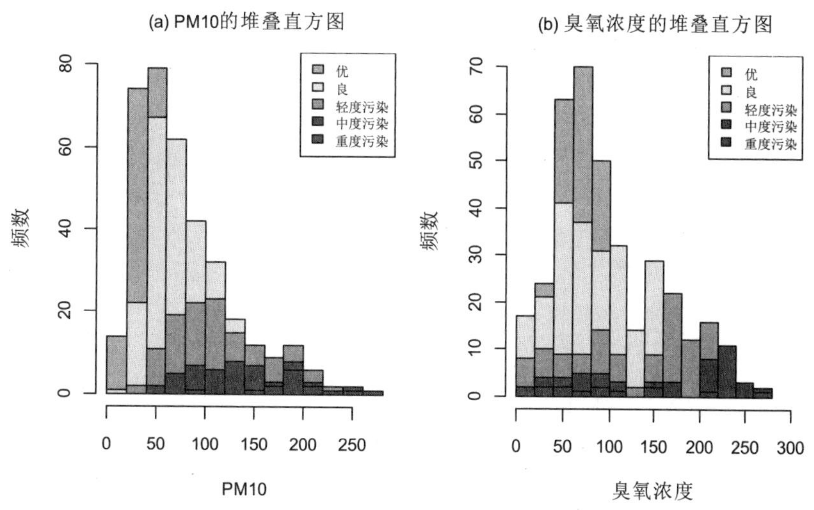

图 4–5　按空气质量等级分类的 PM10 和臭氧浓度的堆叠直方图

时, 空气质量为中度污染和重度污染的天数较多.

此外, 使用 Hmisc 包中的 histbackback 函数可以绘制背靠背的直方图, 它可以将一个数值变量按照一个具有两个水平的因子分类绘制直方图, 从而便于比较. 比如, 比较男女工资的分布、比较两个地区消费支出的分布等. 使用 RcmdrMisc 包中的 Hist 函数可以对一个数值变量按因子的水平绘制分组直方图. 限于篇幅, 这里不再举例.

为了对 6 项空气污染指标的分布有整体的了解, 图 4–6 绘制了 6 项空气污染指标的直方图, 并在直方图的标题中列出相应的偏度系数, 以了解分布的偏斜程度.

```
# 图 4-6 的绘制代码
> data4_1<-read.csv("C:/mydata/chap04/data4_1.csv")
> attach(data4_1)
> library(e1071)
> par(mfrow=c(2,3),mai=c(0.5,0.5,0.2,0.1),cex.main=1,font.main=1)
> col<-"lightskyblue"
> hist(PM2.5,prob=TRUE,breaks=10,col=col,xlab="PM2.5",
+   main=paste("skewness =",round(skewness(PM2.5),digits=4)))
> hist(PM10,prob=TRUE,col=col,xlab="PM10",
+   main=paste("skewness =",round(skewness(PM10),digits=4)))
> hist(二氧化硫,prob=TRUE,col=col,xlab="二氧化硫",
+   main=paste("skewness =",round(skewness(二氧化硫),digits=4)))
> hist(一氧化碳,prob=TRUE,col=col,xlab="一氧化碳",
+   main=paste("skewness =",round(skewness(一氧化碳),digits=4)))
> hist(二氧化氮,prob=TRUE,col=col,xlab="二氧化氮",
+   main=paste("skewness =",round(skewness(二氧化氮),digits=4)))
> hist(臭氧浓度,prob=TRUE,col=col,xlab="臭氧浓度",
+   main=paste("skewness =",round(skewness(臭氧浓度),digits=4)))
```

在图 4–6 的绘制代码中, 主标题是使用 e1071 包中的 skewness 函数计算出各指标

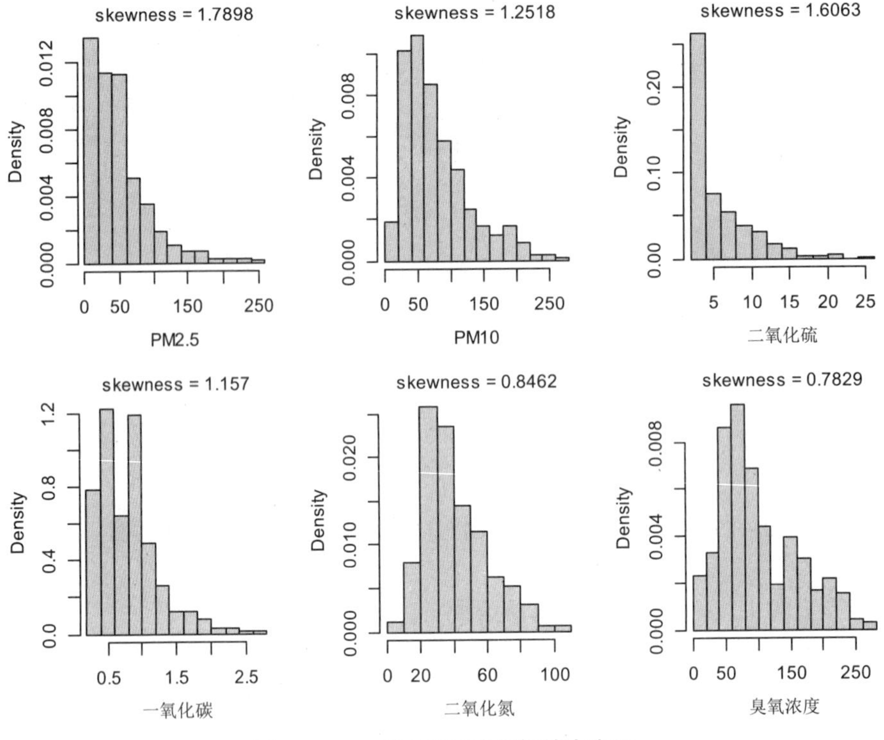

图 4–6　6 项空气污染指标的直方图

的偏度系数, 使用 round 函数将结果保留 4 位小数, 使用 paste 函数将各字符串连接在一起. 图 4–6 显示, PM2.5、PM10、二氧化硫、一氧化碳四项指标的偏度系数均大于 1, 表示有严重的右偏, 二氧化氮、臭氧浓度两项指标虽然也为右偏分布, 但偏度系数在 0.5~1 之间, 表示有中等程度的右偏.

4.1.2　核密度图

1. 核密度图与核密度比较图

核密度图 (kernel density plot) 是用于核密度估计的一种图形, 它使用一定的核函数和带宽为数据的分布提供了一种平滑曲线, 从中可以看出数据分布的大致形状. 实际上, 直方图也是对数据分布密度的估计, 只不过是一种粗略的估计, 而核密度估计则给出较为精确的估计, 因此, 核密度图可以替代直方图来观察数据的分布.

R 软件中有多个函数可以绘制核密度曲线, 最简单的是 plot 函数. 绘制核密度图时, 先要使用 density 函数计算出数据的密度估计值 (默认核函数为 gaussian), 然后用 plot 函数画出估计曲线. 计算核密度时, 设置不同的带宽 (bandwidth, bw) 会对核密度曲线产生不同的影响. bw 的值越大, 曲线越平滑. 图 4–7 是由 plot 函数绘制的 AQI 的核密度图.

```
# 图 4-7 的绘制代码
> data4_1<-read.csv("C:/mydata/chap04/data4_1.csv")
> par(mfrow=c(1,3),mai=c(0.6,0.6,0.2,0.1),cex.main=1,font.main=1)
> d1<-density(data4_1$AQI)                          # 计算 AQI 的密度
> d2<-density(data4_1$AQI,bw=3)                     # 计算 AQI 的密度,bw=3
> d3<-density(data4_1$AQI,bw=10)                    # 计算 AQI 的密度,bw=10
> plot(d1,xlab="AQI",ylab="Density",main="(a) 默认带宽")
> plot(d2,col="red",xlab="AQI",ylab="Density",main="(b) bw=3")
> plot(d3,col="red",xlab="AQI",ylab="Density",main="(c) bw=10")
```

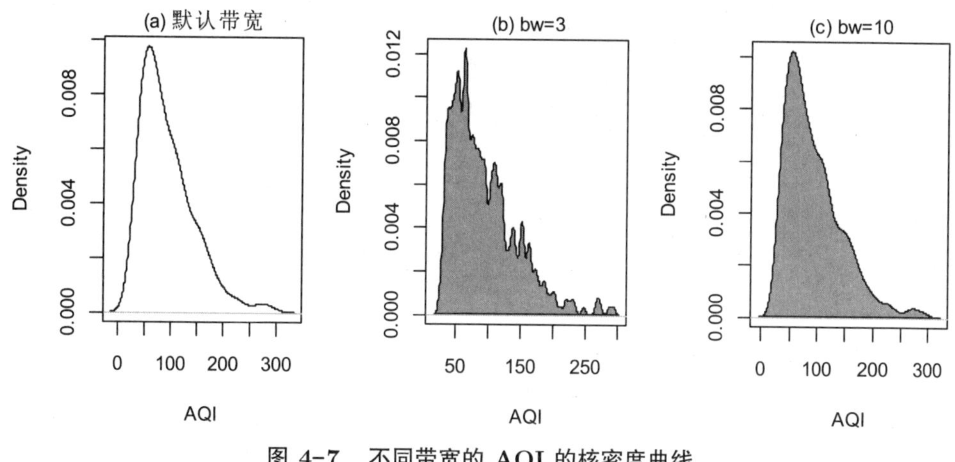

图 4-7 不同带宽的 AQI 的核密度曲线

图 4-7 显示, 带宽值越大, 曲线越平滑, 带宽值越小, 曲线越不平滑. 选择多大的带宽值, 可根据实际数据和分析的需要而定. 带宽太大, 曲线会被过度平滑, 就难以观察分布的一些细节; 带宽值太小, 又会难以判断分布的整体形状.

使用 sjPlot 包中的 plot_frq 函数也可以绘制核密度图, 只需要设置参数 type="density" 即可. 比如, 根据 AQI 数据绘制的核密度图如图 4-8 所示.

```
# 图 4-8 的绘制代码
> data4_1<-read.csv("C:/mydata/chap04/data4_1.csv")
> library(sjPlot)
> plot_frq(data4_1$AQI,type="density",               # 绘制核密度曲线
+   normal.curve=TRUE,normal.curve.size=2,           # 添加正态分布曲线
+   title="AQI 的核密度图")                           # 添加标题
```

图 4-8 显示, 核密度曲线与理论正态分布曲线有较大的偏离, 表示 AQI 不服从正态分布.

当有多个变量时, 如果要将不同变量的核密度曲线放在同一个坐标中比较, 绘图函数有 DescTools 包中的 PlotMultiDens 函数、sm 包中的 sm.density.compare 函数、psych 包中的 densityBy 函数、lattice 包中的 densityplot 函数、ggplot2 包中的 geom_density 函数、ggpubr 包中的 ggdensity 函数、epade 包中的 histogram.ade 函数等.

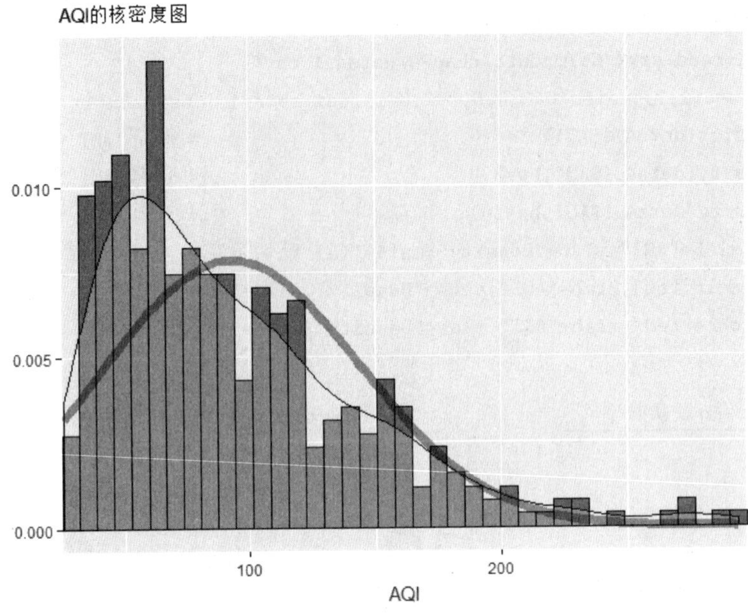

图 4-8 带有直方图和理论正态分布曲线的 AQI 的核密度图

为便于观察和比较, 这里只绘制出 AQI、PM2.5、PM10、二氧化氮和臭氧浓度 5 个指标的核密度比较图. 使用 ggplot2 包中的 geom_density 函数绘制的核密度图如图 4-9 所示.

```
# 图 4-9(a) 的绘制代码
> library(reshape2);library(gridExtra);library(ggplot2)
> data4_1<-read.csv("C:/mydata/chap04/data4_1.csv")
> d<-data4_1[,c(1,2,3,4,5,8,9)]                          # 选择绘制数据
> df<-melt(d,id.vars=c("日期","质量等级"),
+   variable.name="指标",value.name="指标值")             # 融合 d 与 id 变量

# 设置图形主题
> mytheme<-theme(plot.title=element_text(size="9"),  # 设置主标题字体大小
+    axis.title=element_text(size=9),                 # 设置坐标轴标签字体大小
+    axis.text=element_text(size=8),                  # 设置坐标轴刻度字体大小
+    legend.position="right",                         # 设置图例的位置
+    legend.text=element_text(size="7"))              # 设置图例字体大小

# 绘制 p1 和 p2
> p1<-ggplot(df)+aes(x=指标值)+
+    geom_density(aes(group=指标,color=指标,fill=指标),alpha=0)+
+    mytheme+
+    ggtitle("(a) 核密度比较曲线 (alpha=0)")            # 添加标题
> p2<-ggplot(df)+aes(x=指标值)+
```

```
+    geom_density(aes(group=指标,color=指标,fill= 指标),alpha=0.3)+
+    mytheme+
+    ggtitle("(b) 核密度比较曲线 (alpha=0.3)")
> grid.arrange(p1,p2,ncol=1)                        # 组合图形 p1 和 p2
```

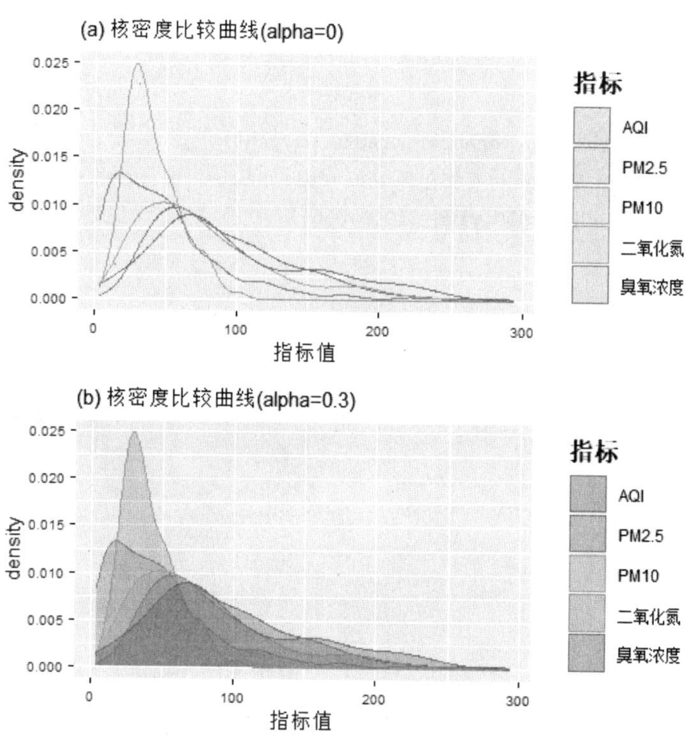

图 4–9　AQI 和 4 项空气污染指标的核密度比较图

图 4–9(a) 和图 4–9(b) 的绘制代码相同, 设置 alpha=0 表示完全透明, 即为曲线, 设置不同的 alpha 值, 可以用不同明度的颜色填充曲线下的面积. 图 4–9 显示, 所有指标的分布均为右偏, 其中, 二氧化氮的分布相对集中, 其他指标的分布形状十分相近, 偏斜程度也较大.

2. 分类核密度图

上面介绍的核密度图是根据一个或多个数值变量绘制的. 如果一个数值变量的观测数是在一个或多个因子的不同水平下获得的, 就可以将这个数值变量的观测数据按某个因子的水平进行分类绘制核密度图. 比如, 想要比较不同空气质量等级下 PM2.5 的分布, 可以按质量等级分类绘制核密度图, 这就是所谓的分类核密度图.

使用 epade 包中的 histogram.ade 函数、ggplot2 包中的 geom_density 函数等均可以绘制按因子水平分类的核密度图. 图 4–10 是用 pade 包中的 histogram.ade 函数绘制的不同空气质量等级下 PM2.5 分布的核密度图.

```
# 图 4-10 的绘制代码
> data4_1<-read.csv("C:/mydata/chap04/data4_1.csv")
> labels<-c("优","良","轻度污染","中度污染","重度污染")
> f<-factor(data4_1[,3],ordered=TRUE,levels=labels)
> df<-data.frame(质量等级=f,data4_1[,-3])
> attach(df)

> library(epade)
> cols=c("green","yellow","orange","red","purple")
> histogram.ade(PM2.5,group=质量等级,col=cols,wall=1,alpha=0.4,
+   bar=FALSE,bgcol="grey90",ylim=c(0,0.055))
```

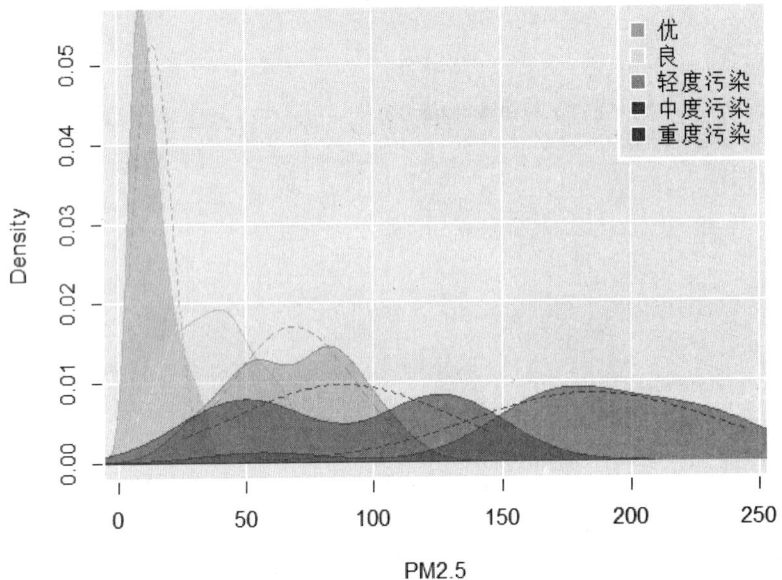

图 4-10　按质量等级分类的 PM2.5 的核密度图

图 4-10 中的虚线是理论正态分布曲线. 图形显示, 空气质量为优时, PM2.5 的分布近似服从正态分布, 且分布非常集中, 离散程度最小; 空气质量为良和轻度污染时, PM2.5 的分布也近似服从正态分布, 且数值较低, 离散程度也较小; 空气质量为中度污染时, PM2.5 的数值较高, 呈现双峰分布, 且较为分散; 空气质量为重度污染时, PM2.5 的数值较高, 且呈现左偏分布.

使用 ggplot2 包可以绘制按一个或多个因子分类的多个数值变量的核密度图. 比如, 设置分组变量为质量等级, 分面变量为指标, 绘制的分类核密度图如图 4-11 所示.

```
# 图 4-11 的绘制代码
> library(reshape2);library(ggplot2)
> data4_1<-read.csv("C:/mydata/chap04/data4_1.csv")
> d<-data4_1[,c(1,2,3,4,5,8)]                        # 选择绘制数据
> dd<-melt(d,id.vars=c("日期","质量等级"),
```

```
+   variable.name="指标",value.name="指标值")        # 融合数据
> labels<-c("优","良","轻度污染","中度污染","重度污染")
> f<-factor(dd[,2],ordered=TRUE,levels=labels)
> df<-data.frame(质量等级=f,dd[,-2])

> ggplot(df)+aes(x=指标值,group=质量等级,color=质量等级,fill=质量等级)+
+   geom_density(alpha=0.5)+
+   facet_wrap(~指标,ncol=2)+                          # 按指标 2 列分面
+   theme(legend.position="bottom")                    # 设置图例位置
```

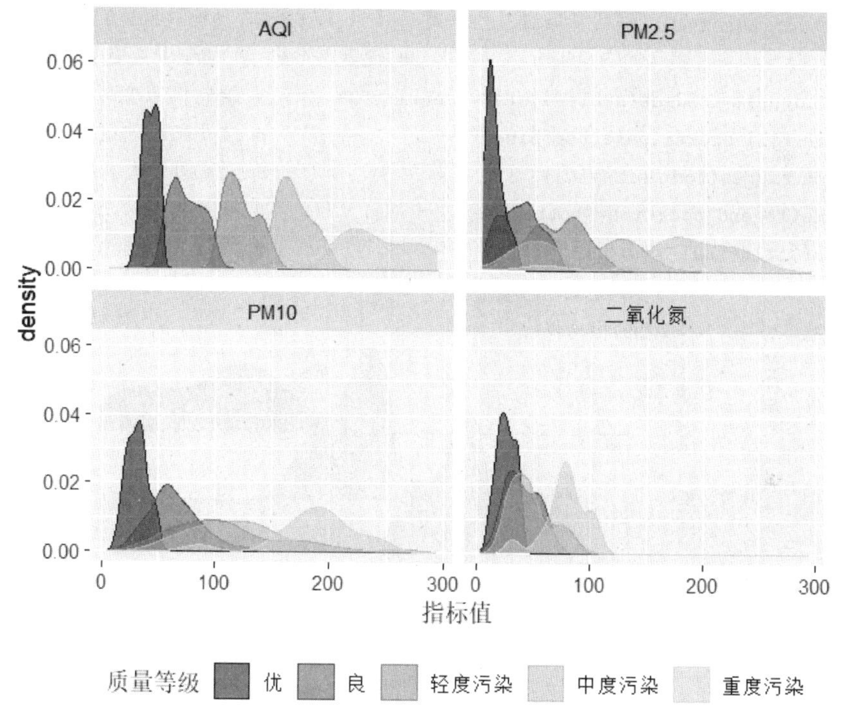

图 4-11　按质量等级分组，按指标分面的核密度图

根据图 4-11 可以分析不同质量等级下各项指标的分布状况. 如果要分析按指标分类的不同质量等级下各项指标的分布, 设置分组 group=指标、facet_grid(指标 ~.) 即可. 如果要将每个变量绘制成单独的图, 可按两个因子分面, 比如, facet_grid (指标 ~ 质量等级).

3. 核密度山峦图

山峦图 (ridgeline diagram) 也称山脊线图, 它是核密度估计图的一种表现形式, 可用于多数据系列或按因子分类的核密度估计的可视化. 山峦图绘制的数据通常是相同的 x 轴 (如同一个变量) 和不同的 y 轴 (如不同的分类), 它将多个分类下的同一个数据系列的核密度估计图以交错堆叠的方式绘制在一幅图中, 看起来像山峦起伏, 从而

有利于比较不同数据系列的分布特征.

使用 ggridges 包中的 geom_density_ridges 函数并结合 ggplot2 包可以绘制漂亮的山峦图. 由该函数绘制的按空气质量等级分类的 AQI 的山峦图如图 4–12 所示.

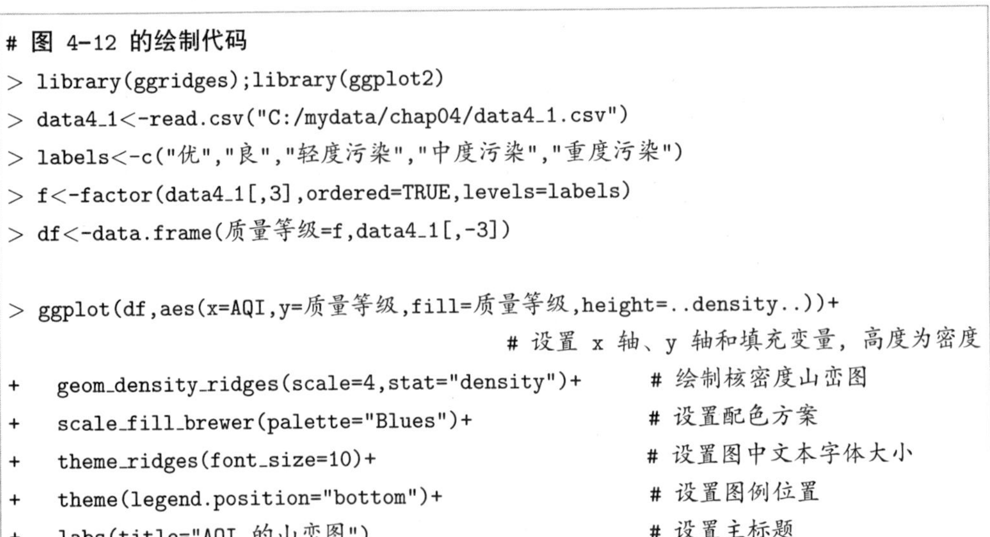

```
# 图 4-12 的绘制代码
> library(ggridges);library(ggplot2)
> data4_1<-read.csv("C:/mydata/chap04/data4_1.csv")
> labels<-c("优","良","轻度污染","中度污染","重度污染")
> f<-factor(data4_1[,3],ordered=TRUE,levels=labels)
> df<-data.frame(质量等级=f,data4_1[,-3])

> ggplot(df,aes(x=AQI,y=质量等级,fill=质量等级,height=..density..))+
                                      # 设置 x 轴、y 轴和填充变量, 高度为密度
+   geom_density_ridges(scale=4,stat="density")+      # 绘制核密度山峦图
+   scale_fill_brewer(palette="Blues")+               # 设置配色方案
+   theme_ridges(font_size=10)+                       # 设置图中文本字体大小
+   theme(legend.position="bottom")+                  # 设置图例位置
+   labs(title="AQI 的山峦图")                         # 设置主标题
```

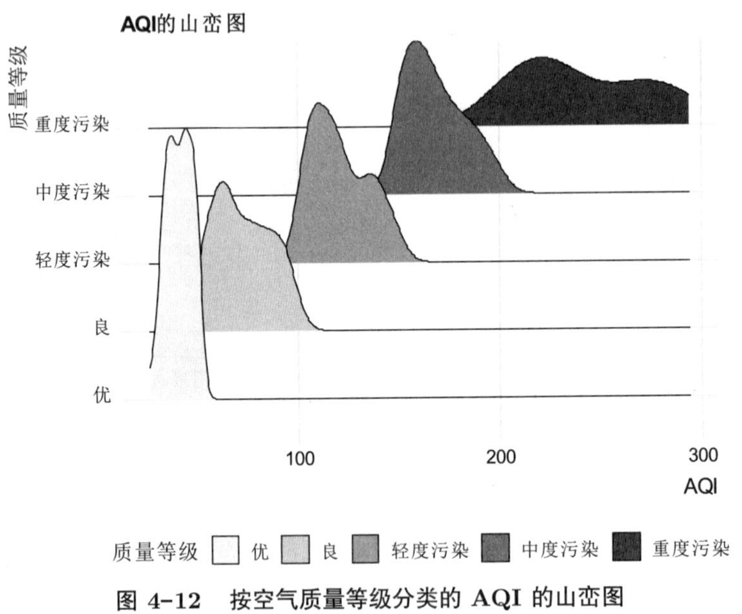

图 4–12　按空气质量等级分类的 AQI 的山峦图

图 4–12 显示, AQI 越低, 空气质量越好. 从不同质量等级 AQI 的分布看, 空气质量为优时, AQI 的分布较集中; 空气质量为重度污染时, AQI 的分布相对分散; 空气质量为良、轻度污染和中度污染时, AQI 的分布形态相差不大. 从总体上看, 不同空气质量等级下, AQI 的分布都大致对称.

图 4–13 是用梯度颜色绘制的按空气质量等级分类的 PM10 的山峦图.

```
# 图 4-13 的绘制代码（使用图 4-12 构建的数据框 df）
> library(ggridges);library(ggplot2)
> ggplot(df,aes(x=PM10,y=质量等级,fill=..density..))+    # 填充为密度
+   geom_density_ridges_gradient(scale=3,rel_min_height=0.01)+
+   scale_x_continuous(expand=c(0.01,0))+            # 设置 x 轴（连续）扩展范围
+   scale_y_discrete(expand=c(0.01,0))+              # 设置 y 轴（离散）扩展范围
+   scale_fill_viridis_c(name="density",option="C")+
                                        # 设置要使用颜色映射的字符串和配色选项
+   labs(title="PM10 的山峦图")+              # 设置主标题
+   theme_ridges(font_size=10,grid=TRUE)     # 设置字体大小和网格
```

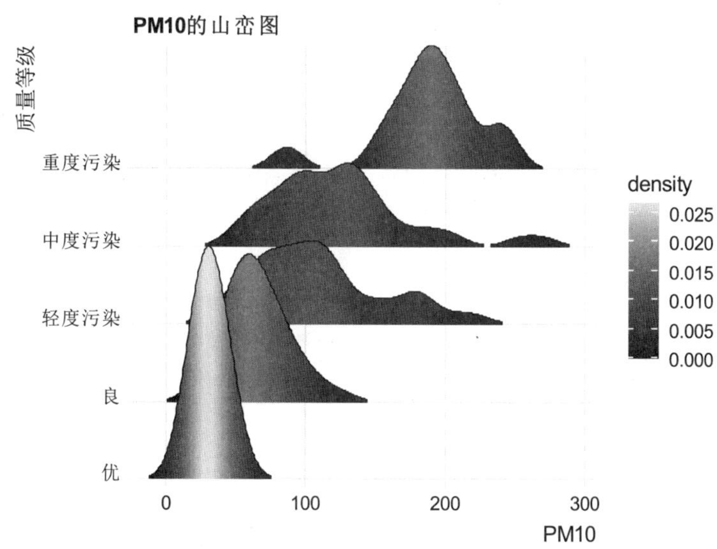

图 4-13　按空气质量等级分类的 PM10 的山峦图 (见彩图)

在图 4-13 的绘制代码中, option="" 的可选字母有 A、B、C、D、E, 选择不同的字母会按不同的配色方案绘制出不同效果的图形. 图右侧的图例显示了用连续型颜色表示的密度大小. 设置 fill=..x.. 可以绘制用变量 X 数值大小表示的图例和图形颜色. 图 4-13 显示, PM10 越低, 空气质量越好. 从 PM10 的分布看, 空气质量为优和良时, PM10 的分布较为集中, 且大致对称; 空气质量为重度污染时, PM10 的分布相对分散, 且为左偏分布; 空气质量为轻度污染和中度污染时, PM10 的分布也较为分散, 且为右偏分布.

也可以按月份绘制各指标的山峦图, 绘图前要先给数据框加入月份因子. 图 4-14 是使用梯度调色板绘制的各月份臭氧浓度的山峦图.

```
# 图 4-14 的绘制代码
> library(RColorBrewer);library(ggridges);library(ggplot2)
> data4_1<-read.csv("C:/mydata/chap04/data4_1.csv")
> a<-c(rep("1 月",31),rep("2 月",28),rep("3 月",31),rep("4 月",30),
```

```
+   rep("5 月",31),rep("6 月",30),rep("7 月",31),rep("8 月",31),
+   rep("9 月",30),rep("10 月",31),rep("11 月",30),rep("12 月",31))
                                        # 生成每天数据对应的月份因子向量
> b<-format(ISOdate(2018,1:12,1),"%b")     # 生成月份因子向量
> f<-factor(a,ordered=TRUE,levels=b)       # 将月份变为有序因子
> df<-data.frame(月份=f,data4_1)           # 构建新的数据框

> palette<-rev(brewer.pal(11,"Spectral"))  # 设置调色板
> ggplot(df,aes(x=臭氧浓度,y=月份,fill=..density..))+
+   geom_density_ridges_gradient(scale=3,rel_min_height=0.01)+
+   scale_x_continuous(expand=c(0.01,0))+
+   scale_y_discrete(expand=c(0.01,0))+
+   scale_fill_gradientn(colors=palette)+    # 使用梯度调色板
+   theme_ridges(font_size=10,grid=TRUE)+
+   labs(title="臭氧浓度的山峦图")+
+   theme(axis.title.y=element_blank())      # 去掉 y 轴标题
```

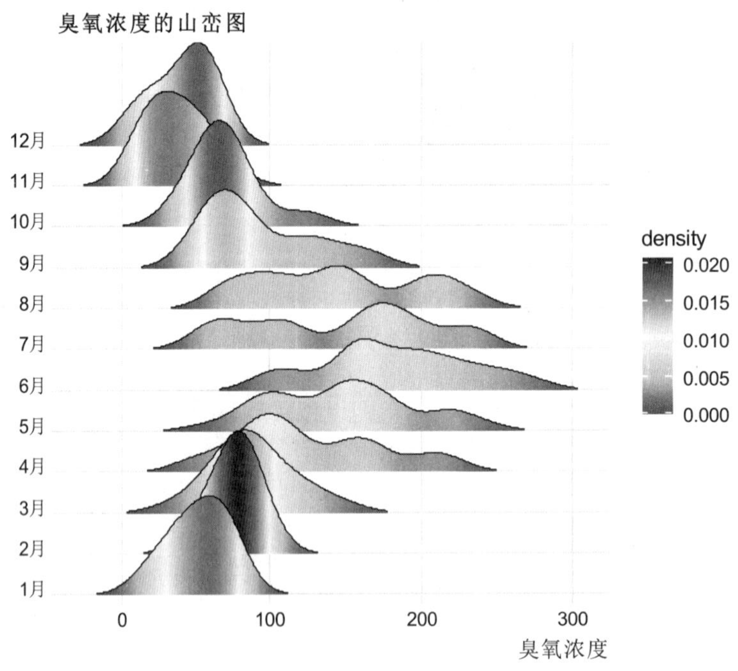

图 4–14 各月份臭氧浓度的山峦图 (见彩图)

图 4–14 显示, 1 月、2 月、3 月、10 月、11 月、12 月的臭氧浓度较低, 分布形态大致对称且较为集中; 其他月份臭氧浓度的分布相对分散, 并有多峰特征. 从总体上看, 气温越低, 臭氧浓度也越低, 气温越高, 臭氧浓度也越高.

下面画出 AQI 和 6 项空气污染指标的山峦图, 以比较各项指标分布的特征. 由于各指标间的数量级差异较大, 根据原始数据绘制的山峦图难以比较. 因此, 画图前, 先将数据做标准化处理 (标准化后, 只改变数据的水平, 不改变数据的分布形状), 以便保

持相同的 x 轴, 如图 4–15 所示.

```
# 图 4-15 的绘制代码
> library(reshape2);library(ggridges);library(ggplot2)
> data4_1<-read.csv("C:/mydata/chap04/data4_1.csv")
> d<-data4_1[,c(1:2,4:9)]                              # 选择绘图数据
> dz<-scale(d[,2:8])                                   # 标准化数据框
> df<-data.frame(日期=d[,1],dz)                        # 构建新的数据框
> df.long<-melt(df,id.vars="日期",
+   variable.name="指标",value.name="标准化值")        # 将数据融合成长格式
> palette<- RColorBrewer::rev(brewer.pal(11,"Spectral"))  # 设置调色板
> ggplot(df.long,aes(x=标准化值,y=指标,fill=..density..))+
+   geom_density_ridges_gradient(scale=3,rel_min_height=0.01)+
+   scale_x_continuous(expand=c(0.01,0))+
+   scale_y_discrete(expand=c(0.01,0))+
+   scale_fill_gradientn(colors=palette)+
+   theme_ridges(font_size=10,grid=TRUE)
```

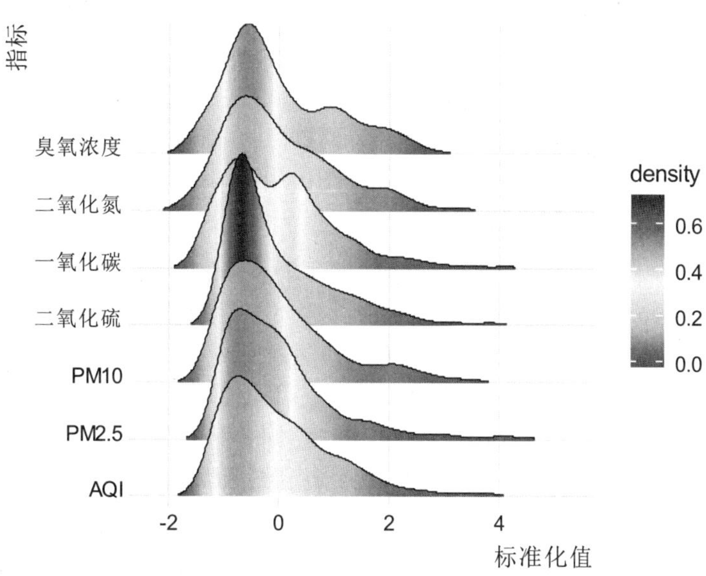

图 4–15 AQI 和 6 项空气污染指标标准化后的山峦图

图 4–15 显示, AQI 和 6 项空气污染指标均呈现明显的右偏分布.

4.2 箱线图和小提琴图

当需要比较多个样本 (或多个变量) 的分布时, 也可以绘制**箱线图** (box plot) 和**小提琴图** (violin plot).

4.2.1 箱线图

箱线图是展示数据分布的另一种图形, 它不仅可以反映一组数据分布的特征, 如分布是否对称、是否存在离群点等, 还可以比较多组数据的分布特征, 这也是箱线图的主要用途. 绘制箱线图的步骤大致如下.

首先, 找出一组数据的**中位数** (median) 和两个**四分位数** (quartiles), 并画出箱子. 中位数是一组数据排序后, 处在 50% 位置上的数值. 四分位数是一组数据排序后, 处在 25% 位置和 75% 位置上的两个值, 分别用 $Q_{25\%}$ 和 $Q_{75\%}$ 表示. $Q_{75\%}-Q_{25\%}$ 称为**四分位差**或**四分位距** (interquartile range), 用 IQR 表示. 用两个四分位数画出箱子 (四分位差的范围), 并画出中位数在箱子中的位置.

其次, 计算出内围栏和相邻值, 并画出须线. **内围栏** (inter fence) 是与 $Q_{25\%}$ 和 $Q_{75\%}$ 的距离等于 1.5 倍四分位差的两个点, 其中 $Q_{25\%}-1.5\times\text{IQR}$ 称为下内围栏, $Q_{75\%}+1.5\times\text{IQR}$ 称为上内围栏. 上下内围栏并不在箱线图中显示, 是作为确定离群点的界限.① 然后找出上下内围栏之间的最大值和最小值 (即非离群点的最大值和最小值), 称为**相邻值** (adjacent value), 其中, $Q_{25\%}$ 到 $Q_{25\%}-1.5\times\text{IQR}$ 范围内的最小值称为下相邻值, $Q_{75\%}$ 到 $Q_{75\%}+1.5\times\text{IQR}$ 范围内的最大值称为上相邻值. 用直线将上下相邻值分别与箱子连接, 称为**须线** (whiskers).

最后, 找出离群点, 并在图中单独标出. **离群点** (outlier) 是大于上内围栏或小于下内围栏的值, 也称**外部点** (outside value), 在图中用"○"单独标出.

箱线图的示意图如图 4–16 所示.

为解读箱线图所反映数据的分布特征, 图 4–17 展示了不同分布形状对应的箱线图.

图 4–17 显示, 对称分布的箱线图的特点是: 中位数在箱子中间; 上下相邻值到箱子的距离等长; 离群点在上下内围栏外的分布也大致相同. 右偏分布的箱线图的特点是: 中位数更靠近 $Q_{25\%}$ (下四分位数) 的位置; 下相邻值到箱子的距离比上相邻值到箱子的距离短; 离群点多数在上内围栏之外. 左偏分布的箱线图的特点是: 中位数更靠近 $Q_{75\%}$ (上四分位数) 的位置; 下相邻值到箱子的距离比上相邻值到箱子的距离长; 离群点多数在下内围栏之外.

使用 graphics 包中的 boxplot 函数绘制的 6 项空气污染指标的箱线图如图 4–18 所示.

```
# 图 4-18 的绘制代码
> data4_1<-read.csv("C:/mydata/chap04/data4_1.csv")
> palette<-RColorBrewer::brewer.pal(6,"Set2")          # 设置离散型调色板
> boxplot(data4_1[,4:9],col=palette,xlab="指标",ylab="指标值")
> points((apply(data4_1[,4:9],2,mean)),col="black",cex=1,pch=3) # 画出均值点
```

① 也可以设定 3 倍的四分位差作为围栏, 称为**外围栏** (outer fence), 其中 $Q_{25\%}-3\times\text{IQR}$ 称为下外围栏, $Q_{75\%}+3\times\text{IQR}$ 称为上外围栏. 外围栏也不在箱线图中显示. 在外围栏之外的数据也称为极值 (extreme), 在有些软件 (如 SPSS) 中用"*"单独标出. R 并不区分离群点和极值, 统称为离群点, 在图中用"○"标出.

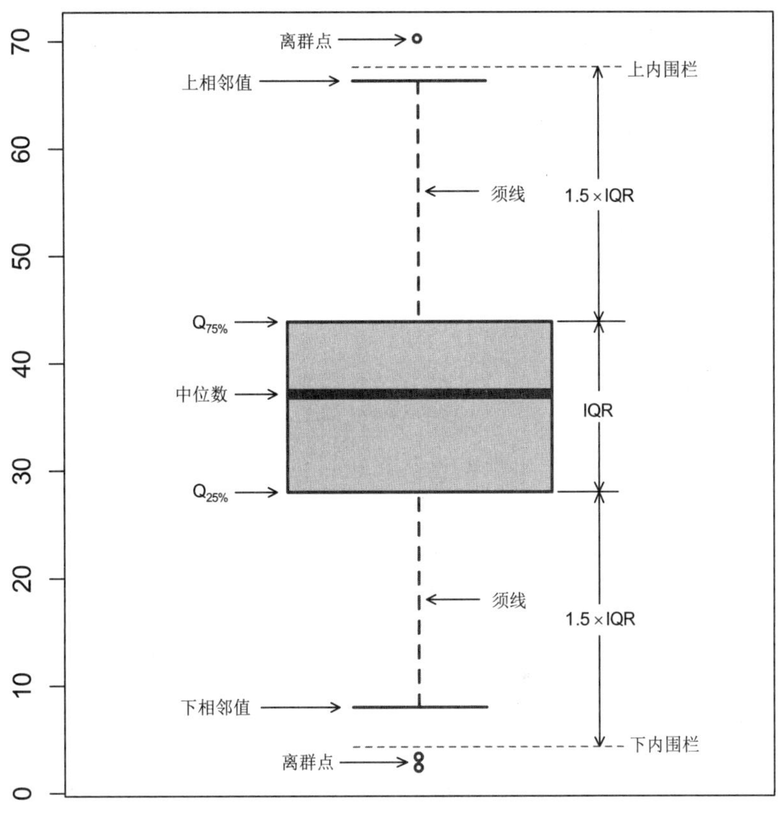

图 4–16　箱线图的示意图

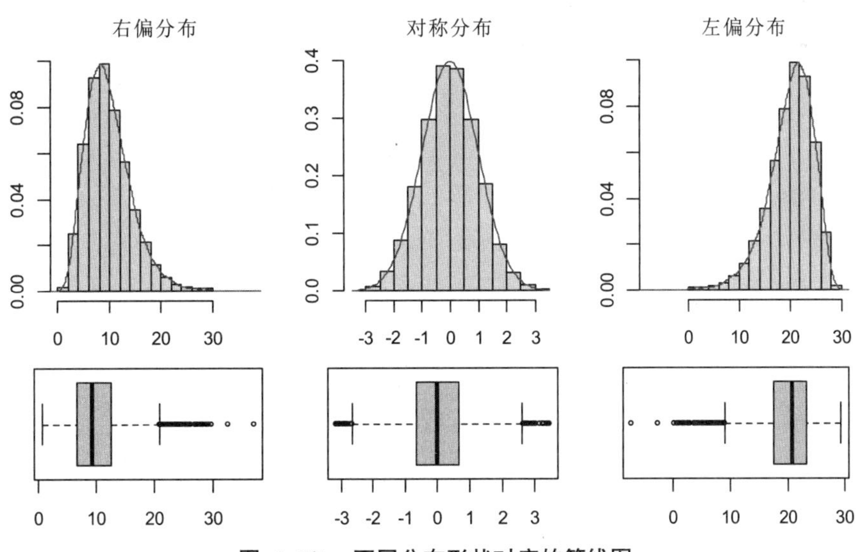

图 4–17　不同分布形状对应的箱线图

在图 4–18 的绘制代码中, 使用 apply 函数计算出 6 项指标的均值, 并使用 points 函数将均值点添加到箱线图中 (符号“+”的位置).

图 4–18 显示, 从分布特征看, 6 项指标均为右偏分布, 离群点均出现在分布的右侧. 但由于 6 个指标数值的量级差异较大, 在同一坐标中绘制箱线图, 数值小的箱线

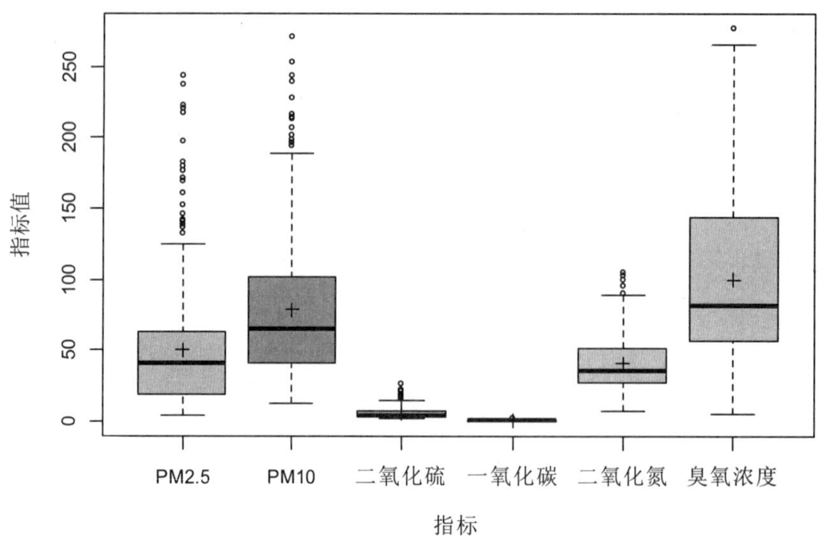

图 4-18　6 项空气污染指标的箱线图

图会受到挤压, 从而难以观察出数据分布的形状和离散程度. 比如, 一氧化碳和二氧化硫两个指标的箱线图被大大压缩, 几乎无法观察其分布形状和离散程度. 这时, 可以对箱线图进行变换, 比如, 对数据做对数变换或标准化变换.

需要注意, 对数变换对数据的压缩比不同, 对大数据的压缩程度远大于对小数据的压缩程度, 因此通常会改变数据分布的形状, 但对数据的离散程度改变不大, 因此, 对数变换不宜观察数据分布的形状, 但有利于比较数据的离散程度. 而标准化变换仅仅是改变数据的水平, 它既不会改变数据分布的形状, 也不会改变数据的离散程度, 因此更适合比较数据的分布形状和离散程度. 图 4–19 是对数变换和标准化变换效果的比较.

```
# 图 4-19 的绘制代码
> par(mfrow=c(1,3),mai=c(0.4,0.3,0.3,0.1),font.main=1)
> set.seed(123)
> x<-rnorm(100,100,30)
> y<-x/10                               # y 是 x 的十分之一, 但离散程度相同
> df<-data.frame(x,y)
> boxplot(df,col=c("red","green"),main="(a) 变换前")
> boxplot(df,log="y",col=c("red","green"),main="(b) 对数变换后")
> dt<-data.frame(scale(df))             # 标准化变换后组织成数据框
> boxplot(dt,col=c("red","green"),main="(c) 标准化变换后")
```

图 4–19(a) 是水平不同 (均值 mean(x)=102.7122, mean(y)=10.27122), 但离散程度相同 (离散系数 cv(x)=0.2666137, cv(y)=0.2666137) 的两个变量的箱线图. 图 4–19(b) 和图 4–19(c) 是对数变换和标准化变换后的箱线图. 图形显示, 变换前的箱线图难以比较 x 和 y 的离散程度, 对数变换后的箱线图显示二者的离散程度相同; 标准化变换后的箱线图的分布形状和离散程度都相同. 但标准化变换改变了数据的水平, 因此不

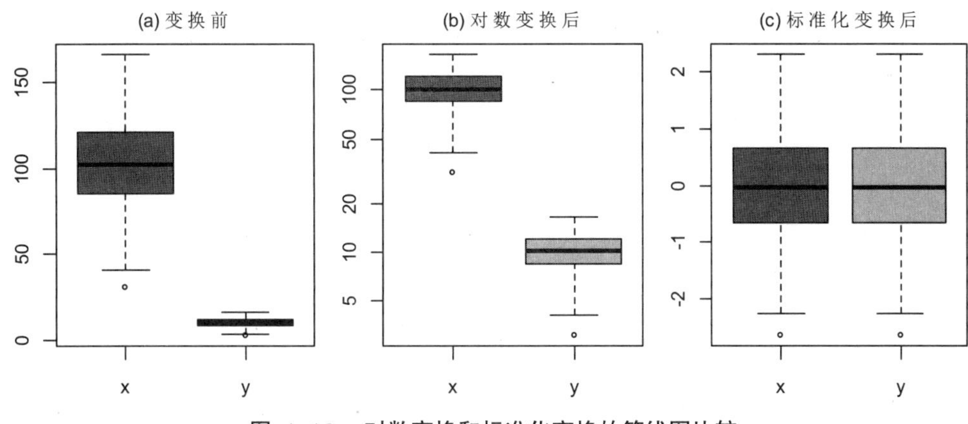

图 4–19 对数变换和标准化变换的箱线图比较

宜比较箱线图的水平.

图 4–20 分别是对数变换和标准化变换后的 6 项空气污染指标的箱线图.

```
# 图 4-20 的绘制代码
> data4_1<-read.csv("C:/mydata/chap04/data4_1.csv")
> par(mfcol=c(2,1),mai=c(0.6,0.6,0.3,0.1)cex.main=1,font.main=1)
> d<-data4_1[,4:9]
> palette<-RColorBrewer::brewer.pal(6,"Set2")
> boxplot(d,log="y",col=palette,
+   xlab="指标",ylab="对数变换后的值",main="(a) 对数变换后的箱线图")
> dt<-data.frame(scale(d))
> boxplot(dt,col=palette,
+   xlab="指标",ylab="标准化值",main="(b) 标准化变换后的箱线图")
```

图 4–20(a) 显示, PM2.5 的离散程度最大, 其次是臭氧浓度, 其他指标的离散程度差异不大. 图 4–20(b) 显示, 离散程度较大的是 PM2.5、二氧化硫、一氧化碳, 其他指标的离散程度相差不大. 从分布形状看, 6 项指标均为右偏分布, 除臭氧浓度偏斜程度相对较小外, 其他指标都有较大的右偏. 比较图 4–18 和图 4–20 不难发现变换的效果.

如果要分析不同质量等级条件下某项指标的分布, 可以绘制按因子分组的箱线图. 当样本量不同时, 为在箱线图中反映出样本量的信息, 可以在 boxplot 函数中设置 varwidth=TRUE 使得箱子的宽度与样本量的平方根成比例. 使用 gplots 包中的 boxplot2 函数, 可以为箱线图添加样本量的信息, boxplot 函数的参数均可以传递给 boxplot2 函数. 由 boxplot2 函数绘制的不同空气质量等级条件下臭氧浓度的箱线图如图 4–21 所示.

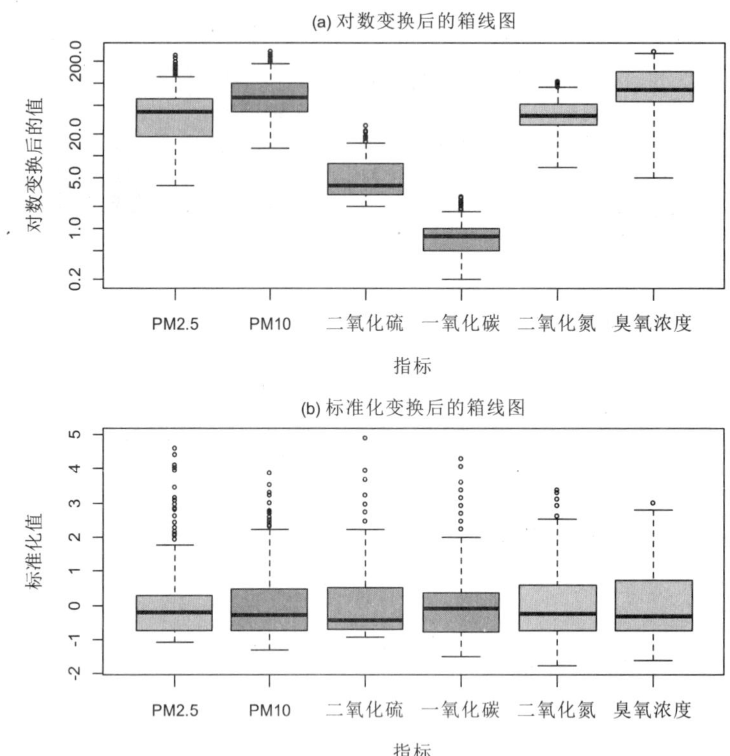

图 4–20 对数变换和标准化变换后的 6 项指标的箱线图

```
# 图 4-21 的绘制代码
> data4_1<-read.csv("C:/mydata/chap04/data4_1.csv")
> f<-factor(data4_1$ 质量等级,ordered=TRUE,
+   levels=c("优","良","轻度污染","中度污染","重度污染"))
> df<-data.frame(质量等级=f,data4_1[,-3])
> library(gplots)
> cols=c("green","yellow","orange","red","purple")
> boxplot2(data=df, 臭氧浓度~质量等级,top=TRUE,   # 将样本量信息放在图的上方
+ shrink=1.2,textcolor=cols,                    # 设置样本量文本字体的大小和颜色
+ col=cols,varwidth=TRUE,                       # 设置箱线图的颜色和箱宽
+ xlab="质量等级",ylab="臭氧浓度")
```

图 4–21 在展示不同质量等级下臭氧浓度分布的同时, 还用箱子宽度展示了不同质量等级的样本量 (天数) 信息. 在全年 365 天的统计数据中, 空气质量为良的天数最多 (152 天), 箱子也最宽, 空气质量为轻度污染的天数其次 (83 天), 而重度污染的天数最少 (14 天), 箱子也最窄. 可见, 在箱线图中画出样本量能给出额外的信息.

使用 boxplot 函数只能绘制按因子分类的一个数值变量的箱线图. 使用 ggiraphExtra 中的 ggBoxplot 函数不仅能绘制普通的箱线图, 还可以绘制按因子分类的多个数值变量的箱线图. 此外, 设置参数 rescale=TRUE 可以绘制数据标准化后的箱线图; 设置参数 interactive=TRUE 还可以绘制动态交互箱线图. 由 ggBoxplot 函数绘制按质量

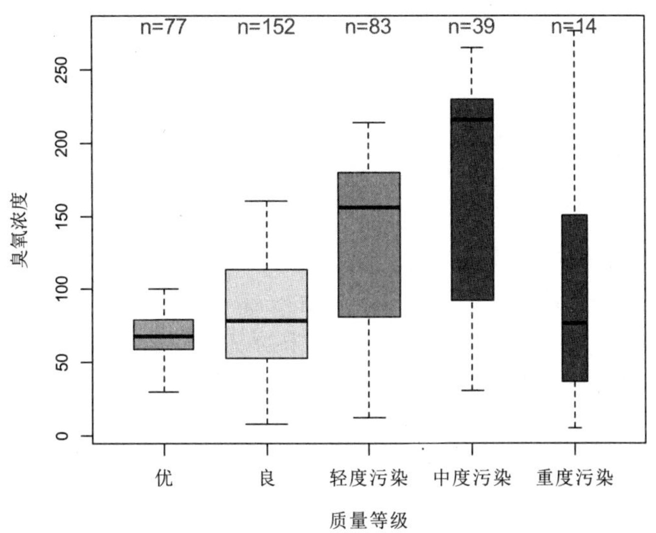

图 4–21　按空气质量等级分类的臭氧浓度的箱线图

等级分类的 AQI、PM2.5 和二氧化硫的箱线图如图 4–22 所示.

```
# 图 4-22 的绘制代码
> data4_1<-read.csv("C:/mydata/chap04/data4_1.csv")
> labels<-c("优","良","轻度污染","中度污染","重度污染")
> f<-factor(data4_1[,3],ordered=TRUE,levels=labels)
> df<-data.frame(质量等级=f,data4_1[,-3])
> library("ggiraphExtra");require(ggplot2)
> ggBoxplot(df,aes(x=c(AQI,PM2.5,二氧化硫),color=质量等级),rescale=TRUE)
```

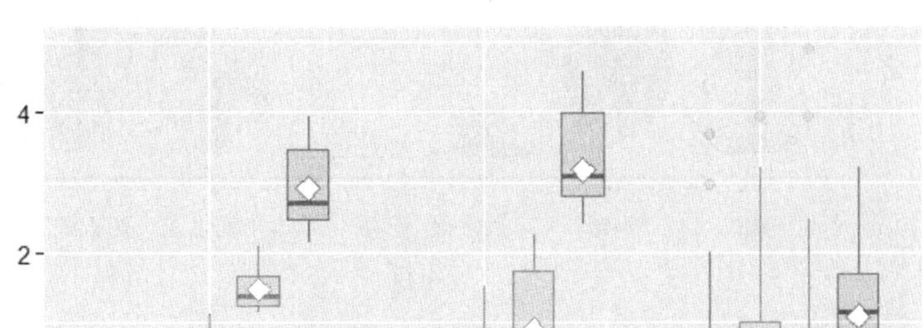

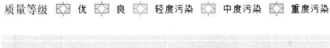

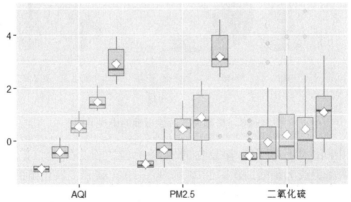

图 4–22　按空气质量等级分类的 AQI、PM2.5 和二氧化硫的箱线图

图 4–22 显示了不同空气质量等级下, AQI、PM2.5 和二氧化硫的分布状况.

4.2.2 小提琴图

小提琴图作为箱线图的一个变种, 将分布的核密度估计图与箱线图结合在一起, 它在箱线图上以镜像方式叠加上核密度估计图, 以显示数据分布的大致形状. 因此, 小提琴图可作为箱线图的最佳替代图形.

vioplot 包中的 vioplot 函数、plotrix 包中的 violin_plot 函数、psych 包中的 violinBy 函数、lattice 包中的 bwplot 函数、ggplot2 包中的 geom_violin 函数等均可以绘制小提琴图. 由 vioplot 包中的 vioplot 函数绘制的 6 项空气污染指标的小提琴图如图 4–23 所示.

```
# 图 4-23 的绘制代码
> data4_1<-read.csv("C:/mydata/chap04/data4_1.csv")
> df<-data4_1[,4:9]
> library(vioplot)
> palette<-RColorBrewer::brewer.pal(6,"Set2")                  # 设置调色板
> names=c("PM2.5","PM10","二氧化硫","一氧化碳","二氧化氮","臭氧浓度")
> vioplot(df,col=palette,names=names,xlab="指标",ylab="指标值")
```

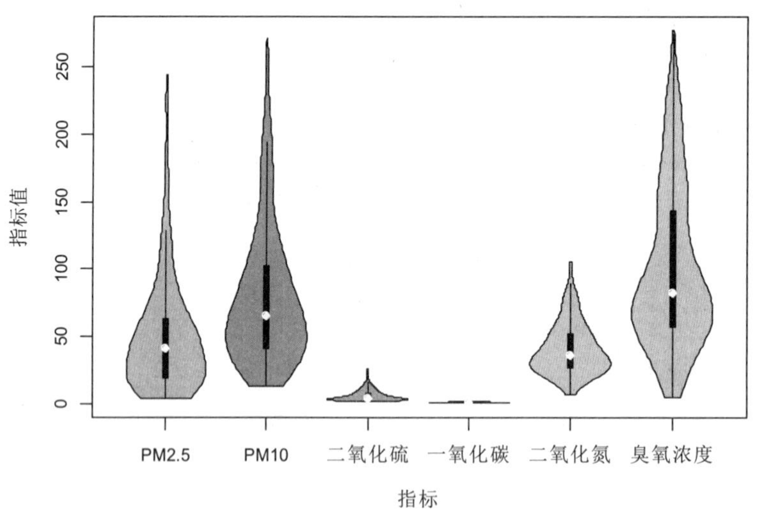

图 4–23　6 项空气污染指标的小提琴图

小提琴图中间的黑色箱子是箱线图, 即 25% 分位数和 75% 分位数之间的范围, 白点是中位数, 两条黑线为须线. 图 4–23 显示, 除一氧化碳和二氧化硫两项指标不宜观察分布形状外, 其他指标的小提琴图均呈现右偏分布.

由于 6 项指标的数值差异较大, 二氧化硫和一氧化碳的小提琴图难以辨认出分布形状. 可以先对数据做对数变换或标准化变换, 然后再绘制小提琴图. 由于 vioplot 函数中没有设置变换的参数, 因此需要先做对数变换再绘图. 对数变换和标准化变换后的小提琴图如图 4–24 所示.

```
# 图 4-24 的绘制代码
> data4_1<-read.csv("C:/mydata/chap04/data4_1.csv")
> palette<-RColorBrewer::brewer.pal(6,"Set2")
# 对数变换
> dt<-log10(data4_1[,4:9])                          # 做以 10 为底的对数变换
> library(vioplot)
> par(mfcol=c(2,1),mai=c(0.4,0.4,0.3,0.1),cex=0.7,font.main=1)
> names=c("PM2.5","PM10","二氧化硫","一氧化碳","二氧化氮","臭氧浓度")
> vioplot(dt,col=palette,names=names)
> title("(a) 对数变换后的小提琴图")
# 标准化变换
> sdt<-data.frame(scale(data4_1[,4:9]))          # 做标准化变换并转换成数据框
> vioplot(sdt,col=palette,names=names)
> title("(b) 标准化变换后的小提琴图")
```

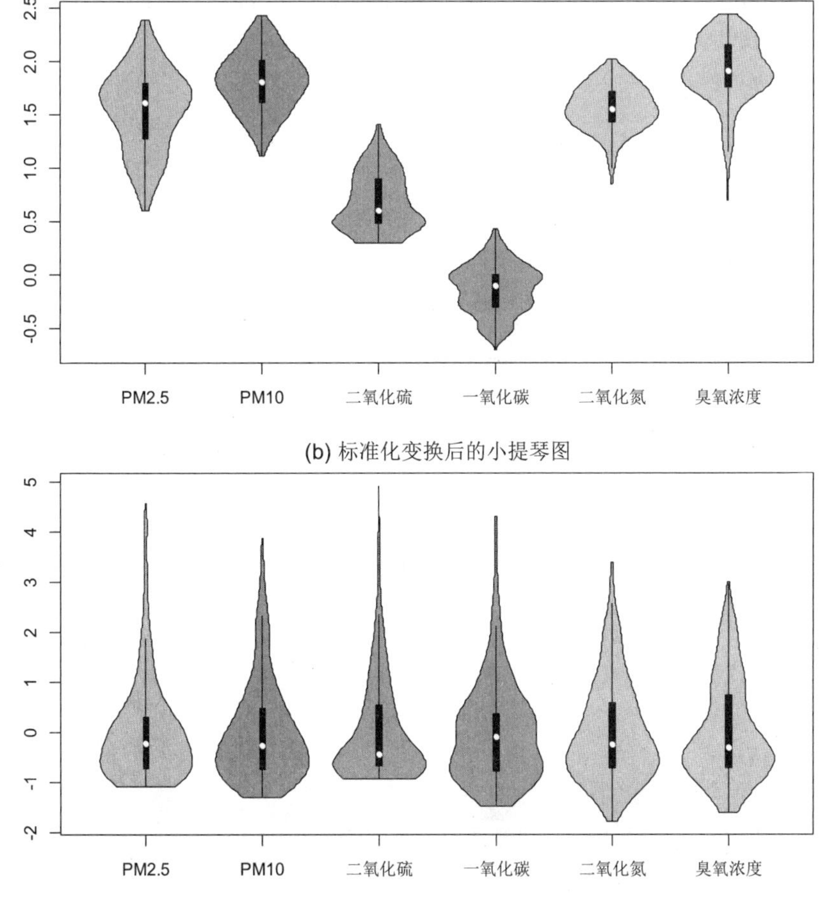

图 4-24　对数变换和标准化变换后的 6 项指标的小提琴图

图 4-24(a) 显示, 除 PM2.5 和臭氧浓度的离散程度较大外, 其他指标的离散程度

差异不大. 图 4–24(b) 显示, 6 项指标的分布形状均为右偏, 其中 PM2.5 和二氧化硫的偏斜程度较大.

使用 ggiraphExtra 包中的 ggViolin 函数不仅能绘制普通的小提琴图 (设置参数 rescale=TRUE, 即可直接绘制数据标准化后的小提琴图), 而且可以按某个因子分组绘制多个数值变量的小提琴图. 由 ggViolin 函数绘制的 7 项指标的小提琴图如图 4–25 所示.

```
# 图 4-25 的绘制代码
> data4_1<-read.csv("C:/mydata/chap04/data4_1.csv")
> library("ggiraphExtra");require(ggplot2);library(gridExtra)

# 绘制 7 个指标的小提琴图 p1 和 p2
> mytheme<-theme(plot.title=element_text(size="10"),
+   legend.position="none")                           # 设置图形主题
> p1<-ggViolin(data4_1,alpha=0.3,rescale=FALSE)+     # 使用原始数据
+   mytheme+ggtitle("(a) 原始数据的小提琴图")          # 使用主题和添加标题
> p2<-ggViolin(data4_1,alpha=0.3,rescale=TRUE)+      # 使用标准化变换后的数据
+   mytheme+ggtitle("(b) 数据变换后的小提琴图")
> grid.arrange(p1,p2,ncol=1)                          # 按 1 列组合图形 p1 和 p2
```

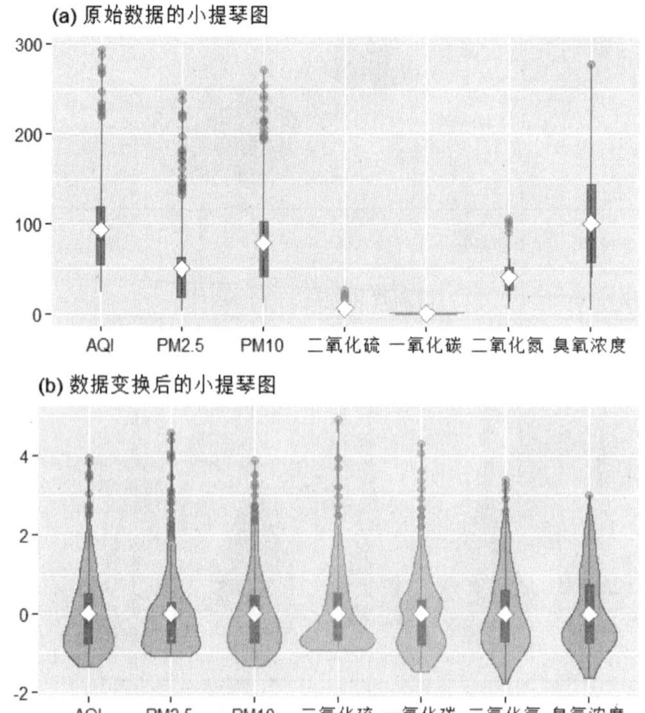

图 4–25　7 项指标原始数据小提琴图和标准化变换后数据的小提琴图

使用 ggViolin 函数还可以绘制出按因子水平分类的多个数值变量的小提琴图. 为

便于比较, 这里只绘制出按质量等级分类的 AQI、PM2.5 和臭氧浓度的小提琴图, 如图 4–26 所示.

```
# 图 4-26 的绘制代码
> data4_1<-read.csv("C:/mydata/chap04/data4_1.csv")
> labels<-c("优","良","轻度污染","中度污染","重度污染")
> f<-factor(data4_1[,3],ordered=TRUE,levels=labels) # 将质量等级转换成有序因子
> df<-data.frame(质量等级=f,data4_1[,-3])            # 构建新的数据框
> ggiraphExtra::ggViolin(df,aes(x=c(AQI,PM2.5,二氧化硫),
+   color=质量等级),alpha=0.3,rescale=TRUE)
```

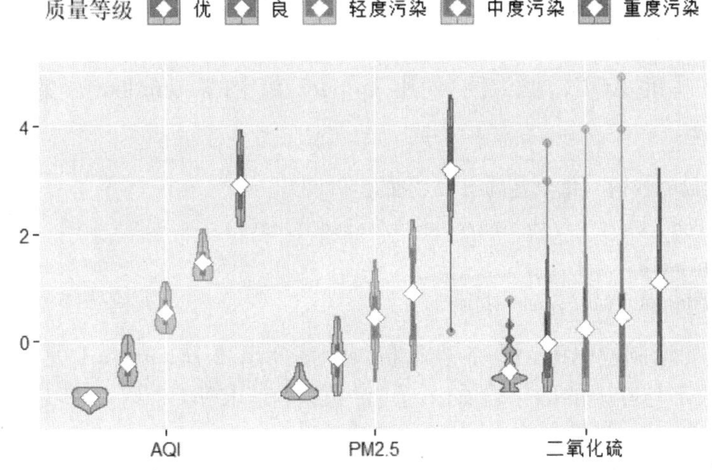

图 4–26　按质量等级分组的 AQI、PM2.5 和臭氧浓度的小提琴图

图 4–26 展示了不同空气质量等级下 AQI、PM2.5 和二氧化硫的分布差异.

4.3 茎叶图

当数据量较小时, 可使用**茎叶图** (stem-and-leaf plot) 来观察数据的分布. 它不仅可以反映数据的分布特征, 而且能保留原始数据的信息.

茎叶图由“茎”和“叶”两部分构成, 它将一个数值分成两部分, 通常是以该数据的高位数值作为树茎, 而叶上只保留该数值的最后一个数字. 例如, 125 分成 12|5, 12 分成 1|2, 1.25 分成 12|5 (单位: 0.01), 等等, 前部分是茎, 后部分是叶. 茎一经确定, 叶就自然地长在相应的茎上了, 叶子的长短代表数据的分布.

当数据比较多时, 也可以将茎重复列出 2 次或 5 次. 比如, 可以将每一个茎重复列出 2 次, 一次有记号“$*$”, 表示该茎的叶子上的数为 0~4, 另一次有记号“$\cdot$”, 表示该茎的叶子上的数为 5~9. 将每个茎重复列出 5 次时, 其中有记号“$*$”的茎, 叶子上的数为 0 和 1; 有记号“t”的茎, 叶子上的数为 2 和 3 (two 和 three); 有记号“f”的茎, 叶子上的数为 4 和 5 (four 和 five); 有记号“s”的茎, 叶子上的数为 6 和 7 (six 和

seven); 有记号 “·” 的茎, 叶子上的数为 8 和 9.

对于一组数据, 确定茎叶图行数的方法有几种. 按 Dixon 方法, 茎叶图的理想行数为 $L = 10 \times \log_{10}(n)$; 按 Velleman 方法, 理想行数 $L = 2 \times \sqrt{n}$; 按 Sturges 方法, 理想行数 $L = 1 + \log_2(n)$. 当然, 这只是一个大致的标准. 实际应用中可根据数据的多少及分布状况灵活确定行数. 比如, 以例 4–1 的数据为例, 按 Dixon 方法计算的理想行数为 $L = 10 * \log_{10}(300) = 24.77$, 可确定为 25 行左右; 按 Velleman 方法计算的理想行数 $L = 2 * \sqrt{300} = 34.64$, 可确定为 35 行左右; 按 Sturges 方法计算的理想行数 $L = 1 + \log_2(300) = 9.23$, 可确定为 10 行左右. 3 种方法的理想行数有一定差距. R 默认使用 Dixon 方法, 就本例数据而言, 将茎叶图的函数确定为 20 行左右比较合适.

R 自带的 graphics 包中的 stem 函数就可以绘制简单茎叶图. 简单茎叶图只列出数据的茎和叶两部分信息. 使用 aplpack 包中的 stem.leaf 函数可以绘制复杂的茎叶图, 它可以提供更多的数据信息.

以例 4–1 中的 AQI 数据为例, 使用 aplpack 包中的 stem.leaf 函数绘制的茎叶图如图 4–27 所示.

```
# 图 4-27 的绘制代码 (每个茎列出 2 次的茎叶图)
> data4_1<-read.csv("C:/mydata/chap04/data4_1.csv")
> library(aplpack)
> stem.leaf(data4_1$AQI,unit=1,m=2)                    # 每个茎重复 2 次
```

图 4–27 的绘制代码中, m=2 表示将每个茎列出 2 次; unit=1 是茎叶图的单位, 表示茎上的数字与叶上的数字合在一起 (注意, 不是求和) 乘以 1 就是原始数据. 如果 unit=0.1, 则表示茎的数字与叶子的数字合在一起乘以 0.1 就是原始数据. 如果 unit=10, 则表示茎的数字与叶子的数字合在一起乘以 10 就是原始数据. 设置 unit 的值时, 应视数据情况而定.

图 4–27 显示了数据分布的更多细节. 图中最下方列出的 HI: 226 230 233 247 267 270 273 287 294 是数据中的离群值. 函数默认 trim.outliers=TRUE, 将最大离群值放在最高的茎的外面单独列出, 最小离群值放在最低的茎的外面单独列出, 而不是放在茎叶图中 (这样可避免因离群值使茎叶图产生过多的空行). 图中的最左边列出的是数据的深度 (depth). 数据的深度是指将数据按从小到大排序 (升序) 或从大到小排序 (降序) 后, 升序和降序中的最小者. 比如, 图 4–27 中 20* | 023 这一行前面的数字 15, 表示 200 这个数字从小到大排序是第 350 个, 而从大到小排序是第 15 个, 该数字的深度就是 15; 202 这个数字从小到大排序是第 351 个, 而从大到小排序是第 14 个, 该数字的深度就是 14; 203 这个数字从小到大排序是第 352 个, 而从大到小排序是第 13 个, 该数字的深度就是 13. 茎叶图中每一行列出的是该行中的最大深度, 因此该行的深度就是 15. 在深度那一列中, 中位数所在行用括号括起来, 其中的数字 5 不是指数据深度, 而是数据的个数. 比如图 4–27 中表示深度一列的数字 (16) 是指该行有 16 个数字, 中位数就在这一行里. 根据数据的深度值, 可以计算出数据的个数.

当有两个样本 (或两个变量) 需要比较其分布时, 可以使用一个公共的茎, 绘制背靠背 (back to back) 的茎叶图, 即叶子往茎的两侧生长; 或者绘制并列的茎叶图, 即叶子往茎的一侧生长. 图 4–28 是使用 aplpack 包中的 stem.leaf.backback 函数绘制的前

半年的 AQI (1~181) 和后半年 AQI (182~365) 的背靠背茎叶图.

```
  1 | 2: represents 12
  leaf unit: 1
              n: 365
    3    2. | 569
   18    3* | 001122233333444
   37    3. | 5555667777778899999
   55    4* | 001122223333444444
   72    4. | 55566777888899999
   92    5* | 00000111222222333334
  107    5. | 555555568888999
  134    6* | 000001111122222233333444444
  150    6. | 5555666677999999
  164    7* | 00012333333444
  177    7. | 5555667778889
 (16)    8* | 0000022233333334
  172    8. | 557777778889
  160    9* | 000122223334444
  145    9. | 555778
  139   10* | 0001122233444
  126   10. | 556677888899
  114   11* | 00001122234
  103   11. | 555677788999
   91   12* | 00002222
   83   12. | 556699
   77   13* | 00233
   72   13. | 566777899
   63   14* | 01144
   58   14. | 568
   55   15* | 00111222224
   44   15. | 678
   41   16* | 01223334
   33   16. | 579
   30   17* | 2223
   26   17. | 589
   23   18* | 0
   22   18. | 5568
   18   19* | 0
   17   19. | 55
   15   20* | 023
        20. |
   12   21* | 1
   11   21. | 9
   10   22* | 1
  HI: 226 230 233 247 267 270 273 287 294
```

图 4-27　AQI 分布的茎叶图 (m=2)

```
# 图 4-28 的绘制代码 (以上半年 (1:181) 和下半年 (182:365) 的 AQI 为例)
> data4_1<-read.csv("C:/mydata/chap04/data4_1.csv")
```

```
> library(aplpack)
> stem.leaf.backback(data4_1$AQI[1:181],data4_1$AQI[182:365])
```

```
______________________________________________________________________________
  1 | 2: represents 12, leaf unit: 1
              data4_1$AQI[1:181]        data4_1$AQI[182:365]
______________________________________________________________________________
   1                          9|  2  |56                         2
  12                99777755543|  3  |0011222333344566778899 9   25
  24               998866444331|  4  |0012222334445557778899 9   48
  41          99888655555332110|  5  |000012222233345589         66
  66  999997666544443333222110 0|  6  |000111222344555679        84
  75                  987643310|  7  |002333344555567788       (18)
  86                97754332000|  8  |00223333357777888          82
(12)               875544421000|  9  |222333457                  65
  83             88876655443210 0| 10  |0122347899                56
  68              9887765543220| 11  |0001125799                 46
  55                  966552000| 12  |02229                      36
  46                   98777653| 13  |002369                     31
  38                      86441| 14  |015                        25
  33                    7642210| 15  |0112228                    22
  26                    5433220| 16  |1379                       15
  19                       9852| 17  |223                        11
  15                       8655| 18  |0                           8
  11                         55| 19  |0                           7
   9                         30| 20  |2                           6
   7                          9| 21  |1                           5
   6                         61| 22  |
______________________________________________________________________________
HI: 247 273 287 294                  HI: 230 233 267 270
n:                           181     184
______________________________________________________________________________
```

图 4–28 上半年 AQI 和下半年 AQI 分布的背靠背茎叶图

图 4–28 显示, 上半年和下半年 AQI 的分布均为右偏, 且分布形状也差不多, 但下半年的 AQI 偏低的天数更多一些, 这说明下半年的空气质量优于上半年. 图中的 HI: 247 273 287 294 是上半年 AQI 的几个离群点, HI: 230 233 267 270 是下半年 AQI 的几个离群点. 181 和 184 是上半年和下半年的数据个数 (样本量).

4.4 点图、带状图和太阳花图

当数据量较小时, 也可以使用点图、太阳花图和带状图等来观察数据的分布, 或用于检测数据中的离群点.

4.4.1 点图

点图 (dot chart) 是将各数据用点绘制在图中. 点图有多种形式, 如**克利夫兰点图** (Cleveland dot chart) 和**威尔金森点图** (Wilkinson dot chart) 等. 点图是检测数据离群点的有效工具, 当数据量较少时, 也可以替代直方图和箱线图来观察数据的分布.

R 软件中有多个函数可以绘制点图, 如 graphics 包中的 dotchart 函数、ggpubr 包中的 ggdotchart 函数、plotrix 包中 dotplot.mtb 函数等, 均可以绘制不同式样的点图. 以 PM2.5 为例, 使用 dotchart 函数绘制的按质量等级分组的克利夫兰点图如图 4–29 所示.

```
# 图 4-29 的绘制代码 (以 PM2.5 为例)
> data4_1<-read.csv("C:/mydata/chap04/data4_1.csv")
> labels<-c("优","良","轻度污染","中度污染","重度污染")
> f<-factor(data4_1[,3],ordered=TRUE,levels=labels)
> df<-data.frame(质量等级=f,data4_1[,-3])

> par(mai=c(0.6,0.6,0.2,0.2),cex=0.7,font=2)
> cols=c("green","yellow","orange","red","purple")
> dotchart(df$PM2.5,groups=df$质量等级,
+   gcolor=cols,lcolor="grey95",pch="o",
+   col=cols[df$ 质量等级],pt.cex=0.5,xlab="PM2.5")
```

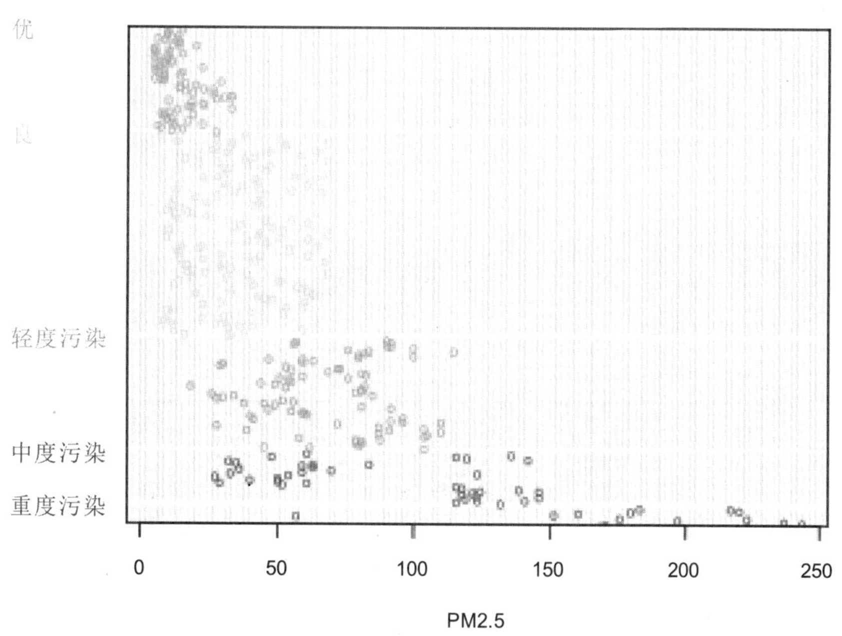

图 4–29 按质量等级分组的 PM2.5 的克利夫兰点图

图 4–29 使用不同颜色区分了空气质量等级. 结果显示, 空气质量较好时, PM2.5 的值较低, 分布相对集中; 空气质量较差时, PM2.5 的值较大, 分布较分散. 重度污染时, 明显有一个较低的值, 可视为离群值.

使用 ggpubr 包中的 ggdotchart 函数可以绘制出式样更多的克利夫兰点图. 为便于观察和理解, 以例 4–1 中 10 月份的 AQI 数据为例, 由该函数绘制的克利夫兰点图如图 4–30 所示.

```
# 图 4-30 的绘制代码 (以 10 月份的 AQI 为例)
> library(ggpubr)
> data4_1<-read.csv("C:/mydata/chap04/data4_1.csv")
> d<-data4_1[274:304,]                              # 选择 10 月份的数据
> labels<-c("优","良","轻度污染","中度污染","重度污染")
> f<-factor(d[,3],ordered=TRUE,levels=labels)       # 将质量等级转换成有序因子
> df<-data.frame(质量等级=f,d[,-3])                 # 构建新的数据框

> ggdotchart(df,x="日期",y="AQI",
+   color="质量等级",                               # 定义因子的颜色变量
+   palette=c("green","yellow","orange","red","purple"), # 设置调色板
+   sorting="ascending",                             # 设置升序的排列方式
+   dot.size=2,                                      # 设置点的大小
+   legend="top",                                    # 设置图例位置
+   ggtheme=theme_bw())                              # 设置图形主题
```

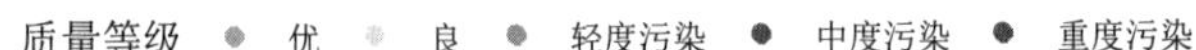

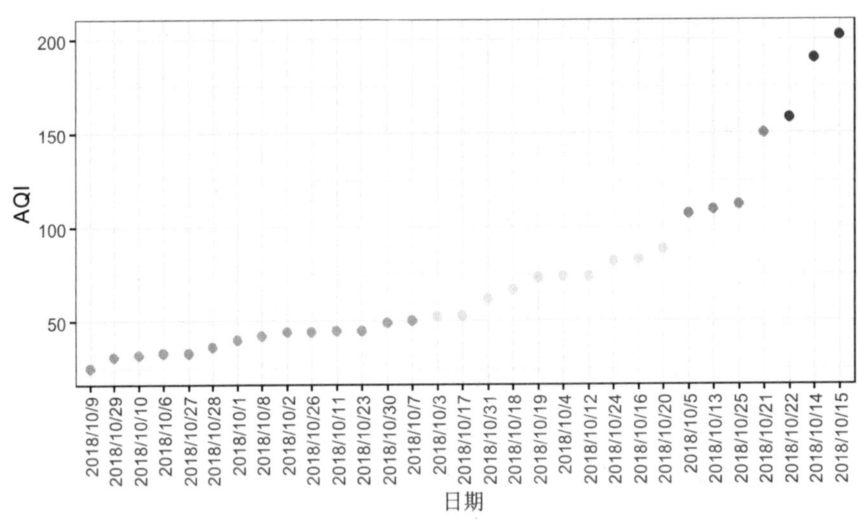

图 4-30　以 x 轴为日期的 AQI 的克利夫兰点图

图 4-30 是将 AQI 数据按升序排列后绘制的, 图中的点按质量等级因子着色, 不同的颜色代表不同的空气质量等级.

也可以按质量等级分类来绘制点图, 如图 4-31 所示.

```
# 图 4-31 的绘制代码 (以 10 月份的 AQI 为例, 使用图 4-30 构建的数据框 df)
> ggpubr::ggdotchart(df,x="日期",y="AQI",
+    group="质量等级",color="质量等级",
+    palette=c("green","yellow","orange","red","purple"),
+    rotate=TRUE,                                  # 将图形整体旋转
```

```
+     sorting="descending",
+     dot.size=2.5,
+     add="segments",                              # 添加线段
+     add.params=list(color="lightgray",size=1),    # 设置线的颜色和宽度
+     legend="right",
+     ggtheme=theme_pubclean())
```

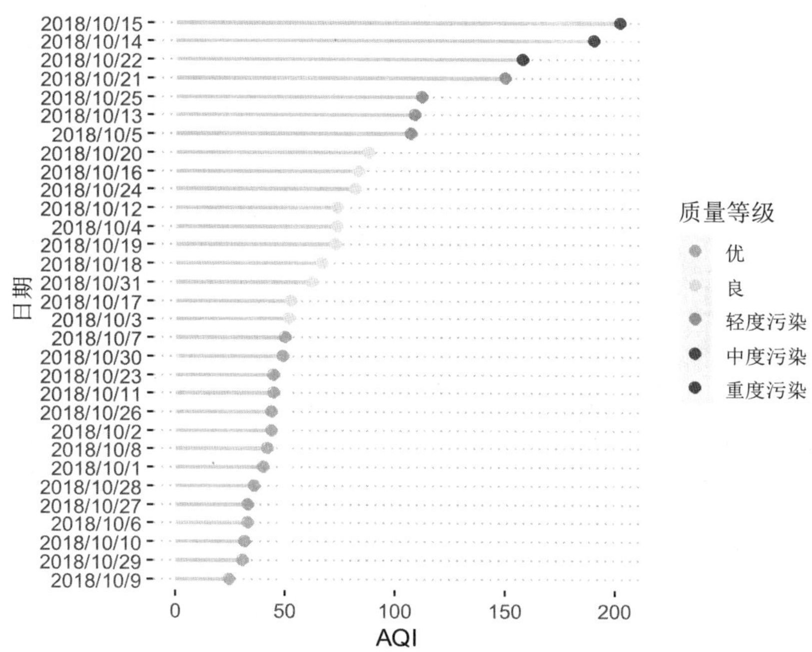

图 4-31 按质量等级因子分类的 AQI 的克利夫兰点图

图 4-31 中添加了点与坐标轴的连线, 使图形看起来更像条形图.

威尔金森点图是将点图与箱线图结合在一起的一种图形, 可以提供数据分布特征的更多信息, 有利于全面观察数据分布的特征. 由 ggiraphExtra 包中的 ggDot 函数绘制的 AQI、PM2.5、PM10、二氧化氮和臭氧浓度的威尔金森点图如图 4-32 所示.

```
# 图 4-32 的绘制代码（以 AQI、PM2.5、PM10、二氧化氮和臭氧浓度为例）
> library(reshape2);library(ggiraphExtra);require(ggplot2)
> data4_1<-read.csv("C:/mydata/chap04/data4_1.csv")
> d<-data4_1[,-c(3,6,7)]                          # 选择绘图数据
> df<-melt(d,id.vars="日期",variable.name="指标",value.name="指标值")
> p1<-ggDot(df,aes(x=指标,y=指标值,fill=指标),
+   stackdir="center",                            # 各个点居中摆放（默认）
+   method="dotdensity",                          # 使用点密度封箱
+   boxfill="white",                              # 设置箱线图颜色
+   position=0,                                   # 不调整点的位置
+   binwidth=1.5,                                 # 设置分箱宽度
```

```
+   boxwidth=0.7)+                                    # 设置箱线图的箱宽
+   ggtitle("(a) method=dotdensity,position=0")       # 添加标题
> p2<-ggDot(df,aes(x=指标,y=指标值,color=指标),
+   stackdir="up",                                    # 各个点向上 (右侧) 堆叠
+   method="histodot",                                # 使用固定箱宽
+   position=0.2,binwidth=1.5,boxwidth=0.4)+
+   ggtitle("(b) method=histodot,position=0.2")
> gridExtra::grid.arrange(p1,p2,ncol=2)               # 按 2 列组合图形 p1 和 p2
```

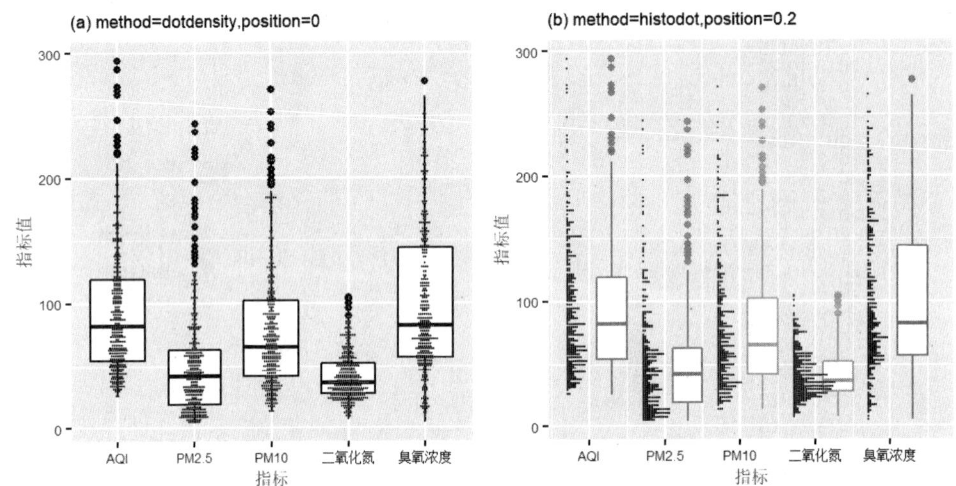

图 4–32　AQI 和 4 项空气污染指标的威尔金森点图

图 4–32(a) 是使用点密度 (dot density) 绘制的, 点的排列方式为居中堆叠, 而且对点的位置未做调整, 直接将各个点绘制在箱线图之上. 图 4–32(b) 是使用固定箱宽绘制的, 点的排列方式为向上 (向右) 堆叠, 这更有利于观察数据分布的形状, 而且对点的位置做了调整, 将其绘制在箱线图的左侧.

使用 plotrix 包中的 dotplot.mtb 函数也可以创建点图, 该点图类似于 Minitab 软件绘制的点图风格. 图 4–33 是使用 dotplot.mtb 函数绘制的 AQI 的点图.

```
# 图 4-33 的绘制代码 (以 AQI 为例)
> library(plotrix)
> data4_1<-read.csv("C:/mydata/chap04/data4_1.csv")
> par(mfrow=c(2,1),mai=c(0.6,0.6,0.2,0.2),font.main=1)
> dotplot.mtb(data4_1$AQI,pch=21,yaxis=TRUE,mtbstyle=TRUE,
+   xlab="AQI",ylab="计数", main="(a) Minitab 风格")
> dotplot.mtb(data4_1$AQI,pch=21,yaxis=TRUE,mtbstyle=FALSE,
+   xlab="AQI",ylab="计数",hist=TRUE, main="(b) 非 Minitab 风格")
```

图 4–33 与直方图十分类似, 很容易观察数据分布的形状. 图 4–33(a) 是 Minitab 风格的点图, 相同的数据点在 Y 轴方向叠加排列, 形状接近直方图. 图 4–33(b) 是设置 hist=TRUE 绘制的点图, 它用线代替点, 形状更接近直方图, 适合数据集较大时使用.

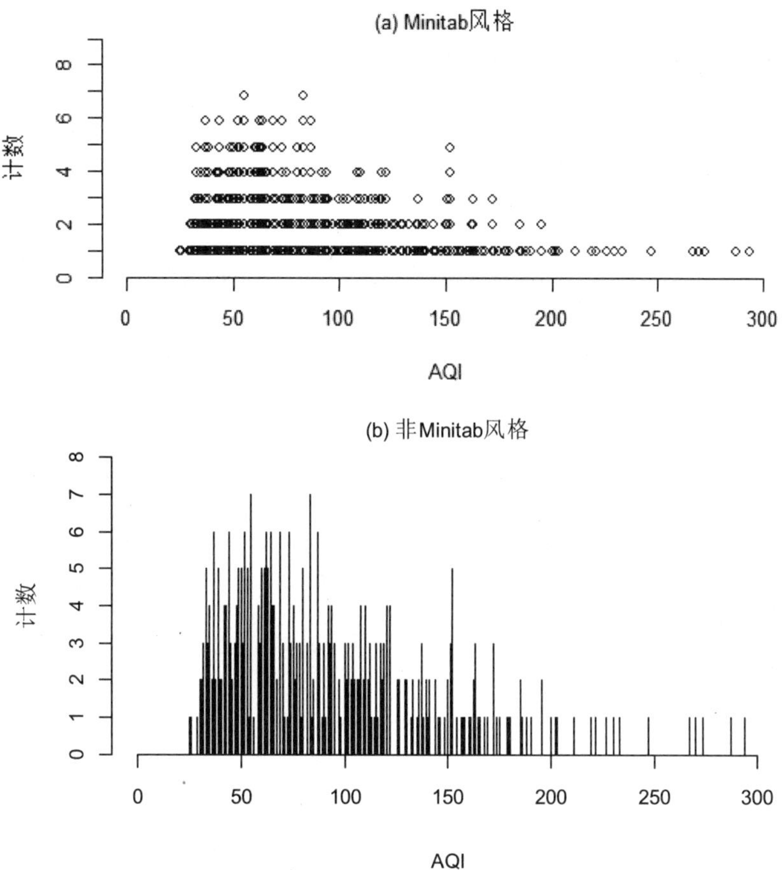

图 4-33 dotplot.mtb 函数绘制的 AQI 的点图

4.4.2 带状图

带状图 (strip chart) 又称平行散点图 (parallel scatterplot), 它与点图类似, 用于产生一维散点图, 当样本数据较少时, 可作为直方图和箱线图的替代图形.

graphics 包中的 stripchart 函数可以绘制带状图. 图 4-34 是 AQI、PM2.5、PM10 和臭氧浓度 4 项指标的带状图.

```
# 图 4-34 的绘制代码
> data4_1<-read.csv("C:/mydata/chap04/data4_1.csv")
> stripchart(data4_1$AQI,method="overplot",at=1.35,
+   pch="A",cex=0.6,col="blue3")

> stripchart(data4_1$PM2.5,method="jitter",at=1.16,
+   pch="P",cex=0.6,col="orange",add=TRUE,)
```

```
> stripchart(data4_1$PM10,method="jitter",at=0.89,
+   pch="+",cex=0.9,col="green3",add=TRUE)

> stripchart(data4_1$臭氧浓度,method="stack",at=0.6,
+   pch="o",cex=1,col="red2",add=TRUE)

> legend(x=235,y=0.77,legend=c("A=AQI(overplot)","P=PM2.5(jitter)",
+   "+=PM10(jitter)","O=臭氧浓度 (stack)"),col=c("blue3","orange",
+   "green3","red2"),fill=c("blue3","orange","green3","red2"),
+   cex=0.8,box.col="grey80")
```

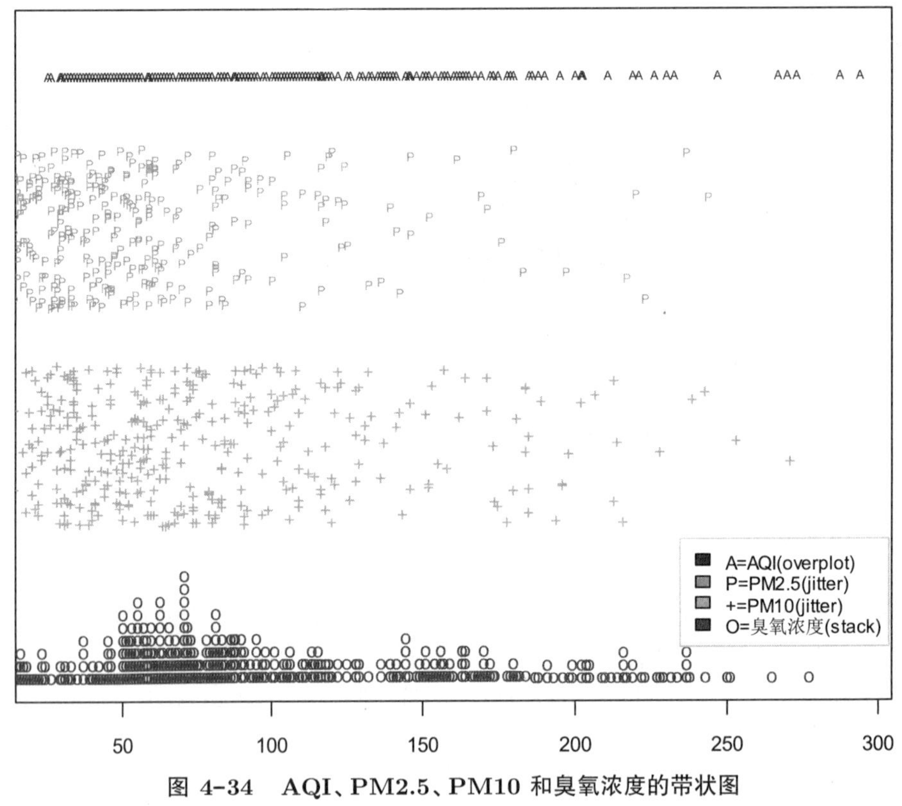

图 4-34　AQI、PM2.5、PM10 和臭氧浓度的带状图

在图 4-34 中, 将 4 个指标的数据点画在了一幅图里. AQI (A) 的点图使用 "overplot" 方法绘制, 摆放在图中 1.35 的位置; PM 2.5 (P) 的点图使用 "jitter" 方法绘制, 摆放在图中 1.16 的位置; PM10 (+) 的点图使用 " jitter" 方法绘制, 摆放在图中 0.89 的位置. 臭氧浓度 (o) 的点图使用 "stack" 方法绘制, 摆放在图中 0.6 的位置.

图 4-34 显示, 指标值较低时, 观测点较多, 指标值较高时, 观测点较少, 由此可以判断 4 项指标数据的分布均为右偏. 此外, "overplot" 方法绘制的带状图因多个数据点被覆盖, 所以只观察到在一条线上的部分点, 不利于观察数据的实际分布. "jitter" 方法绘制的带状图避免了相同点的重叠, 可观察数据在水平带里的分布状况, 但难以

观察分布的形状. "stack" 方法绘制的带状图类似于直方图, 易于观察数据的分布形状, 比如, 臭氧浓度的分布呈现一定的右偏.

4.4.3 太阳花图

如果数据集中有相同的数据, 绘制点图或带状图时, 相同数据的点就会重叠, 比如, 图 4–29 的点图中就有多个重叠的点. 虽然可以使用 jitter 函数将数据分开, 但这毕竟是改变了原始数据. **太阳花图** (sun flower plot) 与点图类似, 它将数据点绘制成向日葵形状, 相同的数据点用向日葵中的花瓣 (叶子) 表示, 花瓣的多少表示数据的密集程度.

使用 graphics 包中的 sunflowerplot 函数可以绘制太阳花图. 图 4–35 是按空气质量等级分类的一氧化碳的太阳花图.

```
# 图 4-35 的绘制代码
> data4_1<-read.csv("C:/mydata/chap04/data4_1.csv")
> labels<-c("优","良","轻度污染","中度污染","重度污染")
> f<-factor(data4_1[,3],ordered=TRUE,levels=labels) # 将质量等级转换成有序因子
> df<-data.frame(质量等级=f,data4_1[,-3])          # 构建新的数据框
> sunflowerplot(data=df,质量等级~一氧化碳,
+   cex=1,col="blue",                             # 设置点的大小和颜色
+   cex.fact=0.8,                              # 设置带有花瓣的点的大小
+   size=0.1,                                   # 设置花瓣的大小
+   yaxt="n",                                   # 去掉 y 轴刻度
+   xlab="一氧化碳",ylab="质量等级")
> axis(side=2,at=1:5,labels=labels,cex.axis=0.9)    # 设置 y 轴刻度标签
```

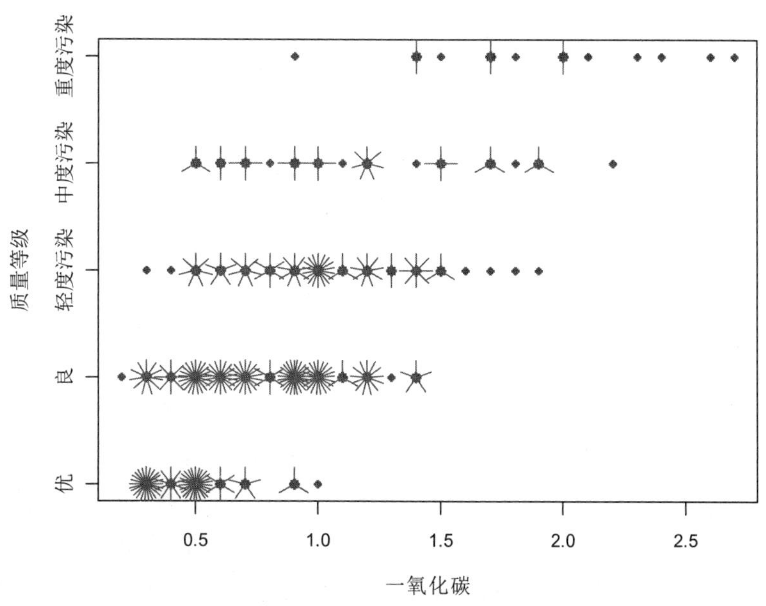

图 4–35 按质量等级分类的一氧化碳的太阳花图

图 4–35 中没有花瓣的点表示只有一个数据, 比如, 空气质量等级为良时, 第 1 个点没有花瓣, 表示只有 1 个数据; 最后一个点有 5 个花瓣, 表示这里有 5 个相同的数据. 相同的数据越多, 花瓣就越密集.

图 4–35 显示, 空气质量为优时, 一氧化碳主要分布在较低的数值水平上, 分布形状有一定的右偏; 空气质量为良时, 一氧化碳的值也处于较低的水平, 而且数据的分布大致对称; 空气质量等级为轻度污染时, 一氧化碳的分布大致对称. 空气质量等级为中度污染和重度污染时, 一氧化碳的值较高, 而分布则大致对称.

4.5 海盗图

海盗图 (pirate plot) 是展示数据多种特征的一种图形, 它提供了原始数据、描述统计和推断统计等多方面的信息, 通常用于展示 1~3 个分类独立变量和 1 个连续型数值变量之间的关系.

海盗图集多种信息于一体, 图中含有 4 个主要元素: 一是用于表示原始数据的水平扰动点 (points); 二是用于表示中心趋势 (如平均数) 的水平条 (bar); 三是表示平滑密度的豆 (bean); 四是表示推断信息 (如置信区间) 的矩形 (rectangle).

使用 yarrr 包中的 pirateplot 函数可以绘制海盗图, 设置不同主题 (theme) 可以绘制不同式样的海盗图, 也可以修改图形主题, 绘制需要的图形. 以 AQI、PM2.5、PM10、二氧化硫和臭氧浓度 5 项指标为例, 绘制的海盗图如图 4–36 所示.

```
# 图 4-36 的绘制代码
> library(reshape2);library(yarrr)
> data4_1<-read.csv("C:/mydata/chap04/data4_1.csv")
> d<-data4_1[,-c(3,6,7)]                          # 选择画图数据
> df<-melt(d,id.vars="日期",variable.name="指标",value.name="指标值")
                                         # 将数据转化成长格式
> par(mfrow=c(1,2),mai=c(0.6,0.8,0.4,0.1),cex.lab=0.8,cex.axis=0.8)
> pirateplot(formula=指标值~指标,data=df,xlab="指标",
+   gl.col="grey90",                          # 设置背景网格线的颜色
+   theme=1,main="(a) theme=1")                    # 设置图形主题 theme=1

> pirateplot(formula=指标值~指标,data=df,xlab="指标",
+   gl.col="grey90",
+   theme=3,main="(b) theme=3")                # 设置图形主题 theme=3
```

图 4–36(a) 和图 4–36(b) 是设置不同主题的海盗图. 图中类似于小提琴图的形状称为豆, 它是该项指标的核密度图, 利用豆的形状可以观察数据分布的特征和形态. 图形显示, 所有 5 项指标均为右偏分布. 豆中间是原始数据经过扰动 (jitter) 后的点, 它类似于点图, 用于观察数据点在坐标轴上的分布. 豆中间的直线是表示数据中心趋势 (如平均数) 的条形, 用于反映数据水平的大小. 图中的矩形是该组数据的置信区间 (比

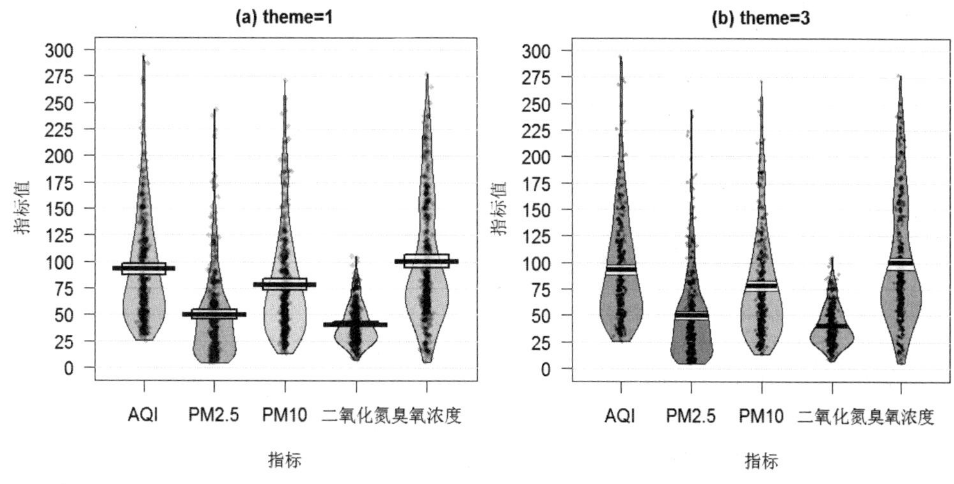

图 4-36 AQI 和 4 项空气污染指标的海盗图 (见彩图)

如, 均值的 95%的置信区间), 用于推断该组数据水平. 可见, 海盗图集多种信息于一体, 是展示数据分布特征的一种优秀图形.

在 pirateplot 函数中, 图形主题 theme 的可选值有 0, 1, 2, 3, 4, 其中 0 表示什么也不画. 使用者可根据需要修改图形主题以绘制不同的图形. 图 4–37 是修改图形主题后绘制的海盗图.

```
# 图 4-37 的绘制代码 (使用图 4-36 构建的数据框 df)
> pirateplot(formula=指标值~指标,data=df,main="",xlab="指标",
+     gl.col="white",                          # 背景网格颜色
+     theme=2,                                 # 初始主题 theme=2
+     inf.lwd=0.9,inf.f.o=0.5,                 # 置信矩形的线宽和填充的透明度
+     inf.b.col="black",                       # 置信矩形边框的颜色
+     avg.line.lwd=3,avg.line.o=0.8,           # 平均线线宽和填充的透明度
+     point.o=0.2,bar.f.o=0.6,                 # 点和条形填充的透明度
+     bean.b.o=0.3,bean.f.o=0.5,               # 豆的透明度和填充的透明度
+     point.pch=21,point.col="black",          # 点型和颜色
+     point.cex=0.7,point.bg="white")          # 点的大小和背景色
```

图 4–37 的主要变化是在图形上添加了条形图.

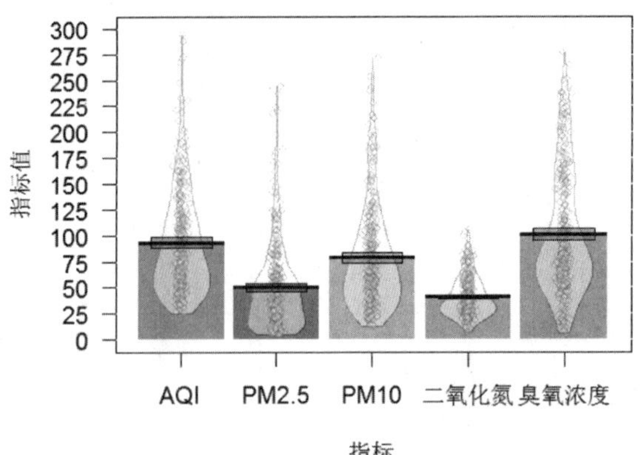

图 4-37 修改主题后的 5 项指标的海盗图

4.6 分布概要图

如果想用一幅图对数据的分布特征做概括性的描述, 可以使用 aplpack 包中的 plotsummary 函数和 DescTools 包中的 PlotFdist 函数绘制描述数据主要特征的概要图形.

只分析一个变量时, 可以使用 DescTools 包中的 PlotFdist 函数绘制该变量的概要图. 该函数将直方图、核密度曲线、箱线图和经验累积分布函数 (ecdf) 组合在一个图中, 而且可以将地毯图以及理论分布曲线 (例如正态曲线) 等叠加在图形中. 根据例 4-1 中的 AQI 数据, 由 PlotFdist 函数绘制的分布概要图如图 4-38 所示.

```
# 图 4-38 的绘制代码
> data4_1<-read.csv("C:/mydata/chap04/data4_1.csv")
> attach(data4_1)
> library(DescTools)
> PlotFdist(AQI,mar=c(0,0,0,0),main="",
+   args.hist=list(breaks=20,col=5),         # 设置直方图的分组数和颜色
+   args.rug=TRUE,                          # 绘制地毯图
+   args.dens=list(bw=6,col=4),             # 绘制核密度图的带宽和颜色
+   args.ecdf=list(cex=1.2,pch=16,lwd=2), # 设置经验累积分布函数曲线
+   args.curve=list(expr="dnorm(x,mean=mean(AQI),sd=sd(AQI))",
lty=6,col="grey60"),                    # 绘制理论正态分布曲线
+   args.curve.ecdf=list(expr="pnorm(x,mean=mean(AQI),sd=sd(AQI))",
lty=6,lwd=2,col="grey60"))              # 绘制理论正态分布的累积分布函数曲线
```

图 4-38 依次画出了直方图、核密度曲线、理论正态分布曲线、地毯图、带有均值点和置信区间的箱线图、经验累积分布函数和理论累积分布函数 (cdf) 曲线. 利用该图可以观察 AQI 分布的特征.

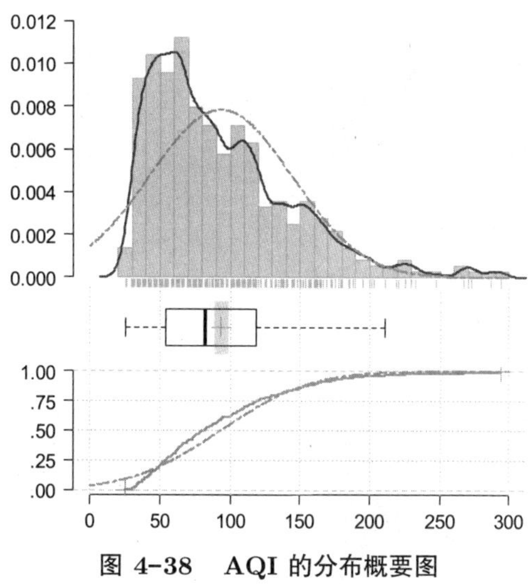

图 4–38　AQI 的分布概要图

如果有多个变量, 想要绘制出每个变量的图形概要, 可以使用 aplpack 包中的 plotsummary 函数. 该函数可以对数据集中的每个变量绘制一个图集来展示变量的主要特征. 图集中包括条纹图 (条形图)、经验累积分布函数、核密度图和箱线图. 由 plotsummary 函数绘制的 6 项空气污染指标的分布概要图如图 4–39 所示.

```
# 图 4-39 的绘制代码
> data4_1<-read.csv("C:/mydata/chap04/data4_1.csv")
> library(aplpack)
> plotsummary(data4_1[,4:9],
+   types=c("stripes","ecdf","density","boxplot"),   # 选择要绘制的图形
+   y.sizes=4:1,                                     # 定义图的相对大小
+   design="chessboard",                     # 绘图页面分割成不同行数和列数的矩阵
+   mycols="RB",                             # 设置图形颜色
+   main="")
```

图 4–39 中, 分别绘制出了条纹图、经验累积分布函数、核密度曲线和箱线图, 每幅图的下方还绘制出了地毯图. 核密度曲线和箱线图显示, 6 项指标均为右偏分布, 其中二氧化氮和臭氧浓度的偏斜程度相对较小, 其他指标的偏斜程度均较大. 条纹图反映每个指标的数据点在整个观察期 (一年) 内的分布状况, 其中线条的长度表示数据的大小.

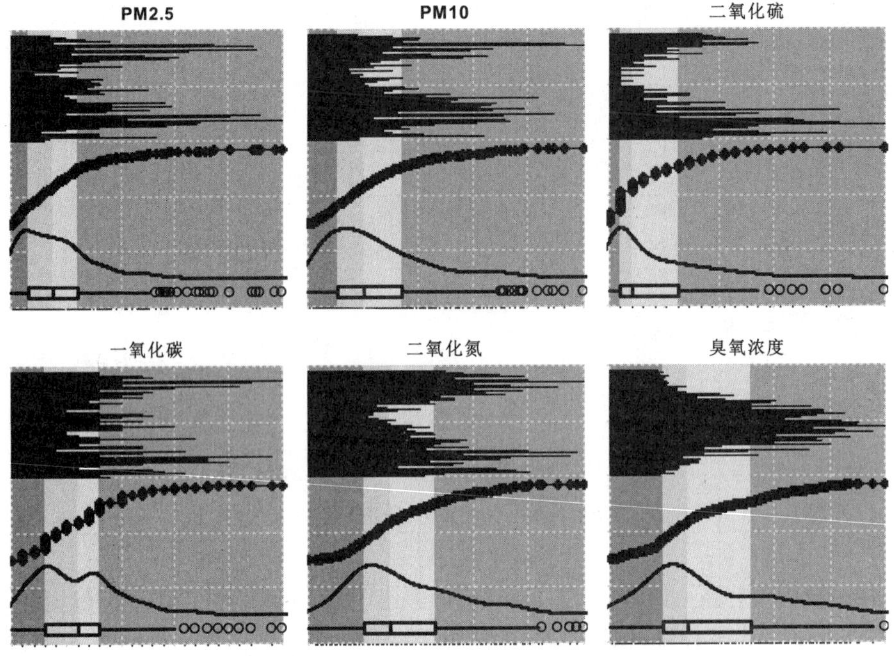

图 4-39　6 项空气污染指标的分布概要图

本章图谱

下面的图谱展示了本章所绘制的主要图形.

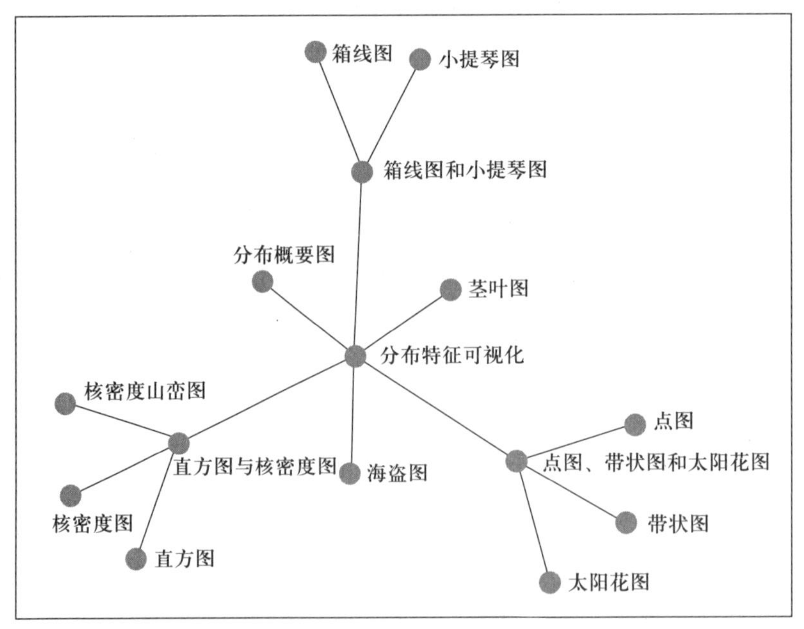

习题

4.1　直方图与核密度图有何不同?

4.2　说明箱线图和小提琴图的主要用途.

4.3　绘制箱线图或小提琴图时, 在何种条件下需要对数据进行变换?

4.4　说明点图的应用场合.

4.5　faithful 是 R 自带的数据集. 该数据集记录了美国黄石国家公园 (Yellowstone National Park) 老忠实间歇喷泉 (Old Faithful Geyser) 的喷发持续时间 (eruptions) 和下一次喷发的等待时间 (waiting) 的 272 个观测数据. 根据该数据集绘制以下图形, 分析数据的分布特征.

(1) 绘制 eruptions 的直方图, 并为直方图添加扰动点及核密度曲线.

(2) 绘制 eruptions 和 waiting 两个变量的叠加直方图.

(3) 绘制 eruptions 和 waiting 两个变量的核密度比较图.

(4) 绘制 eruptions 和 waiting 两个变量的箱线图和小提琴图.

(5) 绘制 eruptions 和 waiting 两个变量的茎叶图.

(6) 绘制 eruptions 和 waiting 两个变量的点图和带状图.

(7) 绘制 eruptions 和 waiting 两个变量的分布概要图.

第 5 章 变量间关系可视化

Chapter 5

在第 3 章中, 我们曾用马赛克图、关联图等展示了类别变量之间的关系. 对于多个数值变量, 我们通常关心这些变量之间是否有关系、关系的形态以及关系的强度如何. 本章主要介绍如何用图形来展示数值变量之间的关系.

5.1 散点图与散点图矩阵

散点图 (scatter plot) 是分析数值变量间关系的常用工具. 只分析两个变量时, 可以绘制普通散点图; 分析两个以上变量时, 可以绘制散点图矩阵或相关系数矩阵图.

5.1.1 散点图

散点图将两个变量的各对观测点画在二维坐标中, 并利用各观测点的分布来展示两个变量间的关系. 设两个变量分别为 x 和 y, 每对观测值 (x_i, y_i) 在二维坐标中用一个点表示, n 对观测值在坐标中形成的 n 个点图称为散点图. 利用散点图可以观察两个变量间是否有关系, 关系的形态以及关系强度如何等.

为理解散点图表达的相关信息, 首先观察图 5–1.

图 5–1(a) 和图 5–1(b) 显示, 各观测点在直线周围随机分布, 因此称为线性相关关系. 图 5–1(a) 中直线的斜率为正, 称为正线性相关, 相关系数为 0.9663; 图 5–1(b) 中直线的斜率为负, 称为负线性相关, 相关系数为 –0.9725. 图 5–1(c) 和图 5–1(d) 显示, 所有观测点都落在直线上, 称为完全线性关系. 其中图 (c) 称为完全正相关, 相关系数为 +1; 图 (d) 称为完全负相关, 相关系数为 –1. 图 5–1(e) 显示各观测点围绕一条曲线周围分布, 因此称为非线性相关. 图 5–1(f) 显示各观测点围绕 y 的均值在一条水平带中随机分布, 表示没有相关关系.

具有线性关系的两个变量的散点图大致在一条直线周围随机分布, 其分布的形状通常为一个椭圆, 其形状越扁平, 表示线性关系越强, 如图 5–2 所示.

下面通过一个例子说明散点图的绘制方法和相关关系的分析思路.

【例 5–1】 (数据: data5_1.csv) 为分析上市公司的总股本与各项财务指标间的关系, 在创业板、中小板和主板中随机抽取地产类、医药类、科技类和食品类的股票共 200 只, 得到的有关财务数据如表 5–1 所示.

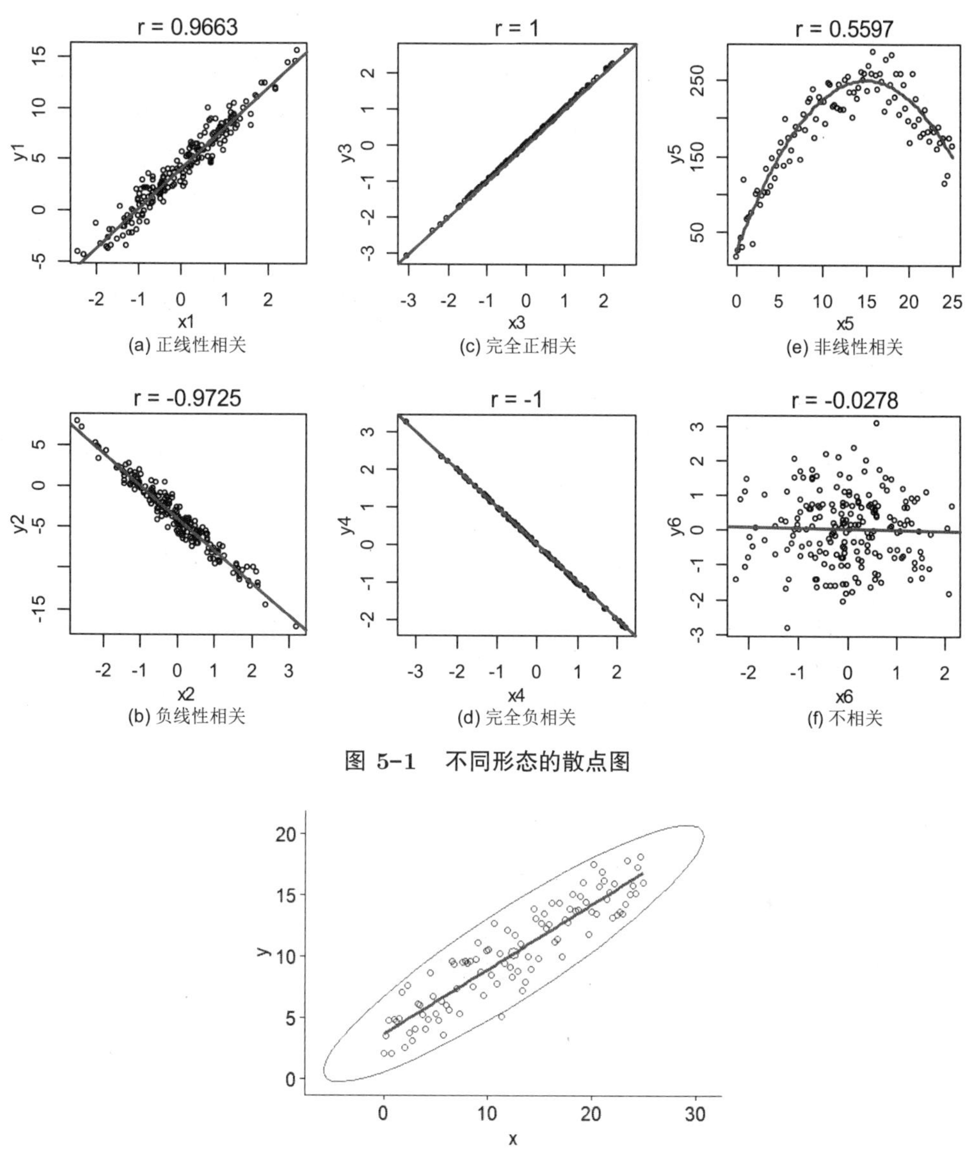

图 5-1　不同形态的散点图

图 5-2　具有线性关系的两个变量的散点图

表 5-1　200 家上市公司的有关财务数据 (只列出前 5 行后 5 行)

股票类型	上市板块	总股本 (万股)	每股收益 (元)	每股净资产 (元)	净资产收益率 (%)	资本公积金 (元/每股)	现金流量 (元/每股)
医药类	创业板	32 062	1.82	11.21	8.11	2.98	3.42
地产类	中小板	53 697	0.70	3.96	4.76	0.48	2.99
地产类	中小板	81 757	0.94	7.85	6.32	2.19	3.05
医药类	创业板	27 392	1.95	10.24	7.99	3.03	3.36
科技类	中小板	48 395	0.90	11.52	7.59	4.65	3.56
⋮	⋮	⋮	⋮	⋮	⋮	⋮	⋮

续表

股票类型	上市板块	总股本 (万股)	每股收益 (元)	每股净资产 (元)	净资产收益率 (%)	资本公积金 (元/每股)	现金流量 (元/每股)
地产类	中小板	60 303	0.78	8.90	8.80	3.66	3.52
医药类	主板	41 145	1.13	11.83	9.62	3.57	3.56
医药类	创业板	34 230	2.00	11.69	9.23	3.74	3.38
食品类	主板	32 864	1.77	8.41	8.71	3.48	3.54
医药类	创业板	35 072	1.91	9.68	10.74	4.29	3.70

表 5–1 中涉及股票类型和上市板块 2 个类别变量 (因子) 和 6 个数值变量. 如果要分析 2 个数值变量之间的关系, 可以绘制普通的散点图. 比如, 要观察总股本与每股收益的关系, 由 plot 函数绘制的散点图如图 5–3 所示.

```
# 图 5-3 的绘制代码
> data5_1<-read.csv("C:/mydata/chap05/data5_1.csv")
> attach(data5_1)                                    # 绑定数据框 data5_1
> plot(总股本, 每股收益,pch=19,col="green4",xlab="总股本",ylab="每股收益")
> abline(lm(每股收益 ~ 总股本),lwd=2,col="red")          # 添加回归线
```

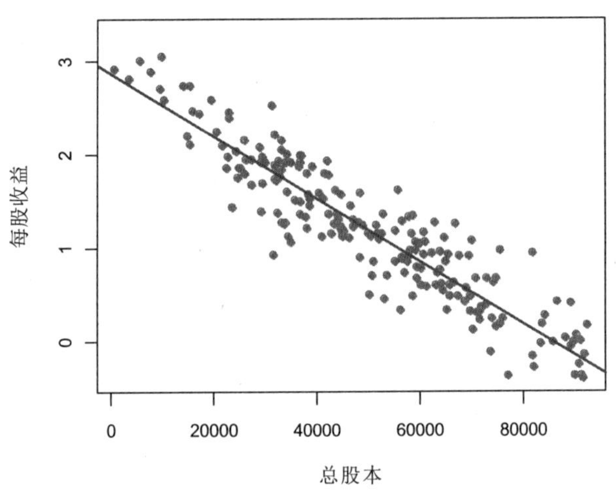

图 5–3　总股本与每股收益的散点图

图 5–3 显示, 总股本与每股收益之间为负的线性关系, 从散点图中各个点的分布来看, 二者有较强的负线性相关关系.

为使散点图更具有可读性, 并易于理解变量间的关系, 可以在散点图中增加一些其他信息. 比如, 在分析两个变量间关系的同时, 希望对每个变量的分布状况有大概了解, 可以画出两个变量的相关系数、回归直线或曲线, 添加边际直方图、核密度图、箱线图等.

使用 investr 包中的 plotFit 函数、HH 包中的 ci.plot 函数等, 可以绘制出带有两个变量线性回归的**置信带** (confidence band) 和**预测带** (prediction band) 的散点图. 由 investr 包中的 plotFit 函数绘制的总股本与每股收益的散点图如图 5–4 所示.

```
# 图 5-4 的绘制代码
> library(investr)
> data5_1<-read.csv("C:/mydata/chap05/data5_1.csv")
> fit<-lm(每股收益~总股本,data=data5_1)      # 拟合线性模型
> par(mfrow=c(2,2),mai=c(0.6,0.6,0.3,0.1),cex=0.7,font.main=1)
> plotFit(fit,interval="confidence",level=0.95,
+   shade=TRUE,col.conf="lightskyblue2",col.fit="red",
+   main="(a) 95% 的置信带")
> plotFit(fit,interval="prediction",level=0.95,
+   shade=TRUE,col.pred="lightskyblue2",col.fit="red",
+   main="(b) 95% 的预测带")
> plotFit(fit,interval="both",level=0.95,
+  shade=TRUE,col.conf="skyblue4", col.pred="lightskyblue2",col.fit="red",
+   main="(c) 95% 的置信带和预测带")
> plotFit(fit,interval="both",level=0.95,
+   shade=FALSE,col.conf="blue4",col.pred="blue2",col.fit="red",
+   main="(d) 不带阴影的 95% 的置信带和预测带")
```

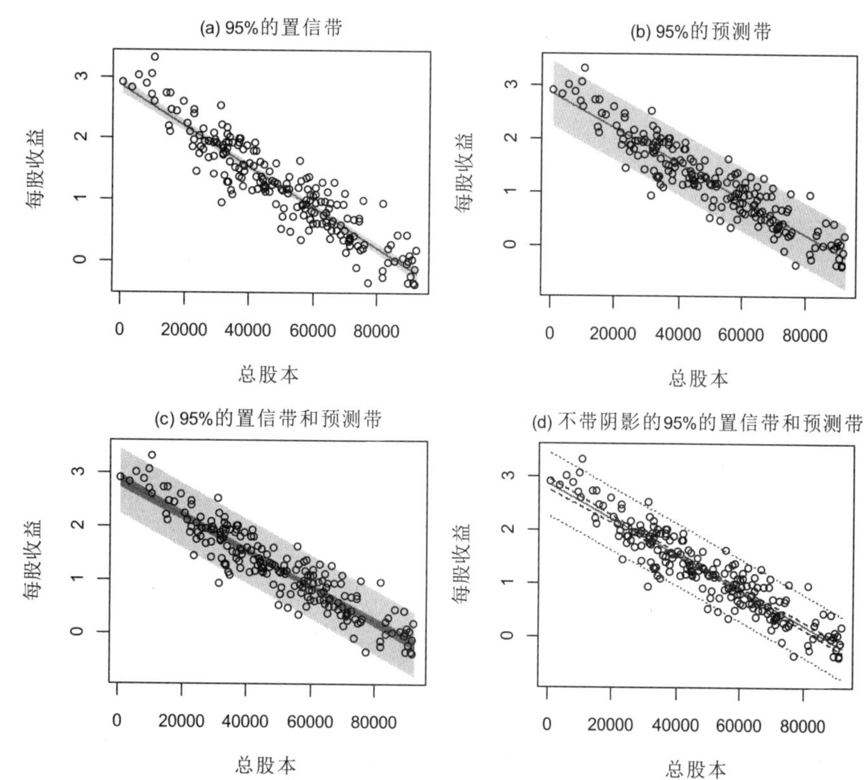

图 5-4　带有线性拟合及置信带的总股本与每股收益的散点图

使用 ggpubr 包中的 ggscatter 函数，不仅可以在散点图中添加回归线及其置信带，还可以画出两个变量的回归方程、相关系数及其检验的 P 值等，也可以画出拟合的

loess (局部加权回归) 曲线及其置信带等. 由该函数绘制的总股本与每股收益的散点图如图 5–5 所示.

```
# 图 5-5 的绘制代码
> library(ggpubr);library(gridExtra)
> data5_1<-read.csv("C:/mydata/chap05/data5_1.csv")
> p1<-ggscatter(data=data5_1,x="总股本",y="每股收益",     # 绘制散点图
+   size=1,color="red2",                                 # 设置点的大小和颜色
+   add ="reg.line",conf.int=TRUE,                       # 添加回归线和置信带
+   add.params=list(color="blue",fill="lightblue"))+
+                                                        # 设置回归线和置信带的颜色
+   stat_regline_equation(label.x=50000,label.y=3.3,size=2.5)+
                                                         # 设置回归方程的位置坐标
+   stat_cor(label.x=50000,label.y=3,size=2.5)+          # 设置相关系数的位置坐标
+   title("(a) 散点图与线性回归拟合")+                     # 设置标题
+   theme_bw()                                           # 设置图形主题
> p2<-ggscatter(data=data5_1,x="总股本",y="每股收益",     # 绘制散点图
+   size=1,color="red2",                                 # 设置点的大小和颜色
+   add="loess",conf.int=TRUE,                           # 添加 loess 曲线和置信带
+   add.params=list(color="blue",fill="lightblue"))+
+   title("(b) 散点图与 loess 拟合")+
+   theme_bw()                                           # 设置图形主题
> grid.arrange(p1,p2,ncol=2)                             # 组合图形 p1 和 p2
```

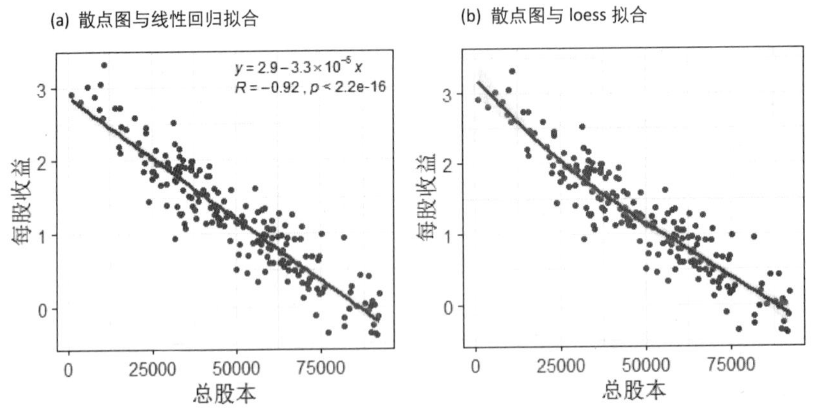

图 5–5　带有线性拟合和 loess 拟合及其置信带的总股本与每股收益的散点图

图 5–5(a) 中列出了每股收益为因变量、总股本为自变量的线性回归拟合及其回归方程、两个变量的相关系数 (-0.92) 及其检验的 P 值 (2.2e-16). 结果显示, 两个变量具有显著的线性相关关系. 图 5–5(b) 画出了两个变量的散点图和 loess 拟合及其置信带.

为反映两个变量的分布信息, 以便为进一步的建模提供帮助, 可以为散点图添加上边际图. 使用 car 包中的 scatterplot 函数可以绘制带有两个变量的边际箱线图、拟

合直线和 loess 曲线、置信椭圆的散点图. 由 scatterplot 函数绘制的总股本与每股收益的散点图如图 5–6 所示.

```
# 图 5-6 的绘制代码
> library(car)
> scatterplot(总股本~每股收益,data=data5_1,          # 绘制散点图
+   smooth=TRUE,                                      # 绘制 loess 曲线
+   ellipse=TRUE)                                     # 绘制置信椭圆
```

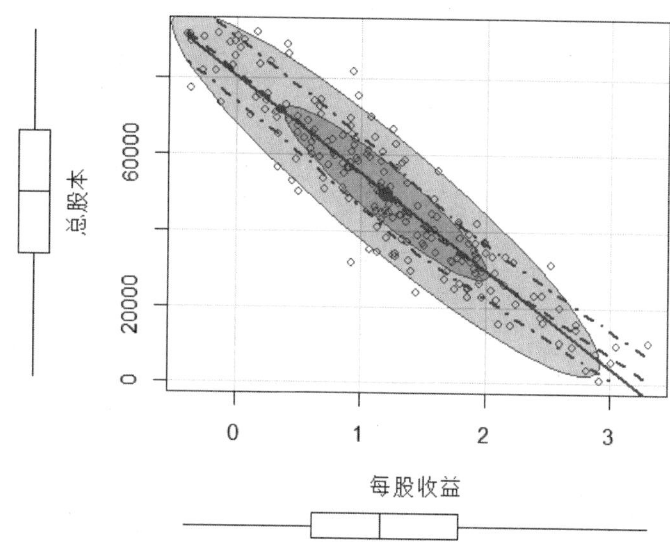

图 5–6　带有两个变量的边际箱线图、拟合直线和 loess 曲线以及置信椭圆的散点图

图 5–6 的箱线图显示, 总股本和每股收益的分布基本上为对称分布, 这一信息对于建立总股本与每股收益的线性模型具有参考价值.

使用 ggscatterhist 函数可以为图添加多种边际图. 设置参数 margin.plot="histogram" 添加边际直方图; 设置参数 margin.plot="density" 添加边际核密度图; margin.plot="boxplot" 添加边际箱线图. 图 5–7(a) 是由该函数绘制的添加边际直方图的散点图, 设置参数 margin.plot="density" 即为图 5–7(b).

```
# 图 5-7(a) 的绘制代码
> data5_1<-read.csv("C:/mydata/chap05/data5_1.csv")
> library(ggpubr)
> ggscatterhist(data=data5_1,x="总股本",y="每股收益",
+   title="(a) 边际图为直方图的散点图",        # 设置标题
+   size=1,color="forestgreen",                # 设置点的大小和颜色
+   rug=TRUE,                                  # 添加地毯图
+   margin.plot="histogram",                   # 设置边际图的类型为直方图
+   margin.params=list(fill="deepskyblue",color="black"),
                                               # 设置边际图的填充颜色和线的颜色
+   ggtheme=theme_minimal())                   # 设置图形主题
```

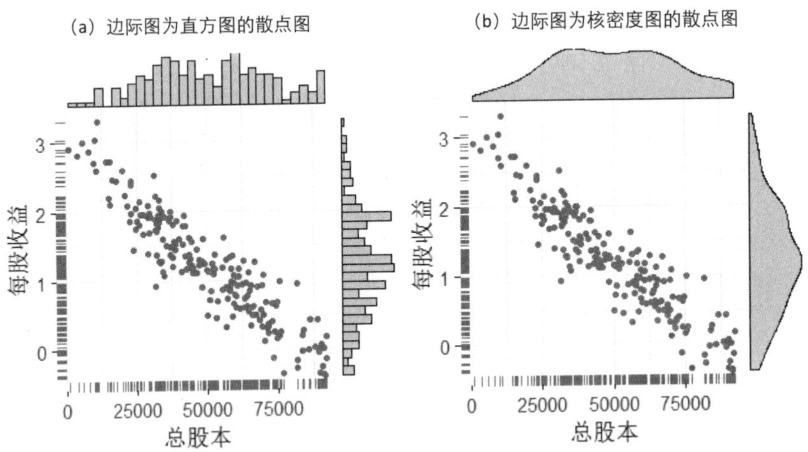

图 5-7　带有边际直方图与核密度图的总股本与每股收益的散点图

图 5-7 的边际直方图和边际核密度图均显示, 总股本和每股收益大致为对称分布.

5.1.2　散点图矩阵

如果要同时分析多个变量两两之间的关系, 可以绘制**散点图矩阵** (matrix scatter), 或称矩阵散点图. R 的多个包中都有绘制散点图矩阵的函数, 如 graphics 包中的 plot 函数和 pairs 函数、corrgram 包中的 corrgram 函数、car 包中的 scatterplotMatrix 函数等.

使用 graphics 包中的 pairs 函数绘制的 6 个变量的散点图矩阵如图 5-8 所示.

```
# 图 5-8 的绘制代码
# 编写绘制直方图的函数
> panel.hist<-function(x,...){
+     usr<-par("usr");on.exit(par(usr))
+     par(usr=c(usr[1:2],0,1.5))
+     h<-hist(x,plot=FALSE)
+     breaks<-h$breaks;nB<-length(breaks)
+     y<-h$counts;y<-y/max(y)
+     rect(breaks[-nB],0,breaks[-1],y,col="cyan",...)
+ }
# 编写计算相关系数的函数
> panel.cor<-function(x,y,digits=2, prefix="",cex.cor){
+     usr<-par("usr");on.exit(par(usr))
+     par(usr=c(0, 1, 0, 1))
+     r<-cor(x,y)
+     txt<-format(c(r,0.123456789),digits=digits)[1]
+     txt<-paste0(prefix,txt)
+     if(missing(cex.cor))cex.cor<-0.8/strwidth(txt)
```

```
+     text(0.5,0.5,txt,cex=cex.cor*r)
+   }
# 绘制散点图矩阵
> data5_1<-read.csv("C:/mydata/chap05/data5_1.csv")
> pairs(data5_1[3:8],gap=0.2,                # 设置散点图之间的间距
+   diag.panel=panel.hist,                   # 对角线上绘制直方图
+   panel=panel.smooth,                      # 为散点图添加平滑曲线
+   upper.panel= panel.cor,                  # 对角线上方绘制出相关系数的值
+   cex.labels=0.7,font.labels=2,            # 设置对角线标签字体及大小
+   oma=c(3,3,3,3))                          # 设置图形边距
```

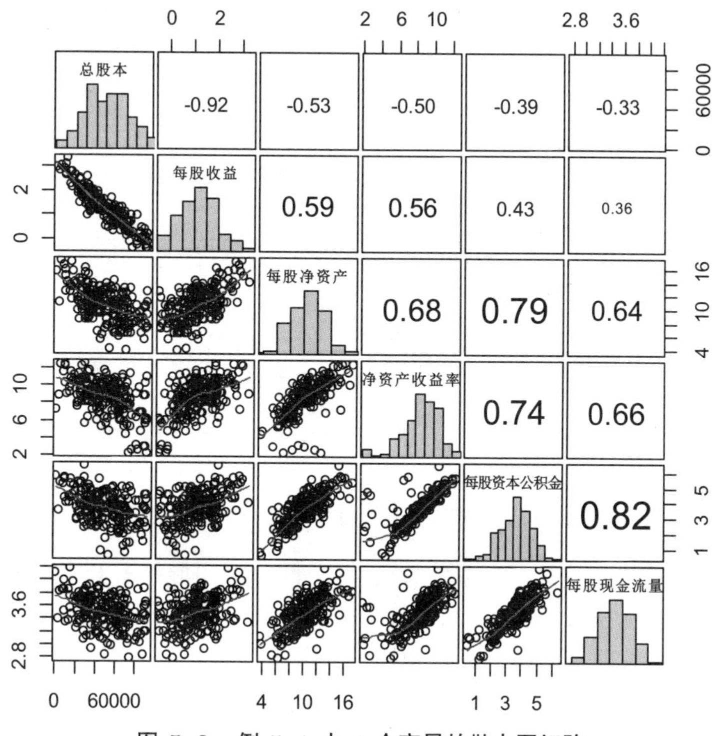

图 5-8 例 5-1 中 6 个变量的散点图矩阵

图 5-8 中, 对角线下方绘制了散点图及拟合的曲线, 对角线上方绘制出了相关系数, 对角线绘制了每个变量的直方图. 图 5-8 显示, 总股本与其他几个变量之间为负线性相关, 其他变量之间均为正线性相关; 对角线上的直方图显示 6 个变量均大致为对称分布; 对角线上方的相关系数表示两个变量之间的线性关系强度.

使用 car 包中的 scatterplotMatrix 函数, 可以在矩阵的对角线上画出核密度曲线, 给图中的各散点图加上拟合直线、平滑曲线及其置信椭圆等信息. 由该函数绘制的 6 个变量的散点图矩阵如图 5-9 所示.

```
# 图 5-9 的绘制代码
> data5_1<-read.csv("C:/mydata/chap05/data5_1.csv")
> library(car)
```

```
> scatterplotMatrix(data5_1[,3:8],
+   diagonal=TRUE,                          # 在对角线上绘制核密度曲线
+   ellipse=TRUE,                           # 绘制出置信椭圆
+   col="steelblue3",gap=0.5,cex=0.5,       # 设置颜色、图间距和点的大小
+   oma=c(3,3,3,3))                         # 设置图形边距
```

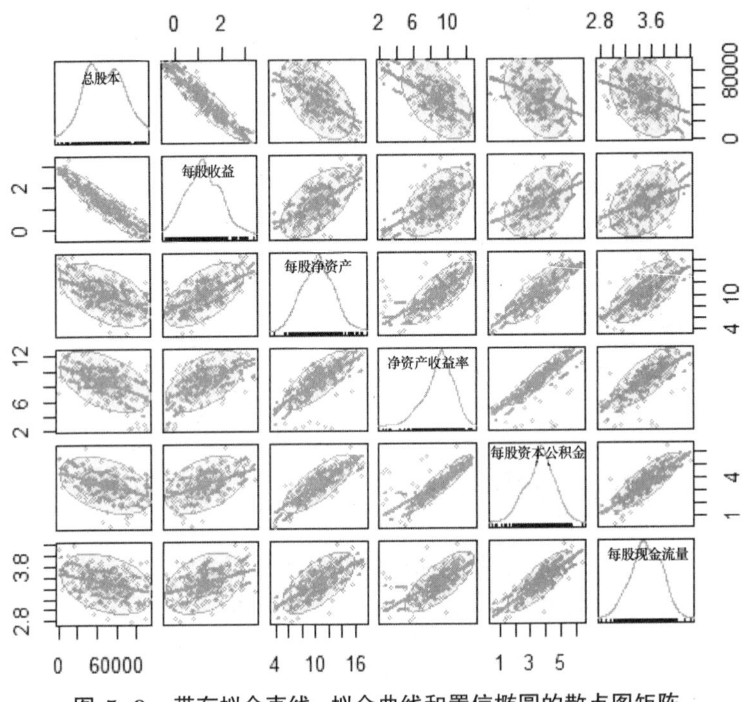

图 5-9　带有拟合直线、拟合曲线和置信椭圆的散点图矩阵

图 5-9 的对角线上是每个变量的核密度估计曲线. 图形显示 6 个变量均接近对称分布. 各散点图及置信椭圆显示 6 个变量之间均为线性关系, 图中的置信椭圆表示变量间的关系形态和强度. 椭圆越扁, 表示两个变量的线性关系越强; 椭圆越接近于圆形, 表示两个变量间的线性关系越弱.

图 5-10 是由 corrgram 函数绘制的 6 个变量的散点图矩阵. 对角线下方绘制出散点图, 对角线上方绘制出置信椭圆, 在对角线上绘制出每个变量的最小值和最大值.

```
# 图 5-10 的绘制代码
> data5_1<-read.csv("C:/mydata/chap05/data5_1.csv")
> corrgram(data5_1[3:8],
+   order=TRUE,                              # 按相关系数排列变量
+   lower.panel=panel.pts,                   # 在对角线下方绘制散点图
+   upper.panel=corrgram::panel.ellipse,     # 在对角线上方绘制置信椭圆
+   diag.panel=panel.minmax)                 # 在对角线上绘制最小值和最大值
```

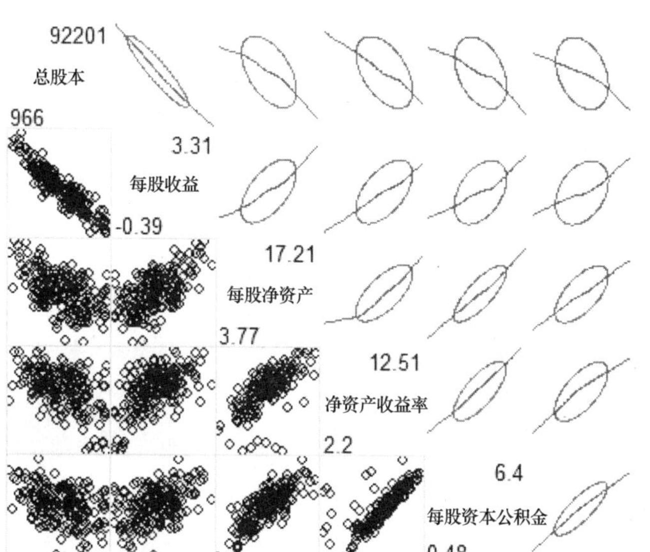

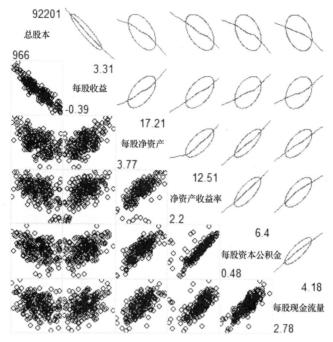

图 5-10　6 个变量的相关矩阵, 对角线上方绘制出置信椭圆和平滑曲线

5.1.3　相关系数矩阵

当变量较多时, 散点图矩阵中的各散点图就会变得很小, 使得散点图难以观察. 这时, 可以计算出变量间的相关系数矩阵, 再将其画成图像, 这就是相关系数矩阵图.

R 中有多个绘制相关系数矩阵的函数, 如 corrgram 包中的 corrgram 函数、corrplot 包中的 corrplot 函数、sjPlot 包中的 sjp.corr 函数、ggiraphExtra 包中的 ggCor 函数、ggcorrplot 包中的 ggcorrplot 函数等. 图 5–11(a) 是由 corrgram 包中的 corrgram 函数绘制的 6 个变量的相关系数矩阵. 设置参数 upper.panel=panel.conf, 即可绘制出 5–11(b).

```
# 图 5-11(a) 的绘制代码
> data5_1<-read.csv("C:/mydata/chap05/data5_1.csv")
> library(corrgram)
> corrgram(data5_1[3:8],main="(a) 在对角线下方画出阴影线, 上方画出饼图",
+   order=TRUE,                           # 按相关系数排列变量
+   lower.panel=panel.shade,              # 在对角线下方绘制阴影线
+   upper.panel=panel.pie)                # 在对角线上方绘制饼图
```

在图 5–11(a) 中, 对角线下方是矩形图, 图中从左下角到右上角的 45° 线表示正相关, 矩形用蓝色表示, 相关系数越大, 表示相关性越强, 矩形的颜色也越深. 从左上角到右下角的 45° 线表示负相关, 矩形用红色表示, 相关系数绝对值越大, 表示相关性越

(a) 在对角线下方画出阴影线，上方画出饼图

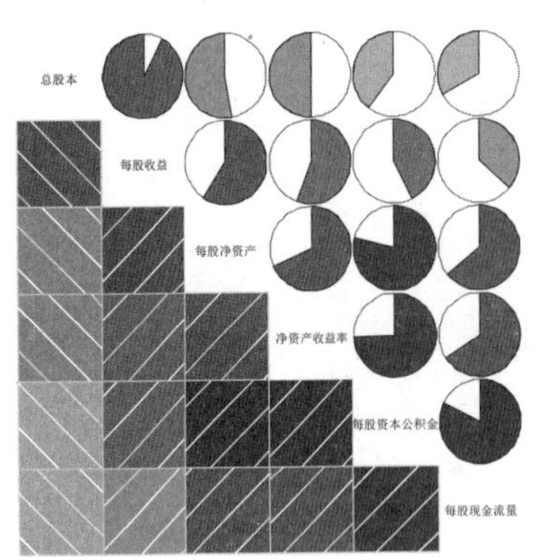

(b) 在对角线上方画出相关系数及置信区间

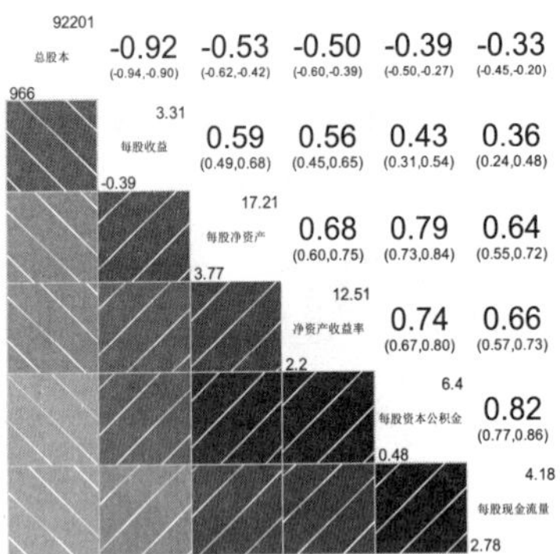

图 5–11　6 个变量的相关系数矩阵

强, 矩形的颜色也越深. 对角线上方为饼图, 图中的阴影部分由相关系数填充, 正相关从正午 12 点开始, 顺时针方向填充, 并用蓝色表示, 相关性越强, 被填充的面积越大, 颜色也越深; 负相关从正午 12 点按逆时针方向填充, 并用红色表示, 负相关性越强, 被填充的面积越大, 颜色也越深. 图 5–11(b) 的对角线上方绘制出了相关系数及其 95% 的置信区间 (相关系数下方括号内的数值), 对角线上绘制出了每个变量的最小值和最大值.

corrplot 包中的 corrplot 函数提供了形式多样的可视化相关矩阵方法. 函数中的参数 corr 是要可视化的相关系数矩阵; method 是相关系数矩阵的可视化方法, 目前, 它支持 7 种方法, 分别为 "圆" (默认)、"方形"、"椭圆"、"数字"、"饼"、"阴影" 和"颜色"; type 用于设置显示 "完整矩阵" (默认)、"上三角形" 或 "下三角形"; order 设置相关系数矩阵的排序方法, "original" 为原始顺序 (默认), "aoe" 为特征向量的角度顺序, "FPC" 为第 1 主成分顺序, "hclust" 为层次聚类顺序.

图 5–12 和图 5–13 是由 corrplot 函数绘制的几种不同设置的相关系数矩阵.

```
# 图 5-12 的绘制代码
> data5_1<-read.csv("C:/mydata/chap05/data5_1.csv")
> d<-data5_1[,3:8]
> mat<-as.matrix(d);rownames(mat)=data5_1[,1]     # 将 data5_1 转化成矩阵
> library(corrplot)
> r<-cor(mat)                                      # 计算相关系数矩阵
> par(mfrow=c(2,2),cex=0.7,cex.main=1,font.main=1)
> corrplot(r,method="number",mar=c(0.5,0,2,0),
+   title="(a) 相关系数矩阵")
> corrplot(r,method="color",type="full",mar=c(0,0,1,0),
+   title="(b) 用矩形表示相关系数")
> corrplot(r,order="hclust",mar=c(0,0,1,0),
+   title="(c) 用圆表示相关系数")# 按层次聚类排序
```

```
> corrplot(r,order="AOE",addCoef.col="grey20",mar=c(0,0,1,0),
+   title="(d) 圆形叠加相关系数")
```

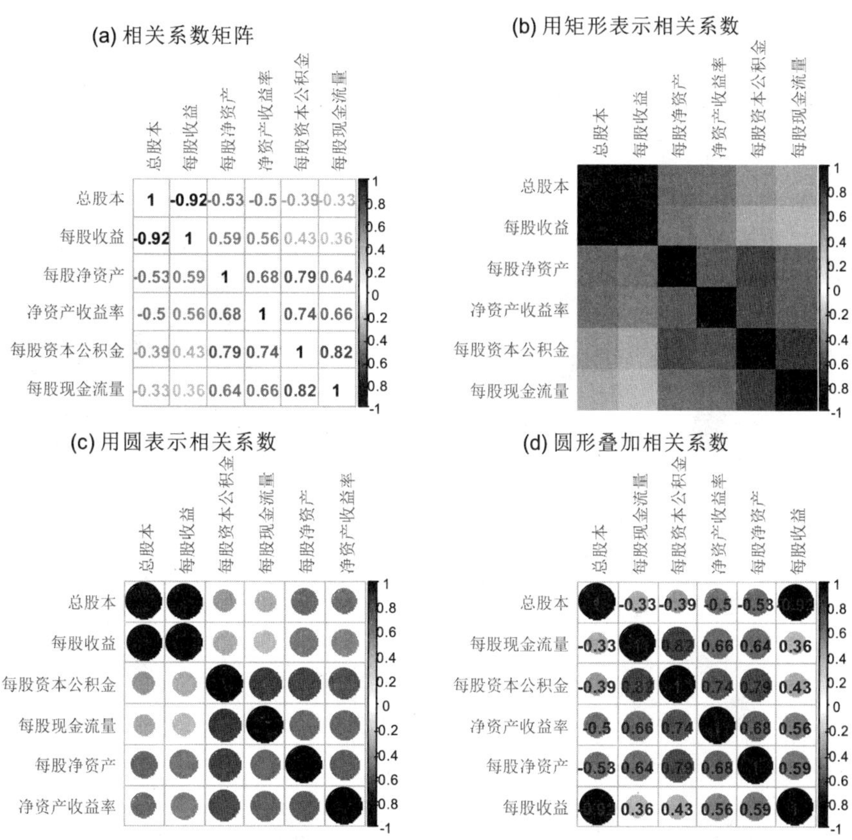

图 5-12　6 个变量的相关系数矩阵

在图 5-12 中, 蓝色表示正相关, 红色表示负相关, 颜色越深, 表示关系越强. 图 5-13 是另外 4 种不同设置的相关系数矩阵.

```
# 图 5-13 的绘制代码 (使用图 5-12 计算的相关系数矩阵 r)
> par(mfrow=c(2,2),cex=0.6,cex.main=1.2,font.main=1)
> corrplot(r,method="square",order="AOE",mar=c(0.5,0,2,0),
+   title="(a) 用方形大小表示相关系数")
> corrplot(r,method="shade",order="AOE",mar=c(0.5,0,2,0),
+   title="(b) 绘制出阴影")
> corrplot(r,order="AOE",type="upper",method="number",
+   cl.pos="b",tl.pos="d",mar=c(0.5,0,2,1),
+   title="(c) 上半角相关系数, 下半角椭圆")
> corrplot(r,add=TRUE,type="lower",method="ellipse",
+   order="AOE",diag=FALSE,tl.pos="n",cl.pos="n")
> corrplot(r,order="AOE",type="upper",method="pie",
+   cl.pos="b",tl.pos="d",mar=c(0.5,0,2,1),
```

```
+   title="(d) 上半角圆, 下半角相关系数")
> corrplot(r,add=TRUE,type="lower",method="number",
+   order="AOE",diag=FALSE,tl.pos="n",cl.pos="n")
```

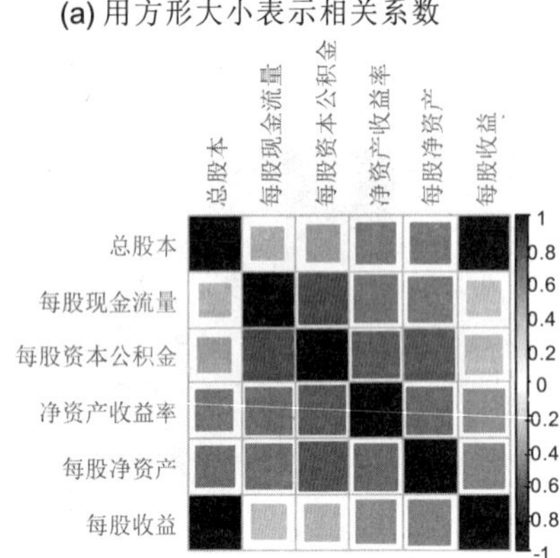

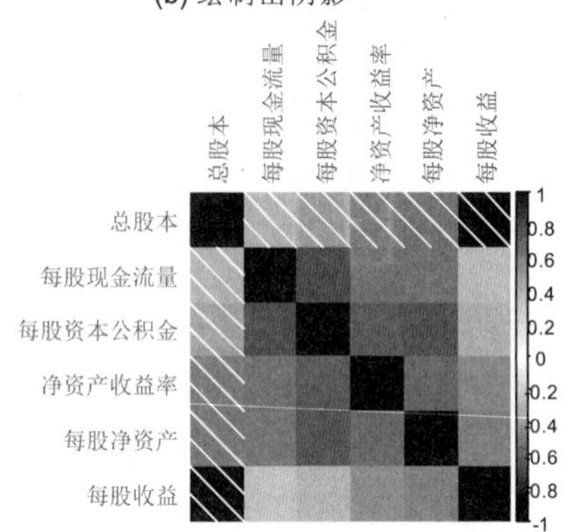

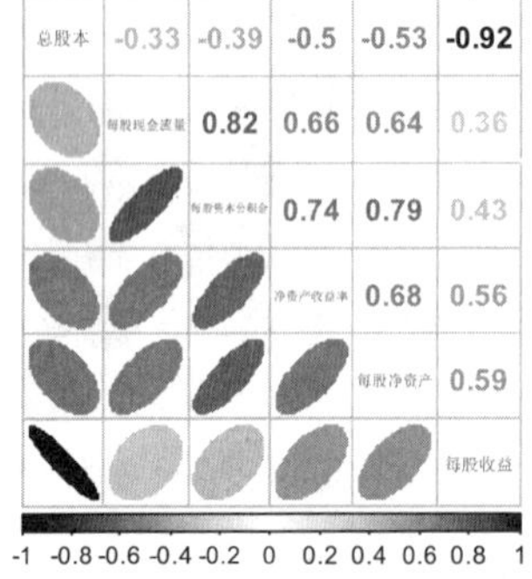

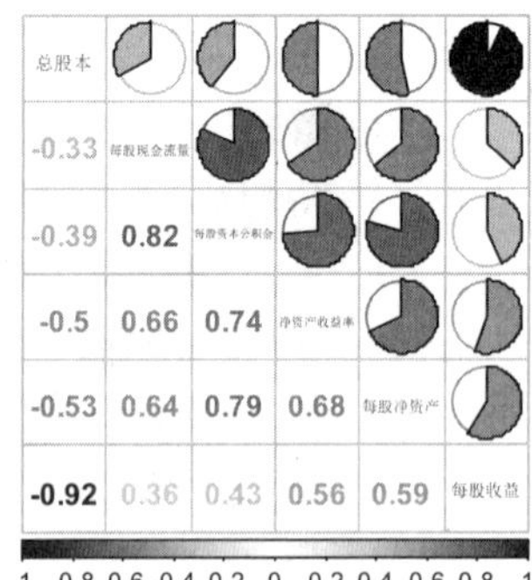

图 5–13　不同设置的 6 个变量的相关系数矩阵

在图 5–13 中, 图 (a) 用方形表示相关系数, 方块越大, 表示相关系数的绝对值越大, 关系也越强. 图 (b) 在负相关的矩形上增加了阴影线. 图 (c) 矩阵的下半角是椭圆, 上半角画出相关系数, 椭圆越窄, 表示相关系数越大, 关系也越强; 椭圆越宽, 表示相关系数越小, 关系就越弱. 图 (d) 的下半角画出相关系数, 在上半角画出饼图, 相关系数越大, 饼图被填充的面积也越大.

使用 sjPlot 包中的 sjp.corr 函数不仅可以绘制多个数值变量的相关系数矩阵, 还可以检验相关系数的显著性. 由该函数绘制的相关系数矩阵如图 5–14 所示.

```
# 图 5-14 的绘制代码
> data5_1<-read.csv("C:/mydata/chap05/data5_1.csv")
> d<-data5_1[,3:8]                          # 选择绘图变量
> library(sjPlot)
> sjp.corr(d,corr.method="pearson",         # 计算 Pearson 相关系数
+   show.values=TRUE,                       # 画出相关系数的值
```

```
+   show.legend=TRUE,                          # 画出图例
+   p.numeric=TRUE)                            # 画出检验的 P 值
```

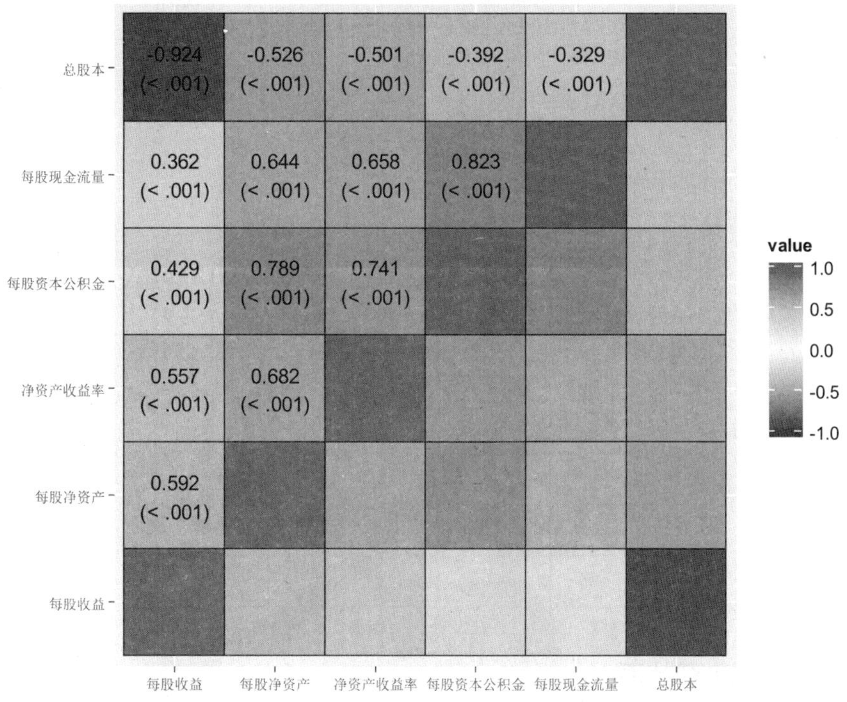

图 5–14　sjp.corr 函数绘制的 6 个变量的相关系数矩阵

在图 5–14 中, 右侧的图例蓝色表示正相关, 红色表示负相关, 颜色越深, 表示关系越强. 图 5–14 中左下角至右上角对角线上的相关系数为 1, 表示完全相关, 颜色最深. 格子上的数字是相关系数, 相关系数越大, 颜色越深; 括号中的数字是检验的 P 值, 结果均小于 0.001, 表示 6 个变量之间均为显著相关.

使用 ggiraphExtra 包中的 ggCor 函数也可以绘制相关系数及其检验的矩阵, 而且设置参数 interactive=TRUE 还可以绘制动态交互相关系数检验图. 由 ggCor 函数绘制的相关系数矩阵如图 5–15 所示.

```
# 图 5-15 的绘制代码
> library("ggiraphExtra");require(ggplot2)
> data5_1<-read.csv("C:/mydata/chap05/data5_1.csv")
> ggCor(data5_1,whaw=1,                       # 计算 Pearson 相关系数
+   digits=4,                                 # 结果保留 4 位小数
+   label=3,                                  # 显示相关系数及其检验的 P 值
+   mode=2,                                   # 显示半角矩阵
+   title=FALSE)                              # 不显示标题
```

图 5–15 中的蓝色表示负相关, 红色表示正相关, 颜色越深, 表示相关性越强.

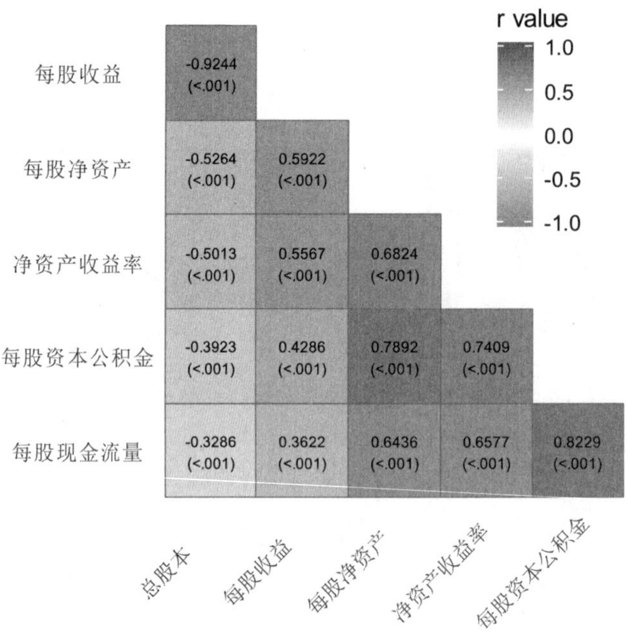

图 5-15 ggCor 函数绘制的 6 个变量的相关系数矩阵

5.1.4 相关系数网状图

相关系数网状图 (web) 是用网络连线展示相关系数矩阵的一种图形. 它将多个变量均匀地放置在一个圆周围, 并在各变量节点之间绘制连接线, 线的宽度与两个变量之间的相关系数绝对值成正比, 正相关的连接线用蓝色表示, 负相关的连接线用红色表示.

使用 DescTools 包中的 PlotWeb 函数, 可以绘制相关系数网状图. 根据例 5-1 数据绘制的相关系数网状图如图 5-16 所示.

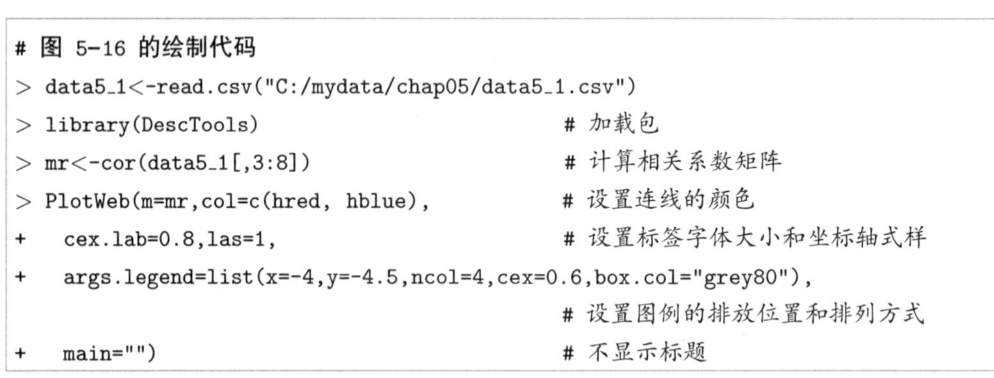

```
# 图 5-16 的绘制代码
> data5_1<-read.csv("C:/mydata/chap05/data5_1.csv")
> library(DescTools)                       # 加载包
> mr<-cor(data5_1[,3:8])                   # 计算相关系数矩阵
> PlotWeb(m=mr,col=c(hred, hblue),         # 设置连线的颜色
+   cex.lab=0.8,las=1,                     # 设置标签字体大小和坐标轴式样
+   args.legend=list(x=-4,y=-4.5,ncol=4,cex=0.6,box.col="grey80"),
                                           # 设置图例的排放位置和排列方式
+   main="")                               # 不显示标题
```

图 5-16 中的红色连线表示相关系数为负, 蓝色连线表示相关系数为正. 线越宽, 表示两个变量之间的关系越强, 线越细, 表示两个变量之间的关系越弱. 图下方的图例标出了负相关系数和正相关系数的最小值和最大值. 与相关系数矩阵相比, 相关系数

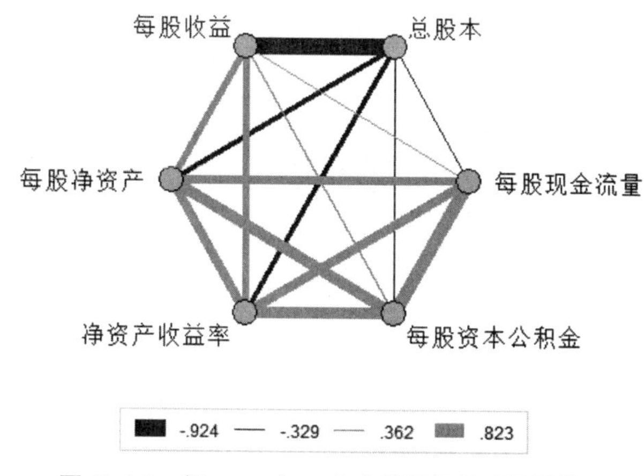

图 5–16　例 5–1 中 6 个变量的相关系数网状图

网状图可以更清楚地展示多个变量之间的关系方向和强度.

5.2　条件散点图

如果数值变量的各个取值是在一个或多个因子 (类别变量) 的不同水平下获得的, 即观测值是按因子水平分组的, 则可以按因子水平分组绘制散点图, 这种图形称为**条件图** (conditioning plot). 比如, 如果想按股票类型或上市板块分别绘制数值变量的散点图, 这样的图形就是条件散点图. 利用条件散点图可以观察按因子水平分组条件下两个数值变量的关系.

R 软件中有多个包提供了绘制条件散点图的函数, 如基础安装包 graphics 中的 coplot 函数、epade 包中的 scatter.ade 函数、ggiraphExtra 包中的 ggPoints 函数、ggpubr 包中的 ggscatter 函数、car 包中的 scatterplotMatrix 函数等. 使用 graphics 中的 coplot 函数绘制的按股票类型分组的总股本与每股收益的条件散点图如图 5–17 所示.

```
# 图 5-17 的绘制代码
> data5_1<-read.csv("C:/mydata/chap05/data5_1.csv")
> coplot(data=data5_1,总股本~每股收益|股票类型,  # 股票类型为条件
+   panel=panel.smooth,                        # 拟合平滑曲线
+   col="blue",bg=5,pch=21,                    # 设置点的颜色、填充色和点型
+   bar.bg=c(fac="pink"),                      # 设置因子类别条形的填充颜色
+   rows=1,columns=4)                          # 设置图的排列方式
```

图 5–17 上面的条形是股票类型的标签, 条形的排列方式表示阅读顺序, 即从左到右、从上到下 (默认是从左到右、从下到上). 第一个图是地产类股票的散点图, 第二个图是科技类股票的散点图, 依此类推.

图 5–18 是按股票类型和上市板块两个因子分组绘制的条件散点图.

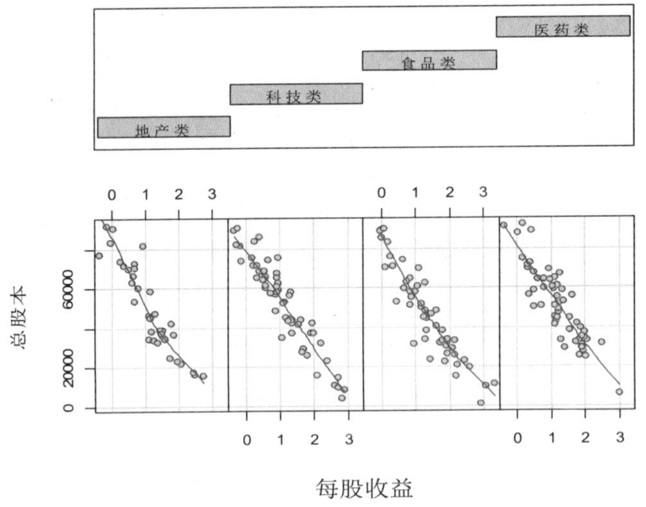

图 5-17 按股票类型分组的条件散点图

```
# 图 5-18 的绘制代码
> coplot(总股本~每股收益|股票类型*上市板块,panel=panel.smooth,col="blue",
bg=5,pch=21,bar.bg=c(fac="lightgreen"),data=data5_1)
```

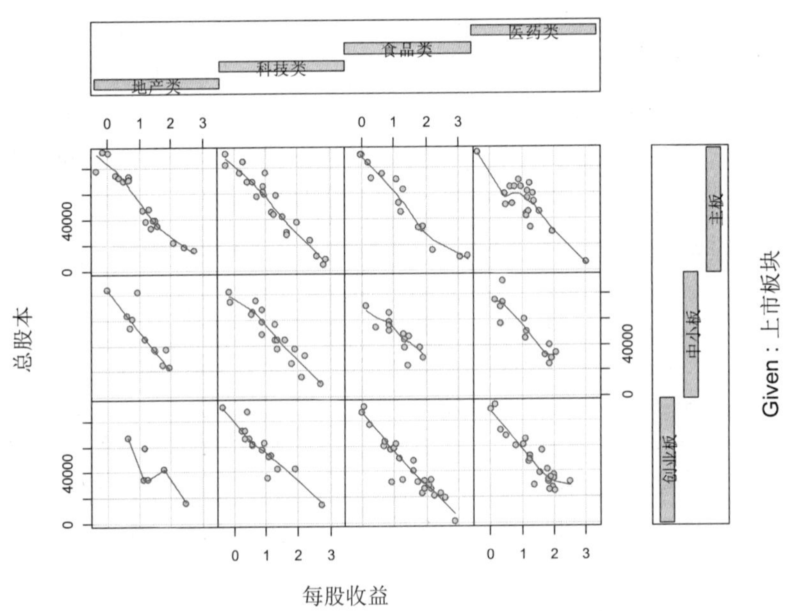

图 5-18 按股票类型和上市板块分组的条件散点图

图 5-18 的上面列出了股票类型的条形标签, 右侧列出了上市板块的条形标签. 标签的排列方式表示阅读顺序. 图 5-18 中最下面一行表示创业板股票, 其中的第一幅图

表示创业板的地产类股票, 其他图形的阅读顺序类似. 图 5–18 显示, 在所有分类中, 总股本与每股收益均呈负线性相关.

使用 ggiraphExtra 包中的 ggPoints 函数不仅可以绘制按因子分类的静态散点图, 还可以绘制动态交互散点图 (设置参数 interactive=TRUE). 由该函数绘制的按上市板块分类的散点图如图 5–19 所示. 其中, 图 5–19(a) 设置参数 method="lm", 为散点图添加线性回归拟合线及置信带, 图 5–19(b) 设置参数 method="loess", 为散点图添加 loess 曲线及置信带.

```
# 图 5-19 的绘制代码
> library(ggiraphExtra);library(ggplot2);library(gridExtra)
> data5_1<-read.csv("C:/mydata/chap05/data5_1.csv");

> mytheme<-theme_bw()+theme(                        # 设置图形主题
+    plot.title=element_text(size="10"),            # 设置主标题字体大小
+    axis.title=element_text(size=10),              # 设置坐标轴字体大小
+    axis.text=element_text(size=8),                # 设置坐标轴刻度字体大小
+    legend.position=c(0.8,0.75),                   # 设置图例位置
+    legend.text=element_text(size="7"))            # 设置图例字体大小

> p1<-ggPoints(data=data5_1,
+   aes(x=总股本,y=每股收益,fill=上市板块),method="lm",
+   title="(a) 线性拟合")+mytheme                   # 线性拟合
> p2<-ggPoints(data=data5_1,
+   aes(x=总股本,y=每股收益,fill=上市板块),method="loess",
+   title="(b) loess 拟合")+mytheme                 # loess 拟合
> grid.arrange(p1,p2,ncol=2)                        # 组合图形 p1 和 p2
```

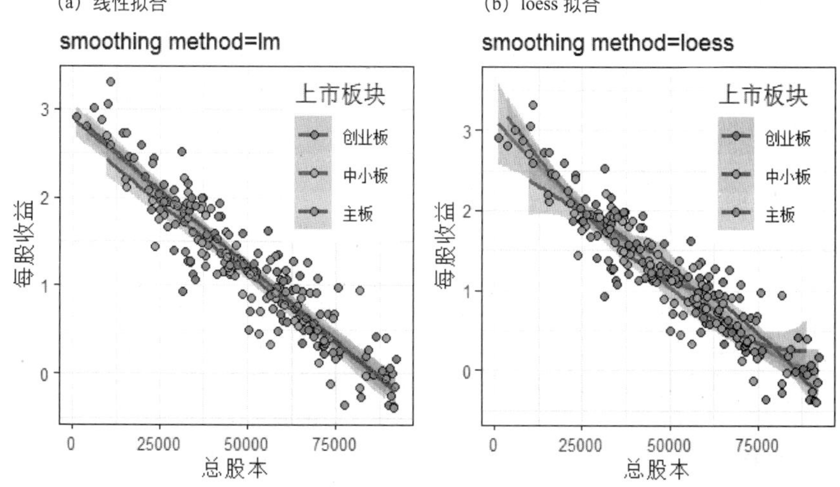

图 5–19　按上市板块分类的总股本与每股收益的散点图

使用 ggpubr 包中的 ggscatter 函数也可以绘制按因子分类的散点图, 并在图中添

加回归方程、相关系数及其检验的 P 值等信息. 由该函数绘制的按上市板块分类的总股本与每股收益的散点图如图 5–20 所示.

```
# 图 5-20 的绘制代码
> library(ggpubr)
> ggscatter(data=data5_1,x="总股本",y="每股收益",size=1,    # 绘制散点图
+   color="上市板块",palette="lancet",              # 设置按颜色分类的因子和调色板
+   add="reg.line",conf.int=TRUE)+                # 添加回归线及其置信区间
+   facet_wrap(~上市板块)+                         # 按上市板块分面
+   stat_regline_equation(label.x=35000,label.y=3.3,size=2.5)+
                                                  # 回归方程的位置坐标
+   stat_cor(label.x=35000,label.y=3,size=2.5)+     # 相关系数的位置坐标
+   theme_bw()+                                   # 设置图形主题
+   theme(legend.position="none")                 # 去掉图例
```

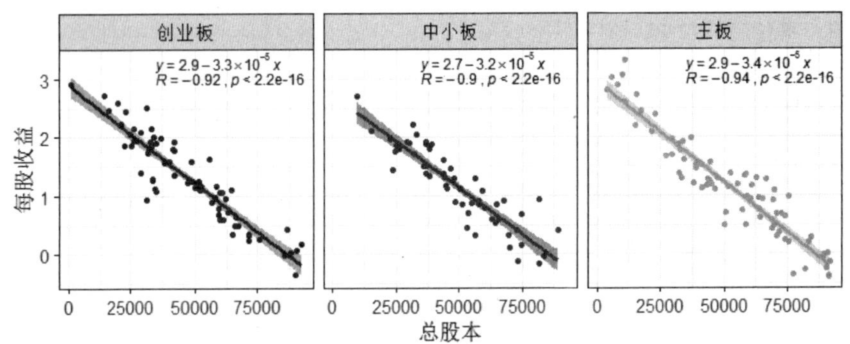

图 5–20　按上市板块分类的总股本与每股收益的散点图

图 5–20 显示, 按上市板块分类的总股本与每股收益之间均为负的线性相关关系, 且线性关系显著.

使用 ggpubr 包中的 ggscatterhist 函数还可以绘制按因子分类的带有边际图的散点图. 图 5–21(a) 是由该函数绘制的带有边际箱线图的散点图, 设置 margin.plot= "density" 即为图 5–21(b).

```
# 图 5-21(a) 的绘制代码
> data5_1<-read.csv("C:/mydata/chap05/data5_1.csv")
> library(ggpubr)
> ggscatterhist(data=data5_1,x="总股本",y="每股收益",fill="上市板块",
+   size=1,color="上市板块",                        # 设置点的大小和颜色
+   title="(a) 边际图为箱线图的散点图",              # 设置标题
+   rug=TRUE,                                     # 添加地毯图
+   margin.plot="boxplot",                        # 设置边际图的类型为箱线图
+   margin.params=list(fill="上市板块",color="black",alpha=0.2),
                                                # 设置边际图的填充颜色和线的颜色
+   ggtheme=theme_minimal())                      # 设置图形主题
```

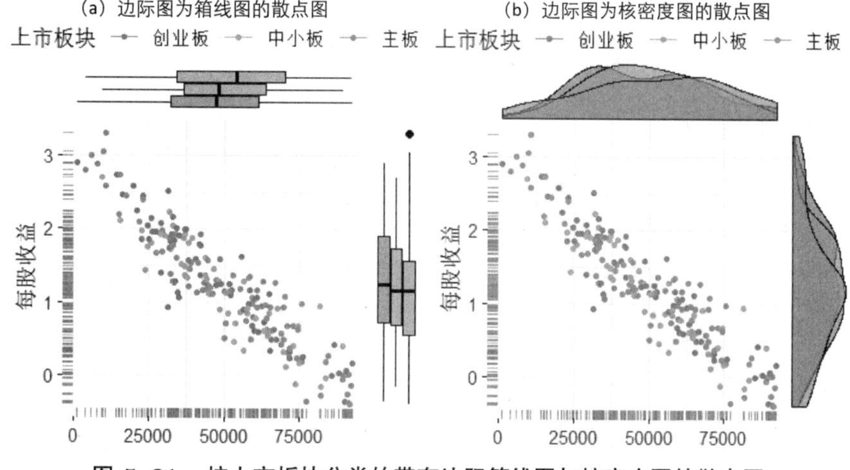

图 5-21　按上市板块分类的带有边际箱线图与核密度图的散点图

图 5-21 显示, 按上市板块分类的总股本与每股收益之间均为线性关系. 边际箱线图和边际核密度图显示, 按上市板块分类的总股本和每股收益均大致为对称分布.

使用 car 包中的 scatterplotMatrix 函数, 可以绘制按因子水平分类的多个数值变量的散点图矩阵, 并给各散点图加上拟合直线、平滑曲线及其置信椭圆等信息, 同时可在矩阵的对角线上画出每个变量的核密度曲线. 为便于观察和分析, 这里只绘制出按上市板块分类的每股收益、每股净资产和净资产收益率 3 个变量的散点图矩阵, 如图 5-22 所示.

```
# 图 5-22 的绘制代码
> data5_1<-read.csv("C:/mydata/chap05/data5_1.csv")
> attach(data5_1)
> library(car)
> scatterplotMatrix(~每股收益 + 每股净资产 + 净资产收益率 | 上市板块,
+   diagonal=TRUE,                         # 在矩阵对角线上画出每个变量的核密度曲线
+   ellipse=TRUE,                          # 画出分类散点图的置信椭圆
+   gap=0.5,cex=0.6,cex.labels=1)
```

图 5-22 的核密度曲线显示, 不同上市板块中的每股收益、每股净资产和净资产收益率的分布均接近对称; 散点图中绘制出了拟合的直线及相应的置信椭圆, 用于分析不同上市板块中 3 个变量的关系形态和大致强度.

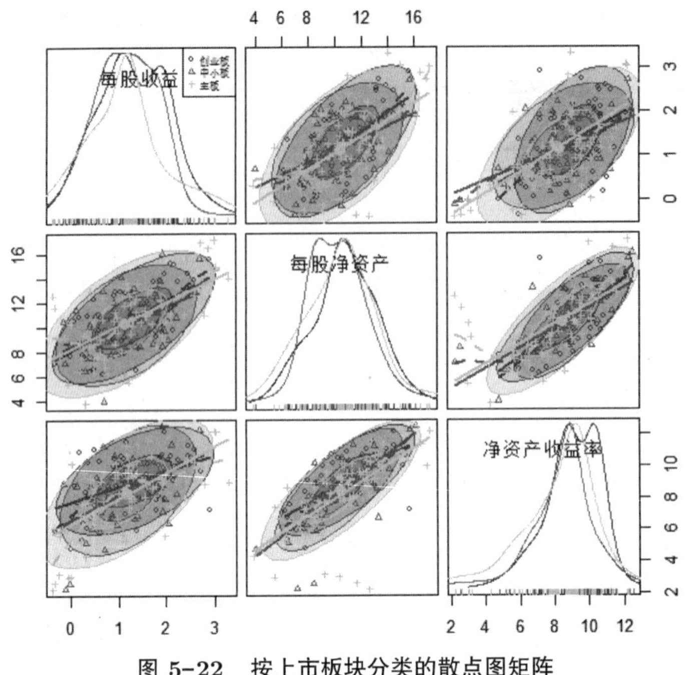

图 5–22 按上市板块分类的散点图矩阵

5.3 大数据集的散点图

当观测的数据量很大时, 图中的数据点会有大量的重叠, 很难观察数据点的分布. 这时, 可以使用颜色对散点图进行平滑或对点进行分箱处理. 比如, 使用 graphics 包中的 smoothScatter 函数, 可以利用核密度估计生成用颜色密度表示点的散点图.

图 5–23 是 10 000 个数据对的散点图和由 smoothScatter 函数绘制的平滑散点图.

```
# 图 5-23 的绘制代码
> par(mfrow=c(1,2),mai=c(0.6,0.6,0.3,0.2),cex=0.7,font.main=1)
> set.seed(1234)
> n=10000;x<-rnorm(n);y<-1+2*x+3*rnorm(n);d<-data.frame(x,y)
> plot(d,main="(a) 10000 个数据对的散点图")
> abline(v=mean(x),h=mean(y),lty=2,col="gray30")
> smoothScatter(d,main="(b) 平滑后的散点图")
> abline(v=mean(x),h=mean(y),lty=2,col="gray30")
```

图 5–23(a) 中有大量的点重叠, 难以观察各点的分布. 图 5–23(b) 是经过平滑后的散点图, 图中显示 10 000 个数据点在中心处 $(\bar{x},\bar{y})$ 的分布最密集, 颜色也最深, 越远离中心点则越少, 颜色也越浅.

使用 hexbin 包中的 hexbin 函数可以计算六边形分箱数, 然后使用 plot 函数绘制封箱计数的散点图, 但不够美观. 使用 ggplot.multistats 包中的 stat_summaries_hex 函

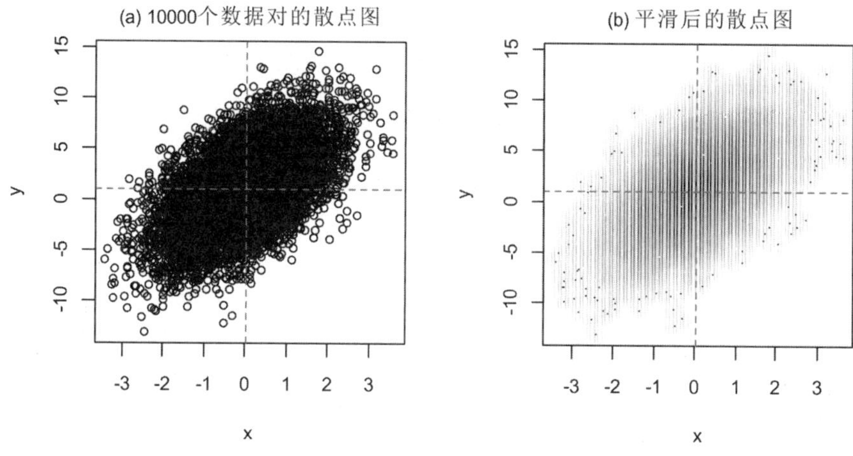

图 5-23　高密度普通散点图和平滑后的散点图

数, 结合 ggplot2 包, 也可以绘制六边形封箱散点图. 使用 openair 包中的 scatterPlot 函数可以绘制灵活多样的散点图, 如传统的散点图 (conventional scatter plot)、六边形封箱 (hexbin) 散点图以及二维核密度估计 (2D kernel density estimates) 散点图等.

由 openair 包中的 scatterPlot 函数绘制的模拟数据的六边形封箱散点图和二维核密度估计散点图如图 5–24 示.

```
# 图 5-24 的绘制代码
> set.seed(1234)
> n=10000;x<-rnorm(n);y<-1+2*x+3*rnorm(n);df<-data.frame(x,y)
> library(openair)
> scatterPlot(df,x="x",y="y",method="hexbin",main="(a) 六边形封箱")
> scatterPlot(df,x="x",y="y",method="density",cols="jet",
+   main="(b) 二维核密度估计")
```

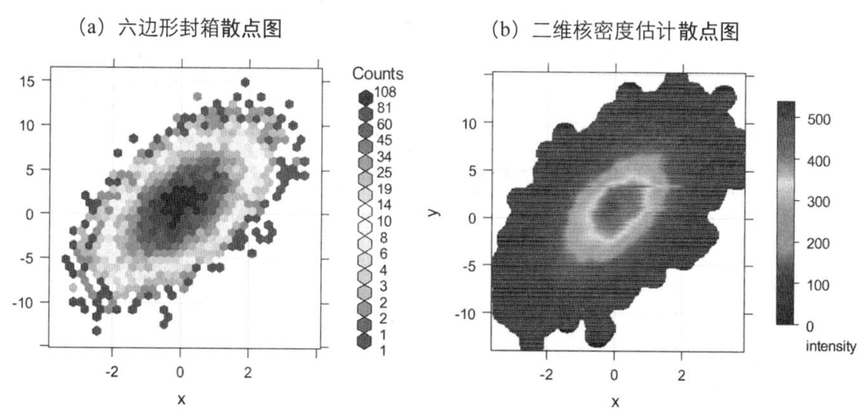

图 5-24　六边形封箱散点图和二维核密度估计散点图 (见彩图)

图 5–24(a) 右侧六边形后的数字表示该颜色六边形包含的点数.

当有多个变量时, 使用 IDPmisc 包中的 ipairs 函数可以绘制大数据集的散点图矩阵. 由该函数绘制的 6 个变量的散点图矩阵如图 5–25 所示.

```
# 图 5-25 的绘制代码
> data5_1<-read.csv("C:/mydata/chap05/data5_1.csv")
> library(IDPmisc)
> ipairs(data5_1[3:8],pixs=1.2,cex=0.8)
```

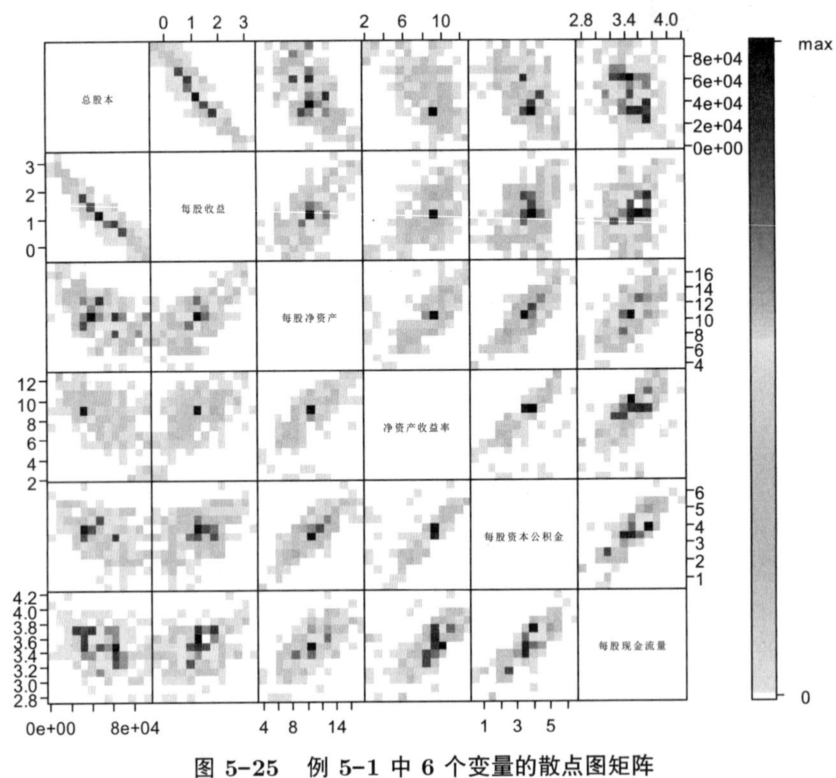

图 5–25　例 5–1 中 6 个变量的散点图矩阵

从图 5–25 不仅能看出变量间的关系形态, 还能观察出点的分布状况. 当数据量较大时, 平滑后的散点图显然更易于分析.

5.4　3D 散点图和气泡图

如果只分析 3 个变量之间的关系, 可以绘制 3D 散点图和气泡图.

5.4.1　3D 散点图

R 软件中有多个包可以绘制 3D 散点图, 如 plot3D 包中的 scatter3D 函数、scatterplot3d 包中的 scatterplot3d 函数、vcd 包中的 scatter3d 函数、lattice 包中的 cloud 函数等.

图 5–26 是使用 scatterplot3d 函数绘制的每股收益、每股净资产和净资产收益率的几种不同设置的 3D 散点图.

```
# 图 5-26 的绘制代码
> data5_1<-read.csv("C:/mydata/chap05/data5_1.csv")
> library(scatterplot3d)
> attach(data5_1)
> par(mfrow=c(2,2),cex=0.6,cex.axis=0.6,font.main=1)
> s3d<-scatterplot3d(x=每股净资产,y=净资产收益率,z=每股收益,
+   col.axis="blue",col.grid="lightblue",pch=10,type="p",
+   highlight.3d=TRUE,cex.lab=0.7,main="(a) type=p")

> s3d<-scatterplot3d(x=每股净资产,y=净资产收益率,z=每股收益,
+   col.axis="blue",col.grid="lightblue",pch=16,
+   highlight.3d=TRUE,type="h",cex.lab=0.7,main="(b) type=h")

> s3d<-scatterplot3d(x=每股净资产,y=净资产收益率,z=每股收益,
+   col.axis="blue",col.grid="lightblue",pch=6,highlight.3d=TRUE,
+   type="h",box=FALSE,cex.lab=0.7,main="(c) box=FALSE")

> s3d<-scatterplot3d(x=每股净资产,y=净资产收益率,z=每股收益,
+   col.axis="blue",col.grid="lightblue",pch=16,highlight.3d=TRUE,
+   type="h",box=TRUE,cex.lab=0.7,main="(d) 增加二元回归面")
> fit<-lm(每股收益~每股净资产+净资产收益率)
> s3d$plane3d(fit,col="grey30")
```

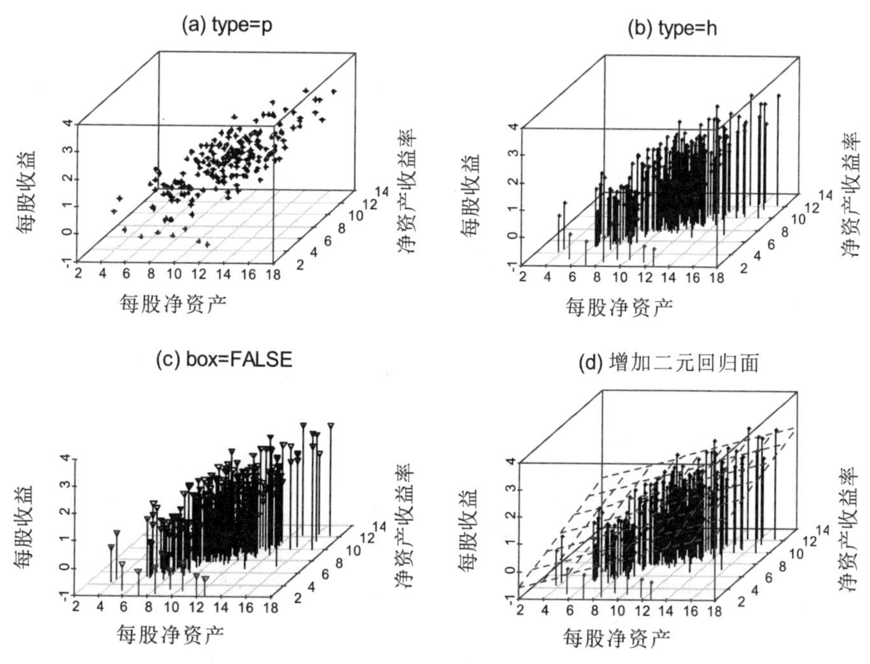

图 5–26　每股收益、每股净资产、净资产收益率的 3D 散点图

在图 5–26(a) 的绘制代码中, type="p" 表示绘制点; 图 5–26(b) 设置 type="h", 表示绘制与点连接的垂线; 图 5–26(c) 设置 box=FALSE, 表示去掉图形的边框; 图 5–26(d) 用 lm 函数拟合每股收益与每股净资产和净资产收益率的二元线性回归方程, 并将二元回归面板添加到 3D 散点图上.

使用 lattice 包中的 cloud 函数可以绘制按因子分类的面板 3D 散点图. 由该函数绘制的按股票类型和上市板块两个因子分类的总股本、每股收益、每股净资产的 3D 散点图如图 5–27 所示.

```
# 图 5-27 的绘制代码
> data5_1<-read.csv("C:/mydata/chap05/data5_1.csv")
> library(latticeExtra)
> cloud(总股本~每股收益*每股净资产|股票类型*上市板块,data=data5_1,
+     layout=c(4,3),cex=0.6,pch=21,                    # 面板布局
+     par.strip.text=list(cex=0.6),                    # 设置分类标签字体
+     par.settings=list(par.xlab.text=list(cex=0.4),   # 设置 x 轴标签字体
+     par.ylab.text=list(cex=0.4),                     # 设置 y 轴标签字体
+     par.zlab.text=list(cex=0.4)))                    # 设置 z 轴标签字体
```

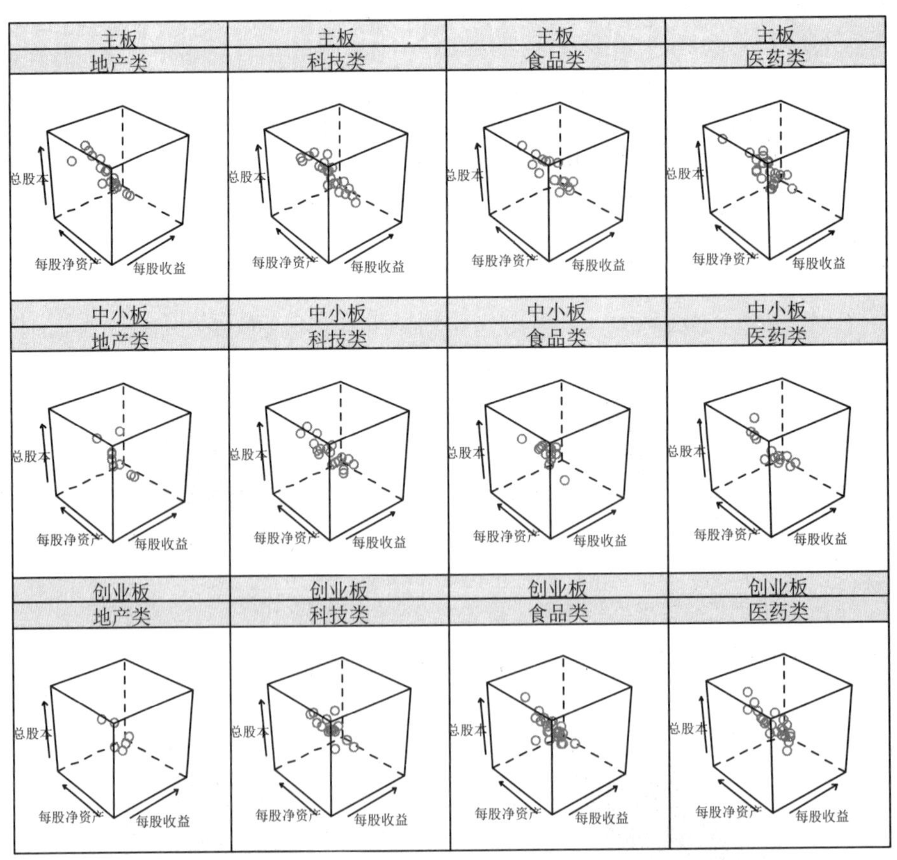

图 5–27 按股票类型和上市板块分类的总股本、每股收益、每股净资产的面板 3D 散点图

5.4.2 气泡图

对于 3 个变量之间的关系, 除了可以绘制 3D 散点图外, 还可以绘制气泡图 (bubble plot), 它可以看作散点图的一个变种. 其中, 第 3 个变量数值的大小用气泡的大小表示, 如图 5–28 所示.

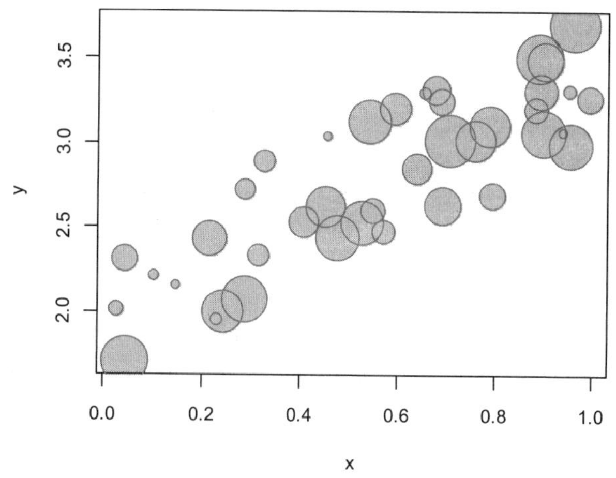

图 5–28 随机模拟的 3 个变量的气泡图

图 5–28 显示, x 与 y 为正的线性关系, 气泡大小的分布却是随机的, 这表示 z 与 x 和 y 无任何关系. 如果气泡的大小随着 x 和 y 的变大而变大, 表示 z 与 x 和 y 之间为正的线性关系; 如果气泡的大小随着 x 和 y 的变大而变小, 则表示 z 与 x 和 y 之间为负的线性关系.

使用 graphics 包中的 plot 函数和 symbols 函数均可以绘制气泡图. 其中, symbols 函数可以绘制出多种符号, 如圆形、正方形、长方形、星形、温度表、盒型等. 根据例 5–1 中的总股本、每股收益和每股净资产数据, 使用 symbols 函数绘制的气泡图如图 5–29 所示.

```
# 图 5-29 的绘制代码
> data5_1<-read.csv("C:/mydata/chap05/data5_1.csv")
> attach(data5_1)
> symbols(每股收益, 每股净资产, 总股本,inches=0.15,fg="black",bg="pink")
> mtext("气泡大小=总股本",line=-2,cex=0.8,adj=0.1)          # 添加注释文本
```

图 5–29 显示, 每股收益与每股净资产的气泡大致在一条直线周围分布, 表示二者之间为线性关系, 而表示总股本多少的气泡则随着每股收益和每股净资产的增加越来越小, 表示总股本与这两个变量之间为负的线性相关关系.

使用 DescTools 包中的 PlotBubble 函数也可以绘制气泡图. 由该函数绘制的总股本、每股收益、每股净资产的气泡图如图 5–30 所示.

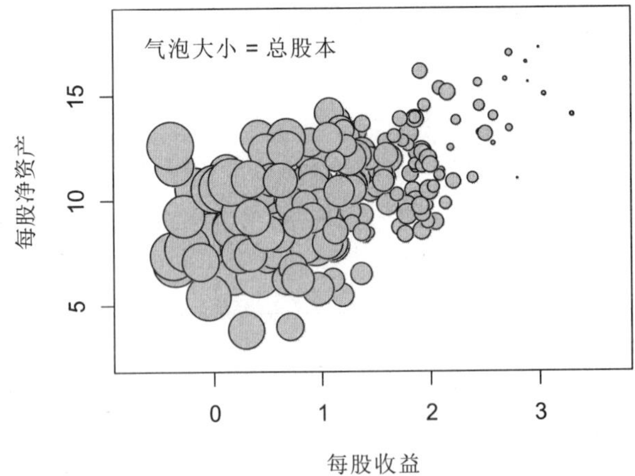

图 5-29　总股本、每股收益、每股净资产的气泡图

```
# 图 5-30 的绘制代码
> data5_1<-read.csv("C:/mydata/chap05/data5_1.csv")
> attach(data5_1)
> library(DescTools)
> PlotBubble(x=每股收益,y=每股净资产,
+   area=总股本,                                   # 设置气泡图的面积向量
+   panel.first=grid(),                           # 画图之前, 在图形中添加网格线
+   cex=0.00002,col=SetAlpha("green3",0.2),       # 设置气泡的大小和颜色
+   xlab="每股收益",ylab="每股净资产")
> mtext("气泡大小=总股本",line=-2,cex=0.8,adj=0.1)              # 添加文本注释
> BubbleLegend("bottomright",area=c(15,10,5),frame=TRUE,      # 添加图例
+   cols=SetAlpha("blue2",0.3),bg="grey95",
+   labels=c(15,10,5),cex=0.8,cols.lbl=c("red","yellow","green"))
```

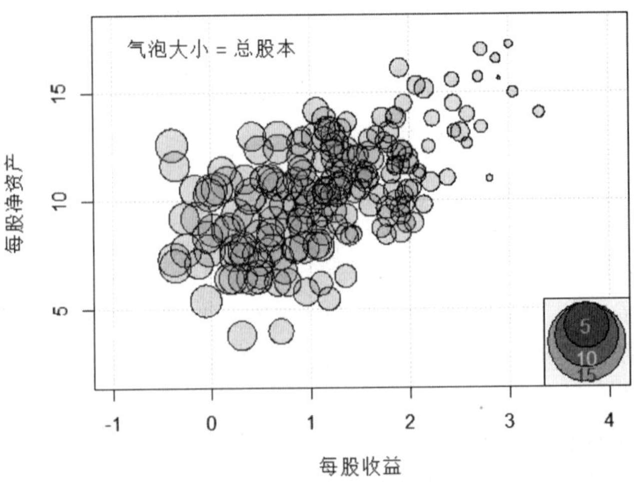

图 5-30　PlotBubble 函数绘制的总股本、每股收益、每股净资产的气泡图

图 5–30 右下角图例中的数字表示其面积的大小. 将图 5–30 中的气泡与图例比较, 可以大致判断出气泡大小代表的数值.

使用 GGally 包中的 ggally_points 函数可以对气泡图按某个因子的水平进行分组. 由该函数绘制的总股本、每股收益、每股净资产的气泡图如图 5–31 所示.

```
# 图 5-31 的绘制代码
> data5_1<-read.csv("C:/mydata/chap05/data5_1.csv")
> library(GGally)
> ggally_points(data5_1,
+   mapping=ggplot2::aes_string(x="每股收益",y="每股净资产",size="总股本",
+   color="上市板块",alpha=0.5))                    # 按上市板块分组
```

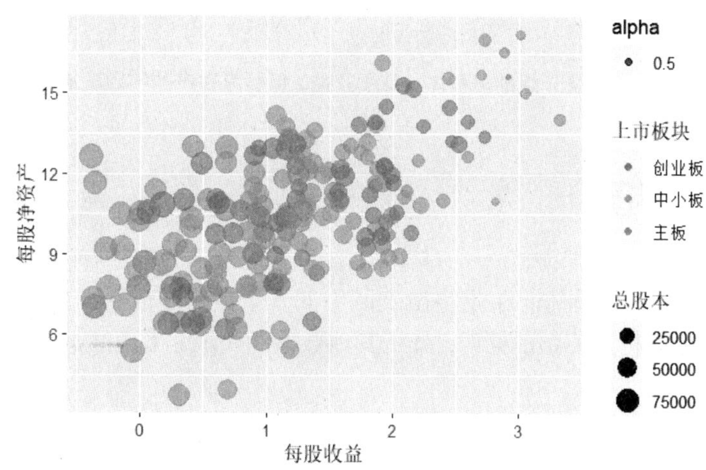

图 5–31 按上市板块分组的总股本、每股收益、每股净资产的气泡图

图 5–31 中, 右侧图例的不同颜色代表不同的上市板块, 气泡大小代表总股本的数值大小.

除了用气泡大小表示第 3 个变量外, 也可以将第 3 个变量用笑脸 (smile) 来表示. 使用 ggChernoff 包中的 geom_chernoff 函数, 结合 ggplot2 包, 可以绘制出用笑脸表示第 3 个变量的散点图, 如图 5–32 所示.

```
# 图 5-32 的绘制代码
> data5_1<-read.csv("C:/mydata/chap05/data5_1.csv")
> library(ggChernoff);library(ggplot2)
> ggplot(data5_1,aes(x=每股收益,y=每股净资产,smile=总股本,fill=上市板块))+
+   geom_chernoff(size=4,alpha=1)
```

图 5–32 右侧的图例展示了不同颜色代表的上市板块和不同笑脸代表的总股本大小. 图形显示, 每股收益与每股净资产为正的线性相关, 笑脸的形状显示, 总股本与每股收益和每股净资产之间为负的线性相关.

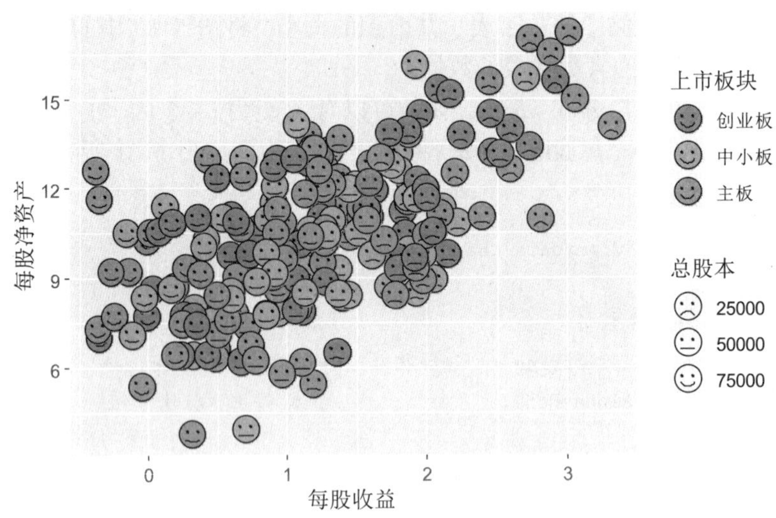

图 5-32 按上市板块分组的总股本、每股收益、每股净资产的笑脸散点图 (见彩图)

5.5 散点饼图

散点饼图 (scatter pie plot) 是将散点图中的各个点绘制成饼图的一种图形, 它可以在反映两个变量相关关系的同时, 分析其他数值的构成. 下面通过一个例子说明散点饼图的应用.

【例 5-2】 (数据: data5_2.csv) 表 5-2 是我国 2000—2019 年的 GDP 及其产业构成数据.

表 5-2 2000—2019 年我国的 GDP 及其产业构成 (只列出前 3 行后 3 行) 单位: 亿元

年份	GDP	第一产业	第二产业	第三产业
2000	100 280.1	14 717.4	45 663.7	39 899.1
2001	110 863.1	15 502.5	49 659.4	45 701.2
2002	121 717.4	16 190.2	54 104.1	51 423.1
⋮	⋮	⋮	⋮	⋮
2017	832 035.9	62 099.5	331 580.5	438 355.9
2018	919 281.1	64 745.2	364 835.2	489 700.8
2019	990 865.1	70 466.7	386 165.3	534 233.1

假定要分析各年度 GDP 的变化, 绘制折线图 (见第 7 章) 即可. 但是, 在分析 GDP 随时间变化的同时, 还想要分析 GDP 各产业构成的变化, 就可以绘制散点饼图. 使用 R 的 scatterpie 包中的 geom_scatterpie 函数, 结合 ggplot2 包, 绘制的散点饼图如图 5-33 所示.

```
# 图 5-33 的绘制代码
> library(scatterpie);library(ggplot2)
```

```
> data5_2<-read.csv("C:/mydata/chap05/data5_2.csv")
> df<-data.frame(年份=data5_2$年份,GDP=data5_2$GDP/50000)
                                                     # 构建绘制散点图的数据框
> df$第1产业<-data5_2$第1产业                        # 确定饼图的构成
> df$第2产业<-data5_2$第2产业
> df$第3产业<-data5_2$第3产业
> ggplot()+geom_scatterpie(aes(x=年份,y=GDP),data=df, # 绘制散点饼图
+   cols=c("第1产业","第2产业","第3产业"),            # 设置饼图的颜色
+   pie_scale=1.8,legend_name="产业")                  # 设置饼的大小和图例名称
```

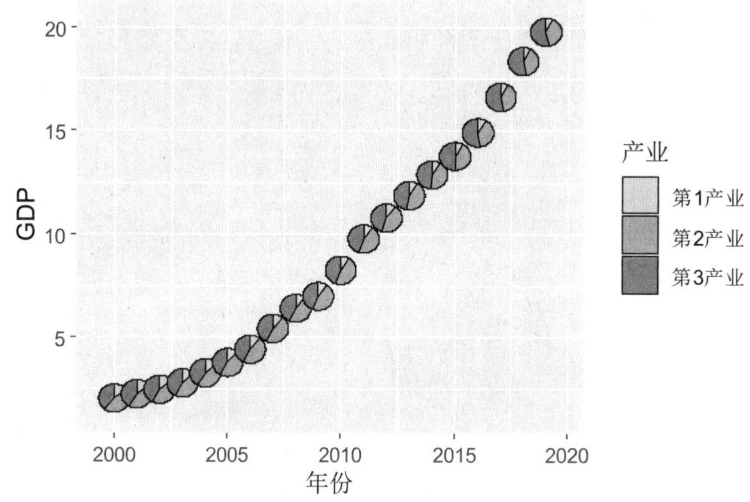

图 5-33　2000—2019 年 GDP 构成的散点饼图

图 5-33 是以 x 轴为时间、y 轴为 GDP 绘制的散点图, 其中的点是由 3 个产业 GDP 构成的饼图. 为增强饼图的效果, 对 GDP 原始数据进行了缩小, 但这并不影响点的位置和顺序, 也不会影响散点图的形态.

图 5-33 提供了两方面的信息. 一是散点图的排列形态反映了 GDP 总量随时间变化的趋势 (类似于 GDP 的折线图), 图形显示, 2000—2019 年, 我国的 GDP 呈现明显的上升趋势 (接近于指数增长). 二是饼图显示了各年度 GDP 产业构成的变化, 图形显示, 从 2000—2019 年 GDP 的三次产业构成中, 第一产业比例逐年缩小, 第三产业比例逐年增加, 第二产业比例变化不大.

5.6 广义配对图

当数据集中既包含类别变量, 又包括数值变量时, 可以根据变量类型分别绘制不同的图形以及按类别变量分类的数值变量的图形, 以展示复杂数据集中数值变量和类别变量之间的对等关系. 这样的图形就是以图阵形式呈现的**广义配对图** (generalized pairs plots).

使用 GGally 包中的 ggpairs 函数和 gpairs 包中的 gpairs 函数均可以绘制广义配对图. 函数会根据给定的变量绘制一个图形矩阵, 矩阵中的图形取决于变量的类型. 使用前, 先下载并安装 GGally 包和 gpairs 包.

为便于观察和理解, 先画出上市板块、总股本、每股收益、每股净资产几个变量的广义配对图阵. 结合 ggplot2 包, 由 ggpairs 函数绘制的配对图阵如图 5-34 所示.

```
# 图 5-34 的绘制代码
> library(GGally);library(ggplot2)
> data5_1<-read.csv("C:/mydata/chap05/data5_1.csv")
> ggpairs(data5_1[,c(2,3,4,5)],                       # 选择绘图变量
+   aes(color= 上市板块,alpha=0.6))+                   # 按上市板块分组
+   theme(axis.text=element_text(size=8))             # 设置坐标轴字体大小
```

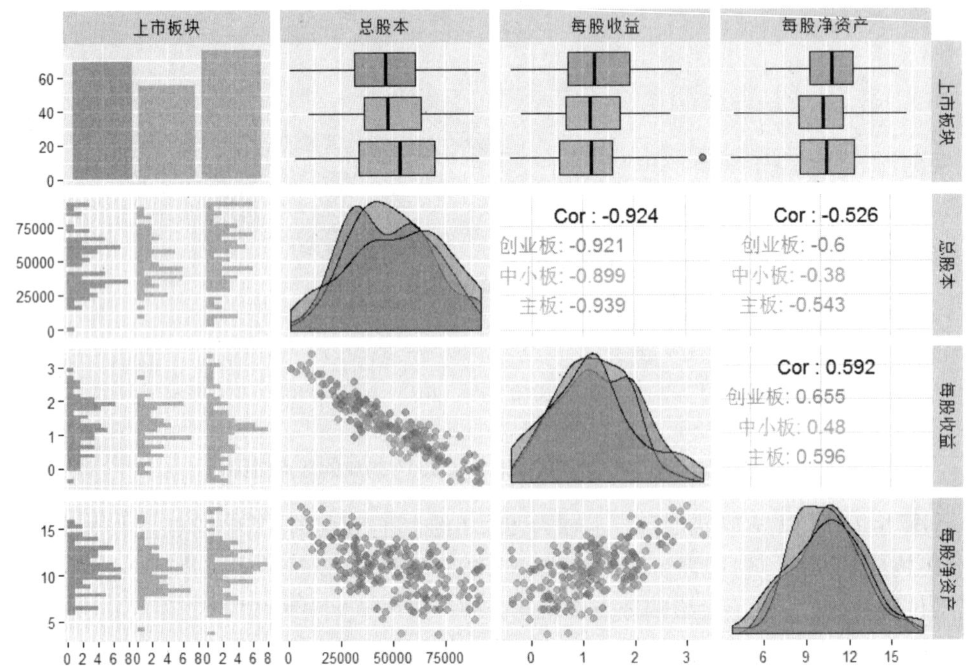

图 5-34 按上市板块分组的总股本、每股收益、每股净资产的广义配对图

图 5-34 显示, ggpairs 函数在遇到因子时, 会绘制条形图, 反映因子的类别频数. 当函数遇到多个数值变量时, 会绘制散点图矩阵, 并在主对角线上绘制按因子分组的每个变量的核密度图, 在对角线上方绘制按因子分组的相关系数. 此外, 函数还会对数值变量按因子分组分别绘制直方图和箱线图, 以反映在不同因子条件下各数值变量的分布.

也可以使用多个因子分组绘制所有数值变量的配对图阵. 为便于观察和分析, 这里使用股票类型和上市板块两个因子, 分组绘制总股本、每股收益和每股净资产 3 个变量的广义配对图阵, 如图 5-35 所示.

```
# 图 5-35 的绘制代码
> ggpairs(data5_1[,c(1,2,3,4,5)],                     # 选择绘图变量
```

```
+    aes(fill=股票类型,color=上市板块,alpha=0.6))+   # 按股票类型和上市板块分组
+    theme(axis.text=element_text(size=8))
```

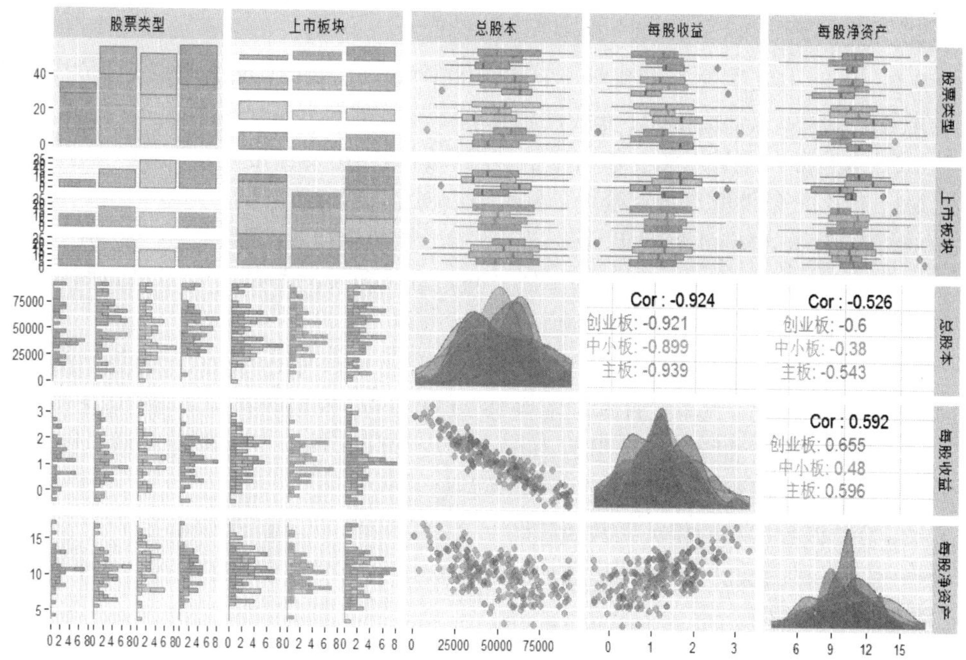

图 5-35　按股票类型和上市板块分组的总股本、每股收益、每股净资产的广义配对图

在图 5-35 中, 左上角的 4 幅图是股票类型和上市板块两个因子的条形图; 左下角是按两个因子分组绘制的总股本、每股收益和每股净资产的直方图; 右上角是分组绘制的箱线图; 右下角是分组绘制的散点图矩阵.

如果不选择变量, 函数会根据数据框绘制所有变量的配对图阵. 选择不同的变量组合, 也会绘制不同的图形, 请读者自己练习.

本章图谱

下面的图谱展示了本章所绘制的主要图形.

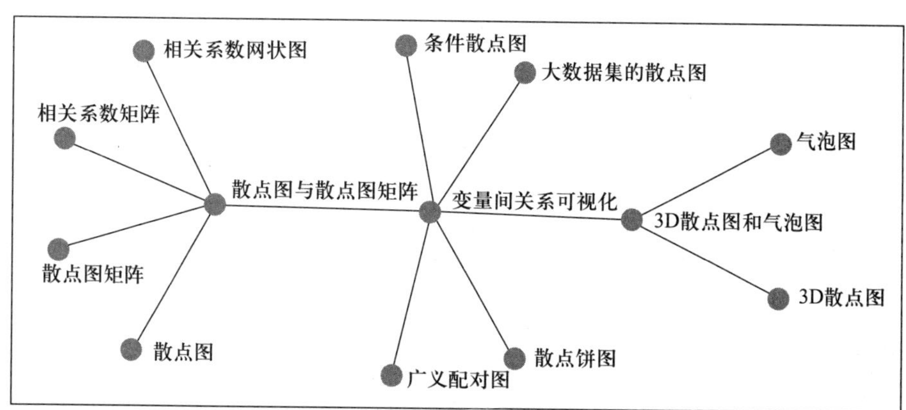

习题

5.1 用 R 生成变量 x 和变量 y 的各 100 个数据, 模拟出正线性相关、负线性相关、完全正相关、完全负相关、非线性相关和不相关的散点图.

5.2 六边形封箱散点图与核密度估计散点图的应用场合是什么?

5.3 什么是条件散点图? 绘制条件散点图对数据集有何要求?

5.4 使用 R 自带的数据集 anscombe: (1) 分别绘制 x_1 和 y_1、x_2 和 y_2、x_3 和 y_3、x_4 和 y_4 的散点图, 并为散点图添加上回归直线和回归方程. (2) 从散点图中你会得到哪些启示?

5.5 mtcars 是 R 自带的数据集, 该数据集摘自 1974 年《美国汽车趋势》杂志, 包括 32 款汽车的油耗、汽车设计和性能等共 11 个指标. 根据该数据集绘制以下图形.

(1) 绘制每加仑油行驶的英里数 (mpg) 和汽车自重 (wt) 两个变量的散点图.

(2) 绘制该数据集的散点图矩阵.

(3) 绘制该数据集的相关系数矩阵图.

(4) 绘制每加仑油行驶的英里数 (mpg)、总马力 (hp) 和汽车自重 (wt) 3 个变量的 3D 散点图和气泡图.

(5) 以气缸数 (cyl) 为因子, 绘制每加仑油行驶的英里数 (mpg) 和汽车自重 (wt) 的条件散点图.

(6) 绘制气缸数 (cyl)、每加仑油行驶的英里数 (mpg)、总马力 (hp) 和汽车自重 (wt) 4 个变量的广义配对图.

第 6 章 Chapter 6 样本相似性可视化

假定想要比较北京、上海、天津 3 个地区在食品烟酒、衣着、居住、生活用品及服务、交通通信、教育文化娱乐、医疗保健、其他用品及服务 8 项支出方面是否有相似性, 这里的 3 个地区就是样本, 8 项消费支出就是 8 个变量, 这就是多样本在多个变量上取值的相似性问题. 如果关心的是 3 个地区间是否相似, 就是样本的相似性问题; 如果关心的是 8 个变量之间是否相似, 就是变量的相似性问题. 变量间的相似性可以使用散点图和相关系数分析, 本章主要介绍样本相似性的可视化. 比较样本相似性的图形主要有轮廓图、雷达图、星图、脸谱图、聚类图、热图等.

6.1 轮廓图和雷达图

6.1.1 轮廓图

轮廓图 (outline plot) 也称平行坐标图或多线图, 它用 x 轴表示各样本, 用 y 轴表示每个样本的多个变量的数值 (x 轴和 y 轴可以互换), 将同一样本在不同变量上的观测值用折线连接起来. 观察轮廓图中各折线的形状及其排列方式, 可以比较各样本在多个变量上取值的相似性及差异. 先来看下面的例子.

【例 6–1】 (数据: data6_1.csv) 表 6–1 是 2017 年全国 31 个地区的 8 项人均消费支出数据.

表 6–1 2017 年全国 31 个地区的人均消费支出 (只列出前 5 行和后 5 行) 单位: 元

地区	区域划分	三大地带	食品烟酒	衣着	居住	生活用品及服务	交通通信	教育文化娱乐	医疗保健	其他用品及服务
北京	华北	东部地带	7 548.9	2 238.3	12 295.0	2 492.4	5 034.0	3 916.7	2 899.7	1 000.4
天津	华北	东部地带	8 647.0	1 944.8	5 922.4	1 655.5	3 744.5	2 691.5	2 390.0	845.6
河北	华北	东部地带	3 912.8	1 173.5	3 679.4	1 066.2	2 290.3	1 578.3	1 396.3	340.1
山西	华北	中部地带	3 324.8	1 206.0	2 933.5	761.0	1 884.0	1 879.3	1 359.7	316.1
内蒙古	华北	西部地带	5 205.3	1 866.2	3 324.0	1 199.9	2 914.9	2 227.8	1 653.8	553.8
⋮	⋮	⋮	⋮	⋮	⋮	⋮	⋮	⋮	⋮	⋮
陕西	西北	西部地带	4 124.0	1 084.0	2 978.6	1 036.2	1 760.7	1 857.6	1 704.8	353.7

续表

地区	区域划分	三大地带	食品烟酒	衣着	居住	生活用品及服务	交通通信	教育文化娱乐	医疗保健	其他用品及服务
甘肃	西北	西部地带	3 886.9	1 071.3	2 475.1	836.8	1 796.5	1 537.1	1 233.4	282.8
青海	西北	西部地带	4 453.0	1 265.9	2 754.5	929.0	2 409.6	1 686.6	1 598.7	405.8
宁夏	西北	西部地带	3 796.4	1 268.9	2 861.5	932.4	2 616.8	1 955.6	1 553.6	365.1
新疆	西北	西部地带	4 338.5	1 305.5	2 698.5	943.2	2 382.6	1 599.3	1 466.3	353.4

资料来源: 中国统计年鉴 2018.

表 6–1 中涉及地区、区域划分、三大地带 3 个因子 (类别变量) 和 8 个数值变量. 如果想要分析 31 个地区在 8 项消费支出上的差异或相似性, 则可以绘制轮廓图.

R 软件中有多个函数可以绘制轮廓图, 如 graphics 包中的 plot 函数和 matplot 函数、plotrix 包中的 ladderplot 函数、DescTools 包中的 PlotLinesA 函数、ggiraphExtra 包中的 ggPair 函数等.

使用 DescTools 包中的 PlotLinesA 函数绘制的 31 个地区 8 项消费支出的轮廓图如图 6–1 所示.

```
# 图 6-1 的绘制代码
> library(DescTools)
> data6_1<-read.csv("C:/mydata/chap06/data6_1.csv")
> mat<-as.matrix(data6_1[,4:11]);rownames(mat)=data6_1[,1]
                                         # 将数据框转换成矩阵
> PlotLinesA(t(mat),xlab="消费项目",ylab="支出金额",args.legend=NA,
+   col=rainbow(31),pch=21,pch.col=1,pch.bg="white",pch.cex=1)
> legend(x="topright",legend=data6_1[,1],lty=1,
+   col=rainbow(31),box.col="grey80",inset=0.01,ncol=4,cex=0.8)
```

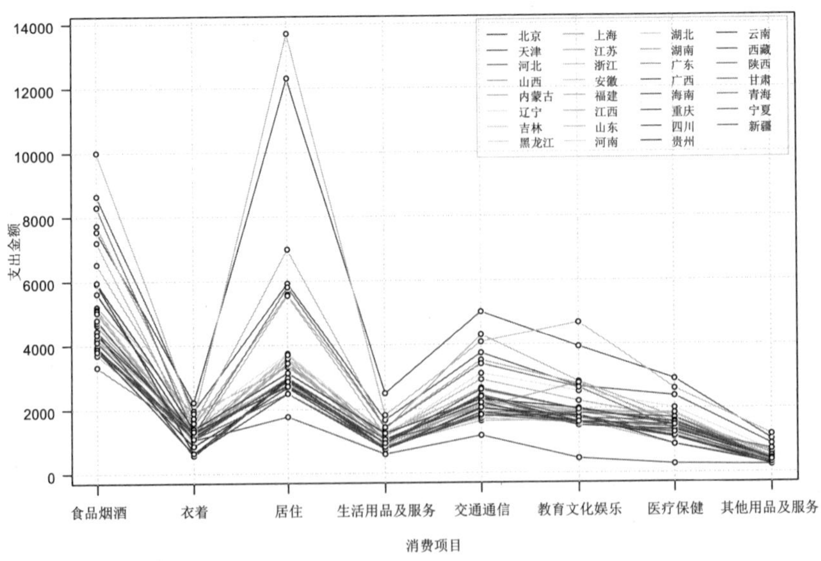

图 6–1 31 个地区 8 项消费支出的轮廓图

图 6–1 显示, 除了上海和北京的居住支出明显偏高外, 31 个地区有以下几个共同特征.

(1) 在 8 项消费支出中, 食品支出在各项支出中占比最高, 接下来依次是居住、交通通信、教育文化娱乐、医疗保健、衣着、生活用品及服务, 其他用品及服务排在最后, 而衣着、生活用品及服务、其他用品及服务的支出相差不大.

(2) 各地区的居住支出差异较大. 上海和北京明显高于其他地区, 属于第一集群, 从居住角度看, 可视为一线地区; 浙江、天津、广东、江苏、福建 5 个地区属于第二集群, 可视为二线地区; 其他地区差异不大, 属于第三集群, 可视为三线地区.

(3) 图 6–1 中各条折线的形状极其相似, 说明 31 个地区虽然消费支出金额有一定差异, 但消费结构十分相似.

使用 ggiraphExtra 包中的 ggPair 函数不仅可以绘制 31 个地区的静态轮廓图, 也可以按区域划分或三大地带分组绘制轮廓图, 还可以绘制动态交互轮廓图, 代码十分简单. 由 ggPair 函数绘制的按区域分组的轮廓图如图 6–2 所示.

```
# 图 6-2 的绘制代码
> library(ggiraphExtra);require(ggplot2)
> data6_1<-read.csv("C:/mydata/chap06/data6_1.csv")
> ggPair(data6_1,aes(color=区域划分))+                    # 按区域划分因子分组
+ theme(axis.text=element_text(size=7),                 # 设置坐标轴字体大小
+     legend.position=c(0.6,0.87),                      # 设置图例位置
+     legend.direction="horizontal",                    # 图例水平排列
+     legend.text=element_text(size="7"))               # 设置图例字体大小
```

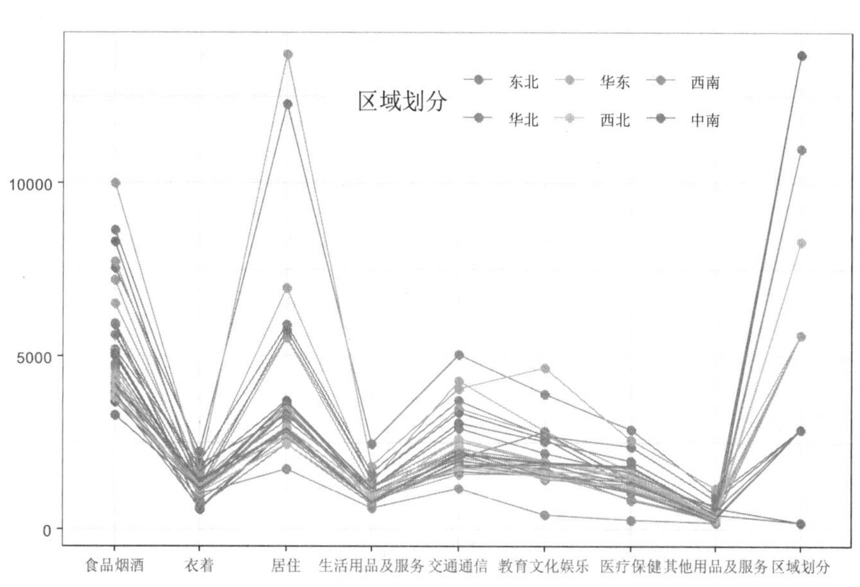

图 6–2　按区域分组的 31 个地区 8 项消费支出的轮廓图

在图 6–2 的绘制代码中, theme 是为修改图形外观而做的主题设置, 这部分可以省略. 函数默认 rescale=FALSE, 设置 rescale=TRUE, 可以对数据框中的数值变量缩

放尺度 (如标准化); 设置 horizontal=TRUE, 可以旋转图形的坐标轴; 设置 interactive=TRUE, 可以绘制动态交互图. 图 6–2 最右侧均匀分布在 x 轴上的点及与该点的连线表示不同的区域划分, 通过折线的颜色可以比较不同区域轮廓图的形状.

图 6–3 是由 ggPair 函数绘制的按三大地带分组的轮廓图.

```
# 图 6-3 的绘制代码
> ggPair(data6_1,aes(color=三大地带))+                         # 按三大地带分组
+ theme(axis.text=element_text(size=7),                        # 设置坐标轴字体大小
+     legend.position=c(0.8,0.8),                              # 设置图例位置
+     legend.direction="vertical",                             # 图例垂直排列
+     legend.text=element_text(size="7"))                      # 设置图例字体大小
```

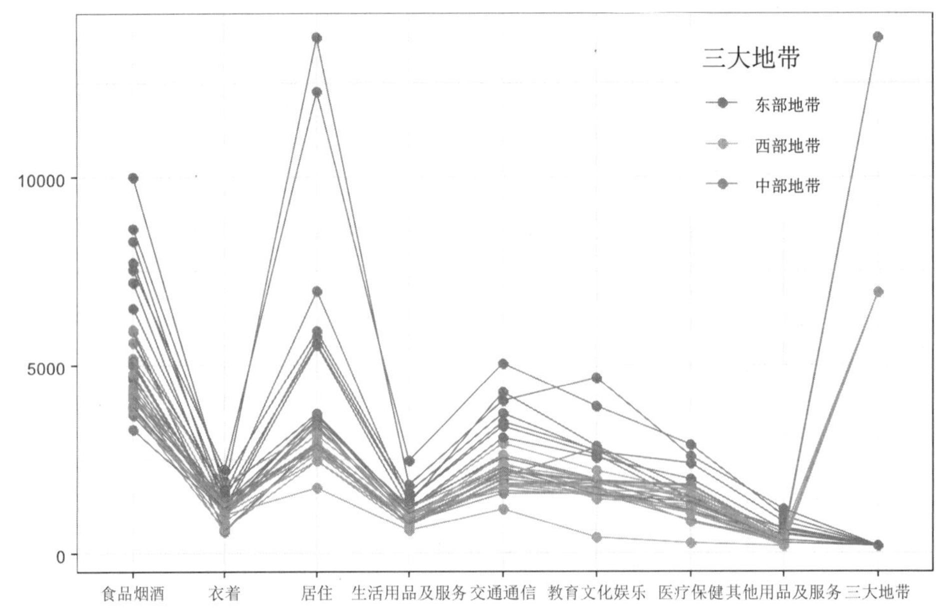

图 6–3　按三大地带分组的 31 个地区 8 项消费支出的轮廓图

在图 6–3 中, 不同颜色的线族代表不同的地带. 图 6–3 显示, 东部地带的各项支出均高于中部地带和西部地带, 而中部地带和西部地带各项支出的差异不大. 从总体上看, 三大地带的消费结构十分相似.

6.1.2 雷达图

假定有 P 个变量, 我们可以从一个点出发, 每个变量用一条射线表示, P 个变量形成 P 条射线 (P 个坐标轴), 每个样本在 P 个变量上的取值连接成线, 即围成一个区域, 多个样本围成多个区域, 就是**雷达图** (radar chart). P 个变量的计量单位可能不同, 数值的量级往往差异很大, 每条坐标轴的刻度需要根据每个变量单独确定, 因此, 不同坐标轴的刻度是不可比的. 由于雷达图的形状与蜘蛛网很相似, 所以有时也称为**蜘蛛图** (spider chart). 利用雷达图也可以研究多个样本之间的相似程度.

使用 fmsb 包中的 radarchart 函数、plotrix 包中的 radial.plot 函数、ggiraphExtra 包中的 ggRadar 函数等均可以绘制雷达图. 为便于观察和理解雷达图, 我们先使用 fmsb 包中的 radarchart 函数画出北京、天津、上海 3 个地区 8 项消费支出的雷达图, 如图 6–4 所示.

```
# 图 6-4 的绘制代码
> data6_1<-read.csv("C:/mydata/chap06/data6_1.csv")
> par(mai=c(0.2,0.2,0.2,0.2),cex=0.7)
> library(fmsb)
> d<-data6_1[c(1,2,9),]                          # 选出北京、天津和上海 3 个地区
> labels=c("食品烟酒","衣着","居住","生活用品及服务","交通通信","教育文化娱乐","医疗保健","其他用品及服务")
> cols<-c("green3","red2","grey20")
> pfcol<-c("lightgreen","red","grey80")
> radarchart(d[,4:11],vlabels=labels,maxmin=FALSE,seg=4,
+    axistype=2,plty=c(1,2,6),plwd=1,pcol=cols,
+    pdensity=c(60,60,50),pangle=c(90,90,160),
+    palcex=1.1,pfcol=pfcol)
>legend(x="topleft",legend=d[,1],lty=c(1,2,6),col=pfcol,
+    fill=pfcol,text.width=0.2,inset=0.02,cex=0.8,box.col="grey80")
> box(col="grey80")
```

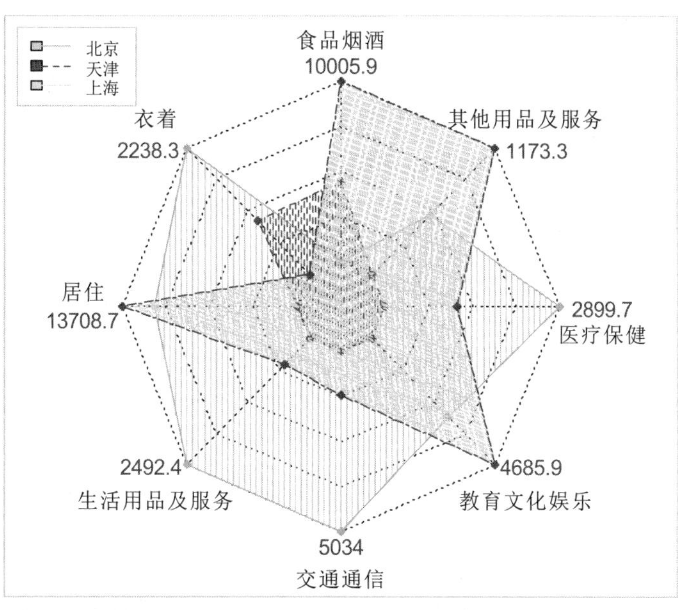

图 6–4　北京、天津和上海 8 项消费支出的雷达图

在图 6–4 中, 每个坐标轴代表一个指标, 坐标轴上列出的数字是该项指标的最大值. 比如, 10 005.9 是 3 个地区食品烟酒支出的最大值, 依此类推.

图 6–4 的绘制代码中, pdensity 用于设置多边形填充的密度; pangle 用于设置密

度线的角度; pfcol 用于设置密度的填充颜色. 图 6–4 中淡绿色的阴影区域是北京的 8 项指标围成的区域, 灰色区域是上海, 红色区域是天津. 图 6–4 显示, 在 3 个地区中, 天津的各项支出最低. 北京的衣着、生活用品及服务、交通通信、医疗保健 4 项支出高于上海, 其余指标则低于上海. 从雷达图围成的区域看, 3 个直辖市在消费结构上有一定差异.

使用 fmsb 包中的 radarchart 函数绘制雷达图不仅代码相对复杂, 式样也比较单一. 这里推荐使用 ggiraphExtra 包中的 ggRadar 函数, 该函数可以绘制出灵活多样的静态雷达图和动态交互雷达图. 函数默认 interactive=FALSE, 即绘制静态雷达图, 设置 interactive=TRUE, 可以绘制动态交互雷达图. 函数提供了两种数据尺度, 默认 rescale=TRUE, 即对数据框中的每个数值变量进行同一尺度的缩放 (比如, 采用公式 $(x_i-\min(x))/(\max(x)-\min(x))$ 将数据缩放到 0~1 的范围, 当各变量的计量单位不同或数量级差异较大时, 需要变换), 设置 rescale=FALSE 则不对数据进行缩放, 也就是使用原始数据绘图. 使用该包时, 需要同时加载 ggplot2 包.

图 6–5 是由 ggRadar 函数绘制的 31 个地区 8 项消费支出的雷达图, 图中使用的是尺度缩放后的数据 (读者可设置 rescale=FALSE 比较用原始数据绘制的雷达图).

```
# 图 6-5 的绘制代码
> library(ggiraphExtra);library(ggplot2)
> data6_1<-read.csv("C:/mydata/chap06/data6_1.csv")
> ggRadar(data=data6_1,rescale=TRUE,aes(group=地区),alpha=0,size=1)+
                                                        # 按地区分组
+ theme(axis.text=element_text(size=7),                 # 设置坐标轴字体大小
+   legend.position="right",                            # 设置图例位置
+   legend.text=element_text(size="6"))                 # 设置图例字体大小
```

也可以将区域划分或三大地带作为因子分类绘制雷达图. 图 6–6 是按三大地带分组的雷达图, 图中使用的是原始数据尺度 (读者可设置 rescale=TRUE 比较尺度变换后的雷达图).

```
# 图 6-6 的绘制代码
> data6_1<-read.csv("C:/mydata/chap06/data6_1.csv")
> ggRadar(data=data6_1,rescale=FALSE,aes(group=三大地带),alpha=0.2,size=2)+
                                        # 按三大地带分组, 不对数据做标准化
+ theme(axis.text=element_text(size=7),
+   legend.position="right",
+   legend.text=element_text(size="7"))
```

图 6–6 显示, 东部地带的各项支出高于中部地带和西部地带, 而中部地带和西部地带的消费支出差异不大, 但从雷达图的形状看, 三大地带的消费结构十分相似.

当样本量较大时, 分组雷达图中的各折线都可能有很多交叉, 不利于观察各样本间的差异或相似性, 这时可以因子的水平分面绘制雷达图. 图 6–7 是按区域分面的雷达图, 图中使用的是原始数据.

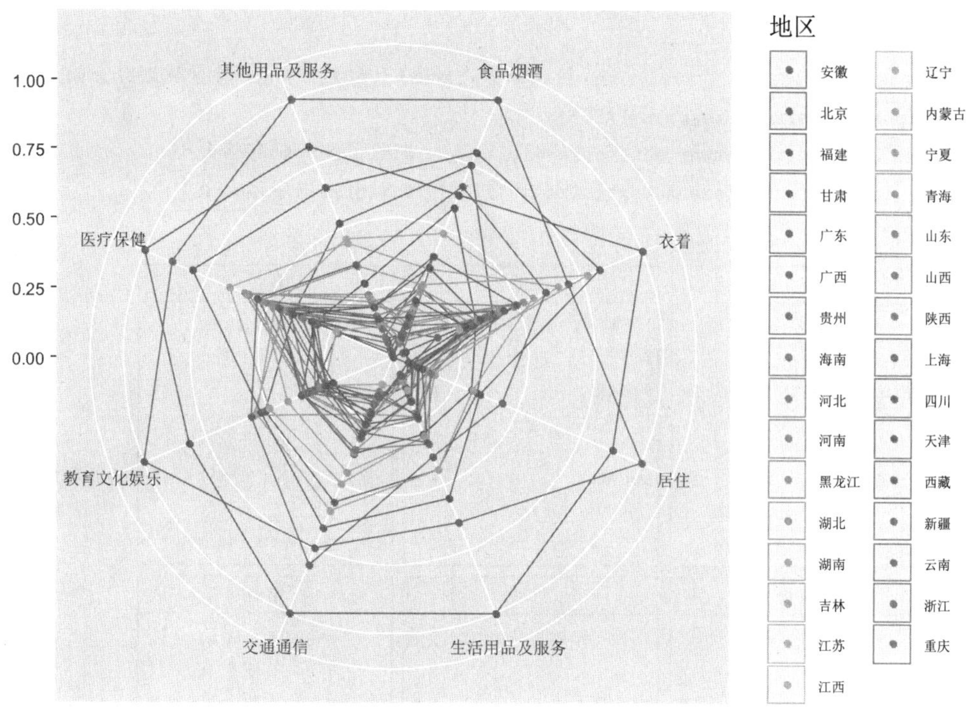

图 6-5　尺度缩放后的 31 个地区 8 项消费支出的雷达图

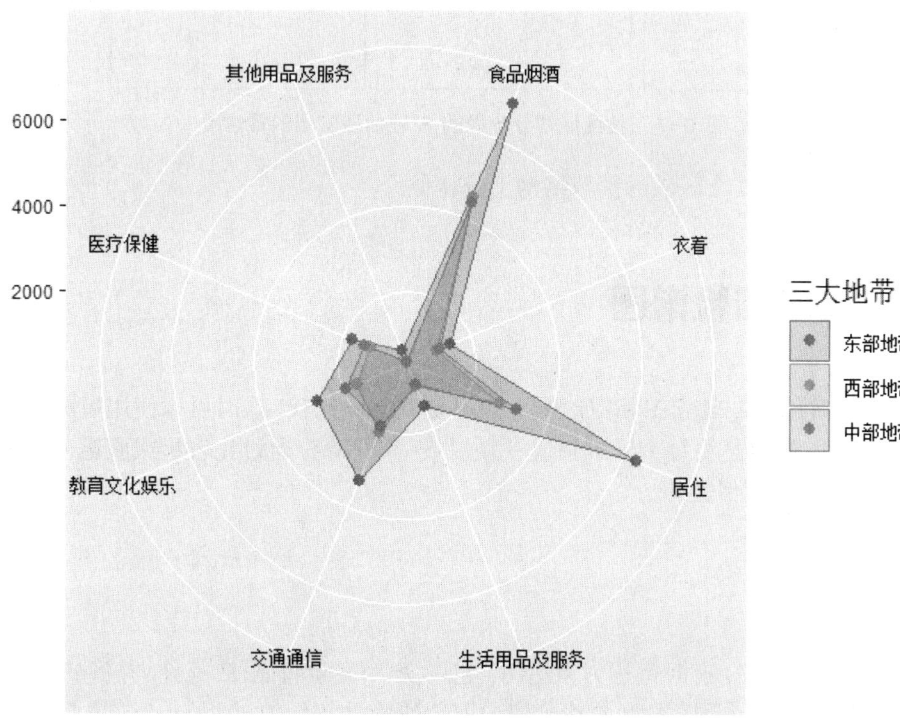

图 6-6　按三大地带分组的 8 项消费支出的雷达图

```
# 图 6-7 的绘制代码
> ggRadar(data=data6_1,aes(group=区域划分,facet=区域划分), # 按区域划分分面
+   alpha=0.3,size=2,rescale=FALSE)+
+ theme(axis.text=element_text(size=4),         # 设置坐标轴字体大小
+       legend.text=element_text(size="8"))     # 设置图例字体大小
```

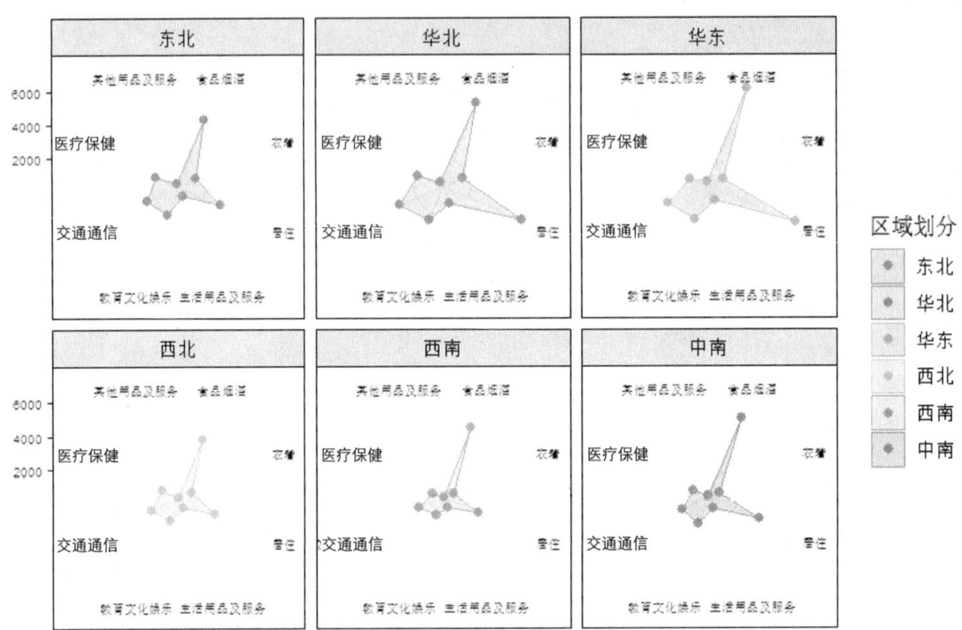

图 6-7　按区域划分分面的 8 项消费支出的雷达图

图 6–7 显示, 6 个区域的消费结构十分相似.

6.2 星图和脸谱图

当样本较多时, 轮廓图和雷达图可能不易观察和比较, 这时可以使用星图或脸谱图. 星图和脸谱图是将每个样本画成一颗星或一个脸谱, 通过比较星或脸谱来比较各样本间的差异或相似性.

6.2.1 星图

星图 (star plot) 有时也称为雷达图. 它用 P 个变量将圆 P 等分, 并将 P 个半径与圆心连接, 再将一个样本的 P 个变量的取值连接成一个 P 边形, n 个样本形成 n 个独立的 P 边形, 即为星图. 利用星图可根据 n 个 P 边形比较 n 个样本的相似性.

绘制星图时, 因各样本的计量单位可能不同, 或不同变量的数值差异可能很大, 因此需要先对变量做标准化处理, 之后再绘制星图.

使用 graphics 包中的 stars 函数可以绘制多元数据集的星图或分段图, 也可以绘制蜘蛛图 (或称雷达图).

为绘制方便, 先将数据 data6_1 转化成矩阵. 图 6–8 是 stars 函数绘制的 31 个地区 8 项消费支出的星图 (设置参数 draw.segments=FALSE, 可以绘制黑白线条星图, 设置参数 full=FALSE, 可绘制半圆的星图).

```
# 图 6-8 的绘制代码
> data6_1<-read.csv("C:/mydata/chap06/data6_1.csv")
> d<-data6_1[-c(2,3)]
> matrix6_1<-as.matrix(d[,2:9]);rownames(matrix6_1)=d[,1]
                                                # 将 data6_1 转化成矩阵
> stars(matrix6_1,
+    full=TRUE,                                 # 绘制出满圆
+    scale=TRUE,                                # 将数据缩放到 [0,1] 的范围
+    len=1,                                     # 设置半径或线段长度的比例
+    draw.segments=TRUE,key.loc=c(10.5,1.8,5),  # 绘制线段图, 并设置位置
+    mar=c(0.8,0.1,0.1,1),                      # 设置图形边界
+    cex=0.7)                                   # 设置标签字体大小
```

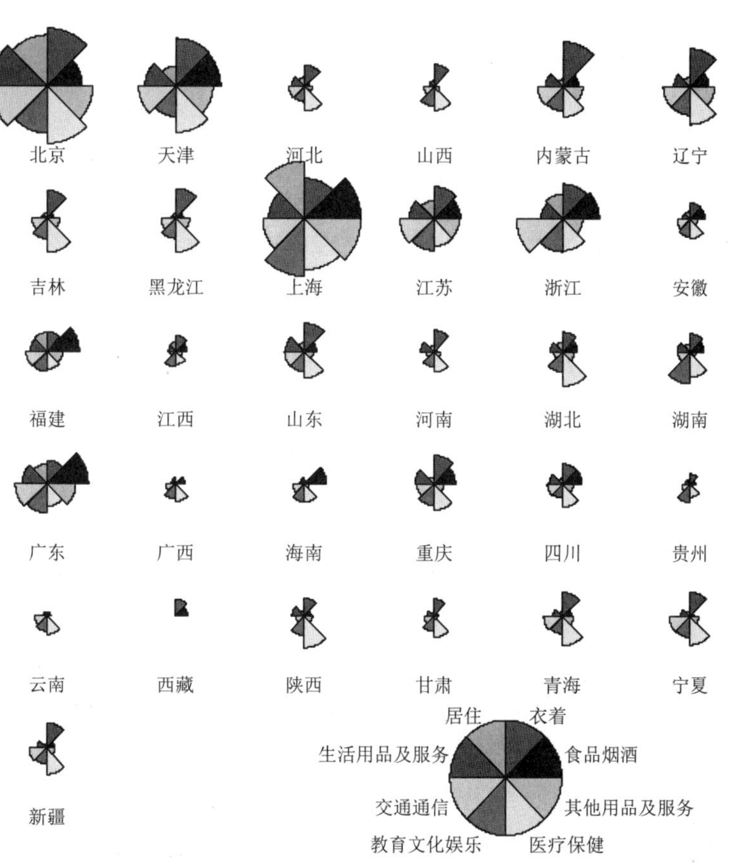

图 6–8 31 个地区 8 项消费支出的星图

图 6–8 右下角的星图称为标准星图, 类似于图例的功能, 其中, 不同颜色的扇形代表不同的变量. 如果某个样本在各变量上的数值都是最大的, 则星图就是满圆. 图 6–8 显示, 星图最大的是北京和上海, 这也是我国两个最大的消费型城市, 可以看作一类消费地区; 其次是天津、浙江、广东、江苏, 可以看作二类消费地区; 再次是内蒙古、辽宁、福建、山东、重庆, 可以看作三类消费地区; 其他地域属于一类, 可以看作四类消费地区. 当然, 这只是根据星图的大小做的大概划分, 读者可根据星图各部分的构成详细分析各地区消费结构上的差异.

使用 symbols 包中的 symbol 函数可以绘制式样更多的反映样本相似性的图形, 如星图、脸谱图、太阳图、条形图、断面图等. 比如, 设置参数 type="star", 可以绘制星图; 设置参数 type="sun", 可以绘制太阳图; 设置参数 type="bar", 可以绘制出条形图; 设置参数 type="profile", 可以绘制断面图; 等等. 由 symbol 函数绘制的 31 个地区 8 项消费支出的太阳图如图 6–9 所示.

```
# 图 6-9 的绘制代码
> data6_1<-read.csv("C:/mydata/chap06/data6_1.csv")
> library(symbols)
> symbol(data6_1[,-c(2,3)],type="sun",colin=1,
+   labels=1,labelsize=1,scheme=1)
```

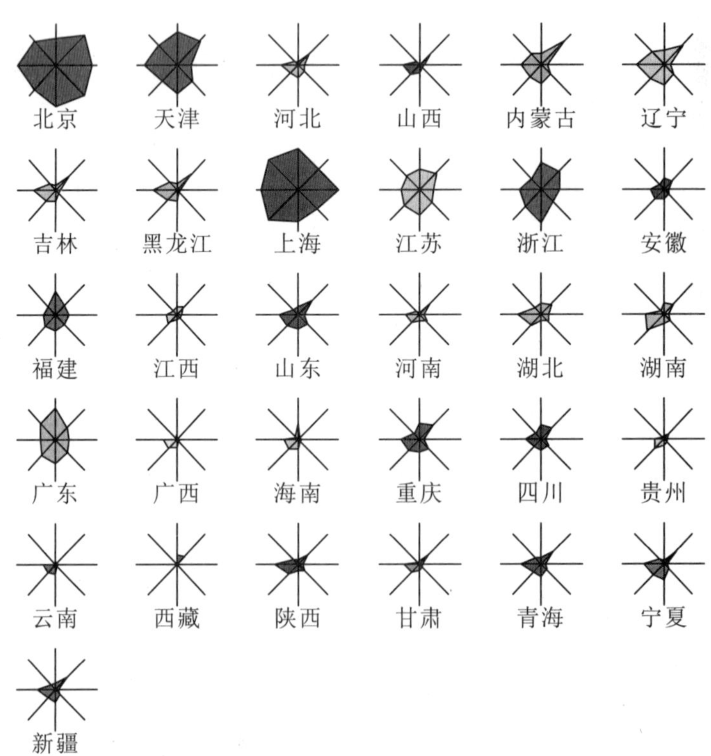

图 6–9　31 个地区 8 项消费支出的太阳图

图 6–9 类似于将每个样本画成一个雷达图. 图 6–9 中的每条射线代表一个变量, 各图形排列的顺序是数据框中变量的顺序, 每个图中各变量的排列顺序是从正午 12

点开始沿顺时针方向排列. 比如, 图 6–9 中正午 12 点的射线是食品烟酒, 顺时针方向依次是衣着、居住、生活用品及服务、交通通信、教育文化娱乐、医疗保健、其他用品及服务. 各指标值越大, 图中围成的区域就越大. 图 6–9 显示, 8 项消费支出围成区域较大的 3 个地区依次是北京、上海和天津, 属于高消费地区; 最小的是西藏、云南、甘肃、贵州、青海、广西等, 属于低消费地区.

图 6–10 是设置 type="bar" 绘制的 31 个地区 8 项消费支出的条形图矩阵.

```
# 图 6-10 的绘制代码
> symbol(data6_1[,-c(2,3)],type="bar",colin=1,
+   labels=1,labelsize=1,scheme=1)
```

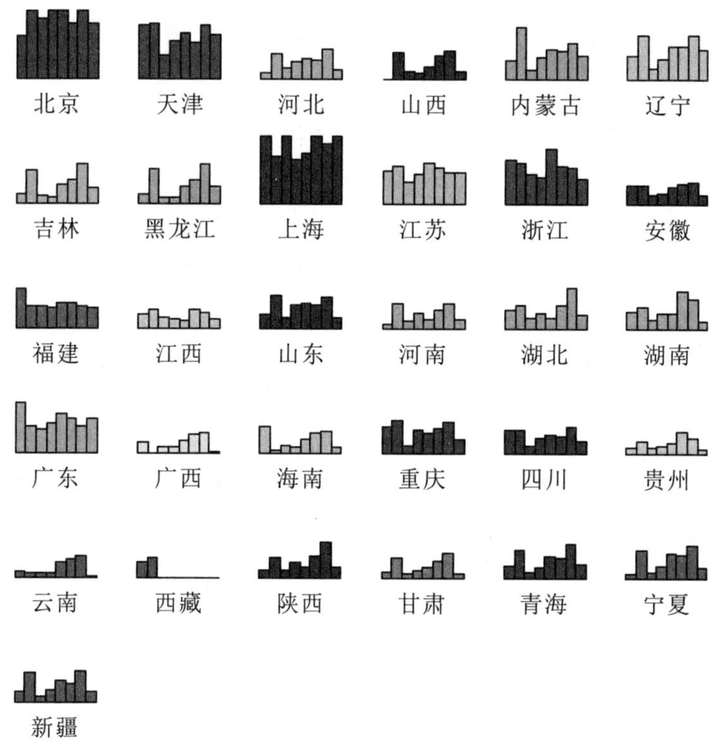

图 6–10　31 个地区 8 项消费支出的条形图矩阵

图 6–10 更利于比较不同地区各指标间的差异. 图 6–10 中的每个条代表一个变量, 条的排列顺序从左到右依次是数据框中变量的顺序. 第一个条是食品烟酒, 其他从左到右依次是衣着、居住、生活用品及服务、交通通信、教育文化娱乐、医疗保健、其他用品及服务, 条的高度代表数值的大小.

6.2.2 脸谱图

脸谱图 (faces plot) 由美国统计学家 Chernoff (1973) 首先提出, 也称为 Chernoff 脸谱 (Chernoff faces). 脸谱图将 P 个变量 (P 个维度的数据) 用人脸部位的形状或大小来表征. 通过对脸谱的分析, 可根据 P 个变量对样本进行归类或比较研究.

按照 Chernoff 提出的画法, 由 15 个变量决定脸部的特征, 若实际变量更多, 多出的将被忽略; 若实际变量较少, 变量将被重复使用, 这时, 某个变量可能同时描述脸部的几个特征. 按照各变量的取值, 根据一定的数学函数关系来确定脸的轮廓及五官的部位、形状和大小等, 每一个样本用一张脸谱来表示. 脸谱图有不同的画法, 而对于同一种画法, 若变量次序重新排列, 得到的脸谱的形状也会有很大不同. 15 个变量代表的面部特征如表 6–2 所示.

表 6–2　15 个变量代表的面部特征

变量	面部特征	变量	面部特征	变量	面部特征
1	脸的高度 (height of face)	6	笑容曲线 (curve of smile)	11	发型 (styling of hair)
2	脸的宽度 (width of face)	7	眼睛高度 (height of eyes)	12	鼻子高度 (height of nose)
3	脸的形状 (shape of face)	8	眼睛宽度 (width of eyes)	13	鼻子宽度 (width of nose)
4	嘴的高度 (height of mouth)	9	头发高度 (height of hair)	14	耳朵宽度 (width of ears)
5	嘴的宽度 (width of mouth)	10	头发宽度 (width of hair)	15	耳朵高度 (height of ears)

绘制脸谱图的 R 包有 aplpack、symbols、DescTools、TeachingDemos、ggChernoff 等, 其中 aplpack 包中的 faces 函数可以绘制不同形式的脸谱图. 图 6–11 是由 faces 函数绘制的 31 个地区 8 项消费支出的脸谱图 (设置参数 type=0, 可以绘制黑白线条脸谱图, 设置 type=2, 可以绘制圣诞老人脸谱图).

```
# 图 6-11 的绘制代码
> data6_1<-read.csv("C:/mydata/chap06/data6_1.csv")
> d<-data6_1[-c(2,3)]
> mat<-as.matrix(d[,2:9]);rownames(mat)=d[,1]
> library(aplpack)
> faces(mat,face.type=1,              # 设置脸谱图的类型
+   ncol.plot=6,                      # 绘制成 6 列
+   scale=TRUE,                       # 数据标准化
+   cex=1)                            # 设置脸谱图标签字体的大小
```

在图 6–11 中, 各项指标代表的面部特征如下.

```
effect of variables:
 modified item       Var
 "height of face   " "食品烟酒"
 "width of face    " "衣着"
 "structure of face" "居住"
```

```
"height of mouth  " "生活用品及服务"
"width of mouth   " "交通通信"
"smiling          " "教育文化娱乐"
"height of eyes   " "医疗保健"
"width of eyes    " "其他用品及服务"
"height of hair   " "食品烟酒"
"width of hair   "  "衣着"
"style of hair   "  "居住"
"height of nose  "  "生活用品及服务"
"width of nose   "  "交通通信"
"width of ear    "  "教育文化娱乐"
"height of ear   "  "医疗保健"
```

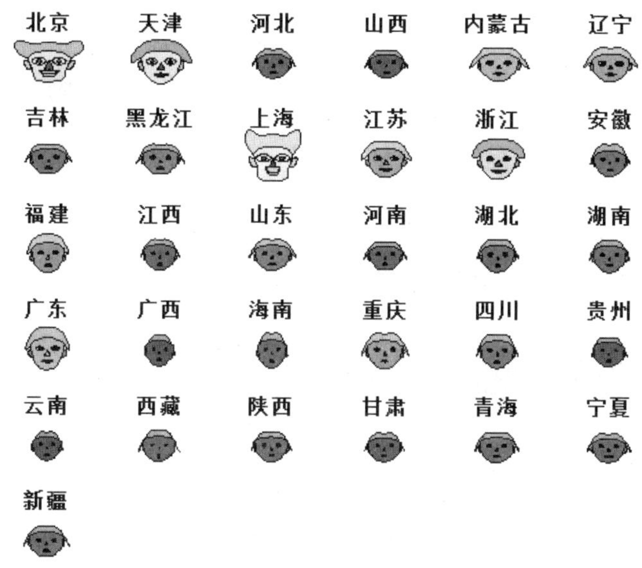

图 6–11　31 个地区 8 项消费支出的脸谱图

由于只有 8 个指标, 因此指标被重复使用. 以食品烟酒支出为例, 该指标分别表示脸的高度和头发的高度. 观察脸谱图发现, 北京和上海的脸谱最大, 表示各项支出明显高于其他地区; 云南、广西、西藏、贵州等的脸谱较小, 属于消费水平较低的地区. 如果按脸谱大小粗略划分, 北京、上海属于一类; 天津、浙江、广东、内蒙古、辽宁、重庆、福建属于一类; 其他地区属于一类.

我们也可以用脸谱表示散点图中的各个点, 将散点图绘制成脸谱散点图. 首先绘制出两个变量的散点图, 然后用所有变量将各个点绘制成脸谱图. 这样, 就可以在分析所关注的两个变量之间关系的同时, 比较多个样本在多个变量上的相似性. 以例 6–1 的数据为例, 我们首先绘制食品烟酒和医疗保健两个变量 (可根据需要选择其他变量) 的散点图, 然后用所有变量绘制出脸谱图, 并替换散点图中的各个点, 就成了脸谱散点图, 如图 6–12 所示.

```
# 图 6-12 的绘制代码
> data6_1<-read.csv("C:/mydata/chap06/data6_1.csv")
> d<-data6_1[-c(2,3)]
> mat<-as.matrix(d[,2:9]);rownames(mat)=d[,1]
> library(aplpack)
> par(mai=c(0.8,0.8,0.4,0.4),cex=0.8)
> plot(mat[1:31,c(1,7)],bty="n",type="n") # 绘制食品烟酒和医疗保健的散点图空图
> f<-faces(mat[1:31,],plot=FALSE)         # 绘制脸谱图的空图
> plot.faces(f,mat[1:31,1],mat[1:31,7],   # 绘制脸谱散点图
+   width=600,height=300,                 # 设置脸谱图的宽度和高度
+   cex=0.6)
```

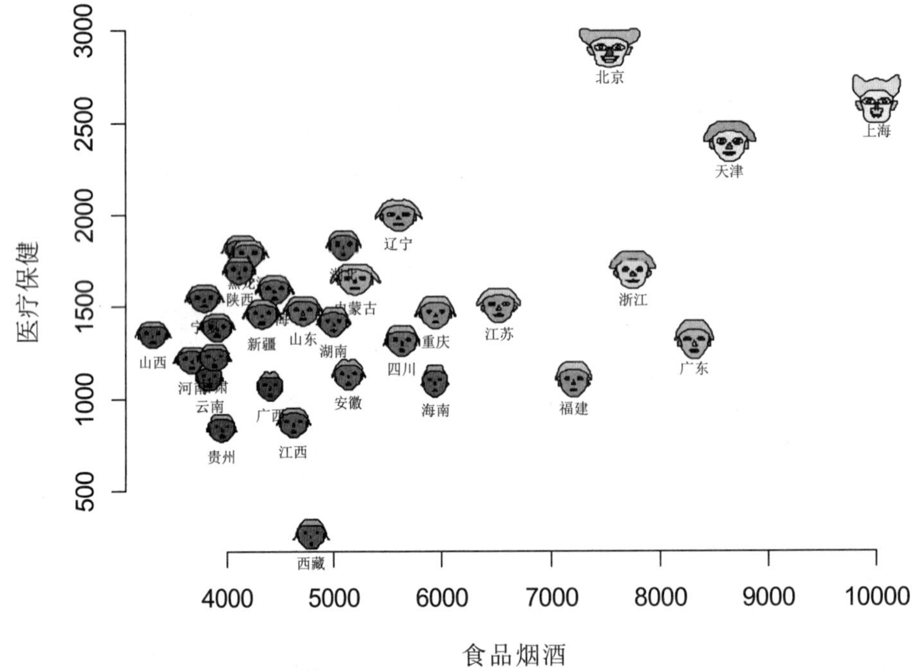

图 6-12 食品烟酒和医疗保健的脸谱散点图 (见彩图)

图 6-12 显示, 食品烟酒和医疗保健为正的线性相关关系. 脸谱图显示, 上海的食品烟酒支出最多, 山西的食品烟酒支出最少, 北京的医疗保健支出最多, 西藏的医疗保健支出最少.

6.3 聚类图和热图

上面介绍的图形只能对样本的相似性做大致的比较, 很难做出明确的分类. 实际上, 可以采用统计中的聚类分析方法将多个样本按相似性分类. 比如, 想按照 8 项消费支出将 31 个地区分类, 并将分类的结果用图形展示出来.

6.3.1 聚类图

统计中的聚类方法有多种, 这里不详细介绍聚类分析方法, 只根据**分层聚类** (hierarchical cluster) 和 **K-均值聚类** (K-means cluster) 的结果绘制聚类图 (也称聚类树状图或谱系图), 并对聚类结果做简单分析.

使用分层聚类时, 事先不确定要分多少类, 而是先把每一个样本作为一类, 然后按照某种方法度量样本之间的距离, 并将距离最近的两个样本合并为一个类别, 从而形成 $k-1$ 个类别. 最后, 计算出新产生的类别与其他各类别之间的距离, 并将距离最近的两个类别合并为一类. 这时, 如果类别的个数仍然大于 1, 则重复上述步骤, 直到所有的类别都合并成一类为止. 至于最后要将样本分成多少类, 使用者可根据实际情况而定.

使用 plot 函数可以绘制聚类图, 但可选参数不多, 图形也不够美观. 使用 ggfortify 包中的 autoplot 函数、ggdendro 包中的 ggdendrogram 函数、ggraph 包中的 ggraph 函数、networkD3 包中的 dendroNetwork 函数、factoextra 包中的 fviz_dend 函数, 结合 ggplot2 包均可以绘制聚类图, 而且可修改性强, 可以绘制出形式多样且美观的图形. 以例 6–1 的数据为例, 使用 factoextra 包中的 fviz_dend 函数绘制分层聚类图如图 6–13 所示.

```
# 图 6-13 的绘制代码
> library(factoextra);library(ggplot2)
> data6_1<-read.csv("C:/mydata/chap06/data6_1.csv")
> df<-data6_1[,-c(2,3)]                              # 去掉数据框的第 2 列和第 3 列
> mat<-as.matrix(df[,2:9]);rownames(mat)=df[,1]    # 将 df 转化成矩阵
> d<-dist(scale(mat),method="euclidean")
                         # 对数据做标准化并采用 euclidean 距离计算样本的点间距离
> hc<-hclust(d,method="ward.D2")
                         # 采用 ward.D 法计算类间距离并用层次聚类法进行聚类
> fviz_dend(hc,k=4,                                # 分成 4 类
+    cex=0.6,                                       # 设置数据标签的字体大小
+    horiz=FALSE,                                   # 垂直摆放图形
+    k_colors=c("red","green3","blue3","6"),        # 设置聚类集群的外围线条颜色
+    color_labels_by_k=TRUE,                        # 自动设置数据标签颜色
+    lwd=0.8,                                       # 设置分支和矩形的线宽
+    type="rectangle",                              # 设置绘图类型为矩形
+    rect=TRUE,                                     # 使用不同的颜色矩形标记类别
+    rect_lty=1,rect_fill=TRUE,                     # 设置标记框的线型和填充颜色
+    main="")                                       # 不显示标题
```

在图 6–13 的代码中, 设置参数 type="circular", 可以绘制出圆形的树状图, 如图 6–14(a) 所示, 设置参数 type="phylogenic", 可以绘制出植物形树状图, 如图 6–14(b) 所示.

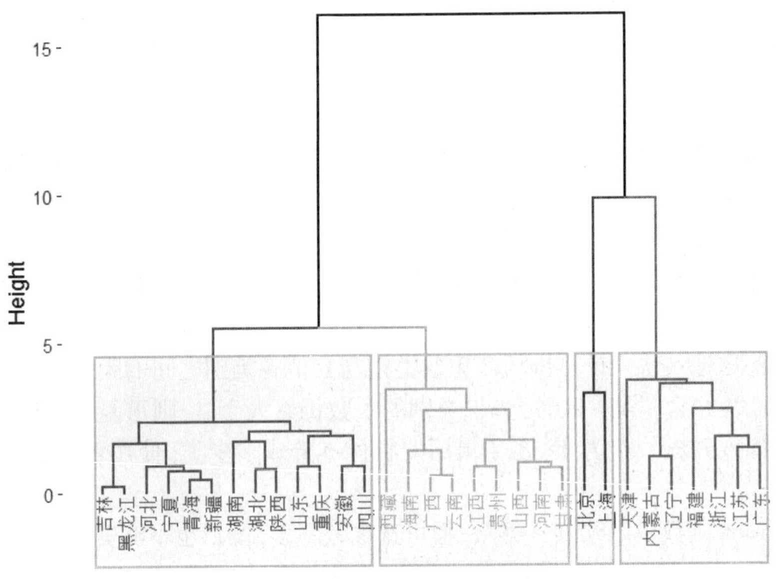

图 6–13　31 个地区分层聚类树状图

图 6–14(a) 和图 6–14(b) 中不同颜色的分支代表不同的类.

使用 networkD3 包中的 dendroNetwork 函数, 可以创建以网络图 (见第 9 章) 形式呈现的层次聚类树状图. 以例 6–1 的数据为例, 由该函数创建的层次聚类树状图如图 6–15(a) 和图 6–15(b) 所示.

```
# 图 6-15(a) 的绘制代码 (使用图 6-13 的层次聚类结果 hc)
> library(networkD3)
> dendroNetwork(hc,
+     height=600,width=700,            # 网络图框架区域的高度和宽度 (以像素为单位)
+     fontSize=5,                      # 设置节点文本标签的字体大小 (以像素为单位)
+     nodeColour="lightgreen",         # 设置节点圆的填充颜色
+     textColour=c("black","red","green","blue")[cutree(hc,4)],
                                       # 分成 4 类, 设置文本标签的颜色与类别匹配
+     textRotate=90,                   # 设置文本标签旋转的度数
+     opacity=1,                       # 设置节点的透明度
+     linkType="diagonal",             # 设置连线类型为对角线 (可选肘型 elbow)
+     treeOrientation="vertical")      # 设置树状图的方向为垂直
```

在图 6–15(a) 的绘制代码中, 设置参数 treeOrientation="horizontal" 即为图 6–15(b).

根据上述分层聚类图, 将 31 个地区分成 4 类后的类别如表 6–3 所示. 这 4 个类别基本上反映了 31 个地区在类别内的相似性和类别间的差异性. 当然, 使用者也可根据聚类图将 31 个地区分成不同的类. 比如, 根据图 6–14(b), 可采用剪树枝的方法分成不同的类别, 分多少类合适可根据研究的需要而定.

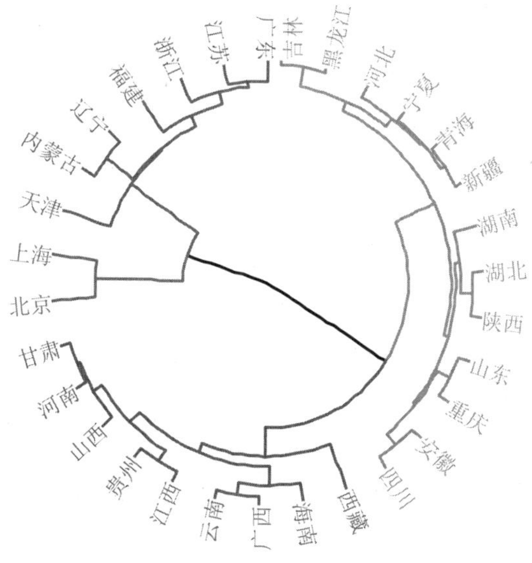

(a) 圆形树状图

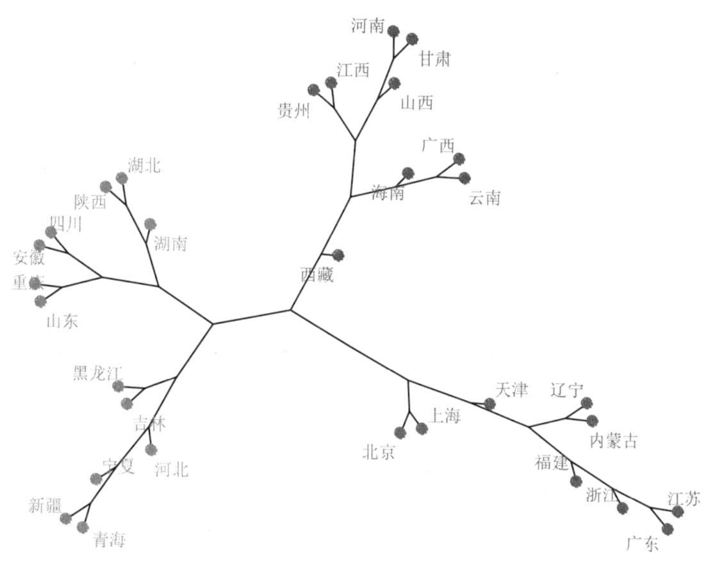

(b) 植物形树状图

图 6-14　31 个地区分层聚类的图形树状图和植物形树状图

K–均值聚类不是把所有可能的聚类结果都列出来, 使用者需要先指定要划分的类别数, 然后确定各聚类中心, 再计算出各样本到聚类中心的距离, 最后按距离的远近进行分类. K–均值聚类中的“K”就是事先指定要分的类别数, 而“均值”则是指聚类的中心.

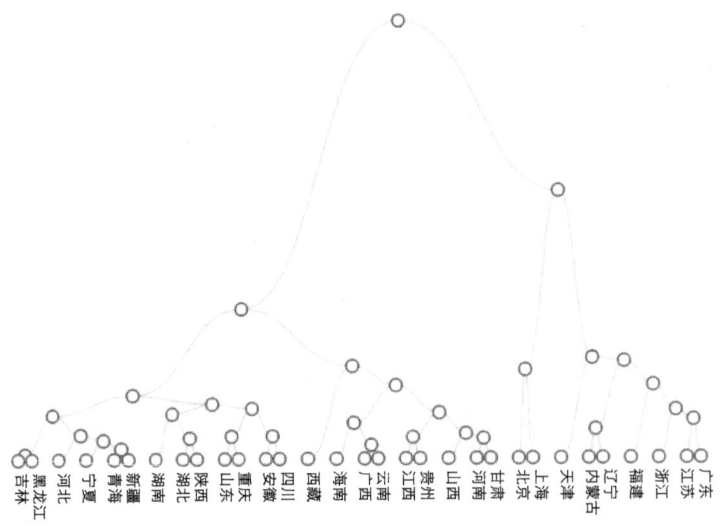

(a) 网络形树状图 (垂直展示)

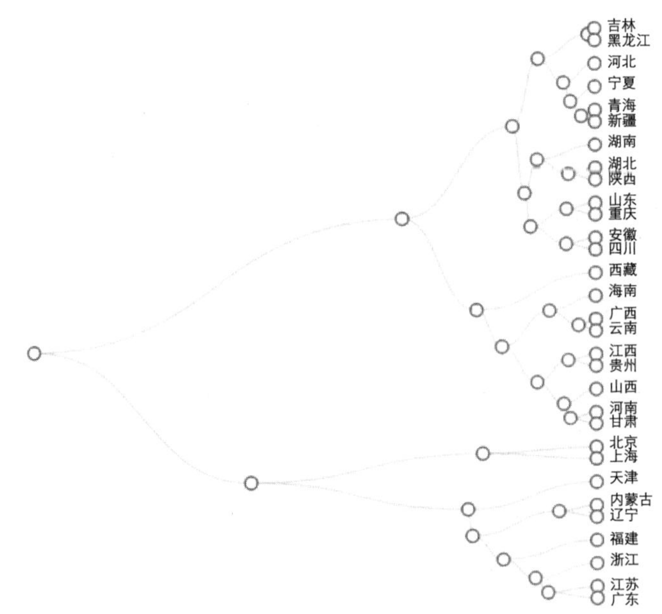

(b) 网络形树状图 (水平展示)

图 6-15　31 个地区分层聚类的网络形树状图 (垂直展示和水平展示)

表 6-3　31 个地区分成 4 类的分层聚类结果

类别	地区	地区数
第 1 类	吉林, 黑龙江, 河北, 宁夏, 青海, 新疆, 湖南, 湖北, 陕西, 山东, 重庆, 安徽, 四川	13
第 2 类	西藏, 海南, 广西, 云南, 江西, 贵州, 山西, 河南, 甘肃	9
第 3 类	北京, 上海	2
第 4 类	天津, 内蒙古, 辽宁, 福建, 浙江, 江苏, 广东	7

使用 ggfortify 包中的 autoplot 函数、factoextra 包中的 fviz_cluster 函数均可以绘制 K–均值聚类的聚类图. 采用 K–均值聚类将 31 个地区分成 4 类, 使用 fviz_cluster 函数绘制的聚类图如图 6–16 所示.

```
# 图 6-16 的绘制代码 (分成 4 类)
> library(factoextra);library(ggplot2)
> data6_1<-read.csv("C:/mydata/chap06/data6_1.csv")
> df<-data6_1[,-c(2,3)]
> mat<-as.matrix(df[,2:9]);rownames(mat)=df[,1]
> km<-kmeans(mat,centers=4)                          # 分成 4 类
> fviz_cluster(km,mat[,-1],
+    repel=TRUE,                                     # 避免图中的文本标签重叠
+    ellipse.type="norm",                            # 画出正态置信椭圆
+    labelsize=8,                                    # 设置文本字体的大小
+    pointsize=1.5,                                  # 设置点的大小
+    main = "K-means 聚类 (分成 4 类)")
```

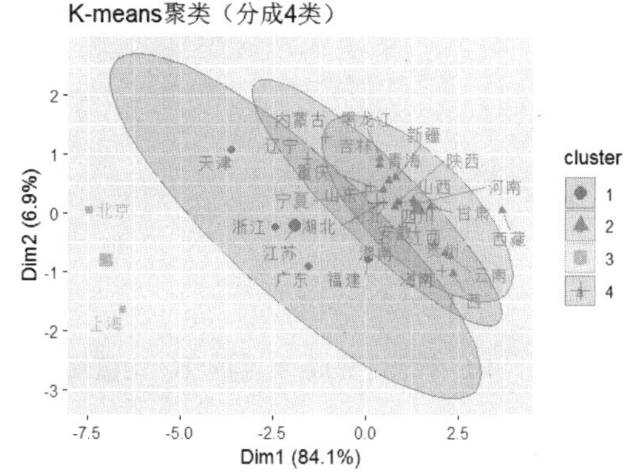

图 6–16　31 个地区分成 4 类的 K–均值聚类图

图 6–16 中较大的点表示聚类中心; x 轴绘制的是第 1 个主成分, 括号内的数字 84.1% 表示第1个主成分的方差贡献率; y 轴绘制的是第 2 个主成分, 括号内的数字 6.9% 表示第 2 个主成分的方差贡献率.

根据图 6–16 的 K–均值聚类结果, 将 31 个地区分成 4 类后的各类别如表 6–4 所示.

表 6–4　31 个地区分成 4 类的 K–均值聚类结果

类别	地区	地区数
第 1 类	天津, 浙江, 江苏, 广东, 福建	5
第 2 类	河北, 吉林, 黑龙江, 宁夏, 青海, 新疆, 陕西, 山西, 河南, 甘肃, 江西, 贵州, 西藏, 广西, 云南	15
第 3 类	北京, 上海	2
第 4 类	辽宁, 内蒙古, 重庆, 山东, 湖北, 四川, 安徽, 湖南, 海南	9

比较表 6–3 和表 6–4 发现, 分层聚类和 K–均值聚类的结果略有差异.

根据需要, 可以将 31 个地区分成不同的类别数, 比如, 使用 fviz_cluster 函数绘制的分成 3 类的 K–均值聚类图如图 6–17 所示.

```
# 图 6-17 的绘制代码 (使用图 6-15 构建的矩阵 mat)
> km<-kmeans(mat,centers=3)                    # 分成 3 类
> fviz_cluster(km,mat[,-1],repel=TRUE,ellipse.type="convex",
+   labelsize=8,main="K-means 聚类 (分成 3 类)")
```

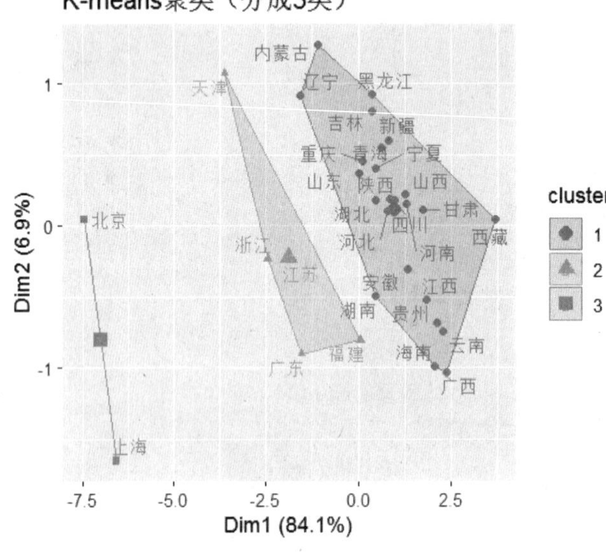

图 6–17　31 个地区分成 3 类的 K–均值聚类图

根据图 6–17 的 K–均值聚类结果, 将 31 个地区分成 3 类后的各类别及类别数如表 6–5 所示.

表 6–5　31 个地区分成 3 类的 K–均值聚类结果

类别	地区	地区数
第 1 类	辽宁, 内蒙古, 吉林, 黑龙江, 河北, 宁夏, 青海, 新疆, 湖南, 湖北, 陕西, 山东, 重庆, 安徽, 四川, 西藏, 海南, 广西, 云南, 江西, 贵州, 山西, 河南, 甘肃	24
第 2 类	天津, 浙江, 江苏, 广东, 福建	5
第 3 类	北京, 上海	2

6.3.2 热图

热图 (heat map) 是将矩阵中的每个数值转化成一个颜色矩形, 用颜色表示数值的近似大小或强度. 比如, 可以用深红色表示非常小的数值, 浅红色、橙色、黄色等对应的数值不断增大. 当然也可以使用其他颜色集, 如 rainbow()、cm.colors() 等.

热图在多个领域都有应用, 如基因组数据的可视化. 热图可以在聚类的基础上同时用颜色表示数据的大小. stats 包中的 heatmap 函数、gplots 包中的 heatmap.2 函数、pheatmap 包中的 pheatmap 函数等均可以绘制热图.

绘制热图时, 要求数据必须是矩阵. 由于各变量间的数值差异, 一般需要做中心化或标准化处理. 当数据量很大时, 通常会将数据归类后再绘制热图.

图 6–18 是由 heatmap 函数默认颜色绘制的 31 个地区 8 项消费支出的热图.

```
# 图 6-18 的绘制代码
> data6_1<-read.csv("C:/mydata/chap06/data6_1.csv")
> mat<-as.matrix(data6_1[,4:11]);rownames(mat)=data6_1[,1]
> heatmap(mat,scale="column",margins=c(4,3),cexRow=0.6,cexCol=0.7)
                                              # 对矩阵按列做标准化后绘制热图
```

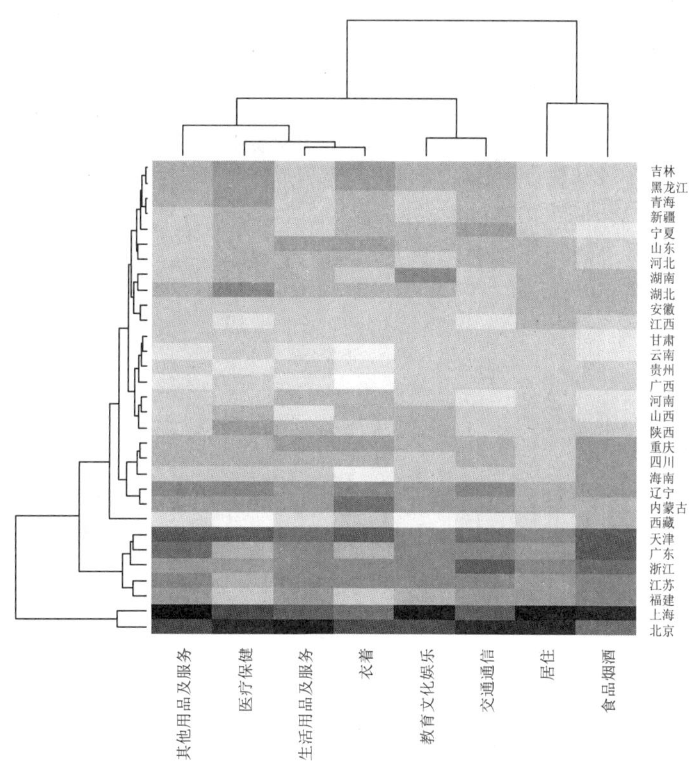

图 6–18　heatmap 函数绘制的 31 个地区 8 项消费支出的热图

图 6–18 的色调是由红到黄再到白变化, 颜色越深, 表示数据越大, 颜色越浅, 表示数据越小. 仔细观察会发现, 颜色矩形的数量就是 31 个地区 (行数) 与 8 项消费支出 (列数) 的乘积, 即 248. 通过观察每个矩形颜色的深浅, 就可以发现不同地区各项消费支出的差异或相似程度.

图 6–18 的左侧是按分层聚类法对 31 个地区聚类得到的聚类图, 该图与图 6–13 的聚类结果一致, 即可以将 31 个地区分成 4 类. 图 6–18 的右侧列出的地区是按聚类结果排序的. 图 6–18 的上方画出的是 8 项消费指标的聚类结果. 由于 8 项消费指标

本身就已经是分类, 因此这个聚类图仅供参考 (如果是其他指标聚类, 就可能是有意义的).

图 6–19 是使用 col=rainbow(256) 颜色绘制的 31 个地区 8 项消费支出的热图.

```
# 图 6-19 的绘制代码 (使用图 6-18 构建的矩阵 mat)
> rc<-rainbow(nrow(mat),start=0,en=0.3)
                                # 设置注释矩阵中行变量的垂直侧条的颜色向量
> cc<-rainbow(ncol(mat),start=0,end=0.3)
                                # 设置注释矩阵中列变量的水平条的颜色向量
> heatmap(mat,scale="column",RowSideColors=rc,ColSideColors=cc,
+   margins=c(4,3),col=rainbow(256),cexRow=0.8,cexCol=0.9)
```

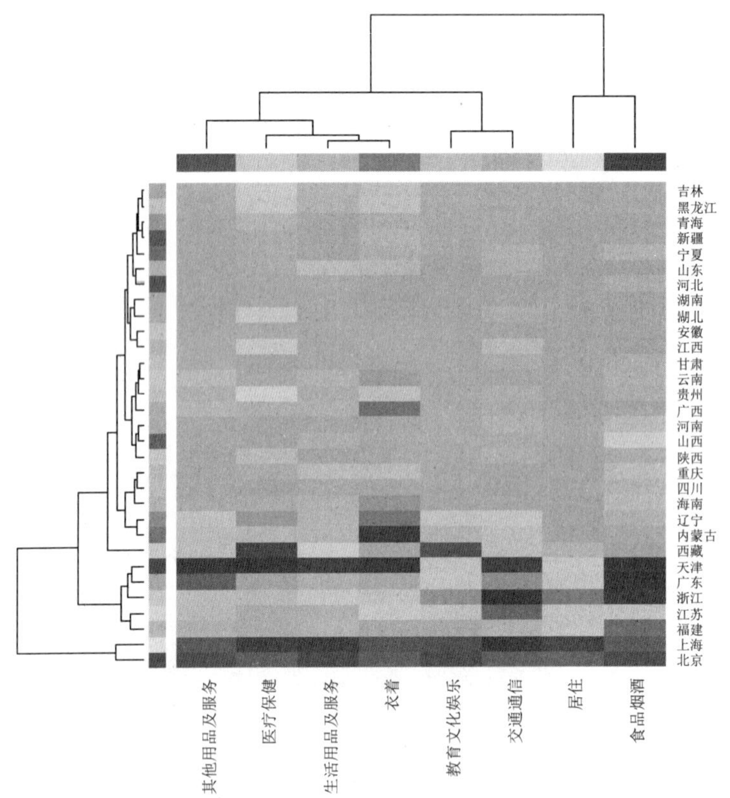

图 6–19　col=rainbow(256) 绘制的 31 个地区 8 项消费支出的热图

在图 6–19 的绘制代码中, ColSideColors 设置用于注释 8 项消费指标的颜色向量; RowSideColors 设置用于注释 31 个地区的颜色向量.

如果想按照 31 个地区的原始顺序排列, 则可以去掉聚类图, 如图 6–20 所示.

```
# 图 6-20 的绘制代码
> heatmap(mat,Rowv=NA,Colv=NA,                           # 去掉聚类图
+ scale="column",margins=c(5,3),cm.colors(256),cexRow=0.8,cexCol=0.9)
```

图 6–20 的右侧地区是按矩阵中的原始顺序排列的.

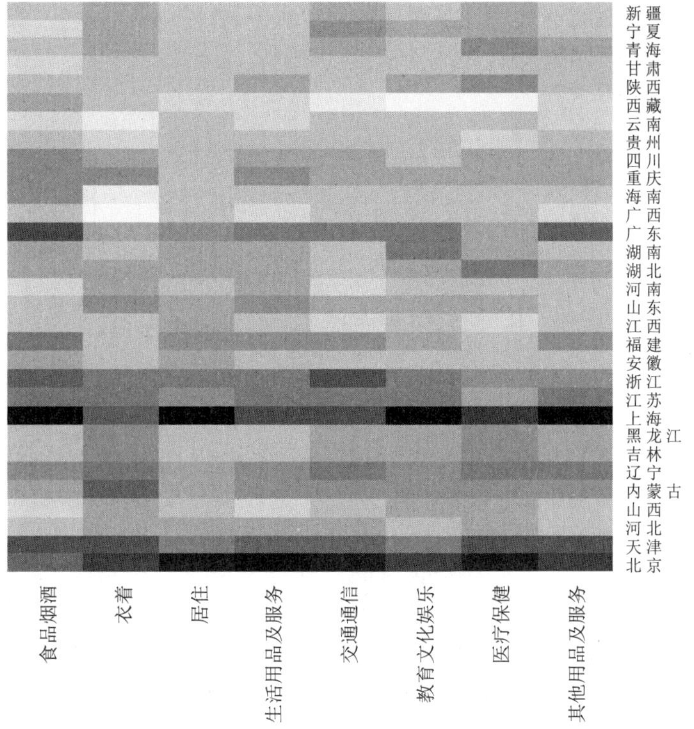

图 6–20　去掉聚类图的 31 个地区 8 项消费支出的热图

heatmap 函数绘制的热图不太容易用颜色区分数据的大小. 使用 gplots 包中的 heatmap.2 函数也可以绘制热图, 它扩展了 heatmap 的许多功能. 该函数绘制的热图可以单独列出一个色键和颜色分布的直方图来表示图中颜色矩形的分布. 因此, heatmap.2 函数绘制的热图比 heatmap 函数绘制的热图更易于解读, 提供的信息也更多. 图 6–21 是由该函数绘制的 31 个地区 8 项消费支出的热图.

```
# 图 6-21 的绘制代码
> data6_1<-read.csv("C:/mydata/chap06/data6_1.csv")
> M<-as.matrix(data6_1[,4:11]);rownames(M)=data6_1[,1]
> library(gplots)
> heatmap.2(M,scale="none",col=rainbow(256),tracecol="grey50",
+   dendrogram="both",cexRow=0.6,cexCol=0.7,
+   margins=c(5,3),keysize=2, key.title="色键与直方图")
```

在图 6–21 的绘制代码中, scale="none" 表示不做标准化处理; tracecol="grey50" 设置跟踪线的颜色; dendrogram="both" 表示要画出行和列的聚类图; cexRow=0.6 和 cexCol=0.7 用于设置行标签和列标签的字体大小; margins=c(5,3) 用于设置图形的边界; keysize=2 用于设置色键和直方图的大小; key.title="色键与直方图" 用于设置色键的标题.

图 6–21 左上角画出了色键和热图中颜色分布的直方图, 该图的功能类似于图例. 色键中的颜色代表热图中出现的颜色, 直方图代表热图中出现的颜色矩形的频数, x 轴

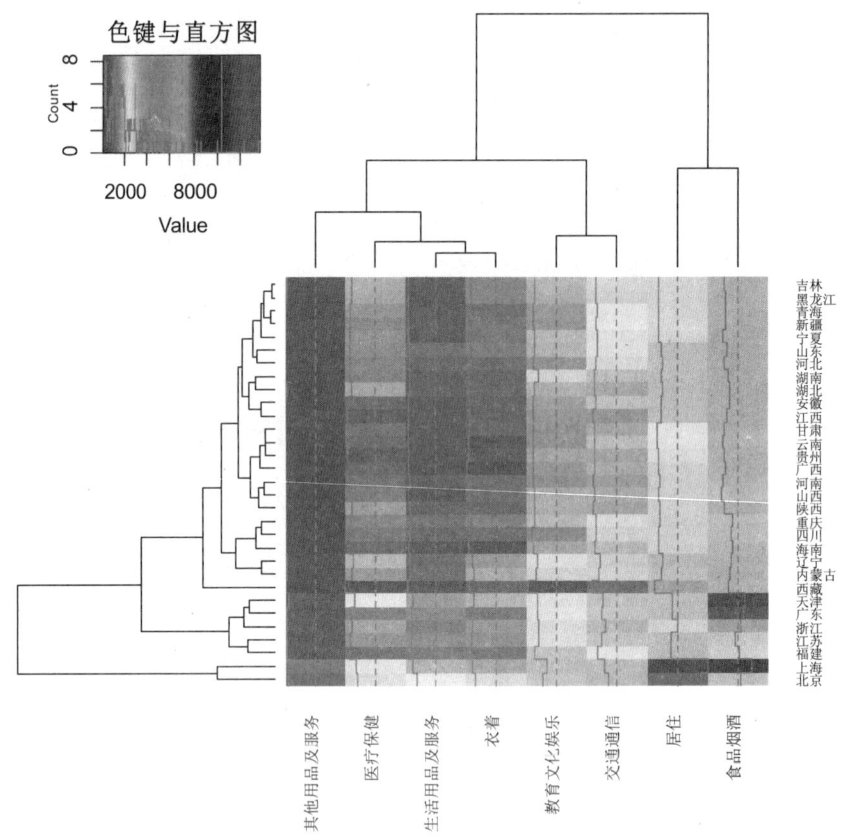

图 6-21 heatmap.2 绘制的 31 个地区 8 项消费支出的热图 (见彩图)

表示不同颜色代表的数值大小, y 轴是颜色矩形出现的频数. 根据色键中的颜色和直方图, 可以大概判断热图中哪些颜色矩形出现的多, 哪些出现的少. 色键与直方图显示, 热图的颜色矩形中, 红黄色出现的最多, 紫色和蓝色出现的最少, 红色和黄色代表较小的数值, 蓝色和紫色代表较大的数值. 图 6–21 画出了一组垂直于 x 轴的线, 其中的虚线表示 0, 实线表示单元格的数值与 0 的差异.

图 6–22 是对 8 个消费指标做标准化处理后绘制的热图.

```
# 图 6-22 的绘制代码 (使用图 6-21 构建的矩阵 M)
> gplots::heatmap.2(M,col=bluered,tracecol="gray50",scale="column",
+   dendrogram="both",cexRow=0.6,cexCol=0.7,
+   margins=c(5,3),keysize=2,key.title="色键与直方图")
```

图 6–22 使用蓝红色调 (bluered) 填充图中的颜色矩形, 并对 8 个消费指标做了标准化处理. 图 6–22 中的色键与直方图显示, 热图中颜色矩形出现较多的是浅蓝色和白色, 而代表小数值的深蓝色和代表大数值的深红色则相对较少.

使用 pheatmap 包中的 pheatmap 函数可以绘制出更漂亮的热图. 该函数有多个参数可以对热图进行修改和美化, 而且易于阅读和理解, 因此推荐使用该包绘制的热图. 由 pheatmap 函数绘制的 31 个地区 8 项消费支出的热图如图 6–23 所示.

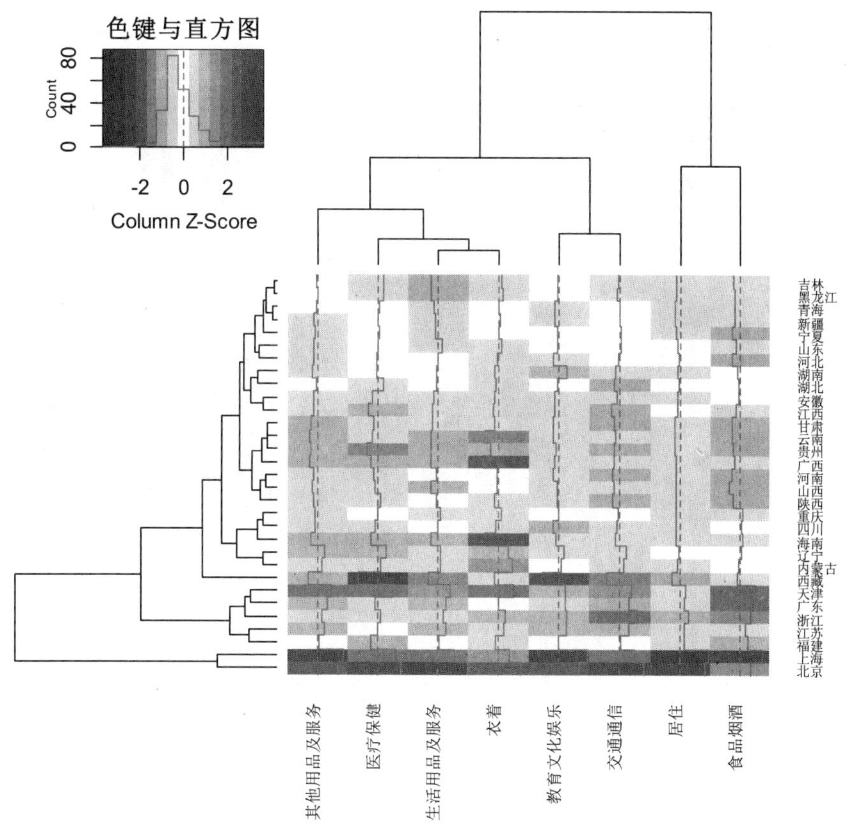

图 6–22　heatmap.2 函数绘制的 31 个地区 8 项消费支出标准化后的热图

```
# 图 6-23 的绘制代码
> data6_1<-read.csv("C:/mydata/chap06/data6_1.csv")
> mat<-as.matrix(data6_1[,4:11]);rownames(mat)=data6_1[,1]
> mat<-scale(mat)                              # 对矩阵做标准化
> library(pheatmap)
> pheatmap(mat,
+   color=colorRampPalette(c("navy","white","firebrick3"))(10),
                                               # 热图中使用的颜色向量
+   display_numbers=FALSE,                # 默认为 FALSE, 表示不显示矩阵单元的数据
+   cellheight_row=6,                          # 设置单元格行高度
+   fontsize=7,                                # 设置文本字体大小
+   treeheight_row=50,treeheight_col=35,       # 设置行和列聚类树的高度
+   cutree_col=2,                              # 设置聚类列数
+   cutree_row=4)                              # 设置聚类行数
```

图 6–23 是将 31 个地区分成 4 类, 将 8 个支出项目分成两类绘制的热图 (读者可以根据自身需要确定类别数), 图中较宽的白色线是根据行聚类个数和列聚类个数划分的区域. 图右侧的图例表示数据的大小, 红颜色越深, 表示数据越大, 蓝颜色越深, 表示数据越小. 根据行聚类数将 31 个地区分成 4 类的结果是: 北京和上海为一类; 广东、

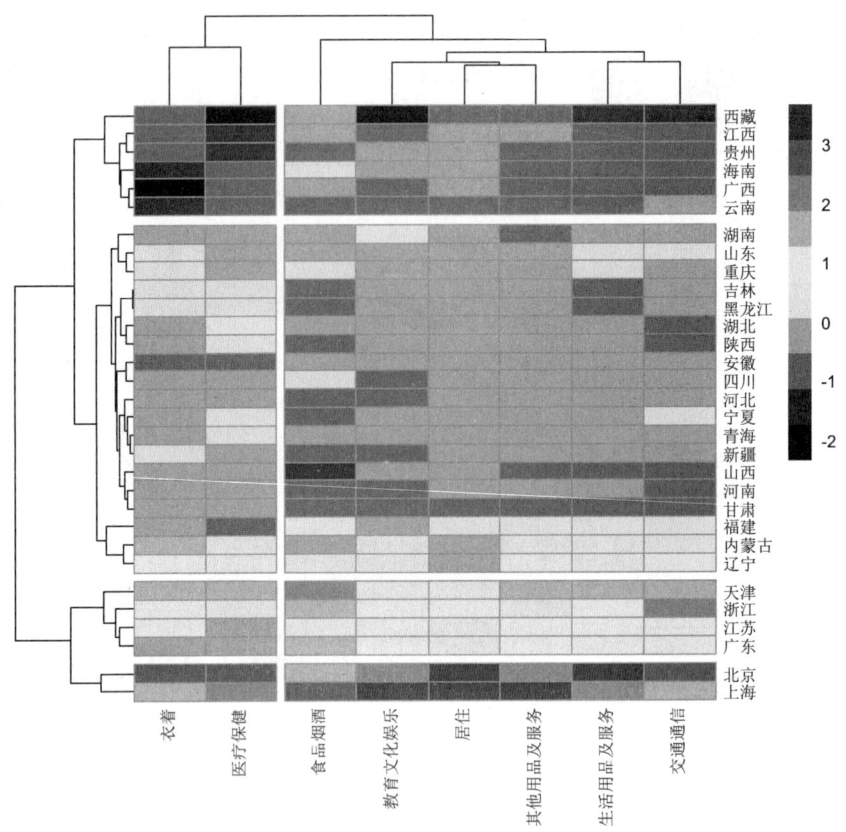

图 6–23 pheatmap 函数绘制的 31 个地区 8 项消费支出的热图

江苏、浙江和天津为一类; 云南、广西、海南、贵州、江西和西藏为一类; 其他地区为一类. 根据图 6–23 中的颜色可以分析 31 个地区 8 项消费支出的情况.

在图 6–23 的代码中, 设置参数 cluster_col=FALSE (不对列聚类)、display_numbers=TRUE (显示矩阵单元的数据)、cutree_row=3 (分成 3 类), 绘制的图形如图 6–24 所示.

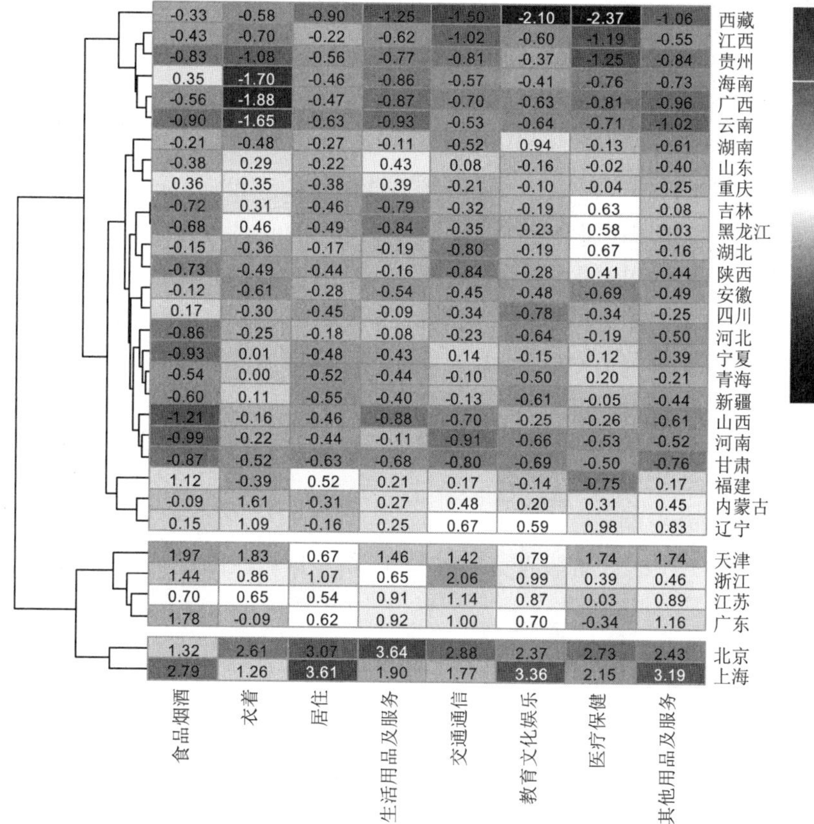

图 6-24　添加数据标签的 31 个地区 8 项消费支出的热图

本章图谱

下面的图谱展示了本章所绘制的主要图形.

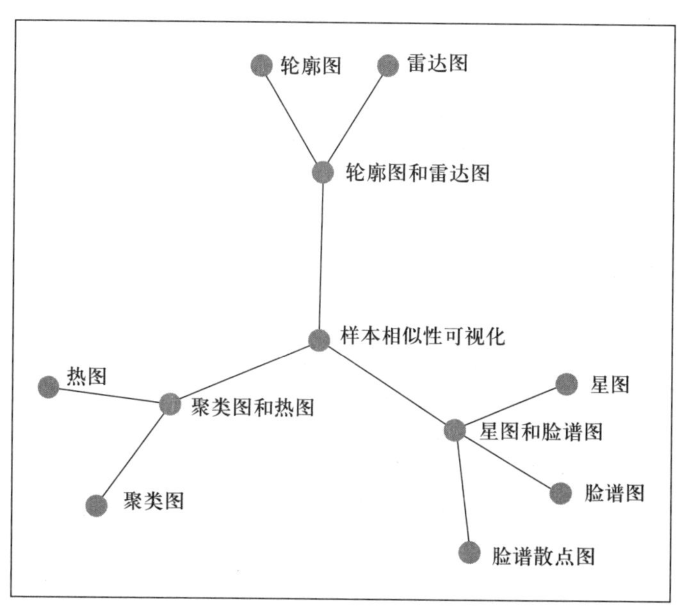

习题

6.1 轮廓图和雷达图的适用场合是什么? 它们有何缺点?

6.2 聚类图的主要用途是什么?

6.3 星图和脸谱图的应用场合是什么?

6.4 R 自带的数据集 iris 列出了 3 个物种 (species) 的萼片长 (sepal.length)、萼片宽 (sepal.width)、花瓣长 (petal.length)、花瓣宽 (petal.width) 4 个变量的各 50 个样本数据. 根据该数据集绘制以下图形.

(1) 绘制按 species 分组的轮廓图和雷达图.

(2) 绘制星图和脸谱图.

(3) 绘制聚类图和热图.

6.5 根据表 6-1 中的食品烟酒支出数据, 绘制矩形树状图比较各地区的相似性.

第 7 章 Chapter 7 时间序列可视化

时间序列 (time series) 是一种常见的数据形式, 它是在不同时间点上记录的一组数据, 其中观察的时间可以是年份、季度、月份或其他任何时间形式. 经济、金融、管理领域的很多数据均以时间序列的形式记录, 如各年份的 GDP 数据、各月份的 CPI 数据、一个月中每天销售额数据、一年中各交易日的股票价格指数收盘数据等. 对于时间序列, 我们主要关心两方面的问题: 一是根据以往的观测值探索时间序列的变化模式, 以便为建立预测模型奠定基础; 二是预测未来会发生怎样的变化. 本章主要介绍时间序列可视化的一些常用图形.

7.1 变化模式可视化

时间序列的变化模式是指序列随时间变化的形态特征, 其描述图形有多种, 如折线图、面积图、蒸汽图、风筝图等.

7.1.1 折线图与面积图

1. 折线图

折线图 (line chart) 是描述时间序列最基本的图形, 它主要用于观察和分析时间序列随时间变化的形态和模式. 折线图的 x 轴是时间, y 轴是变量的观测值.

使用 graphics 包中的 plot 函数、ggplot2 包中的 geom_line 函数、openair 包中的 timePlot 函数等均可以绘制折线图. 以例 4–1 的数据 (数据: data4_1) 为例, 由 ggplot2 包绘制的 2018 年北京市 AQI、PM2.5、PM10 和臭氧浓度的折线图如图 7–1 所示.

```
# 图 7-1 的绘制代码 (数据: data4_1)
> library(reshape2);library(ggplot2)
> data4_1<-read.csv("C:/mydata/chap04/data4_1.csv")
> date<-as.Date(data4_1$日期)          # 将 data4_1 中的日期转化成日期变量 date
> d<-data.frame(日期 =date,data4_1[,c(2,4,5,9)])
                                       # 选择绘图变量并将 date 合并到数据框中
```

```
> df<-melt(d,id.vars="日期",variable.name="指标",value.name="指标值")
                                              # 融合数据为长格式
> mytheme<-theme(legend.position="none",       # 去掉图例
+   axis.title=element_text(size=10),          # 设置坐标轴标签的字体大小
+   axis.text=element_text(size=8))            # 设置坐标轴刻度字体的大小
> ggplot(df,aes(x=日期,y=指标值,color=指标))+  # 设置 x 轴、y 轴和线的填充颜色
+   geom_line()+                               # 绘制折线图
+   facet_wrap(~指标,ncol=2)+                  # 图形按 2 列分面
+   theme_bw()+                                # 去掉底色
+   mytheme
```

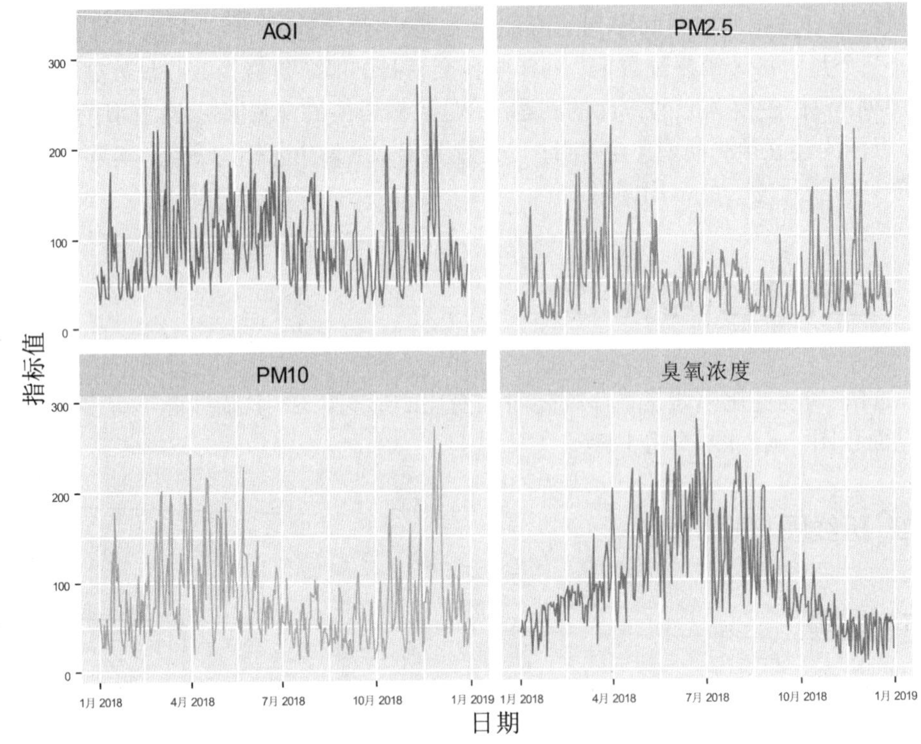

图 7–1　2018 年北京 4 项空气污染指标的折线图

为避免 4 个指标的折线图之间相互纠缠造成视觉上的混乱, 图 7–1 采用分面的方式将 4 幅图按 2 列摆放在一幅图中, 这样更容易观察和分析.

图 7–1 显示, AQI、PM2.5 和 PM10 几个指标全年的变化特征十分相似, 均有一个共同特点, 就是有两个峰值, 也就是在 3—4 月份有一个波峰, 11 月份左右也有一个波峰, 而 7—10 月处于波谷. 这说明气温较低时, AQI、PM2.5 和 PM10 的值都较高, 空气质量也较差, 而气温较高时, 空气质量较好. 臭氧浓度的变化则相反, 在 7 月份左右有一个波峰, 表明气温较高时, 臭氧浓度也相对较高, 空气质量相对较好, 而气温较低时, 臭氧浓度也较低, 空气质量相对较差. 除臭氧浓度外, 其他 3 个指标都没有趋势性特征或固定的模式, 基本上为随机波动.

如果特别关注某个时间段数据变化的特征, 可以对该时间段的折线进行突出显示 (highlighting). 使用 ggpol 包中的 geom_tshighlight 函数, 可在要突出显示的时间段上绘制出阴影区域, 以示重点关注. 比如, 要突出显示 2018 年第 3 季度 (7 月 1 日至 9 月 30 日) 北京市 AQI、PM2.5、PM10 和臭氧浓度的变化, 绘制的折线图如图 7–2 所示.

```
# 图 7-2 的绘制代码 (使用图 7-1 构建的数据框 df)
> library(ggplot2);library(ggpol)
> ggplot(df,aes(x=日期,y=指标值,color=指标))+geom_line()+
+   facet_wrap(~指标,ncol=2)+
+   geom_tshighlight(aes(xmin=as.Date("01/07/2018",format="%d/%m/%Y"),
+    xmax=as.Date("30/09/2018",format="%d/%m/%Y")),          # 突出显示第3季度
+      alpha=0.01,color="green",fill="lightgreen")+          # 设置颜色和透明度
+   mytheme
```

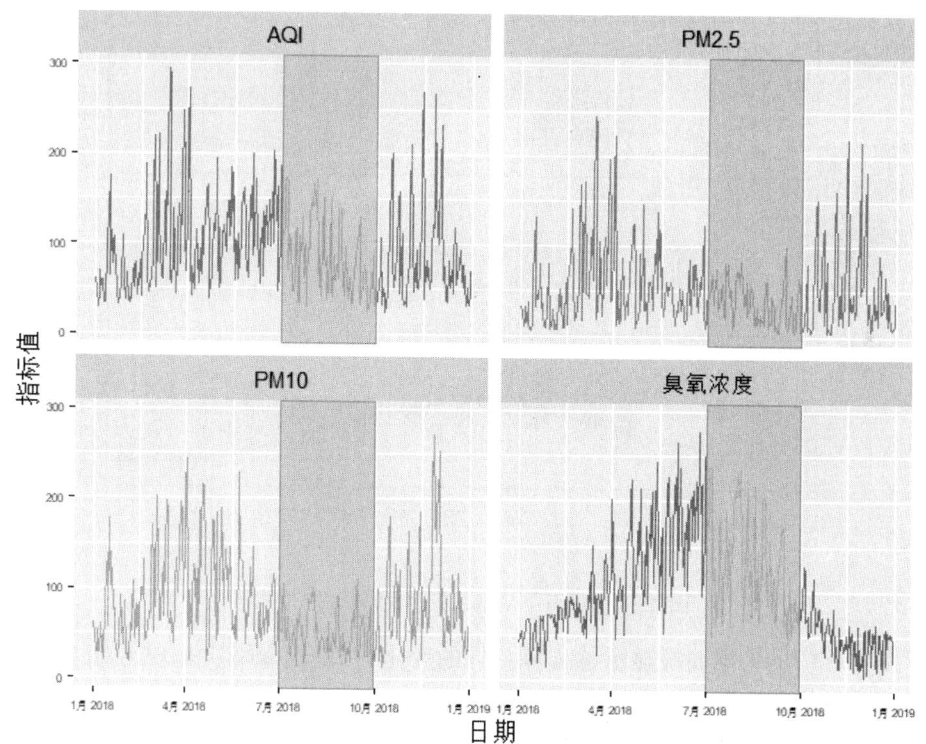

图 7–2 2018 年北京 4 项空气污染指标的折线图 (突出显示第 3 季度)

使用 openair 包可以绘制式样更多的折线图. openair 包是空气污染数据分析的一个工具包, 其中提供了空气污染数据的多种可视化图形. 使用该包中的 timePlot 函数, 不仅可以绘制多个时间序列的分面折线图或分组折线图, 也可以为时间序列添加平滑曲线, 还可以绘制移动平均线等.

使用 timePlot 函数绘制的带有平滑曲线的 4 项空气质量指标的折线图如图 7–3 所示.

```
# 图 7-3 的绘制代码 (数据: data4_1)
> library(openair)
> data4_1<-read.csv("C:/mydata/chap04/data4_1.csv")
> df<-data.frame(date=as.Date(data4_1$ 日期),data4_1[,c(2,4,5,9)])
                                   # 将 data4_1 中的日期转化成日期格式并选择绘图变量
> timePlot(df,pollutant=c("AQI","PM2.5","PM10","臭氧浓度"), # 绘制折线图
+   smooth=TRUE,                                    # 添加平滑曲线
+   key=FALSE,                                      # 不绘制关键词
+   date.breaks=12,xlab="月份",ylab="")             # 设置 x 轴的间隔数
```

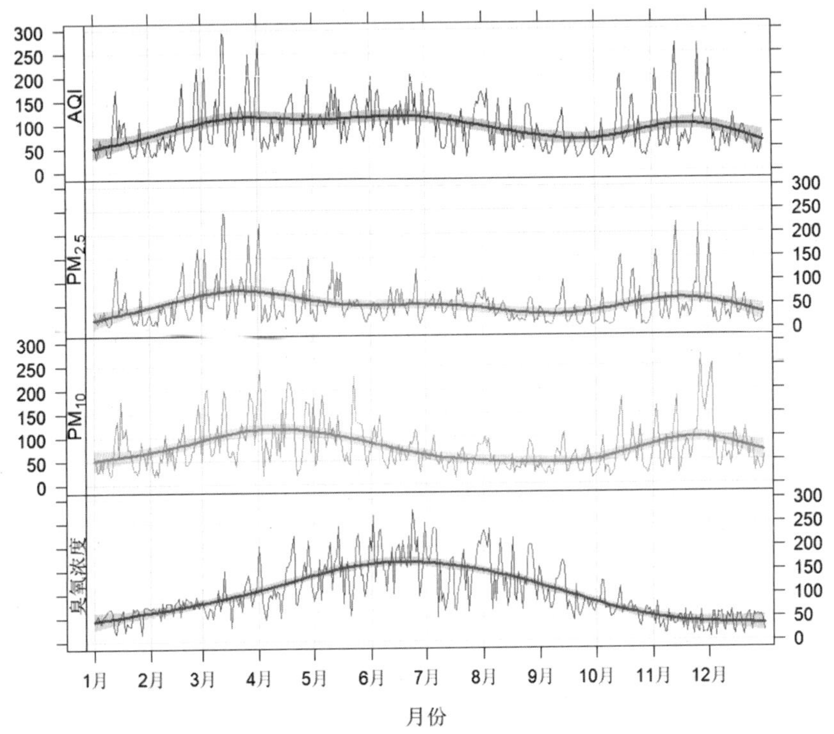

图 7-3　带有平滑曲线的 4 项指标的折线图

图 7-3 中的平滑曲线显示了 4 项指标的变化模式. 臭氧浓度呈现出对称性, 其他指标无明显的固定模式, 可视为随机波动.

使用 summaryPlot 函数绘制折线图的同时, 还可以为每个序列添加缺失值、最小值、最大值、均值、中位数、第 95 个百分位数等概括性统计量信息. 同时, 设置参数 type="histogram" (默认) 或 type= "density", 该函数还会绘制出每个序列的直方图或核密度图, 以观察相应的分布特征, 如图 7-4 所示.

```
# 图 7-4 的绘制代码 (使用图 7-3 构建的数据框 df)
> openair::summaryPlot(df,clip=FALSE,date.breaks=12,          # 不剔除离群值
+   type="density",col.hist="red3",xlab="",ylab="")
                          # 绘制核密度图, 颜色为 red3
```

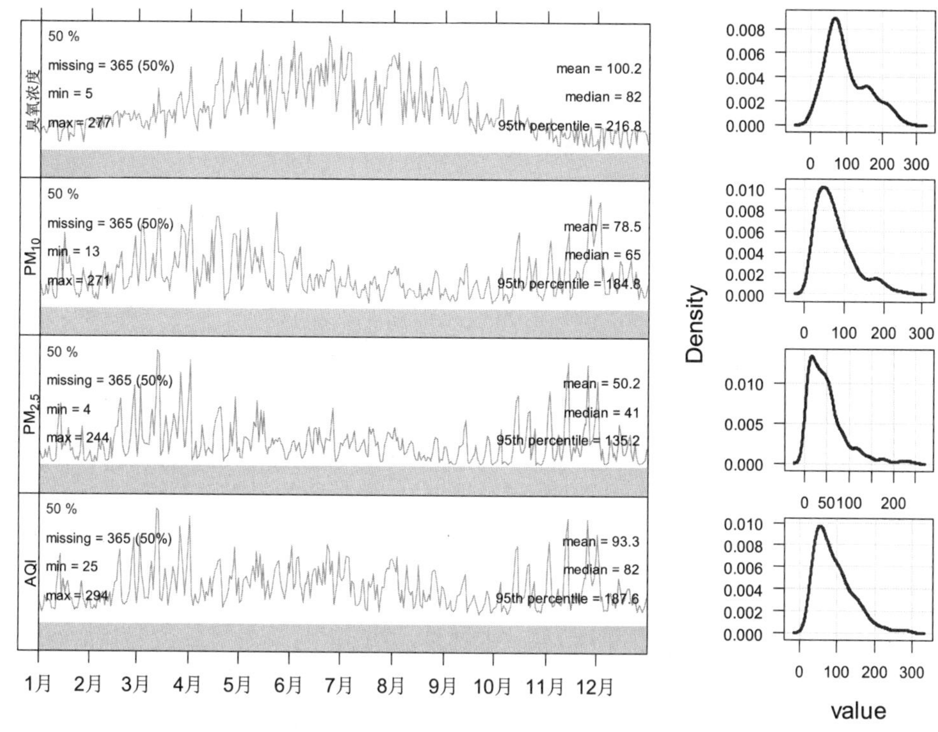

图 7-4　带有概括性统计量信息与核密度图的 4 项指标的折线图

图 7-4 的折线图描述了 4 项指标随时间变化的特征, 右侧的核密度曲线描述了 4 项指标的分布特征.

2. 面积图

面积图 (area graph) 是在折线图的基础上绘制的, 它将折线与 x 轴之间的区域用颜色填充, 填充的区域即为面积. 面积图不仅美观, 而且能更好地展示时间序列变化的特征和模式. 将多个时间序列绘制在一幅图中时, 序列数不宜太多, 否则图形之间会有相互遮盖, 看起来很乱. 当序列较多时, 可以将每个序列单独绘制一幅图, 并将多幅图以网格的形式摆放.

使用 DescTools 包中的 PlotArea 函数、plotrix 包中的 stackpoly 函数、ggplot2 包中的 geom_area 函数等均可以绘制面积图. 使用 ggiraphExtra 包中的 ggArea 函数不仅可以绘制静态面积图, 还可以绘制动态交互面积图.

下面沿用例 4–1 的数据, 绘制 2018 年北京市 AQI、PM2.5、PM10 和臭氧浓度 4 个指标的面积图. 使用 ggplot2 包绘制面积图时, 只需要将图 7–1 的绘制代码 geom_line 修改为 geom_area 即可, 如图 7–5 所示.

```
# 图 7-5 的绘制代码 (数据: data4_1)
> library(ggplot2)
> data4_1<-read.csv("C:/mydata/chap04/data4_1.csv")
```

```
> d<-data.frame(日期=as.Date(data4_1$日期),data4_1[,c(2,4,5,9)])
> df<-melt(d,id.vars="日期",variable.name="指标",value.name="指标值")
> ggplot(df,aes(x=日期,y=指标值,fill=指标))+
+   geom_area()+                    # 绘制面积图
+   facet_wrap(~指标,ncol=1)+
+   mytheme
```

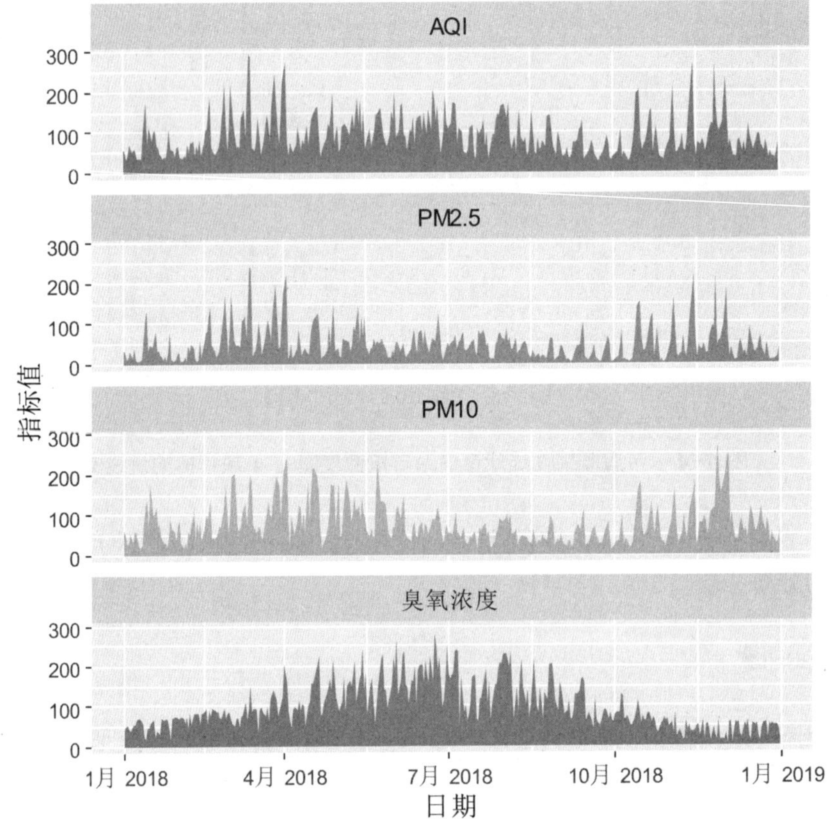

图 7–5　2018 年北京 4 项空气质量指标的面积图

图 7–5 显示的数据变化特征与图 7–1 相同. 与折线图相比, 面积图既美观, 又能清晰观察时间序列变化的模式.

为更好地理解面积图, 再使用 plotrix 包中的 stackpoly 函数绘制多个序列依次堆叠的面积图. stackpoly 函数默认 stack=FALSE, 即每个序列都以同一个 y 轴刻度的原点开始绘图. 为避免相互遮盖, 可以设置 stack=TRUE, 使各序列的面积图依次堆叠.

为便于观察和分析, 这里只选择 AQI、PM2.5 和 PM10 这 3 个指标 1 月份的数据绘制面积图, 如图 7–6 所示.

```
# 图 7-6 的绘制代码 (数据: data4_1)
> library(plotrix)
> data4_1<-read.csv("C:/mydata/chap04/data4_1.csv")
> d<-data4_1[,c(2,4,5)]                    # 选择 AQI、PM2.5 和 PM10 3 个变量
```

```
> df<-d[c(1:31),]                        # 选择 1 月份的数据
> stackpoly(df,
+     col=cm.colors(3),                   # 设置面积填充颜色
+     border="black",                     # 设置边线颜色
+     stack=TRUE,                         # 将不同系列的面积堆叠 (避免相互遮盖)
+     staxx=FALSE,                        # x 轴标签不相互错开
+     axis4=FALSE,                        # 取消第 4 个坐标轴
+     xlab="时间",ylab="指标值")
>legend("topleft",legend=c("AQI","PM2.5","PM10"),ncol=1,inset=0.02,fill=
cm.colors(3),box.col="grey80",cex=0.8)                  # 添加图例
```

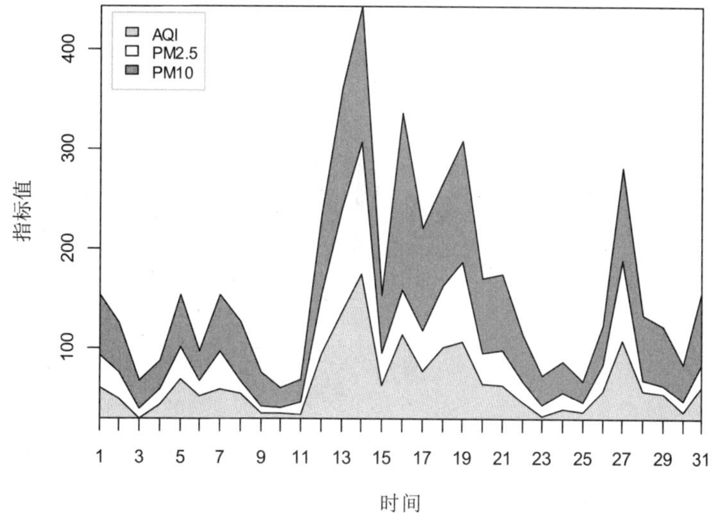

图 7-6　2018 年 1 月份北京 3 项空气质量指标的堆叠面积图

图 7–6 显示, AQI、PM2.5 和 PM10 这 3 个指标的堆叠面积随时间的变化十分相似, 表示 3 个指标具有一定的相关性.

使用 ggiraphExtra 包中的 ggArea 函数也可以绘制堆叠面积图. 由该函数绘制的 1—3 月份 6 项空气污染指标的堆叠面积图如图 7–7 所示.

```
# 图 7-7 的绘制代码 (数据: data4_1)
> library(reshape2);library("ggiraphExtra");require(ggplot2)
> data4_1<-read.csv("C:/mydata/chap04/data4_1.csv")
> d<-data.frame(日期=as.Date(data4_1$ 日期),data4_1[,c(4:9)])
                                         # 选择绘图变量, 并将 date 合并到数据框中
> dd<-d[c(1:90),]                        # 选择 1~3 月份的数据
> df<-melt(dd,id.vars="日期",variable.name="指标",value.name="指标值")
> ggArea(data=df,aes(x=日期,y=指标值,fill=指标),
+   position="stack",                    # 绘制堆叠面积
+   palette="Reds",                      # 设置调色板
```

```
+   alpha=0.5)+                          # 设置颜色透明度
+ theme_bw()+                            # 去掉底色
+ theme(axis.text=element_text(size=7),                  # 设置坐标轴字体大小
+    legend.position=c(0.35,0.87),                       # 设置图例位置
+    legend.direction="horizontal",                      # 图例水平排列
+    legend.text=element_text(size="7"))                 # 设置图例字体大小
```

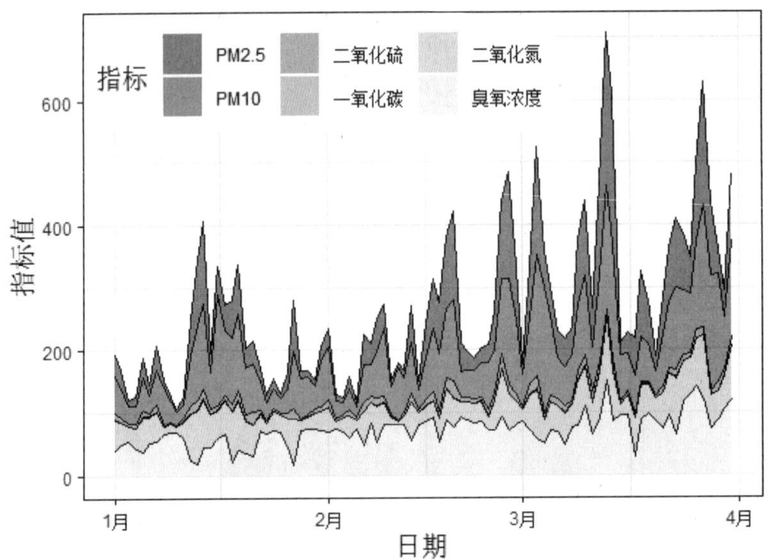

图 7-7　2018 年 1—3 月份北京 6 项空气污染指标的堆叠面积图

7.1.2 蒸汽图与风筝图

蒸汽图 (steam graph) 可以看作堆叠面积图的一种变形. 不同的是, 堆叠面积图是以 x 轴为基准线绘制的, 而蒸汽图是将每个数据系列堆叠绘制在中心基准线 (零轴) 的上下两侧. 蒸汽图适合展示多变量、大数据集的时间序列, 通过观察各数据系列随时间推移的波峰和波谷, 来发现序列的变化趋势和模式.

使用 ggTimeSeries 包中的 stat_steamgraph 函数并结合 ggplot2 包可以绘制出蒸汽图. 沿用例 4–1 中的数据, 用该函数绘制的 2018 年北京市 6 项空气污染指标的蒸汽图如图 7–8 所示.

```
# 图 7-8 的绘制代码 (数据: data4_1)
> library(reshape2);library(ggTimeSeries);library(ggplot2)
> data4_1<-read.csv("C:/mydata/chap04/data4_1.csv")
> d<-data.frame(日期 =as.Date(data4_1$ 日期),data4_1[,-c(1,2,3)]) # 选择变量
> df<-melt(d,id.vars="日期",variable.name="指标",value.name="指标值")
> ggplot(df,aes(x=日期,y=指标值,group=指标,fill=指标))+
```

```
+   stat_steamgraph(color="grey50",size=0.2)+
+   ylab("")+                  # 去掉 y 轴标签
+   theme(legend.text=element_text(size="7"))              # 设置图例字体大小
```

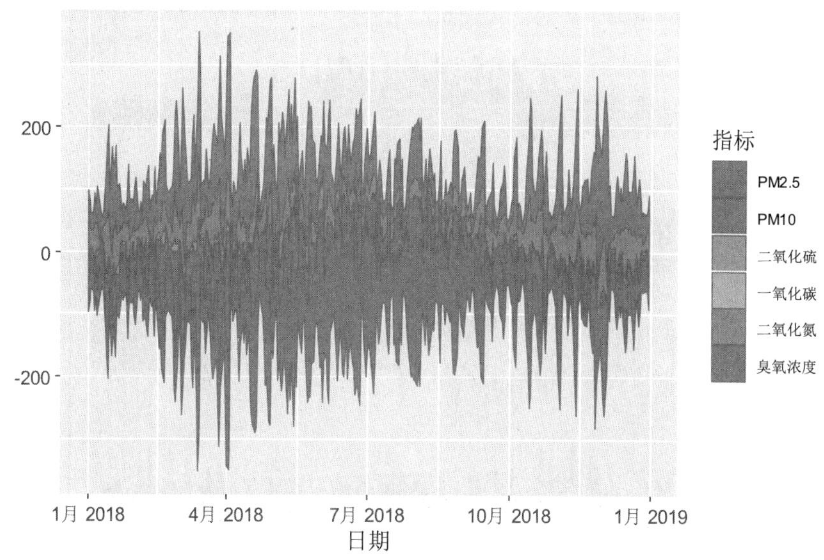

图 7-8　2018 年北京 6 项空气污染指标的蒸汽图

绘制蒸汽图时, 函数自动将波动最大的序列放在中心基准线的最外侧, 波动最小的序列放在最内侧. 图 7–8 显示, 波动最大的是臭氧浓度和 PM10, 其次是 PM2.5 和一氧化碳, 二氧化硫和二氧化氮波动最小. 但由于二氧化硫和二氧化氮的数值本身就小, 在图中很难显示出来, 再加上数据量较大, 图形显得有些混乱, 这也是蒸汽图的缺点. 但由于图形漂亮和炫酷, 蒸汽图仍受到人们的关注.

蒸汽图将多个时间序列叠加绘制在一幅图里, 当序列较多时, 不宜区分和观察. **风筝图** (kite chart) 将每一个序列用宽度展示, 也就是将一个序列的面积图以镜像的方式绘制在同一个时间轴上, 多个序列的风筝图以分面的方式摆放在同一幅图里.

风筝图也适合展示多变量、大数据集的时间序列, 通过观察各数据系列的风筝宽度随时间的变化来发现序列的变化趋势和模式, 进而分析各序列与时间维度之间的关系.

使用 plotrix 包中的 kiteChart 函数可以绘制风筝图. 沿用例 4–1 中的数据, 用该函数绘制的 2018 年北京市 6 项空气污染指标的风筝图如图 7–9 所示.

```
# 图 7-9 的绘制代码 (数据: data4_1)
> library(plotrix)
> data4_1<-read.csv("C:/mydata/chap04/data4_1.csv")
> mat<-as.matrix(data4_1[,c(4:9)]);rownames(mat)=data4_1[,1]
                                  # 将数据框转化成矩阵
> kiteChart(t(mat),
+   varscale=TRUE,                # 显示每个"风筝线"的最大值
```

```
+    xlab="时间",ylab="指标",
+    main="",                           # 不显示标题
+    mar=c(3,3,1,2))                    # 设置边距
```

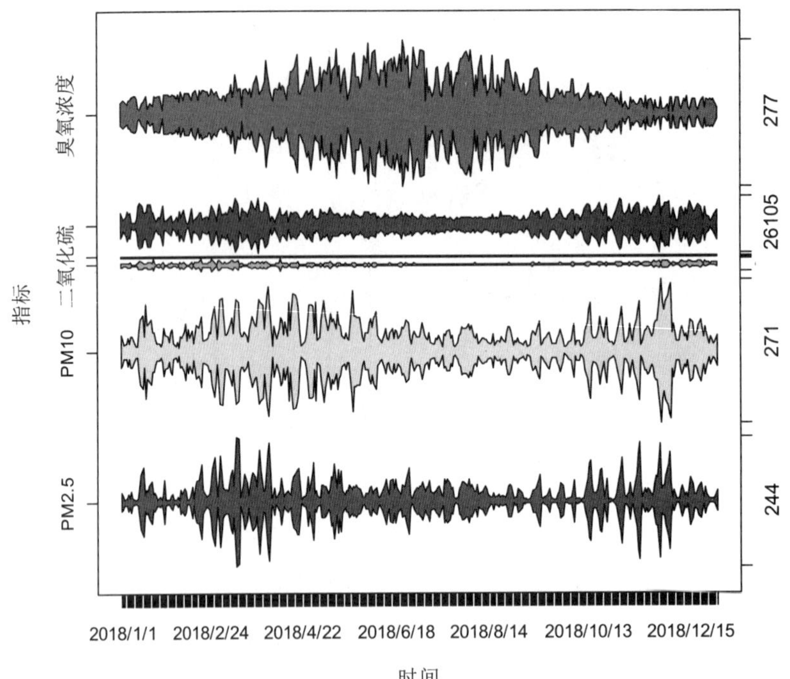

图 7-9　2018 年北京市 6 项空气污染指标的风筝图

图 7–9 是根据原始数据绘制的风筝图, 图的右侧列出了每个指标的最大值. 由于 6 项指标的数值差异较大, 二氧化硫和一氧化碳两个数值较小的指标的风筝图被压缩得难以分辨. 观察其他 4 项指标可以发现随时间推移的变化特征和变化模式.

kiteChart 函数默认使用原始数据绘图. 设置参数 normalize=TRUE, 可以将各序列做归一化处理后绘图, 也就是将数据缩放成最大多边形宽度为 1 的风筝图, 从而避免多边形重叠或因各指标数据差异过大而难以观察和分析的情况. 图 7–10 就是将各指标归一化后绘制的风筝图.

```
# 图 7-10 的绘制代码 (使用图 7-9 构建的矩阵 mat)
> plotrix::kiteChart(t(mat),
+    timex=TRUE,                        # 时间放在水平的 x 轴
+    normalize=TRUE,                    # 将每行值缩放为最大宽度为 1
+    shownorm=FALSE,                    # 不显示归一化乘数
+    xlab="时间",ylab="指标",
+    main="",
+    mar=c(3,3,1,1))
```

图 7–10 显示, 除臭氧浓度外, 其他 5 项指标的变换形态差异不大. 与图 7–9 相比, 图 7–10 更易于比较多个序列的变化特征和模式.

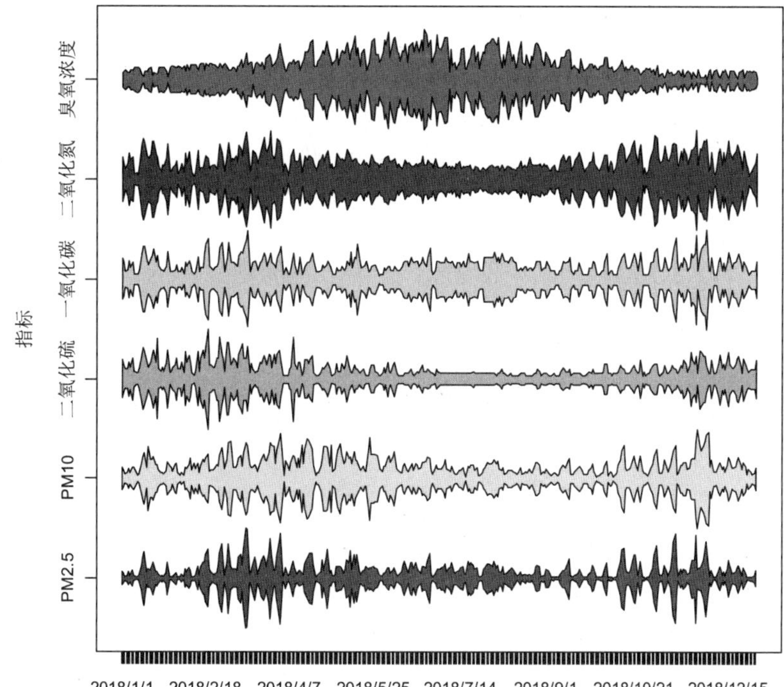

图 7–10　2018 年北京市 6 项空气污染指标归一化后的风筝图 (见彩图)

7.1.3 地平线图

假定要比较 30 只股票一年中每个交易日收盘价的变化模式, 将 30 只股票的折线图绘制在一幅图中, 即使股票价格有较大的波动, 由于一幅图的空间有限, 也可能会将折线压缩成近似直线, 从而难以比较其变化.

地平线图 (horizon plot) 是将多个时间序列并行绘制在一幅图中, 用于展示和比较多个时间序列的变化模式和特征. 当可视化多个时间序列且观测值的波动幅度较大, 或想要突出显示异常值而不丢失其余数据时, 地平线图的优势十分明显. 它可以展示多个时间序列中的异常变化和主要的变化模式.

为更好地了解地平线图及其绘制方法, 首先画出一个虚拟的时间序列的折线图和面积图, 如图 7–11 所示.

图 7–11 显示, 这是一个波动较大的序列. 可以想象, 如果有多个类似的序列, 将它们画在一幅图中, 由于图形空间的限制, 波动曲线就可能被压缩成近似直线, 导致难以观察其变化模式. 地平线图就可以解决这一问题. 图 7–12 是上述虚拟时间序列的地平线图.

图 7–12 是使用 latticeExtra 包中的 horizonplot 函数绘制的地平线图. 右侧图例中的 origin 是绘图的原点 (该原点可以自定义, 否则函数使用默认原点), 当不指定原点时, 每个面板将使用不同的比例绘制 (当多个序列的数量级差异较大时, 使用不同的

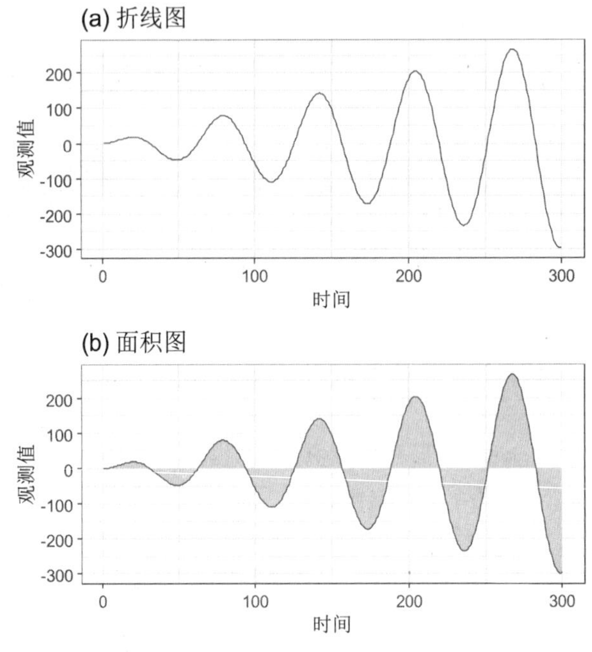

图 7-11 一个虚拟的时间序列的折线图和面积图

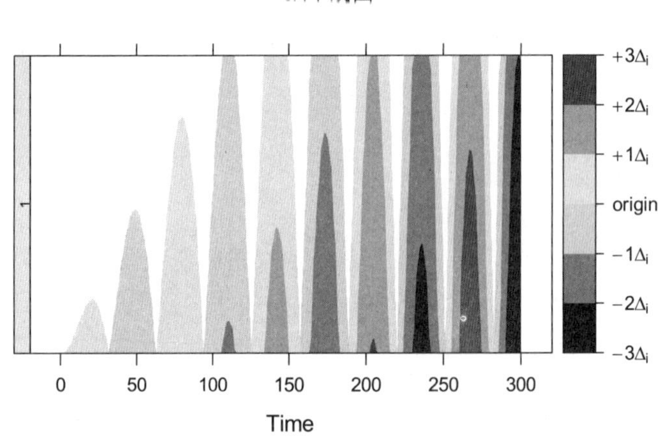

图 7-12 一个虚拟的时间序列的地平线图

比例绘制就十分必要), 颜色代表与面板中原点的最大偏差. 图 7-12 显示, 无论数值是上升还是下降, 其图形都绘制在一侧 (这样虽然观察下降趋势不够直观, 但可以让更多的时间序列在垂直向上的方向上进行比较). 图中蓝色的部分表示序列上升, 颜色越深表示上升的幅度越大, 红色表示序列下降, 颜色越深表示下降的幅度越大. 其中, 堆叠起来的不同颜色的图块, 就是从图的上面切割下来的块 (如果将这些块移至顶部, 就是完整的面积图).

观察图 7-12 还会发现, 地平线图实际上是将序列的 y 轴进行分割, 也就是先将一个面积图沿水平方向分成多个等高的块, 并用不同颜色来区分各个块, 然后, 将从图形顶部切割下来的块从图形底部重新绘制, 即叠加在相应的图块下面, 并使用较深的颜色, 这样, 就可以降低图的高度, 进而在更小的空间内平行绘制出多个时间序列, 来比较其变化的模式. 用于区分图块的颜色可以自己设定, 比如, 上升的部分用蓝色表示, 下降的部分用红色表示, 颜色越深表示变化的幅度越大.

使用 latticeExtra 包中的 horizonplot 函数、ggTimeSeries 包 (需要同时加载 ggplot2 包) 中的 stat_horizon 函数和 ggplot_horizon 函数均可以绘制地平线图. 以例 4–1 的数据为例, 使用 latticeExtra 包中的 horizonplot 函数绘制的地平线图如图 7–13 所示.

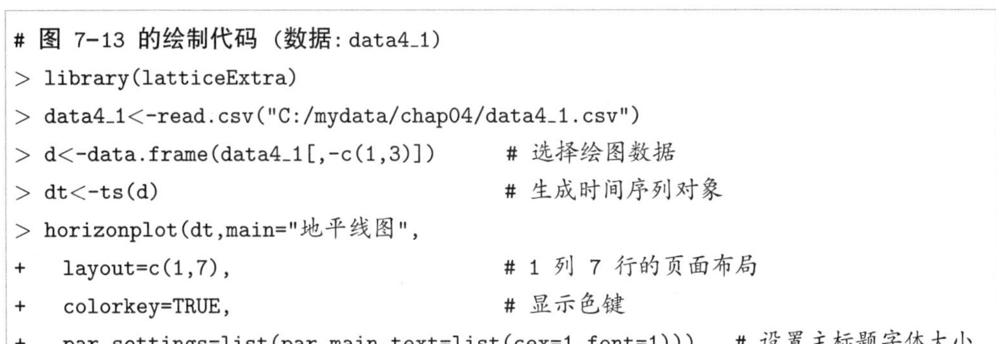

```
# 图 7-13 的绘制代码 (数据: data4_1)
> library(latticeExtra)
> data4_1<-read.csv("C:/mydata/chap04/data4_1.csv")
> d<-data.frame(data4_1[,-c(1,3)])       # 选择绘图数据
> dt<-ts(d)                              # 生成时间序列对象
> horizonplot(dt,main="地平线图",
+   layout=c(1,7),                       # 1 列 7 行的页面布局
+   colorkey=TRUE,                       # 显示色键
+   par.settings=list(par.main.text=list(cex=1,font=1)))  # 设置主标题字体大小
```

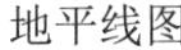

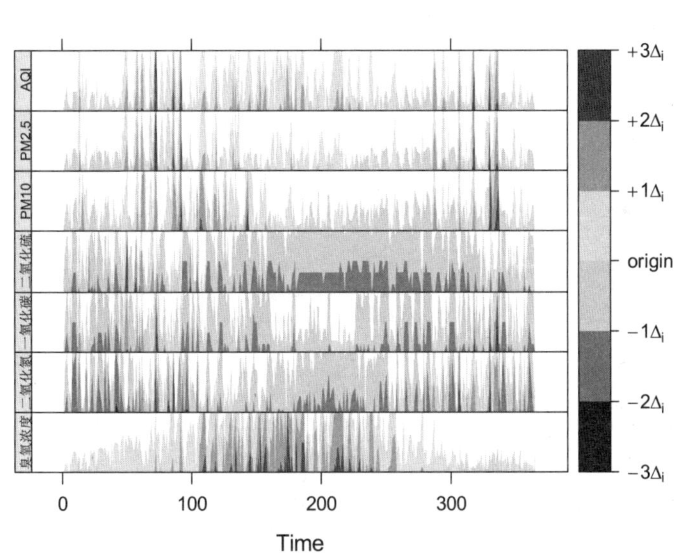

图 7–13　2018 年北京 7 项空气污染指标的地平线图

从图 7–13 的图块堆叠情况可以分析序列的变化特征和模式. 以臭氧浓度为例, 表示上升的蓝色图块主要出现在 4—8 月份这个区间, 表示这段时间内臭氧浓度的值较高, 而表示下降的红色图块主要出现在 12 月份, 表示此时的臭氧浓度较低.

使用 ggTimeSeries 包中的 stat_horizon 函数绘制地平线图时, 绘图数据是数据框. 由于函数绘图的 y 轴不能单独设置 (只能使用相同的坐标轴), 当各序列数值差异较大时, 数值小的序列就难以展示了. 因此, 在绘图前, 可以先对各序列做标准化处理 (标准化后不改变数据分布的形状). 以例 4–1 数据为例, 由 stat_horizon 函数绘制的地平线图如图 7–14 所示.

```
# 图 7-14 的绘制代码 (数据: data4_1)
> library(reshape2);library(ggTimeSeries);library(ggplot2)
> data4_1<-read.csv("C:/mydata/chap04/data4_1.csv")
> date<-as.Date(data4_1$ 日期)          # 将 data4_1 中的日期转化成日期变量 date
> d<-data.frame(日期=date,data4_1[,-c(1,3)])        # 选择绘图变量
> dd<-data.frame(日期=date,scale(d[,-1]))          # 构建新的数据框
> df<-melt(dd,id.vars="日期",variable.name="指标",value.name="标准化值")
                                                  # 融合数据为长格式
> mytheme<-theme(axis.title=element_text(size=8),  # 设置坐标轴标签的字体大小
+            axis.text=element_text(size=6))            # 设置坐标轴刻度字体的
大小
> ggplot(df)+aes(x=日期,y=标准化值,fill=指标)+
+   stat_horizon()+                                 # 绘制地平线图
+   facet_wrap(~指标,ncol=1)+                       # 图形按 1 列分面
+   scale_fill_continuous(low="lightgreen",high="red")+  # 设置低值和高值颜色
+   theme_bw()+mytheme+                                # 设置图形主体
+   theme(panel.grid=element_blank())                  # 去掉网格
```

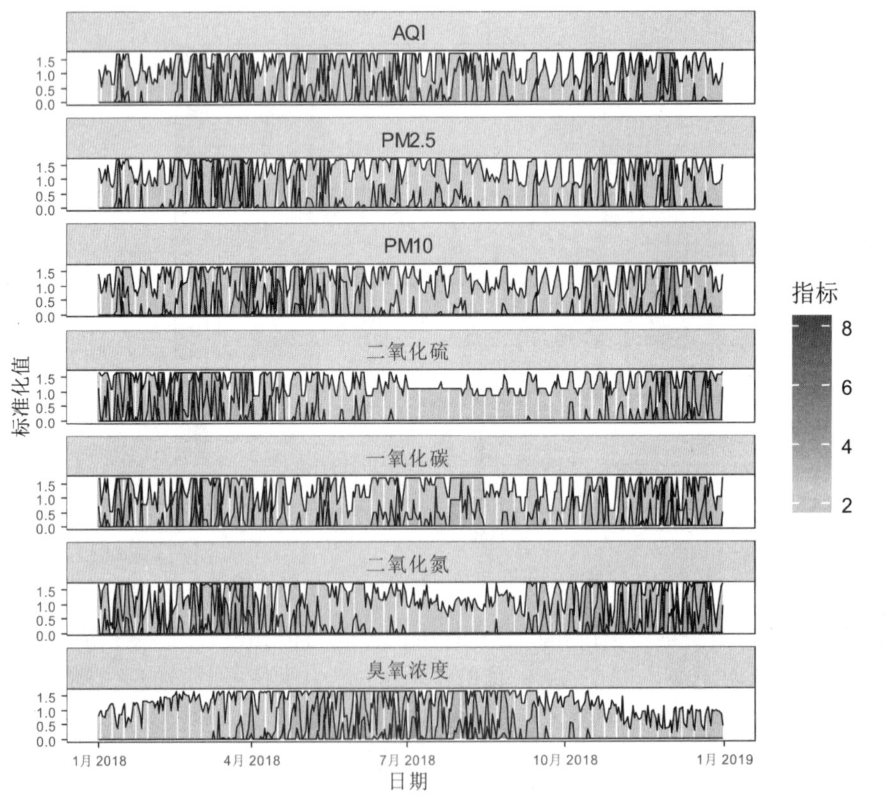

图 7-14　2018 年北京 AQI 和 6 项空气污染指标的地平线图 (见彩图)

图 7-14 中, 右侧图例是连续型颜色标度, 不同颜色表示不同的标准化数值大小. 以臭氧浓度为例, 红色堆叠的图块主要集中在 4—9 月份, 表示这段时间里臭氧浓度的

数值较高.

7.1.4 双坐标图

双坐标 (two ordinates) 图是用左右两个坐标轴分别表示两个不同变量的图形, 其中的 x 轴通常是相同的时间变量. 当有两个不同的变量 (不同的计量单位或不同的数量级) 需要放在同一幅图中进行比较时, 双坐标图就很有用, 尤其适合展示和比较两个 (也可以是多个) 不同的时间序列.

【例 7-1】 (数据: data7_1.csv) 表 7-1 是我国 2000—2019 年的国内生产总值和国内生产总值指数数据.

表 7-1 2000—2019 年我国国内生产总值和国内生产总值指数 (只列出前 3 行和后 3 行)

年份	国内生产总值 (亿元)	国内生产总值指数 (上年=100)
2000	100 280.1	108.5
2001	110 863.1	108.3
2002	121 717.4	109.1
⋮	⋮	⋮
2017	832 035.9	106.9
2018	919 281.1	106.7
2019	990 865.1	106.1

使用 plotrix 包中的 twoord.plot 函数可以绘制双坐标图, 设置参数 type 可以绘制不同的图形. 由该函数绘制的国内生产总值和国内生产总值指数的双坐标图如图 7–15 所示.

```
# 图 7-15 的绘制代码
> data7_1<-read.csv("C:/mydata/chap07/data7_1.csv")
> library(plotrix)

#(a) 双折线图
> par(mfrow=c(2,1),lab=c(10,2,1),cex.main=0.8,font.main=1)
> twoord.plot(data=data7_1,type="b",          # 设置绘图类型
+   lcol="black",rcol="red2",rpch=22,          # 设置左侧和右侧图的颜色和点的类型
+   lx="年份",ly="国内生产总值",rx="年份",ry="国内生产总值指数",
                                                # 设置左侧和右侧坐标轴
+   lytickpos=seq(100000,1000000,by=200000),    # 设置左侧坐标轴标签刻度
+   rytickpos=seq(100,120,by=2),                # 设置右侧坐标轴标签刻度
+ xlab="年份",ylab="国内生产总值 (亿元)",rylab="国内生产总值指数 (上年=100)",
                                                # 设置左侧和右侧坐标轴标签
+   axislab.cex=0.7,                            # 设置坐标轴标签字体大小
+   rylab.at=110,                               # 设置右侧标签位置
```

```
+   main="(a) 双折线图",                              # 设置主标题
+   mar=c(4,4,2,4))                                   # 设置图形边界

#(b) 条形图和折线图
> twoord.plot(data=data7_1,type=c("bar","b"),              # 设置绘图类型
+   lcol="orange2",rcol="black",rpch=1,
+   lx="年份",ly="国内生产总值",rx="年份",ry="国内生产总值指数",
+ lytickpos=seq(100000,1000000,by=200000),rytickpos=seq(100,120,by=2),
+ xlab="年份",ylab="国内生产总值 (亿元)",rylab="国内生产总值指数 (上年=100)",
+   axislab.cex=0.7,rylab.at=110,main="(b) 条形图和折线图",
+   mar=c(4,4,2,4))
```

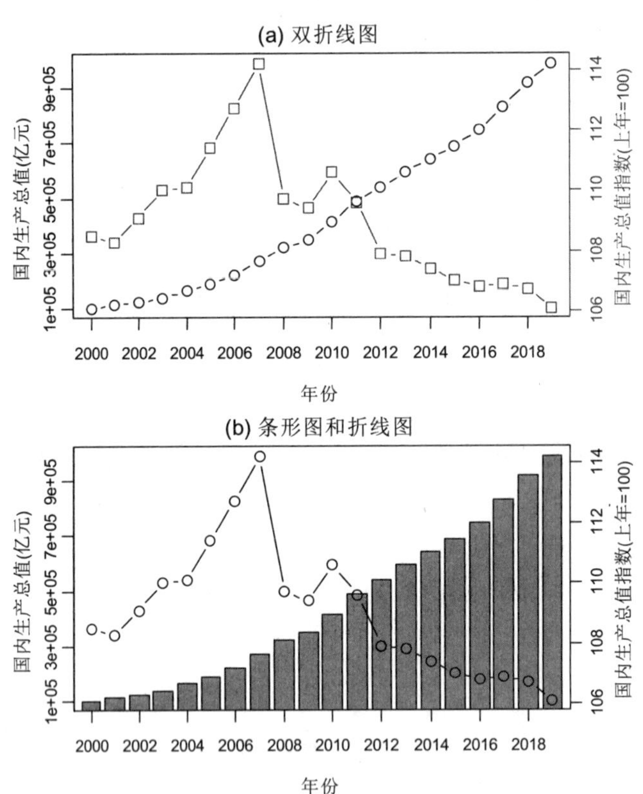

图 7–15　国内生产总值和国内生产总值指数的双坐标图

图 7–15 显示, 国内生产总值呈逐年上升趋势, 而国内生产总值指数在 2007 年之前呈现上升趋势, 之后则呈现下降趋势.

7.1.5 日历图

如果数据是按一年中的每天记录的, 则可以将每天的数据用日历的形式呈现出来, 这就是**日历图** (calendar plot) . 该图在空气污染物分析、风向分析中很有用.

使用 openair 包中的 calendarPlot 函数、ggTimeSeries 包中的 ggplot_calendar_heatmap 函数等, 均可以绘制日历图. 沿用例 4–1 的数据, 由 calendarPlot 函数绘制的 2018 年北京市 AQI 的日历图如图 7–16 所示.

```
# 图 7-16 的绘制代码 (数据: data4_1)
> data4_1<-read.csv("C:/mydata/chap04/data4_1.csv")
> df<-data.frame(date=as.Date(data4_1$ 日期),data4_1[,-1])
                                # 将 data4_1 中的日期转化成日期变量 date
> library(openair)
> calendarPlot(df,pollutant="AQI",cols="heat",year=2018,month=c(1:12))
```

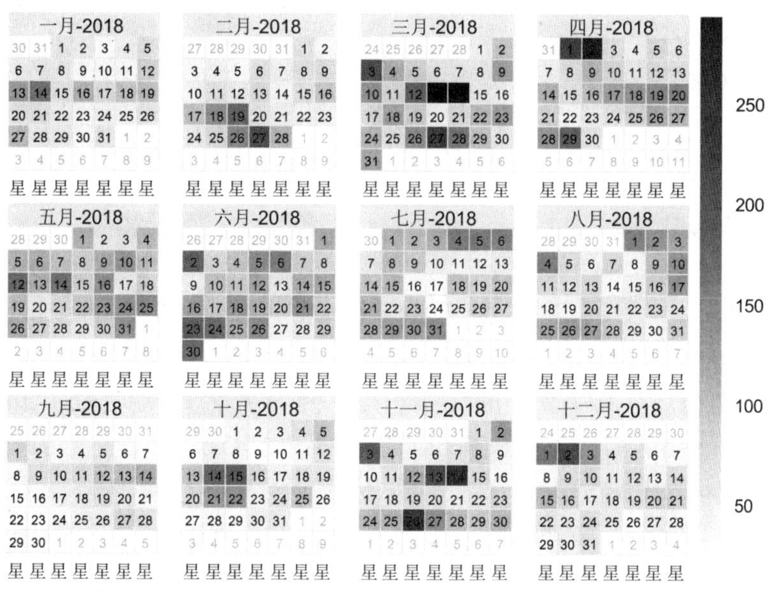

图 7–16 2018 年北京市 AQI 的日历图

绘图函数 calendarPlot 中的参数 mydata 是用于绘图的数据框; pollutant 用于指定绘图的变量; cols 用于指定绘图的颜色, 默认 cols="heat"; year 指定要绘制的年份; month 指定要绘制的月份, 默认 1:12, 即 1—12 月.

图 7–16 右侧的图例表示不同颜色深度代表的数值大小, 颜色越深, 表示数值越大. 从日历图中很容易发现每个月中哪一天的数值大, 哪一天的数值小. 图 7–16 显示, 3 月 13 日和 14 日、4 月 2 日、11 月 26 日的 AQI 数值较大, 表示这几天的空气质量较差. 从全年看, 9 月的空气质量最好.

如果想根据空气质量等级将 AQI 分类, 就需要设置分组向量并列出相应的分组标签. 比如, 根据空气质量标准划分为 6 级: 优 (0~50)、良 (51~100)、轻度污染 (101~150)、中度污染 (151~200)、重度污染 (201~300)、严重污染 (300 以上), 分别用绿色、黄色、橙色、红色、紫色、褐红色表示. 此时, 函数会根据指定的颜色画出相应的日历图, 并列出指定颜色向量的图例.

此外, 如果只想画出几个月份的日历图, 就需要使用参数 selectByDate 来选择要绘制的月份, 然后绘图. 图 7–17 是北京市 2018 年 1—3 月份 AQI 的日历图.

```
# 图 7-17 的绘制代码 (使用图 7-16 构建的数据框 df)
> calendarPlot(selectByDate(df,month=c(1,2,3),year=2018),     # 选择月份
+    pollutant="AQI",
+    key.position="bottom",                                     # 设置图例位置
+    breaks=c(0,50,100,150,200,300),                            # 设置分组向量
+    labels=c("优","良","轻度污染","中度污染","重度污染"),      # 设置标签向量
+    cols=c("green","yellow","orange","red","purple"))          # 设置颜色向量
```

图 7-17　2018 年 1—3 月北京市 AQI 的日历图

由于本例的 AQI 数据没有 300 以上的值, 因此只分成 5 组 (不含严重污染). 图 7–17 显示, 1 月份只有 14 日为中度污染; 2 月份 27 日为重度污染, 18 日、19 日、26 日为中度污染; 3 月各天的 AQI 都较高, 3 日、13 日、14 日、27 日为重度污染, 10 日、12 日、26 日、28 日为中度污染, 而空气质量为优的只有 1 日这一天.

如果有多个年份每一天的数据, 则可以以年为单位画出各个年份的日历图, 以便比较各年份间数据的变化模式.

【例 7–2】 (数据: data7_2.csv) 表 7–2 是 2016 年 1 月 1 日至 2019 年 12 月 31 日北京市的空气质量数据.

表 7–2　2016 年 1 月 1 日至 2019 年 12 月 31 日北京市的空气质量数据
(只列出前 3 行和后 3 行)

日期	AQI	质量等级	PM2.5 (μg/m³)	PM10 (μg/m³)	二氧化硫 (μg/m³)	一氧化碳 (μg/m³)	二氧化氮 (μg/m³)	臭氧浓度 (mg/m³)
2016/1/1	226	重度污染	176	199	33	3.4	106	12
2016/1/2	316	严重污染	266	299	35	4.6	124	16
2016/1/3	297	重度污染	247	296	20	3.5	83	22
⋮	⋮	⋮	⋮	⋮	⋮	⋮	⋮	⋮
2019/12/29	118	轻度污染	89	110	6	1.4	55	55
2019/12/30	35	优	8	35	3	0.3	10	52
2019/12/31	48	优	21	36	5	0.5	38	31

使用 ggTimeSeries 包中的 ggplot_calendar_heatmap 函数绘制的日历图如图 7–18

所示.

```
# 图 7-18 的绘制代码
> library(ggTimeSeries);library(RColorBrewer)
> data7_2<-read.csv("C:/mydata/chap07/data7_2.csv")
> years<-c(rep("2016",365),rep("2017",365),rep("2018",365),rep("2019",365))
> df<-data.frame(date=as.Date(data7_2$ 日期),AQI=data7_2$AQI,year=years)
                        # 将 data7_2 中的日期转化成日期变量 date, 并添加 year 列
> ggplot_calendar_heatmap(dtDateValue=df,
+   cDateColumnName="date",                          # 设置日期的列名
+   cValueColumnName="AQI",                          # 设置数据的列名
+   vcGroupingColumnNames="year",                    # 设置分组的列名
+   dayBorderSize=0.2,dayBorderColour="grey60",      # 设置每天的边界线大小和颜色
+   monthBorderSize=0.5,monthBorderColour="white")+
                                                     # 设置月份间的边界线大小和颜色
+   scale_fill_gradientn(colors=rev(brewer.pal(11,"RdYlBu")))+   # 设置调色板
+   facet_wrap(~year,ncol=1)                         # 按年份分面
```

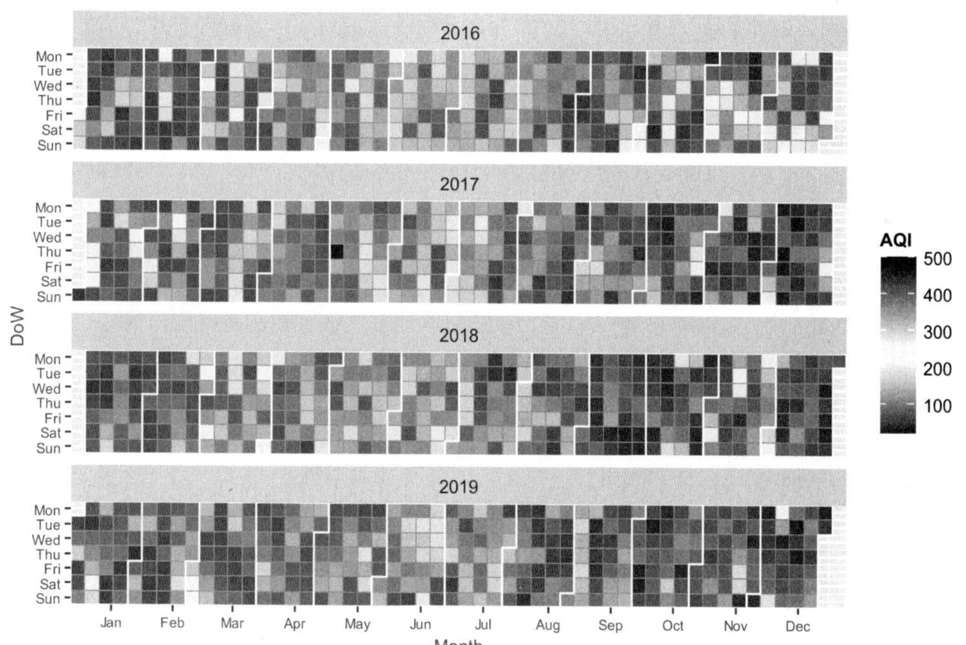

图 7-18　2016 年 1 月 1 日至 2019 年 12 月 31 日北京市 AQI 的日历图

图 7-18 右侧的图例表示不同颜色深度代表的数值大小. 从该图可以观察每年各月和每一天的 AQI 变化.

7.2 变动特征可视化

在分析时间序列时, 如果想知道在两个时间点之间序列发生了怎样的变化, 比如是上升还是下降, 可以画瀑布图进行分析; 如果想分析多个样本的多个时间序列之间发生了怎样的变化, 可以绘制两点间的斜率图进行分析; 如果想知道序列在哪里发生了趋势性的变化, 即出现了趋势性的拐点, 可以画序列的改变点进行分析.

7.2.1 时间序列的瀑布图

时间序列的**瀑布图** (waterfall plot) 不是画出序列的观测值本身, 而是序列中不同时间点的观测值的变化. 比如, 重点关注股市中每个交易日的股票价格指数与上个交易日相比是上升还是下降, 空气中的 PM2.5 与前一天相比是上升还是下降, 等等, 就可以用时间序列的瀑布图进行分析.

使用 ggTimeSeries 包中的 ggplot_waterfall 函数和 stat_waterfall 函数可以绘制式样不同的瀑布. 为便于观察和分析, 以例 4–1 中 AQI 和 PM2.5 两个指标的第 1 季度 (前 90 天) 数据为例, 由 ggplot_waterfall 函数绘制的瀑布图如图 7–19 所示.

```
# 图 7-19 的绘制代码 (数据: data4_1)
> library(reshape2);library(ggTimeSeries);library(ggplot2)
> data4_1<-read.csv("C:/mydata/chap04/data4_1.csv")
> d<-data4_1[1:90,]                              # 选择第 1 季度 (前 90 天) 的数据
> dd<-data.frame(日期=as.Date(d$日期),d[,c(2,4)]) # 选择绘图变量 AQI 和 PM2.5
> df<- melt(dd,id.vars="日期",variable.name="指标",value.name="指标值")
> ggplot_waterfall(dtData=df,cXColumnName="日期",cYColumnName="指标值",
+   nArrowSize=0.15)+                            # 设置箭头的大小
+   facet_wrap(~指标,ncol=2)+                    # 图形按一列分面
+   theme(legend.position="none",                # 去掉图例
+      axis.title=element_text(size=10),         # 设置坐标轴标题字体大小
+      axis.text=element_text(size=9))           # 设置坐标轴文本字体大小
```

图 7–19 中向上的红色箭头表示与前一天相比数值上升, 向下的黑色箭头表示数值下降, 绿色的圆点表示数值持平, 线的长短表示指标数值的大小 (y 轴).

使用 stat_waterfall 函数绘制的瀑布图不是用带箭头的线表示数值的变化, 而是用条形表示. 比如, 由该函数绘制的 AQI 和 PM2.5 两个指标的瀑布图如图 7–20 所示.

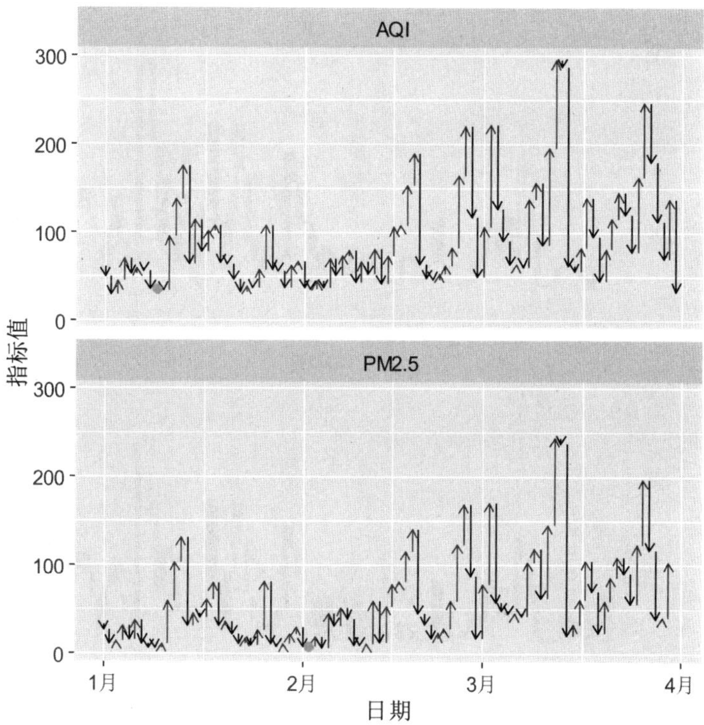

图 7-19　北京市 2018 年 1—3 月 AQI 和 PM2.5 的瀑布图

```
# 图 7-20 的绘制代码（使用图 7-18 构建的数据框 df）
> ggplot(df,aes(x=日期,y=指标值))+
+   stat_waterfall()+
+   facet_wrap(~指标,ncol=2)+
+   theme(legend.position="none",
+       axis.title=element_text(size=10),
+       axis.text=element_text(size=9))
```

图 7–20 中绿色的条形表示数值上升, 红色的条形表示数值下降.

7.2.2 两个时点间的斜率图

如果有多个样本和多个时间序列的观测值, 就可以画出各样本的同一个观测值在两个序列之间的连线, 通过直线的斜率来观察序列的趋势是上升还是下降, 这就是**斜率图** (slope chart).

【例 7–3】 (数据: data7_3.csv) 表 7–3 是中国部分城市 2014—2017 年的商品房销售面积数据.

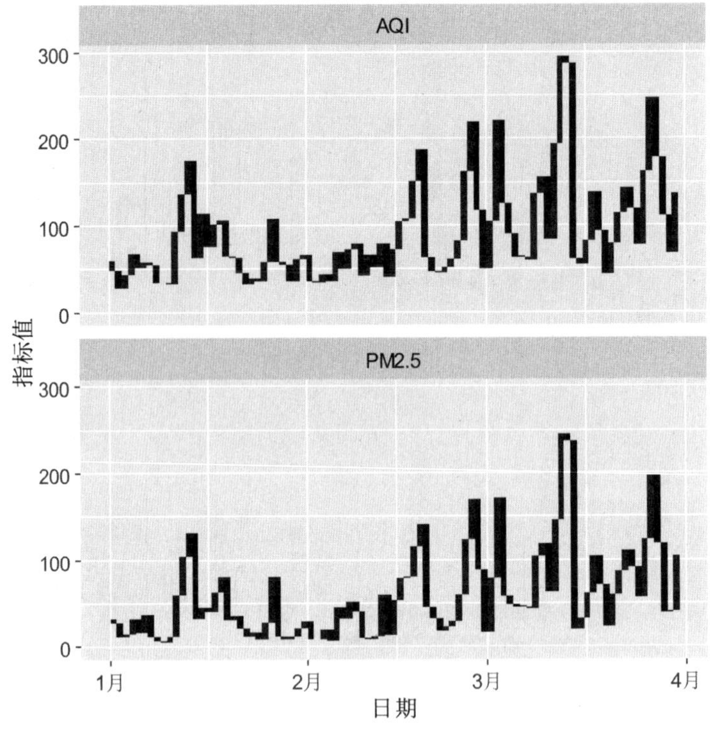

图 7-20　北京市 2018 年 1—3 月 AQI 和 PM2.5 的条形瀑布图

表 7-3　部分城市 2014—2017 年的商品房销售面积　　单位: 万平方米

地区	2014 年	2015 年	2016 年	2017 年
北京	1 454.19	1 554.25	1 658.93	869.95
上海	2 084.66	2 431.36	2 705.69	1 691.6
南京	1 207.58	1 543.16	1 558.18	1 429.61
厦门	790.21	570.83	528.86	527.88
济南	865.35	1 192.12	1 425.29	1 216.27
郑州	1 591.91	1 898.67	2 859.18	3 097.81
武汉	2 273.16	2 627.19	3 255.66	3 532.61
广州	1 540.02	1 653.07	1 949.1	1 757.75
深圳	532.57	831.46	736.19	671.03
成都	2 951.3	2 997.43	3 928.77	3 925.91
贵阳	935.55	959.55	981.87	1 068.67
昆明	1 289.37	1 305.03	1 520.87	1 827.25
西安	1 696.39	1 762.7	2 036.18	2 459.35

假定想比较各城市 2014 年和 2017 年这两个年份之间商品房销售面积的变化, 可以绘制两点间的连线, 如图 7–21(a) 所示. 如果选择 2016 年和 2017 年作为绘图数据, 则如图 7–21(b) 所示.

```
# 图 7-21(a) 的绘制代码
> library(ggplot2)
# 整理数据
> data7_3<-read.csv("C:/mydata/chap07/data7_3.csv",check.names=FALSE)
> df<-data.frame(data7_3[,c(1,2,5)],check.names=FALSE)    # 选择绘图数据
> colnames(df)<-c("地区","A","B")       # 重新设置列变量标签 (A=2014; B=2017)
> left_label<-paste(df$ 地区,round(df$'A'),sep=",")        # 设置左标签
> right_label<-paste(df$ 地区,round(df$'B'),sep=",")       # 设置右标签
> df$class<-ifelse((df$B-df$A)>0,"red","green")           # 设置线的颜色

# 绘制连线
> p<-ggplot(df)+
+geom_segment(aes(x=1,xend=2,y=A,yend=B,col=class),size=0.5,show.legend=FALSE)+
                                                         # 画连接线
+ geom_vline(xintercept=1,linetype="solid",size=0.1)+     # 画 2014 年垂直线
+ geom_vline(xintercept=2,linetype="solid",size=0.1)+     # 画 2017 年垂直线
+ geom_point(aes(x=1,y=A),size=2,shape=21,fill="pink",color="black")+
                                                         # 2014 年数据点
+ geom_point(aes(x=2,y=B),size=2,shape=21,fill="pink",color="black")+
                                                         # 2017 年数据点
+ scale_colour_manual(labels=c("Up","Down"),values=c("red"="red",
"green"="green2"))+
+   xlim(0.7,2.3)                                        # x 轴的范围

# 增加标签
> p<-p+geom_text(label="2014",x=1,y=1.01*max(df$A,df$B),hjust=1.2,size=3)
                                                         # 画出左垂直线标签
> p<-p+geom_text(label="2017",x=2,y=1.01*max(df$A,df$B),hjust=1.2,size=3)
                                                         # 画出右垂直线标签
>p<-p+geom_text(label=left_label,y=df$A,x=rep(1,NROW(df)),hjust=1.1,size=2)
                                                         # 画出左侧标签
>p<-p+geom_text(label=right_label,y=df$B,x=rep(2,NROW(df)),hjust=-0.1,size=2)
                                                         # 画出右侧标签
> p1<-p+theme_void()                                     # 设置图形主题
> p1
```

图 7-21(a) 显示, 2017 年与 2014 年相比, 商品房销售面积下降的城市只有上海、北京和厦门, 其余均有所上涨. 直线的斜率显示, 涨幅较大的有郑州、武汉、西安和成都; 跌幅最大的是北京, 上海和厦门的跌幅相当.

图 7-21(b) 显示, 2017 年与 2016 年相比, 商品房销售面积上涨的城市有武汉、郑州、西安、昆明和贵阳, 其余均有所下跌. 直线的斜率显示, 涨幅较大的有西安和昆明, 涨幅最小的是贵阳; 跌幅最大的是上海和北京, 跌幅较小的是成都和厦门, 其余城市跌

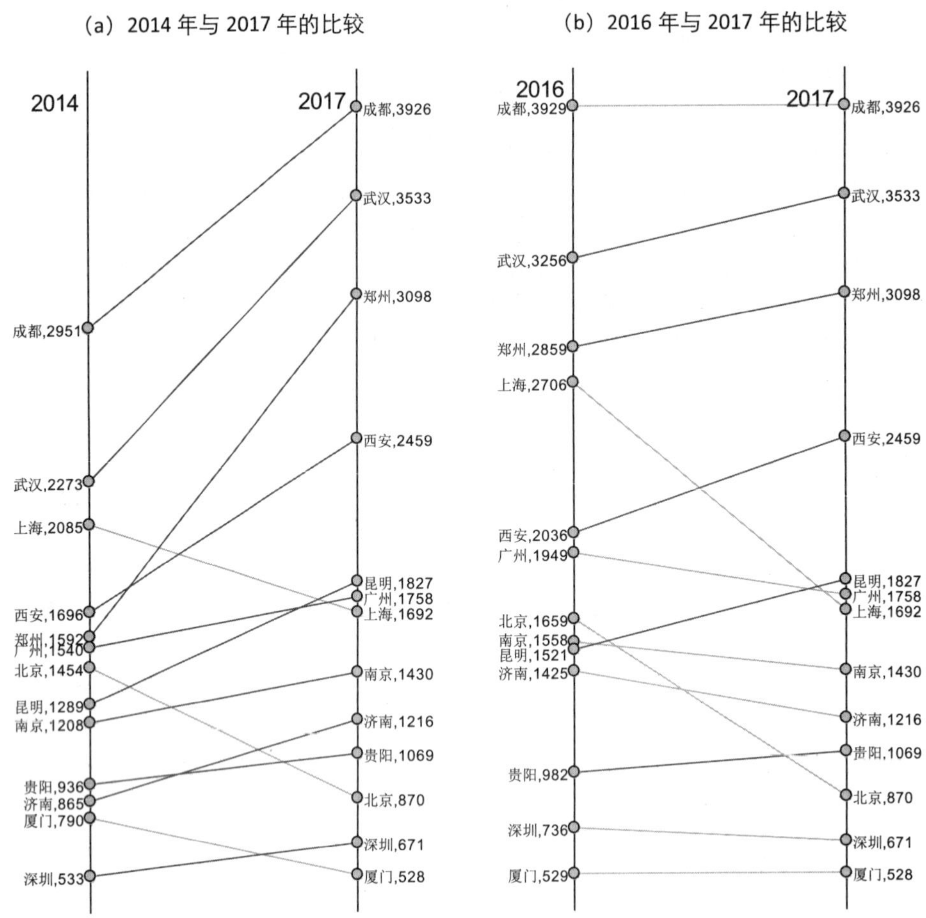

图 7–21　中国部分城市不同年份商品房销售面积的比较

幅相当.

7.2.3　序列的改变点

序列变化中出现的趋势性拐点称为**改变点** (change point). 比如, 股票价格指数的走势在某一时间出现了趋势性的改变. 改变点的出现往往预示着一个新周期的开始或结束.

使用 changepoint 包中的 cpt.mean 函数可以识别出均值的改变点, 使用 cpt.var 函数可以识别出方差的改变点, 使用 cpt.meanvar 函数可以识别出均值和方差的改变点. 使用 plot 函数或 ggfortify 包中的 autoplot 函数均可以绘制出改变点的位置或改变点前后的均值线.

【例 7–4】 (数据: data7_4.csv) 制造业采购经理指数简称制造业 PMI (Purchasing Managers' Index), 它是从全国制造业企业中抽取部分样本企业, 对企业采购经理进行月度问卷调查而编制的一个综合指数, 由新订单指数、生产量指数、从业人员指数、供应商配送时间指数、原材料库存指数 5 个分类指数加权后计算得出. 制造业 PMI 对国家经济活动的监测和预测具有重要作用, 通常以 50% 作为经济强弱的分界点. 制造业 PMI 高于 50%, 表示制造业经济扩张; 低于 50%, 则表示制造业经济衰退. 表 7–4 是 2014 年 1 月至 2018 年 12 月中国制造业 PMI 数据.

表 7–4　2014 年 1 月至 2018 年 12 月中国制造业 PMI (%)

时间	2014 年	2015 年	2016 年	2017 年	2018 年
1 月	50.5	49.8	49.4	51.3	51.3
2 月	50.2	49.9	49.0	51.6	50.3
3 月	50.3	50.1	50.2	51.8	51.5
4 月	50.4	50.1	50.1	51.2	51.4
5 月	50.8	50.2	50.1	51.2	51.9
6 月	51.0	50.2	50.0	51.7	51.5
7 月	51.7	50.0	49.9	51.4	51.2
8 月	51.1	49.7	50.4	51.7	51.3
9 月	51.1	49.8	50.4	52.4	50.8
10 月	50.8	49.8	51.2	51.6	50.2
11 月	50.3	49.6	51.7	51.8	50.0
12 月	50.1	49.7	51.4	51.6	49.4

根据制造业 PMI 数据, 使用 ggfortify 包中的 autoplot 函数绘制的均值和方差的改变点如图 7–22 所示.

```
# 图 7-22 的绘制代码
> library(reshape2);library(changepoint);library(ggfortify)
> data7_4<-read.csv("C:/mydata/chap07/data7_4.csv",check.names=FALSE)
> df<-reshape2::melt(data7_4,id.vars="时间",
+   variable.name="年份",value.name="制造业 PMI")          # 融合为长格式
> PMI<-ts(df[,3],start=c(2014,1),frequency=12)           # 转换成时间序列对象
> autoplot(cpt.meanvar(PMI),              # 使用 cpt.meanvar 函数计算改变点并绘图
+   cpt.col="red",cpt.line=6,cptlwd=3,              # 设置改变点的颜色、线型和线宽
+   xlab="时间",ylab="制造业 PMI")
```

图 7–22 中的垂直虚线是计算出来的改变点的位置, 即 2016 年 9 月, 表示 2016 年 9 月前的均值和方差与 9 月后的均值和方差相比发生了改变.

使用 plot 函数可以绘制出改变点前后的均值线, 如图 7–23 所示.

```
# 图 7-23 的绘制代码 (使用图 7-21 构建的时间序列对象 PMI)
> plot(cpt.meanvar(PMI),xlab="时间",ylab="制造业 PMI")
                                                 # 绘制出均值和方差改变后的均值线
> abline(h=mean(PMI),lty=2,col="blue")           # 添加 PMI 的均值线
```

图 7–23 中的虚线是 2014 年 1 月至 2018 年 12 月制造业 PMI 的均值; 虚线上下的两条实线是改变点前后的连线.

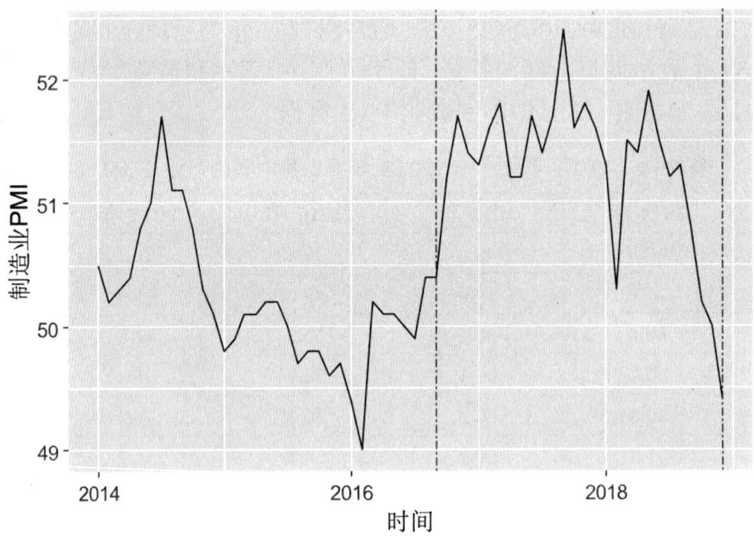

图 7–22 制造业 PMI 的改变点

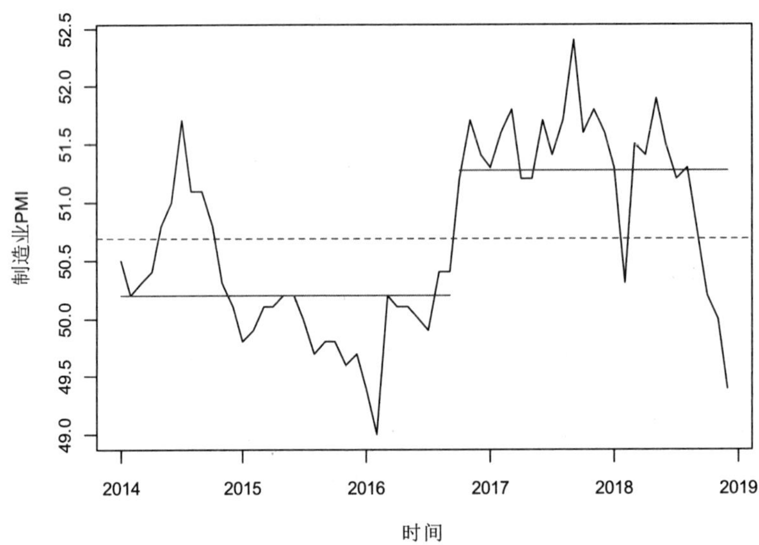

图 7–23 制造业 PMI 改变点前后的均值线

7.2.4 时间序列的动态交互图

交互图 (interactive plot) 可以实现图形与数据的联动. 将鼠标指针移到交互图中, 移动鼠标指针可以观察图形对应的数据点. R 中有多个包可以绘制动态交互图, 比如, ggiraphExtra 包和 plotly 包均可以绘制不同的动态交互图, 如折线图、散点图、直方图、箱线图、条形图等.

使用 dygraphs 包中的 dygraph 函数可以绘制时间序列的动态交互图; 使用 dyRoller 函数可以绘制移动平均动态交互图. 为便于观察和分析, 仅以例 4–1 中 AQI 的数据为例, 由 dygraph 函数绘制的动态交互图如图 7–24 所示.

```
# 图 7-24 的绘制代码 (数据: data4_1)
> library(xts);library(dygraphs)
> data4_1<-read.csv("C:/mydata/chap04/data4_1.csv")
> date<-seq(as.Date("2018-01-01"),by="days",length=365)
                                                   # 使用 seq 函数生成时间
> dts<-xts(x=data4_1[,-c(1,3)],order.by=date)     # 生成时间序列对象
> dygraph(data=dts$AQI,xlab="时间",ylab="AQI",main="AQI 的动态交互图")
```

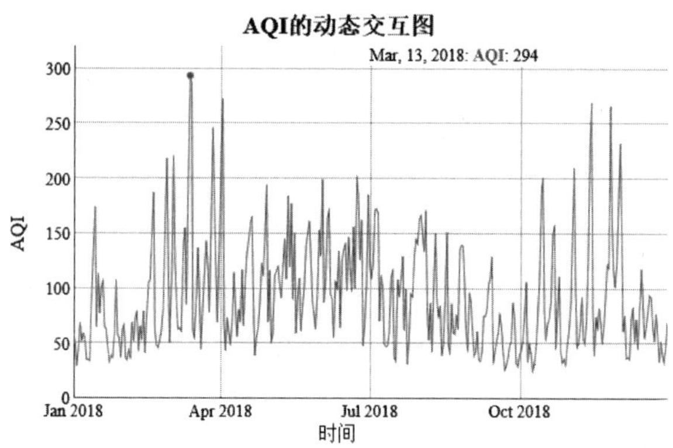

图 7–24　北京市 2018 年 AQI 的动态交互图 (截图)

在图 7–24 中, 鼠标指针所在位置对应的是 2018 年 3 月 13 日 AQI 的值, 为 294. 移动鼠标指针可观察任何时间点对应的 AQI 的数值.

由 dyRoller 函数绘制的 AQI、PM2.5 和 PM10 的 30 日移动平均动态交互图如图 7–25 所示.

```
# 图 7-25 的绘制代码 (使用图 7-23 构建的时间序列对象 dts)
> dygraph(data=dts[,c(1,2,3)],xlab="时间",ylab="移动平均值",
+   main="移动平均动态交互图") %>%                 # %>% 为连续操作符
+   dyRoller(dygraph,rollPeriod=30)                # 30 日移动平均
```

图 7–25　AQI、PM2.5 和 PM10 的 30 日移动平均动态交互图 (截图)

图 7–25 左下角显示一个方框, 方框内的数字是移动平均的周期数. 在方框内输入要移动的间隔周期数, 即可得到相应的移动平均动态交互图. 将鼠标指针放在图中任意位置, 可以显示对应日期的 30 天移动平均值.

结合 dygraphs 包中的其他函数, 可以绘制更多式样的交互图. 请读者自己查阅函数帮助.

7.3 序列成分可视化

时间序列的变化模式是由其影响因素决定的. 影响时间序列的因素主要有趋势 (T)、季节 (S) 和随机波动 (e), 这些因素称为时间序列的**成分** (components). t 期的观测值 Y_t 与各成分之间的关系可以用加法模型 (additive model, $Y_t = T_t + S_t + e_t$) 或乘法模型 (multiplicative model, $Y_t = T_t \times S_t \times e_t$) 来表达.

7.3.1 成分分解图

观察时间序列成分的有效方法就是画出其图像, 利用折线图或面积图可以大致判断时间序列包含的成分. 图 7–26 是包含不同成分的时间序列图.

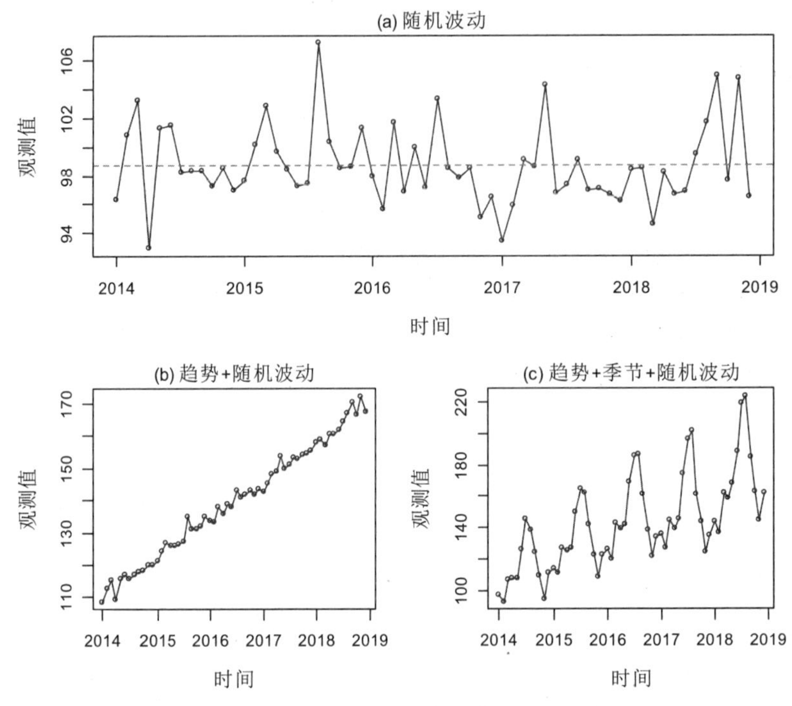

图 7–26 含有不同成分的时间序列

图 7–26(a) 是一个随机波动序列, 观测值基本上围绕其均值波动, 没有任何固定模式; 图 7–26(b) 是含有趋势成分和随机成分的序列, 虽然观测值短期有波动, 但长期看

有明显的线性趋势; 图 7–26(c) 是含有趋势成分、季节成分和随机成分的序列, 观测值在一个年度内有明显的固定变化模式, 而且这种模式在不同年份都相同, 同时, 后期年份的观测值总是大于 (也可能总是小于) 前期年份的观测值, 其间还夹杂着随机波动.

下面通过一个例子来分析时间序列的成分.

【例 7–5】 (数据: data7_5.csv) 表 7–5 是 2010 年 1 月至 2017 年 12 月中国社会消费品零售总额数据.

表 7–5　2010 年 1 月至 2017 年 12 月中国社会消费品零售总额　单位: 亿元

时间	2010 年	2011 年	2012 年	2013 年	2014 年	2015 年	2016 年	2017 年
1 月	12 718.1	15 249.0	17 479.9	19 629.9	21 951.1	24 916.5	27 504.2	30 129.1
2 月	12 334.2	13 769.1	16 188.7	18 179.9	20 329.6	23 076.0	25 406.1	27 830.6
3 月	11 321.7	13 588.0	15 650.2	17 641.2	19 800.6	22 722.8	25 114.1	27 863.7
4 月	11 510.4	13 649.0	15 603.1	17 600.3	19 701.2	22 386.7	24 645.8	27 278.5
5 月	12 455.1	14 696.8	16 714.8	18 886.3	21 249.8	24 194.8	26 610.7	29 459.2
6 月	12 329.9	14 565.1	16 584.9	18 826.7	21 166.4	24 280.3	26 857.4	29 807.6
7 月	12 252.8	14 408.0	16 314.9	18 513.2	20 775.8	24 338.8	26 827.4	29 609.8
8 月	12 569.8	14 705.0	16 658.9	18 886.2	21 133.9	24 893.4	27 539.6	30 329.7
9 月	13 536.5	15 865.1	18 226.6	20 653.3	23 042.4	25 270.6	27 976.4	30 870.3
10 月	14 284.8	16 546.4	18 933.8	21 491.3	23 967.2	28 278.9	31 119.2	34 240.9
11 月	13 910.9	16 128.9	18 476.7	21 011.9	23 474.7	27 937.3	30 958.5	34 108.2
12 月	15 329.5	17 739.7	20 334.2	23 059.7	25 801.3	28 635.0	31 757.0	34 734.1

为观察社会消费品零售总额的成分, 分别使用 graphics 包中的 plot 函数画出其观测值图, 使用 forecast 包中的 seasonplot 函数画出其按年折叠图, 使用 stats 包中的 monthplot 函数画出其同月份图, 如图 7–27 所示.

```
# 图 7-27 的绘制代码
> library(reshape2);library(forecast)
> data7_5<-read.csv("C:/mydata/chap07/data7_5.csv",check.names=FALSE)
> df<-melt(data7_5,id.vars="时间",
+   variable.name="年份",value.name="零售总额")            # 融合成长格式
> retail.ts<-ts(df[,3],start=2010,frequency=12)           # 转化成时间序列对象
> layout(matrix(c(1,1,2,3),nrow=2,ncol=2,byrow=T))
> par(mai=c(0.6,0.7,0.2,0.1),las=1,mgp=c(3.5,1,0),lab=c(10,5,1),
+   cex=0.6,cex.lab=1,font.main=1)
> plot(retail.ts,type="o",col="red2",
+   xlab="时间",ylab="社会消费品零售总额",main="(a) 观测值图")
> abline(v=c(2010:2018),lty=6,col="gray70")
> par(las=3)
> seasonplot(retail.ts,xlab="月份",ylab="社会消费品零售总额",
+   year.labels=TRUE,col=1:8,cex=0.7,main="(b) 按年折叠图")
```

```
> monthplot(retail.ts,xlab="月份",ylab="社会消费品零售总额",lty.base=6,
col.base="red",cex=0.8,main="(c) 同月份图")
```

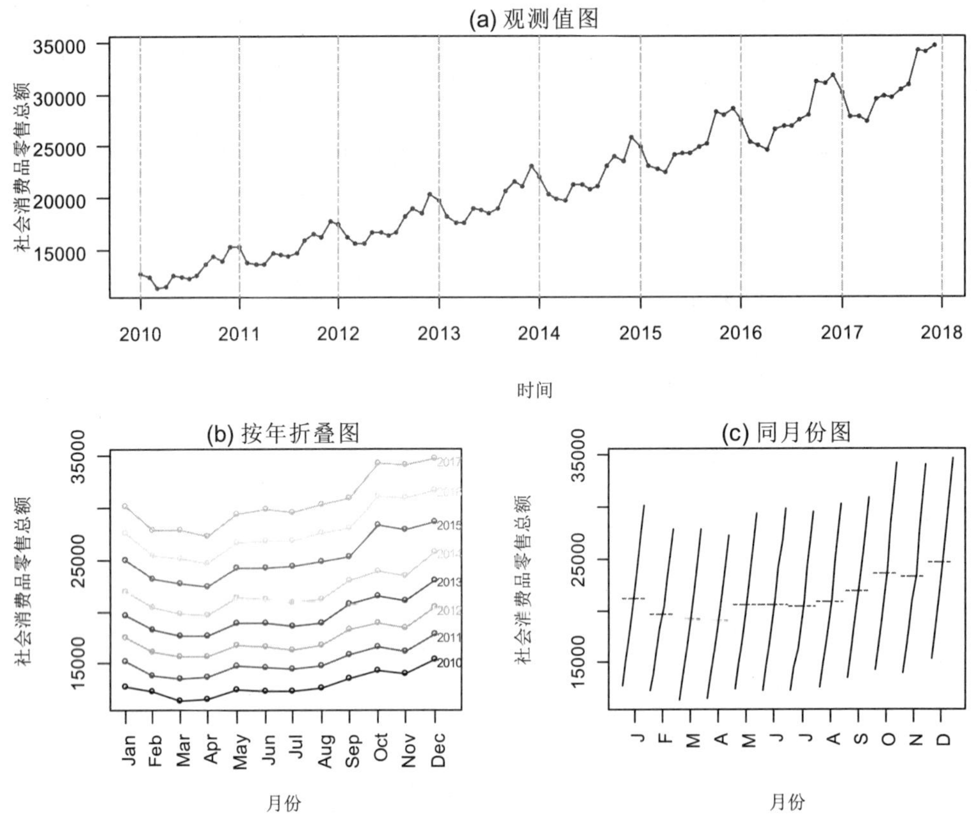

图 7–27　社会消费品零售总额的观测值图、按年折叠图和同月份图

图 7–27(a) 显示, 社会消费品零售总额含有趋势成分、季节成分和随机成分; 图 7–27(b) 显示, 后期年份的零售总额均高于前期年份, 而且折线形状基本一致且没有交叉, 这表示零售总额存在趋势成分和季节成分; 图 7–27(c) 显示, 零售总额较低的月份是 2—4 月份, 较高的月份是 10—12 月份.

下面将时间序列的各个成分依次分解出来, 以便观察时间序列本身固有的模式. 分解时, 可以使用加法模型, 也可以使用乘法模型.

R 自带的 stats 包提供了两个分解函数, 一个是 decompose 函数, 另一个是 stl 函数, 它们均可以实现加法模型分解和乘法模型分解. decompose 函数提供的是经典的移动平均分解方法, 即使用移动平均法将时间序列分解为季节成分、趋势成分和随机成分. 该函数首先使用移动平均确定趋势成分, 然后将其从时间序列中剔除, 得到含有季节成分和随机成分的序列, 再将季节成分从时间序列中剔除, 最后得到随机成分. 该方法要求时间序列有完整的时间周期. stl 函数是使用 loess 平滑方法从时间序列中依次分解出季节成分、趋势成分和随机成分.

下面, 首先使用 decompose 函数采用乘法模型对社会消费品零售总额进行分解, 然后用 plot 函数绘制其分解图, 如图 7–28 所示.

```
# 图 7-28 的绘制代码
> data7_5<-read.csv("C:/mydata/chap07/data7_5.csv",check.names=FALSE)
> retail.ts<-ts(data7_5[,3],start=2010,frequency=12)
> retail.m<-decompose(retail.ts,type="multiplicative") # 用乘法模型分解序列
> par(mai=c(0.5,0.7,0.1,0.1),cex.lab=0.8,cex.main=1,font.main=1)
> plot(retail.m,type='o',col="red4")                    # 绘制各成分图
```

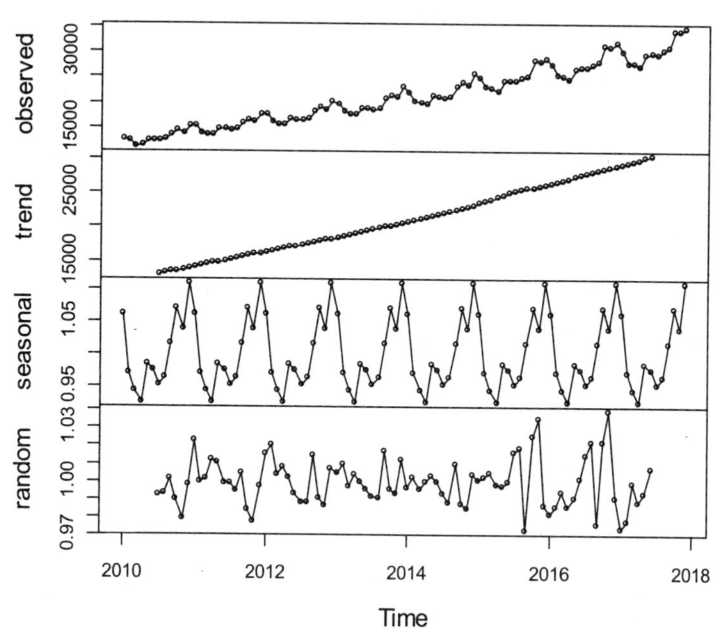

图 7-28　社会消费品零售总额的乘法模型分解图

图 7-28 中依次画出了社会消费品零售总额的观测值以及分解后的趋势成分、季节成分和随机成分. 从分解后的趋势看, 社会消费品零售总额具有明显的线性上升趋势; 从季节变化看, 零售总额销售的淡季是 2—8 月份, 旺季是 1 月、9 月—12 月; 随机成分图显示, 在不受趋势、季节因素影响的情况下, 零售总额基本上围绕水平随机波动.

也可以将零售总额的观测值图和剔除季节因素后的趋势图叠加在一起, 观察零售总额在不受季节因素影响下的变化特征, 如图 7-29 所示.

```
# 图 7-29 的绘制代码 (使用图 7-27 构建的时间序列对象 retail.ts)
> par(mai=c(0.6,0.6,0.1,0.1),lab=c(10,5,1),cex=0.7)
> s.adjust<-retail.ts/retail.m$seasonal
> plot(retail.ts,xlab="时间",ylab="零售总额",type='o',pch=19)
> lines(s.adjust,type='l',lty=1,col="red")
> legend(x="topleft",legend=c("零售总额","季节调整后的零售总额"),
+    lty=1,col=1:2,fill=1:2,inset=0.01,box.col="grey80",cex=0.8)
```

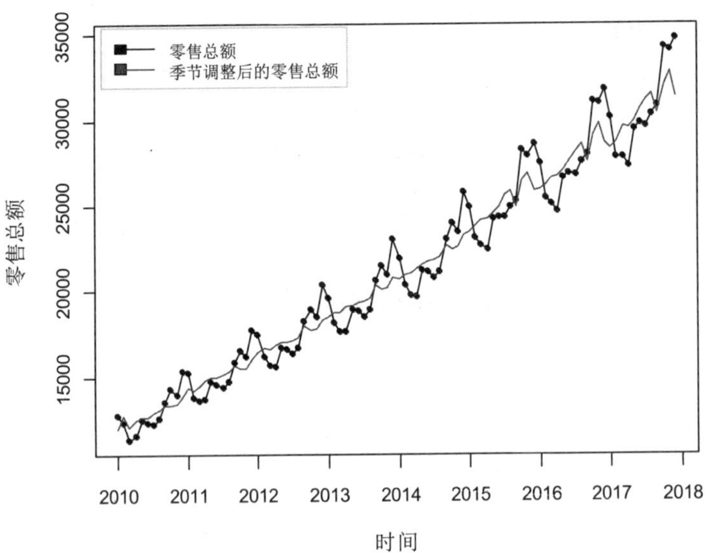

图 7-29　社会消费品零售总额的观测值与剔除季节因素后的比较

图 7–29 显示, 剔除季节影响后, 社会消费品零售总额为线性上升趋势, 其间夹杂着随机波动.

7.3.2　随机成分平滑曲线

随机波动往往掩盖了时间序列的固有模式, 利用**移动平均** (moving average) 可以将时间序列中的随机波动平滑掉, 从而有利于观察其变化的形态或固有模式.

移动平均是选择固定长度的移动间隔, 对序列逐期移动求得平均数作为平滑值. 使用 forecast 包中的 ma 函数、DescTools 包中的 MoveAvg 函数、caTools 包中的 runmean 函数等, 均可以做移动平均. 使用 graphics 包中的 plot 函数、openair 包中的 timePlot 函数、ggfortify 包中的 autoplot 函数等, 均可以绘制移动平均线.

以例 4–1 的数据为例, 使用 ma 函数对 2018 年 1 月 1 日至 2018 年 12 月 31 日的 AQI 进行 10 期和 30 期移动平均, 然后用 plot 函数绘制观测值和移动平均图, 如图 7–30 所示.

```
# 图 7-30 的绘制代码 (数据: data4_1)
> library(forecast)
> data4_1<-read.csv("C:/mydata/chap04/data4_1.csv")
> d.ts<-ts(data4_1[,-c(1,3)],start=c(2018,1,1),frequency=365)
                                                    # 生成时间序列对象
> AQI.ma10<-ma(d.ts[,2],order=10,centre=TRUE)       # 10 期移动平均
> AQI.ma30<-ma(d.ts[,2],order=30,centre=TRUE)       # 30 期移动平均
> par(mai=c(0.6,0.6,0.1,0.1),cex=0.7)
> plot(d.ts[,2],type="l",col="grey50",xlab="时间",ylab="AQI") # 绘制折线图
> lines(AQI.ma10,col="red3",lty=1,lwd=2)            # 添加 10 期移动平均线
```

```
> lines(AQI.ma30,col="blue3",lty=1,lwd=2)              # 添加 30 期移动平均线
> legend(x="topright",
+   legend=c("AQI的观测值","10期移动平均","30期移动平均"),
+   lty=c(1,1,6),col=c("grey50","red3","blue3"),
+   fill=c("grey50","red3","blue3"),box.col="grey80",
+   inset=0.01,ncol=3,cex=0.8)                          # 添加图例
```

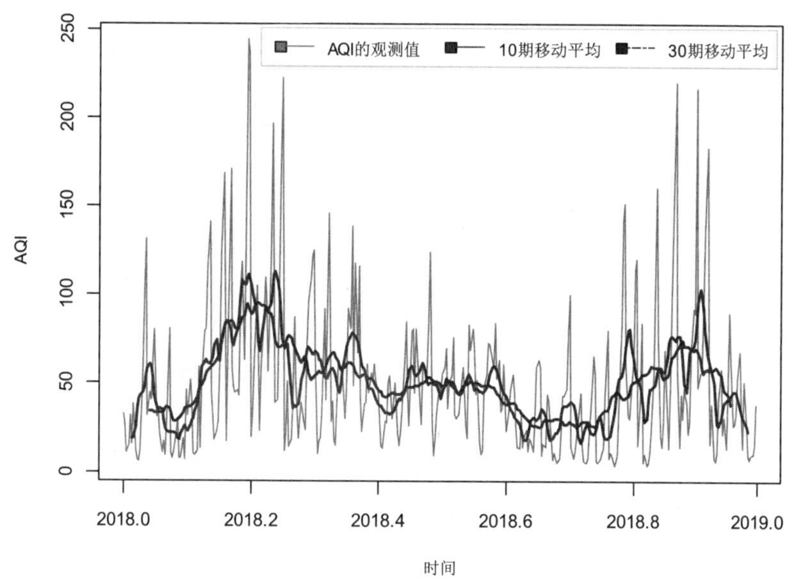

图 7–30　2018 年北京市 AQI 的移动平均图

图 7–30 显示, 移动平均的间隔越长, 曲线越平滑. 在实际应用中, 移动间隔长度的选择应视具体情况而定, 当数据量较大时, 移动间隔可长一些; 如果数据是以固定长度的周期采集的, 移动间隔的长度最好与数据的采集周期一致, 这样可以有效去除序列中的随机波动. 比如, 如果数据是按季度采集的, 移动间隔长度应取 4; 如果是按月采集的, 移动的间隔长度应取 12; 等等.

使用 openair 包中的 timePlot 函数, 可以同时绘制多个时间序列的移动平均图. 以例 4–1 的数据为例, 绘制的 AQI、PM2.5、PM10 和臭氧浓度 4 个指标的移动平均图如图 7–31 所示.

```
# 图 7-31 的绘制代码 (数据: data4_1)
> library(openair)
> data4_1<-read.csv("C:/mydata/chap04/data4_1.csv")
> df<-data.frame(date=as.Date(data4_1$ 日期),data4_1[,c(2,4,5,9)])
                                                        # 选择绘图变量
> timePlot(df,pollutant=c("AQI","PM2.5","PM10","臭氧浓度"),
+   avg.time="7 day",key=FALSE,date.breaks=12,xlab="日期",ylab="指标")
                                                        # 7 日移动平均
```

在图 7–31 的绘制代码中, 移动间隔参数 avg.time 可根据需要选择, 可设置为 "sec"

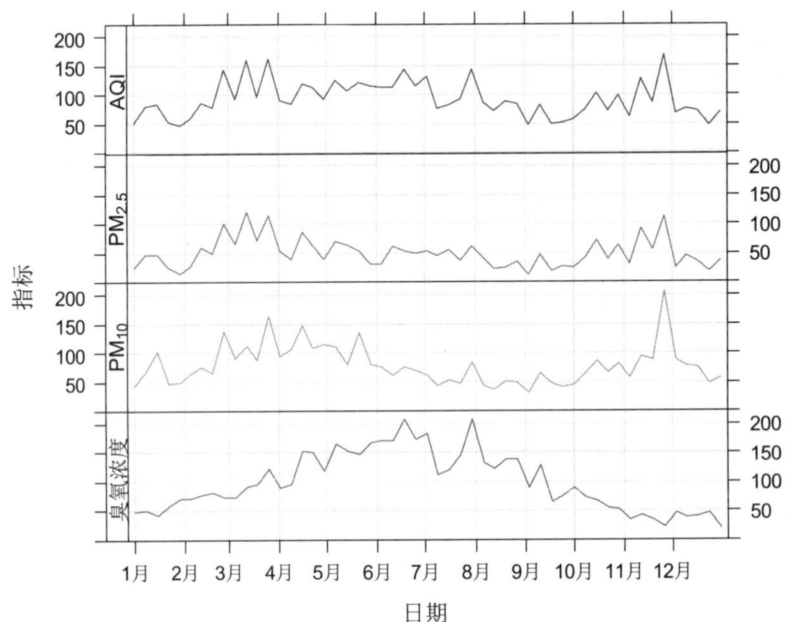

图 7–31 4 项指标的 7 日移动平均折线图

(秒)、"min" (分钟)、"hour" (小时)、"day" (天)、"week" (周)、"month" (月)、"quarter" (季) 或 "year" (年) 等.

7.4 预测结果可视化

时间序列分析的主要目的是预测未来. 对预测方法的介绍请参阅相应的统计书籍, 本节主要介绍预测结果的可视化方法.

7.4.1 指数平滑预测可视化

如果一个时间序列包含趋势成分、季节成分和随机成分, 设季节周期长度为 p (季度数据 $p=4$, 月份数据 $p=12$), t 期的观测值可表示为: $Y_t = a_t + b \times t + s$. 式中, a_t 表示 t 期的水平 (模型常数项); b 表示 t 期的斜率 (趋势项); s 表示 t 期的季节成分. $t+h$ 期的指数平滑预测值可表示为:

加法模型: $\widehat{Y}_{t+h} = a_t + h \times b_t + s_{t-p+h}$

式中, $\widehat{Y}_{t+h}$ 为 $t+h$ 期的预测值; h 为要预测的 t 期以后的时期数; $a_t = \alpha(Y_t - s_{t-p}) + (1-\alpha)(a_{t-1} + b_{t-1})$, 即 t 期的平滑值; $b_t = \beta(a_t - a_{t-1}) + (1-\beta)b_{t-1}$, 即 t 期的趋势值; $s_t = \gamma(Y_t - a_t) + (1-\gamma)s_{t-p}$, 即 t 期的季节成分.

乘法模型: $\widehat{Y}_{t+h} = (a_t + h \times b_t) \times s_{t-p+h}$

式中, $a_t = \alpha(Y_t/s_{t-p}) + (1-\alpha)(a_{t-1} + b_{t-1}); b_t = \beta(a_t - a_{t-1}) + (1-\beta)b_{t-1}; s_t = \gamma(Y_t/a_t) + (1-\gamma)s_{t-p}$.

如果序列中只含有随机成分, t 期的观测值可表示为 $Y_t = a_t + e_t$, 即水平 + 随机误差; $t+h$ 期的预测值为 $\widehat{Y}_{t+h} = a_t Y_t + (1-\alpha)a_t$. 这就是简单指数平滑预测模型.

如果序列中含有趋势成分和随机成分, t 期的观测值可表示为 $Y_t = a_t + b \times t + e_t$, 即水平 + 趋势 + 随机误差; $t+h$ 期的预测值为 $\widehat{Y}_{t+h} = a_t + h \times b_t$. 这就是 Holt 指数平滑预测模型.

如果序列中包含趋势成分、季节成分和随机成分, t 期的观测值可表示为 $Y_t = a_t + b \times t + s + e_t$, 即水平 + 趋势 + 季节 + 随机误差; $t+h$ 期的预测值为 $\widehat{Y}_{t+h} = a_t + h \times b_t + s_{t-p+h}$. 这就是 Winter 指数平滑预测模型.

使用 stats 包中的 Holt-Winters 函数、forecast 包中的 ets 函数等均可以实现指数平滑预测.

Holt-Winters 函数中的参数 x 是用于预测的时间序列对象; alpha=NULL,beta=NULL, gamma=NULL 为平滑系数, 取值均在 [0,1] 之间.

ets 函数中的参数 y 是用于预测的数值向量或时间序列对象; model="ZZZ" 中的第一个字母表示误差类型 ("A"、"M" 或"Z"); 第二个字母表示趋势类型 ("N"、"A"、"M" 或"Z"); 第三个字母表示季节类型 ("N"、"A"、"M" 或"Z"). 上述参数中, "N"= 无, "A" = 加法模型, "M" = 乘法模型, "Z" = 自动选择. 比如, model="ANN" 表示具有加法误差的简单指数平滑, model="MAM" 表示具有乘法误差的 Holt-Winters 乘法模型, 依此类推.

沿用例 7–2 的数据, 用简单指数平滑模型预测 2019 年 1 月的制造业 PMI, 结果如图 7–32 所示.

```
# 图 7-32 的绘制代码
> library(forecast)
> data7_4<-read.csv("C:/mydata/chap07/data7_4.csv",check.names=FALSE)
> df<-reshape2::melt(data7_4,id.vars="时间",
+   variable.name="年份",value.name="制造业 PMI")          # 融合成长格式
> PMI<-ts(df[,3],start=c(2014,1),frequency=12)          # 转换成时间序列对象
> PMI.fit<-ets(PMI,model="ANN")                    # 拟合简单指数平滑加法模型
> PMI.f<-forecast(PMI.fit,h=1)                     # 预测 2019 年 1 月份的 PMI
> par(mfrow=c(1,2),mai=c(0.7,0.7,0.3,0.1),cex=0.7,font.main=1)
> plot(PMI.f,type="o",xlab="时间",ylab="制造业 PMI")      # 画出预测图
> plot(PMI.fit$res,type="o",xlab="时间",ylab="残差",main="残差图")
                                                   # 画出预测残差图
> abline(h=0,lty=2,col="blue")                     # 画出残差的零轴线
```

图 7–32 预测图中的圆点是 2019 年制造业 PMI 的点预测值 (运行代码 PMI.f 可查看预测值和预测区间), 深灰色区域是 80% 的预测区间, 浅灰色区域是95% 的预测区间. 读者运行代码 forecast(HoltWinters(PMI,gamma=FALSE),h=1) 可查看使用 Holt-Winters 函数的预测结果. 图 7–32 的残差图显示, 预测残差基本上围绕零轴随机波动, 说明选择简单指数平滑预测模型是合适的.

使用 ggfortify 包中的 autoplot 函数只需要很少的代码就可以绘制出预测图. 使

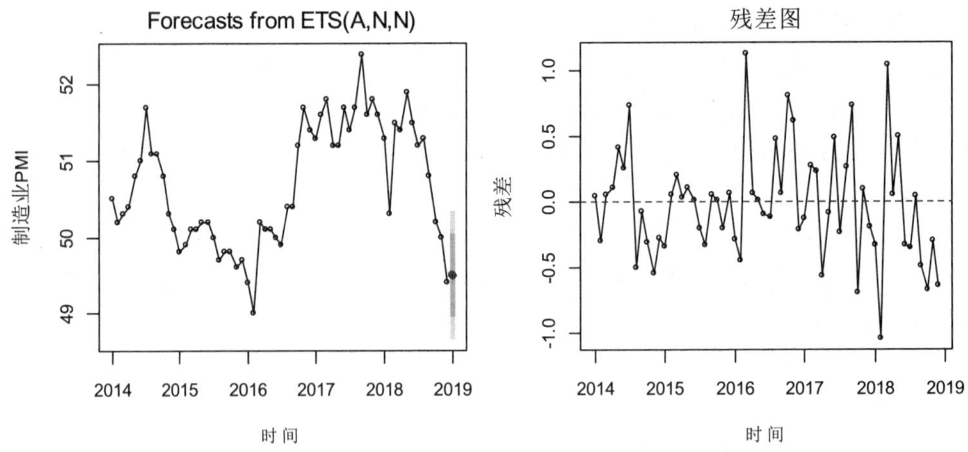

图 7-32 制造业 PMI 的简单指数平滑预测及其残差

用 Holt-Winters 函数 (也可以使用 forecast 包中的 ets 函数) 对 2019 年 1 月和 2 月的制造业 PMI 做简单指数平滑预测, 由 autoplot 函数绘制的图形如图 7-33 所示.

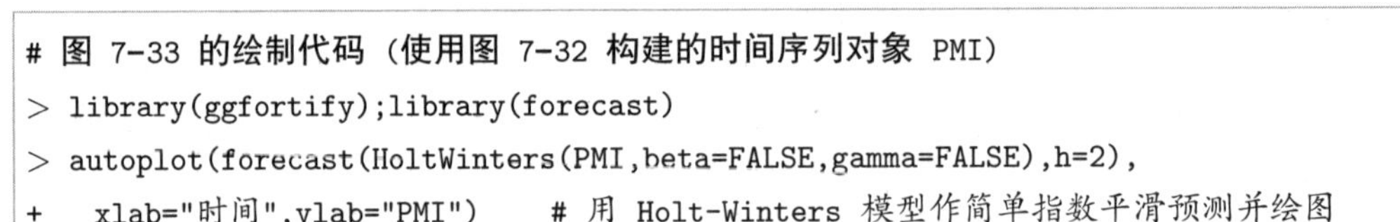

```
# 图 7-33 的绘制代码 (使用图 7-32 构建的时间序列对象 PMI)
> library(ggfortify);library(forecast)
> autoplot(forecast(HoltWinters(PMI,beta=FALSE,gamma=FALSE),h=2),
+   xlab="时间",ylab="PMI")     # 用 Holt-Winters 模型作简单指数平滑预测并绘图
```

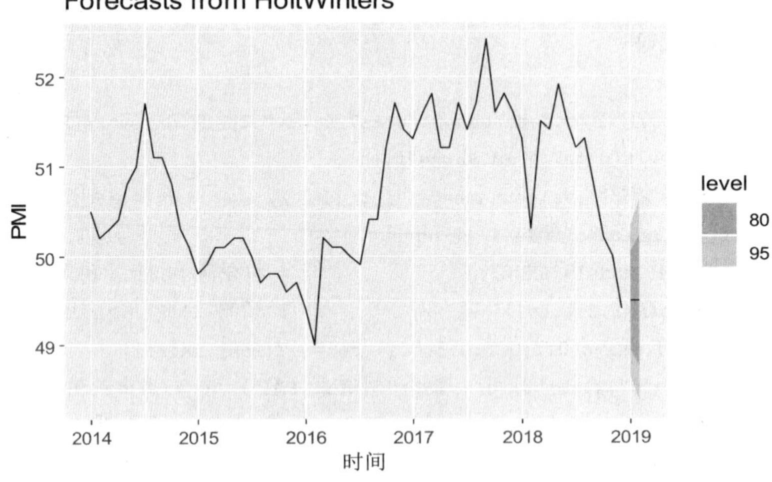

图 7-33 2019 年 1—2 月中国制造业 PMI 的预测图

图 7-33 的绘制代码中, 首先使用 Holt-Winters 函数对 2019 年 1 月和 2 月的制造业 PMI 做简单指数平滑预测, 然后用 autoplot 函数画出图形. 但画图前并不需要做预测, 而是将此过程放在 autoplot 函数中直接画出预测图.

下面我们再用一个例子说明如何用 Holt 模型预测含有趋势成分和随机成分的序列.

【例 7-6】 (数据: data7_6csv) 表 7-6 是 2000—2018 年中国的发电量数据.

表 7–6　2000—2018 年中国的发电量数据

年份	发电量 (亿千瓦小时)	年份	发电量 (亿千瓦小时)
2000	13 556.00	2010	42 071.60
2001	14 808.02	2011	47 130.19
2002	16 540.00	2012	49 875.53
2003	19 105.75	2013	54 316.35
2004	22 033.09	2014	57 944.57
2005	25 002.60	2015	58 145.73
2006	28 657.26	2016	61 331.60
2007	32 815.53	2017	66 044.47
2008	34 668.82	2018	71 117.73
2009	37 146.51		

资料来源: 国家统计局网站. www.stats.gov.cn.

使用 Holt 指数平滑模型预测的结果及其残差如图 7–34 所示.

```
# 图 7-34 的绘制代码
> library(forecast)
> data7_6<-read.csv("C:/mydata/chap07/data7_6.csv")
> power<-ts(data7_6[,2],start=c(2000),frequency=1)
> power.fit<-ets(power,model="AAN")                     # 拟合 Holt 指数平滑加法模型
> power.f<-forecast(power.fit,h=3)                      # 预测未来 3 年的发电量
>par(mfrow=c(1,2),mai=c(0.5,0.5,0.2,0.1),lab=c(18,5,1),las=3,font.main=1)
> plot(power.f,type="o",xlab="年份",ylab="发电量",cex=1)          # 画出预测图
> abline(v=2018,lty=2,col="blue")                       # 画出残差的零轴线
> plot(power.f$res,type="o",cex=1,xlab="年份",ylab="残差",main="残差图")
                                                        # 画出残差图
> abline(h=0,lty=2,col="blue")                          # 画出残差的零轴线
```

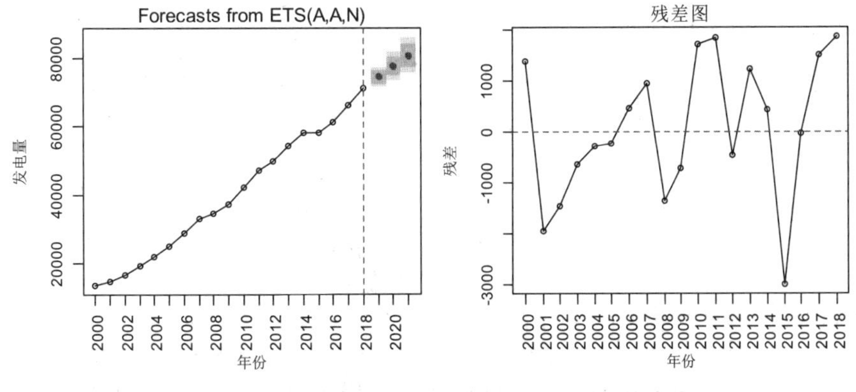

图 7–34　发电量的 Holt 指数平滑预测及其残差

图 7–34 预测图中的圆点表示 2019 年、2020 年和 2021 年的发电量预测值, 深灰色区域是 80% 的预测区间, 浅灰色区域是95% 的预测区间. 残差图显示, 除2015年产生

一个较大的残差外, 其他年份的预测残差基本上在零轴附近随机波动, 说明使用Holt指数平滑预测模型是合适的.

图 7–35 是使用 Holt-Winters 函数 (也可以使用 forecast 包中的 ets 函数) 对 2019—2021 年中国的发电量所做的预测, 使用 ggfortify 包中的 autoplot 函数绘制的预测图.

```
# 图 7-35 的绘制代码
> library(ggfortify)
> data7_6<-read.csv("C:/mydata/chap07/data7_6.csv")
> power.ts<-ts(data7_6[,2],start=c(2000),frequency=1)
> autoplot(forecast::forecast(HoltWinters(power.ts,gamma=FALSE),h=3))
                              # 用 Holt-Winters 模型作 Holt 指数平滑预测并绘图
```

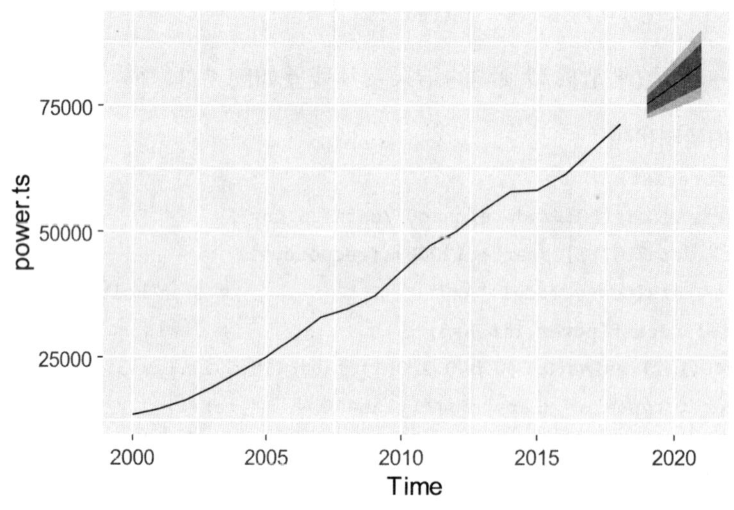

图 7–35　2019—2021 年中国发电量的预测图

当序列中含有趋势成分、季节成分和随机波动时, 可以采用 Winter 指数平滑模型进行预测. 比如, 观察图 7–27(a) 可以发现, 中国的社会消费品零售总额包含趋势成分、季节成分和随机成分, 采用 Winter 指数平滑模型的预测图及其残差图如图 7–36 所示.

```
# 图 7-36 的绘制代码
> library(forecast)
> data7_5<-read.csv("C:/mydata/chap07/data7_5.csv",check.names=FALSE)
> df<-reshape2::melt(data7_5,id.vars="时间",
+   variable.name="年份",value.name="零售总额")      # 融合成长格式
> retail.ts<-ts(df[,3],start=2010,frequency=12)     # 转化成时间序列对象
> retail.fit<-ets(retail.ts,model="MAA")          # 拟合 Winter 指数平滑加法模型
> retail.f<-forecast(retail.fit,h=24)            # 预测未来 24 个月的零售总额
>par(mfrow=c(1,2),mai=c(0.5,0.5,0.2,0.1),lab=c(10,5,1),font.main=1)
> plot(retail.f,type="o",xlab="时间",ylab="零售总额",cex=0.8) # 画出预测图
```

```
> abline(v=2018,lty=2,col="blue")                       # 画出残差的零轴线
> plot(retail.f$res,type="o",cex=0.8,xlab="时间",ylab="残差",main="残差图")
                                                        # 画出残差图
> abline(h=0,lty=2,col="blue")                          # 画出残差的零轴线
```

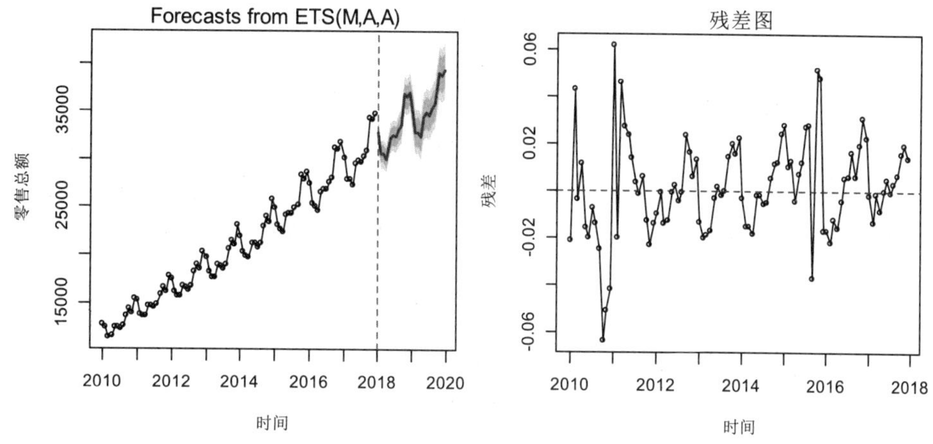

图 7-36　社会消费品零售总额的 Winter 指数平滑预测及其残差

图 7-36 的残差图显示, 残差在零轴附近随机波动, 说明选择 Winter 指数平滑模型预测是合适的. 读者可以使用 model="MMM"、model="MAM"、model="ZZZ" 等不同模型进行预测, 并画出其图形. 还可以使用 Holt-Winters 函数进行预测并与 ets 函数的预测结果进行比较. 限于篇幅, 这里不再举例.

7.4.2 ARIMA 模型预测可视化

如果时间序列是平稳的, 即序列的均值和方差不会随着时间的推移而变化, 则可以使用 ARMA 模型进行预测. ARMA 模型是自回归 (autoregression, AR) 模型和移动平均 (moving average, MA) 模型的混合模型, 因此称为自回归移动平均 (autoregression-moving average, ARMA) 模型, 其形式如下:

$$Y_t = \varphi_1 Y_{t-1} + \varphi_2 Y_{t-2} + \varphi_p Y_{t-p} + \theta_1 e_{t-1} + \theta_2 e_{t-2} + \theta_q e_{t-q}$$

式中, $\varphi_1 Y_{t-1} + \varphi_2 Y_{t-2} + \varphi_p Y_{t-p}$ 是 AR(p) 模型, 表示 t 期的观测值是前期的 p 个观测值的线性组合; $\theta_1 e_{t-1} + \theta_2 e_{t-2} + \theta_q e_{t-q}$ 是 MA(q) 模型, 表示 t 期的观测值是前期的 q 个残差的线性组合. 因此 ARMA 模型可写为 ARMA(p, q), p 和 q 是模型的参数 (阶数).

对于非平稳序列, 如果能通过差分使其平稳, 差分的阶数记为 I, 这时的 ARMA 模型称为**整合的自回归移动平均模型** (ARIMA 模型), 表示为 ARIMA(p, d, q).

如果时间序列中包含有季节成分, 使用 ARMA 模型预测时, 需要将季节因素予以消除, 具体办法是采用季节差分使其平稳化. 季节差分是用季节周期的长度 S 作为差分滞后期的长度, 对于季度数据, 一阶季节差分的 $S = 4$, 月份数据的 $S = 12$. 如

果季节差分后序列是平稳的, 这时使用的模型表示为 ARIMA(p,d,q) $(P,D,Q)^S$, 其中, (p,d,q) 表示非季节部分, $(P,D,Q)^S$ 表示季节部分, 即季节自回归和季节移动平均部分, S 为季节周期的长度.

ARIMA$(p,d,q)(P,D,Q)^s$ 模型识别的步骤大致如下.

第 1 步: 将序列平稳化. 经过 d 和 D 阶差分后, 序列的自相关函数在 k 增大时迅速衰减并趋于 0, 这时 d 和 D 的差分阶数就是 d 和 D 的取值.

第 2 步: 识别模型的阶数. 对于平稳的原始序列 (或差分后平稳的序列) 的偏自相关函数有 p 个显著不为 0 的峰值, 也就是在 p 个值后截尾, 它的自回归阶数就是 p; 如果自相关函数有 q 个显著不为 0 的峰值, 也就是在 q 个值后截尾, 它的移动平均阶数就是 q. 如果季节偏自相关函数有 P 个显著不为 0 的峰值, 季节自回归的阶数就是 P; 如果季节自相关函数有 Q 个显著不为 0 的峰值, 季节移动平均的阶数就是 Q.

第 3 步: 模型诊断. 诊断所选择的模型是否正确, 其方法通常是考察残差序列的自相关图. 如果所选择的模型是正确的, 那么利用该模型预测产生的误差应该是白噪声序列, 此时, 残差序列的自相关图没有固定模式.

下面用例 7–4 中国社会消费品零售总额数据说明 ARIMA$(p,d,q)(P,D,Q)^S$ 模型的识别方法.

观察图 7–27 不难发现, 社会消费品零售总额具有明显的趋势成分和季节成分. 为使用 ARIMA$(p,d,q)(P,D,Q)^S$ 模型进行预测, 首先画出自相关图和偏自相关图, 如图 7–37 所示.

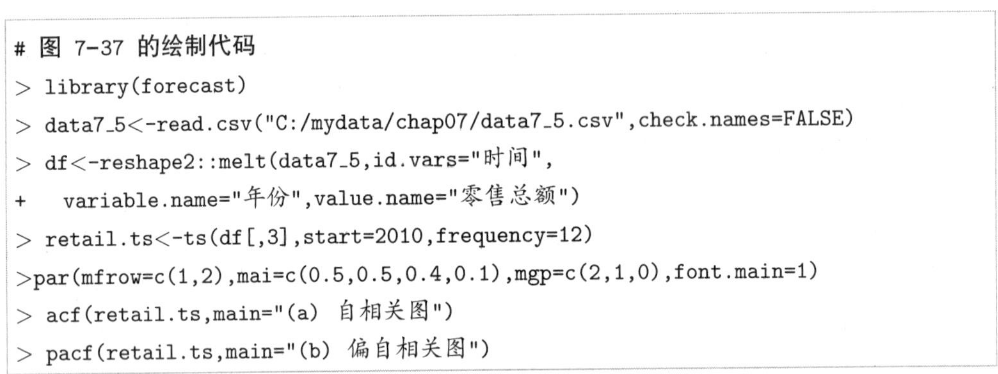

```
# 图 7-37 的绘制代码
> library(forecast)
> data7_5<-read.csv("C:/mydata/chap07/data7_5.csv",check.names=FALSE)
> df<-reshape2::melt(data7_5,id.vars="时间",
+   variable.name="年份",value.name="零售总额")
> retail.ts<-ts(df[,3],start=2010,frequency=12)
>par(mfrow=c(1,2),mai=c(0.5,0.5,0.4,0.1),mgp=c(2,1,0),font.main=1)
> acf(retail.ts,main="(a) 自相关图")
> pacf(retail.ts,main="(b) 偏自相关图")
```

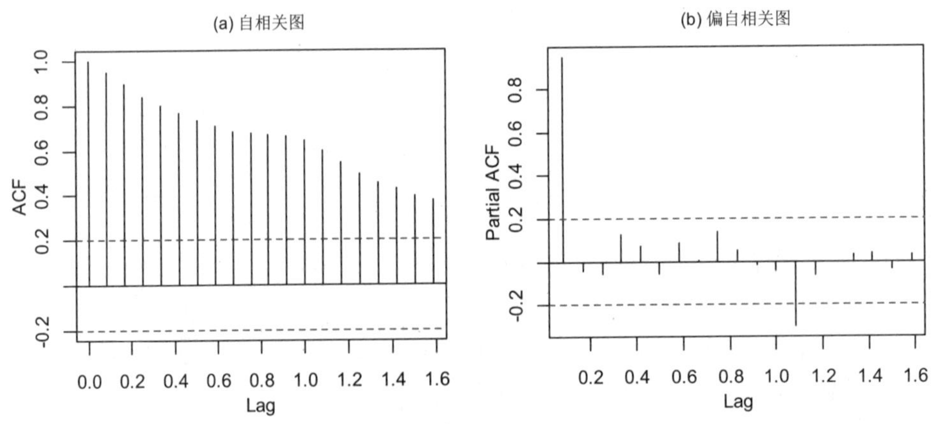

图 7–37 社会消费品零售总额的自相关图和偏自相关图

图 7–37 显示, 零售总额具有明显的线性趋势和季节成分, 因此需要差分. 由于零售总额具有线性趋势, 可做一阶差分 (存在曲线趋势时, 做二阶或三阶差分, 即可消除趋势), 由于存在季节成分, 需要对一阶差分后的序列再进行季节差分, 由于是月份数据, 差分的滞后期长度 $S=12$. 经差分后的序列图及自相关图和偏自相关图如图 7–38 所示.

```
# 图 7-38 的绘制代码 (使用图 7-37 构建的时间序列对象 retail.ts)
> layout(matrix(c(1,1,2,3),nrow=2,ncol=2,byrow=TRUE))
> par(mai=c(0.6,0.6,0.4,0.1),lab=c(10,5,1),cex.main=0.9,font.main=1)
> diff1<-diff(retail.ts,lag=1)                    # 一阶差分
> plot(diff1,type="o",main="(a) 一阶差分后的序列图")
> abline(h=0,lty=2,col="blue")
> acf(diff1,main="(b) 一阶差分后的自相关图")
> pacf(diff1,main="(c) 一阶差分后的偏自相关图")
```

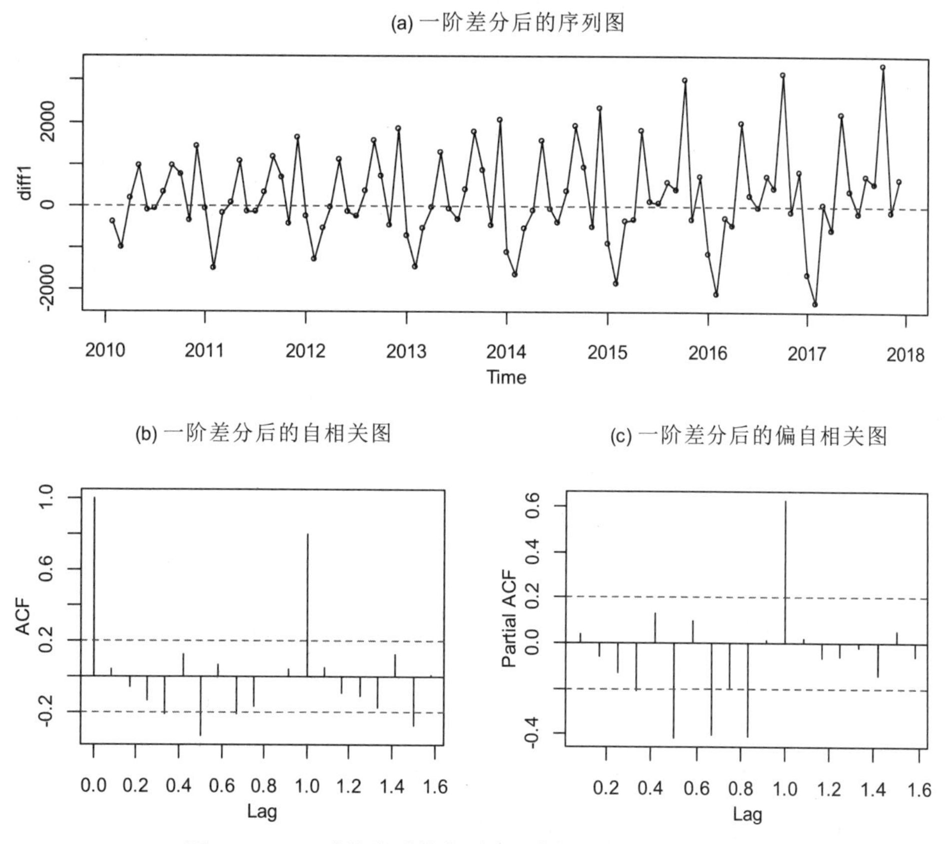

图 7–38　一阶差分后的序列图及自相关图和偏自相关图

图 7–38(a) 显示, 一阶差分后, 趋势特征已经消除, 序列基本上平稳. 但图 7–38(b) 显示, 自相关图在 $k=12$ 处有明显的峰值, 表明该序列存在季节成分. 因此, 需要对一阶差分后的序列再进行季节差分, 由于是月份数据, 差分的滞后期长度 $S=12$. 一阶季节差分后的序列图及自相关图和偏自相关图如图 7–39 所示.

```
# 图 7-39 的绘制代码
> layout(matrix(c(1,1,2,3),nrow=2,ncol=2,byrow=TRUE))
> par(mai=c(0.6,0.6,0.4,0.1),lab=c(10,5,1),cex=0.7,font.main=1)
> diff12<-diff(diff1,lag=12)                    # 一阶季节差分
> plot(diff12,type="o",main="(a) 一阶季节差分后的序列图")
> abline(h=0,lty=2,col="blue")
> acf(diff12,main="(b) 一阶季节差分后的自相关图")
> pacf(diff12,main="(c) 一阶季节差分后的偏自相关图")
```

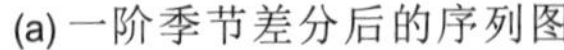

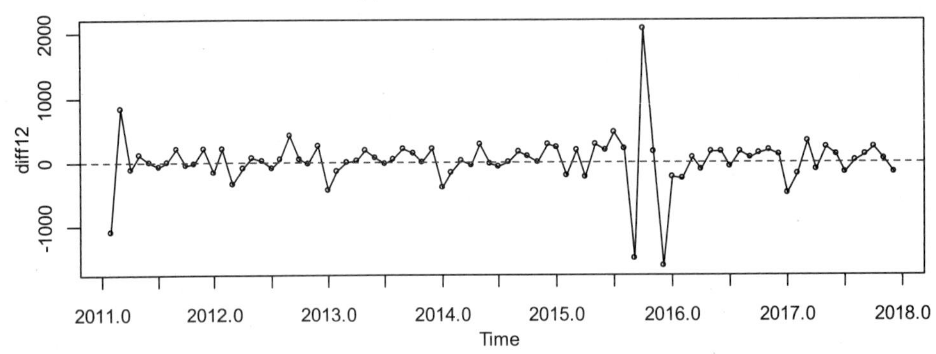

(b) 一阶季节差分后的自相关图

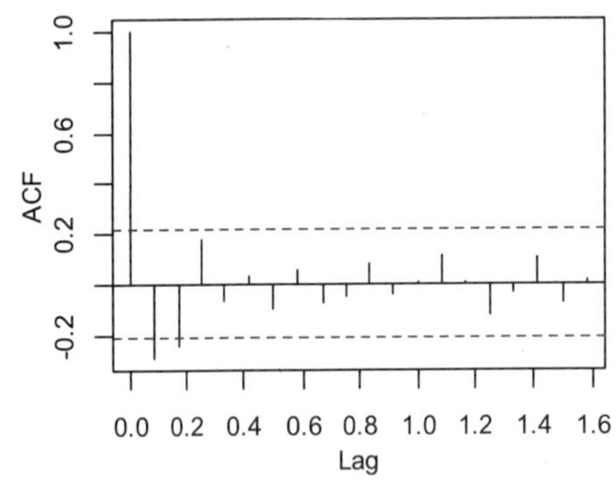

(c) 一阶季节差分后的偏自相关图

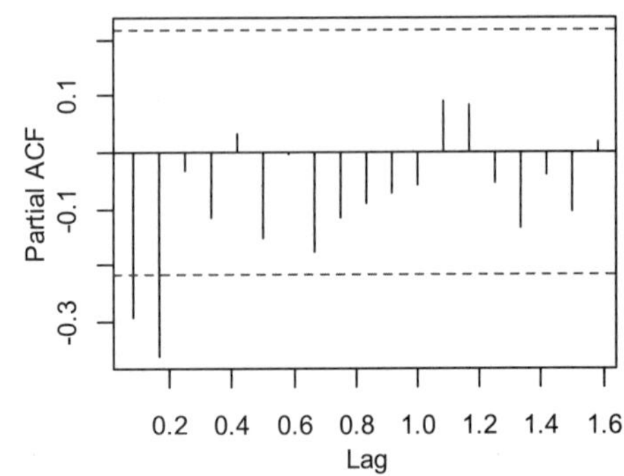

图 7-39　一阶季节差分后的序列图及自相关图和偏自相关图

图 7-39(a) 显示, 经一阶季节差分后, 序列已经平稳.

图 7-38(b) 显示, 自相关图有两个明显的峰值; 图 7-38(c) 显示, 偏自相关图有一个明显的峰值, 因此可取 $p=1, q=2$.

图 7-39(b) 显示, 一阶季节差分后的自相关图有一个明显的峰值; 图 7-38(c) 显示, 偏自相关图有两个明显的峰值, 因此, 可取 $P=2$, $Q=1$. 由于分别采用一阶差分, 因此 $d=1$, $D=1$. 就本例而言, 最后确定的预测模型为 ARIMA(1,1,2) $(2,1,1)^{12}$. 采用该模型的预测图、残差图和残差自相关图如图 7-40 所示.

```
# 图 7-40 的绘制代码
> layout(matrix(c(1,1,2,3),nrow=2,ncol=2,byrow=TRUE))
```

```
> par(mai=c(0.6,0.6,0.4,0.1),lab=c(10,5,1),cex=0.7,font.main=1)

> fit<-arima(retail.ts,order=c(1,1,2),seasonal=list(order=c(2,1,1)))
                                                        # 拟合 ARIMA 模型
> fitted<-forecast(fit,24)                     # 预测未来 24 个月
> plot(fitted,type="o",xlab="时间",ylab="零售总额",main="(a) 预测图")
> abline(v=2018,lty=2,col=2)
> plot(fit$res,xlab="时间",ylab="残差",main="(b) 残差序列图")  # 残差自相关图
> abline(h=0,lty=2,col="blue")
> acf(fit$res,main="(c) 残差自相关图")                # 残差偏自相关图
```

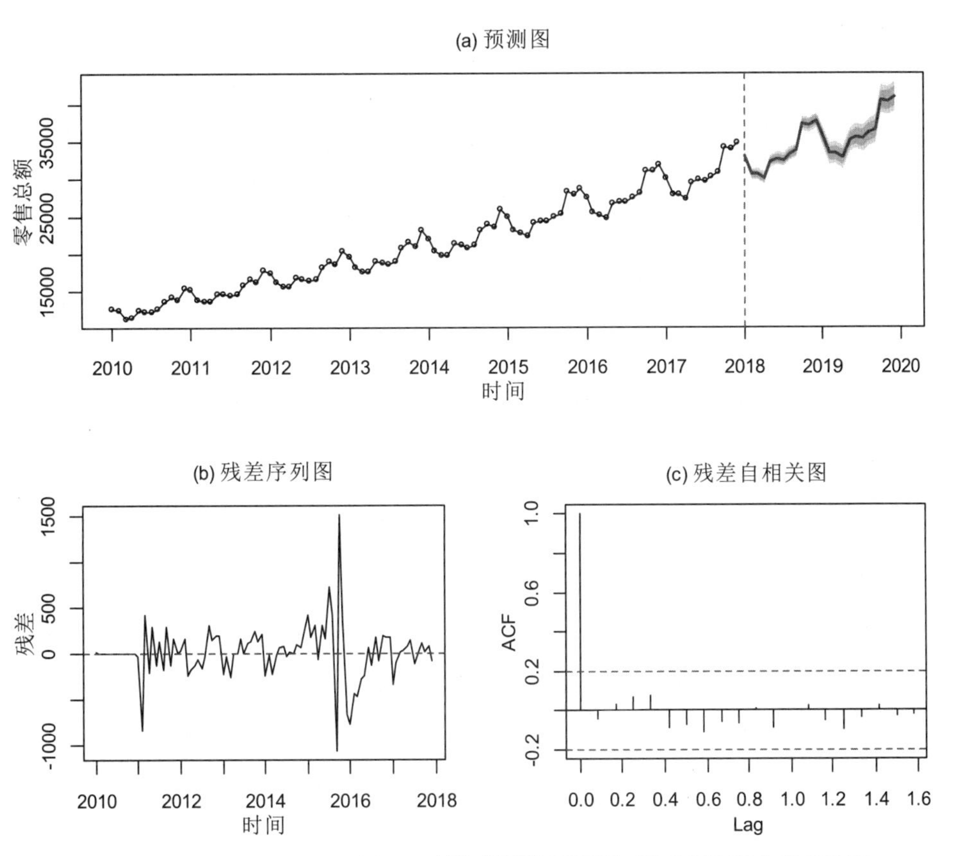

图 7–40 ARIMA(1,1,2)(2,1,1)^{12} 模型的预测图、残差图和残差自相关图

图 7–40(b) 和图 7–40(c) 显示, 残差没有什么固定模式, 已经是白噪声序列, 表明我们所选择的 ARIMA(1,1,2)(2,1,1)^{12} 模型是合适的.

使用 forecast 包中的 auto.arima 函数可以自动确定模型的参数. 由 auto.arima (retail.ts) 自动确定的模型参数为 ARIMA(1,1,2)(0,1,0)^{12}. 预测图、残差图和残差自相关图如图 7–41 所示.

```
# 图 7-41 的绘制代码 (使用图 7-37 构建的时间序列对象 retail.ts)
> library(forecast)
```

```
> auto.arima(retail.ts)          # 自动确定模型参数 (ARIMA(1,1,2)(0,1,0)[12])
> fit2<-arima(retail.ts,order=c(1,1,2),seasonal=list(order=c(0,1,0)))
                                                # 拟合模型
> fitted2<-forecast(fit2,24)                    # 预测未来 24 个月
> layout(matrix(c(1,1,2,3),nrow=2,ncol=2,byrow=T))
> par(mai=c(0.6,0.6,0.4,0.1),lab=c(10,5,1),cex=0.7,font.main=1)
> plot(fitted2,type="o",xlab="时间",ylab="零售总额",main="(a) 预测图")
> abline(v=2018,lty=2,col=2)
> plot(fit2$res,xlab="时间",ylab="残差",main="(b) 残差序列图")
> acf(fit2$res,main="(c) 残差自相关图")
```

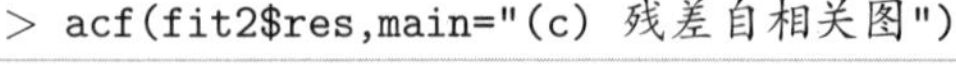

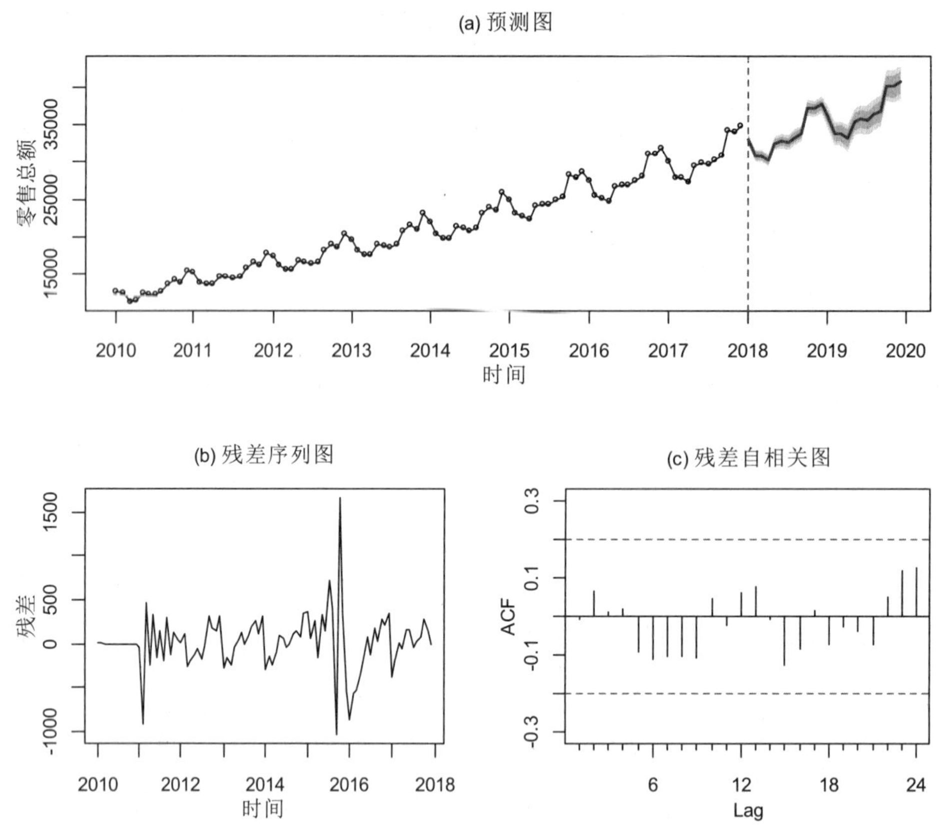

图 7-41 ARIMA(1,1,2)(0,1,0)^{12} 模型的预测图、残差图和残差自相关图

观察图 7-41 和图 7-40 显示, 两个模型的预测效果差不多, 但 ARIMA(1,1,2)(2,1,1)^{12} 模型的预测残差更小一些.

图 7-42 是由 ggfortify 包中的 autoplot 函数绘制的社会消费品零售总额的预测图. 图中分别使用了 forecast 包中的 ets 函数 (也可以使用 stats 包中的 Holt-Winters 函数) 做 Winter 指数平滑预测, 以及 stats 包中的 arima 函数做 ARIMA 模型预测.

```
# 图 7-42 的绘制代码
> library(ggfortify);library(forecast)
```

```
> data7_5<-read.csv("C:/mydata/chap07/data7_5.csv",check.names=FALSE)
> df<-reshape2::melt(data7_5,id.vars="时间",
+   variable.name="年份",value.name="零售总额")
> retail.ts<-ts(df[,3],start=2010,frequency=12)
> p1<-autoplot(forecast(ets(retail.ts,model="AAA"),h=24),
+   xlab="时间",ylab="社会消费品零售总额")
> p2<-autoplot(forecast(auto.arima(retail.ts),h=24),
+   xlab="时间",ylab="社会消费品零售总额")
> gridExtra::grid.arrange(p1,p2,ncol=2)                # 组合图形 p1 和 p2
```

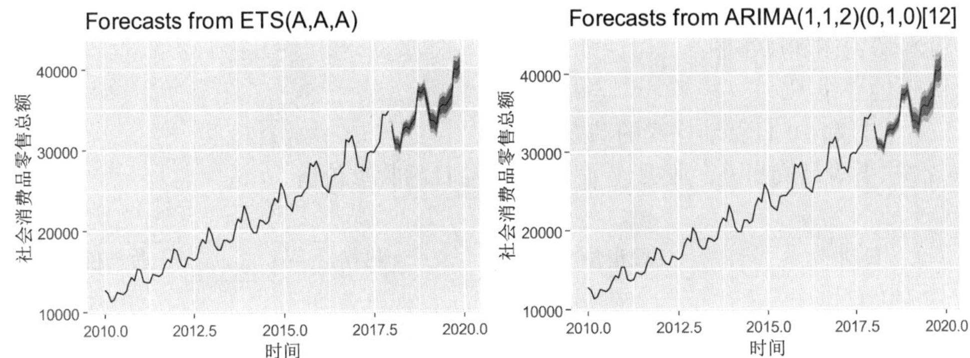

图 7–42　社会消费品零售总额的 Winter 模型预测和 ARIMA 模型预测

读者可以对两种预测方法的残差进行分析, 以比较两种方法的效果.

本章图谱

下面的图谱展示了本章所绘制的主要图形.

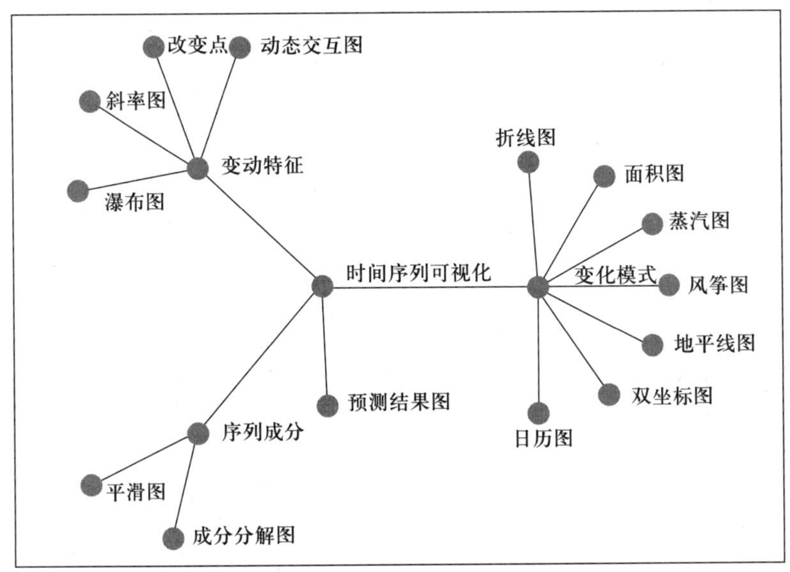

习题

7.1 对于多变量和大数据集的时间序列, 可以使用哪些图形进行描述?

7.2 面积图有何优点和缺点?

7.3 时间序列平滑的作用是什么?

7.4 在中国证券市场上, 选择 10 只股票, 根据 2000 年全年的交易数据画出以下图形.

(1) 折线图和面积图.

(2) 蒸汽图和风筝图.

(3) 地平线图.

(4) 5 日和 10 日移动均线的动态交互图.

7.5 下表是贵州茅台股票连续 20 个交易日的收盘价格.

日期	收盘价	日期	收盘价
2019/7/15	975.93	2019/7/29	976.41
2019/7/16	968.00	2019/7/30	978.93
2019/7/17	963.50	2019/7/31	972.60
2019/7/18	947.50	2019/8/1	959.30
2019/7/19	955.87	2019/8/2	954.45
2019/7/22	957.02	2019/8/5	942.43
2019/7/23	953.98	2019/8/6	946.30
2019/7/24	946.36	2019/8/7	945.00
2019/7/25	963.00	2019/8/8	971.68
2019/7/26	965.03	2019/8/9	962.03

根据收盘价格绘制以下图形, 并分析收盘价格走势的特征.

(1) 绘制折线图和面积图.

(2) 绘制瀑布图.

(3) 收集同期的上证指数数据, 将贵州茅台收盘价格与上证指数绘制成双坐标图.

7.6 R 自带的数据集 CO2 给出了 1959—1997 年各月份的二氧化碳浓度数据. 根据该数据绘制以下图形, 观察其特征.

(1) 绘制观测值图、按年折叠图和同月份图.

(2) 绘制成分分解图.

(3) 分别采用 Winter 模型和 ARIMA 模型预测 1998 年和 1999 年各月份的二氧化碳浓度, 并画出预测图.

第 8 章 Chapter 8 概率分布可视化

传统的统计分析方法多数依赖于随机变量的概率分布, 比如, 在总体分布已知或对总体分布做出某种假定的情况下进行估计和检验. 其中有些分布是我们比较熟悉的, 比如, 描述离散型随机变量的二项分布、泊松分布等, 描述连续性随机变量的正态分布、均匀分布、指数分布以及由正态分布推导出来的 χ^2 分布、t 分布、F 分布等. 本章主要介绍二项分布、正态分布及由正态分布推导出来的 χ^2 分布、t 分布、F 分布的可视化方法, 并介绍部分统计推断结果的可视化方法.

8.1 二项分布可视化

二项分布是建立在 Bernoulli 试验基础上的. 在 n 次独立 Bernoulli 试验中, 每次试验只有两个可能结果, 即“成功”和“失败”, 每次试验“成功”的概率均为 p, “失败”的概率则为 $q = 1 - p$. 在 n 次试验中, “成功”的次数 X 就是一个离散型随机变量, X 的概率分布就是**二项分布**, 记为 $X \sim B(n, p)$. n 次试验中成功次数 $X = x$ 的概率可表示为

$$P(X = x) = C_n^x p^x q(n - x)(x = 0, 1, 2, \cdots, n)$$

式中, x 是成功次数; n 是试验次数; p 是每次试验成功的概率.

为观察二项分布的特征, 我们先绘制出试验次数 $n = 5$、每次试验成功的概率 p 分别取 $0.1, 0.2, \cdots, 0.9$ 时的二项分布概率的分布图, 如图 8–1 所示.

```
# 图 8-1 的绘制代码
> p=seq(from=0.1,to=0.9,by=0.1)            # 生成 0.1~0.9 的等差序列, 增量为 0.1
> par(mfrow=c(3,3),mai=c(0.5,0.5,0.2,0.1),cex=0.7,mgp=c(2,1,0))
> for(i in 1:9){
+   barplot(dbinom(0:5,5,p[i]),
+   xlab="x",ylab="p",ylim=c(0,0.6),mgp=c(2,1,0),
+ main=substitute(B(5,p),list(p=p[i])),cex.main=0.8,col="deepskyblue")
+ }
```

图 8–1 显示, 当 $p = 0.5$ 时二项概率分布是对称的; 当 $p = 0.1$ 时概率分布为右偏; 当 $p = 0.9$ 时概率分布为左偏.

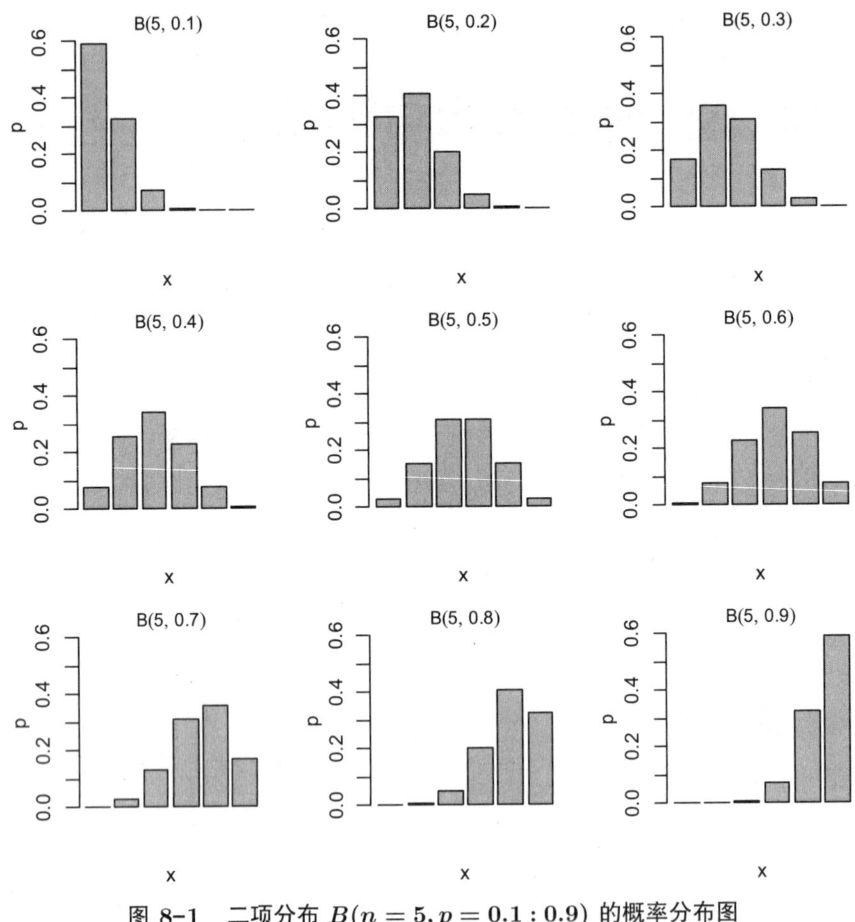

图 8-1　二项分布 $B(n=5, p=0.1:0.9)$ 的概率分布图

为进一步理解二项分布的意义, 我们假定让 100 个人抛硬币, 每人抛 10 次, 观察出现正面的次数. 这里的 10 就是试验次数, 100 就是观察次数, 每次试验成功的概率为 1/2. 这相当于总共抛 1 000 次硬币, 计算出正面的次数. 用 R 的二项分布函数 rbinom(n, size, prob) 很容易得到出现正面次数的频数分布, 其中 n 是观察次数, size 是试验次数, prob 是每次试验成功的概率. 用下面的代码生成成功次数的分布表.

```
> set.seed(4)
> table(rbinom(n=100,size=10,prob=0.5))
```

结果如下:

```
成功次数:    1  2  3  4  5  6  7  8  9
频    数   2  2  9  18  25  20  16  7  1
```

上述结果显示, 1 000 次投掷中, 得到正面的次数总共为 527 次.

如果让更多的人参与实验, 比如 500 人、5 000 人、10 000 人等, 并画出成功次数的频数分布图, 我们就可以分析成功次数分布的特征, 如图 8–2 所示.

```
# 图 8-2 的绘制代码
> par(mfrow=c(2,2),mai=c(0.7,0.7,0.4,0.1),cex=0.8,font.main=1)
> set.seed(3)
> for(i in 1:4){
+  n<-c(100,500,5000,10000)
+  d<-table(rbinom(n[i],size=10,prob=0.5))
+  barplot(d,col="deepskyblue",
+ xlab="成功次数",ylab="频数",main=paste("观察次数=",n[i]),cex.main=0.8)
+ }
```

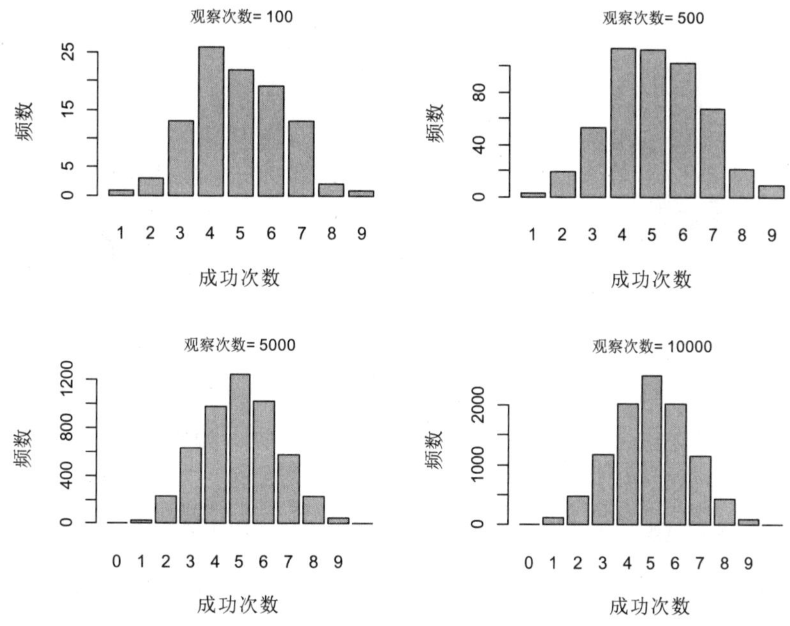

图 8–2　观察次数 n=c(100, 500, 5 000, 10 000) 时成功次数的分布

图 8–2 显示, 随着观察次数的增多, 观测到成功次数的分布越来越接近对称.

下面我们再来看看试验次数 n 逐渐变大时, 成功次数 x 的概率分布如何变化, 如图 8–3 所示.

```
# 图 8-3 的绘制代码
> par(mfrow=c(2,2),mai=c(0.5,0.5,0.3,0.1),cex=0.8)
> x=c(5,10,20,100);n=c(5,20,50,500);p=0.1;f<-c("(a)","(b)","(c)","(d)")
> for(i in 1:4){
+    barplot(dbinom(0:x[i],n[i],p),col="deepskyblue",
+    xlab="成功次数",ylab="概率",mgp=c(2,1,0),
+ main=paste(f[i],"x=0:",x[i],",","n=",n[i]),cex.main=1,font.main=1)
+ }
```

图 8–3 中, 每幅图试验成功的概率均为 $p = 0.1$, 但试验次数不同. 结果显示, 随着试验次数 n (样本量) 的增大, 成功次数的概率分布越来越对称. 实际上, 当 n 充分大

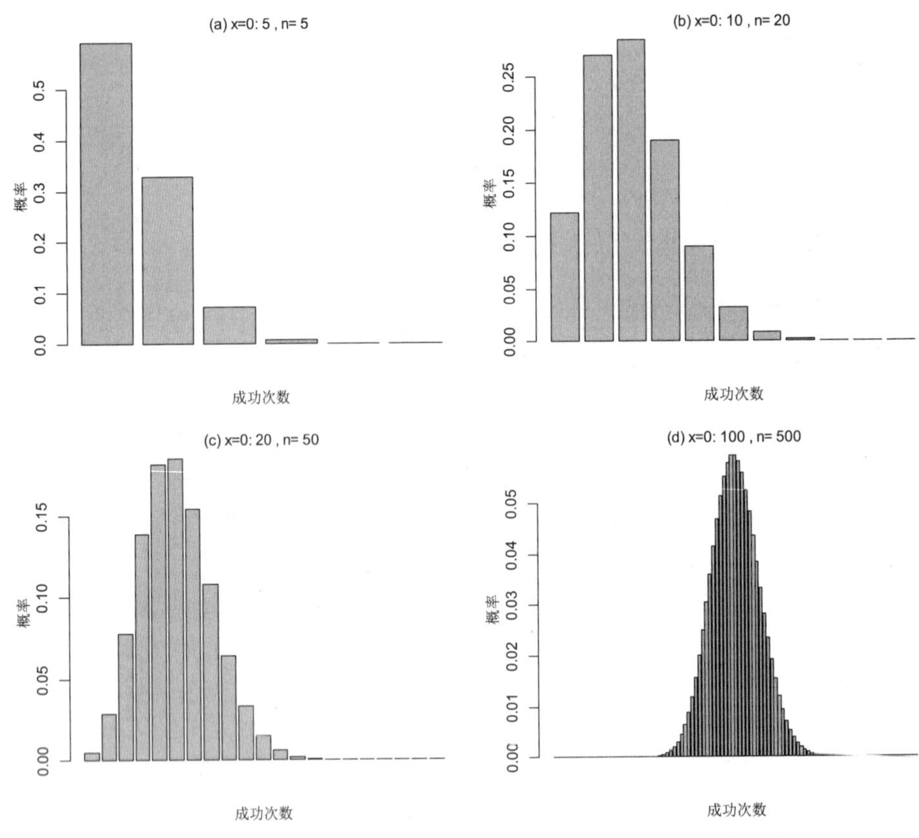

图 8-3　试验次数 n=c(5,30,50,500) 时成功次数的概率分布

时, 二项分布趋于正态分布.

如果想知道做多次试验出现成功次数为 x 的概率, 可以使用下列公式:

$$P(X = x) = C_n^x p^x q^(n - x)(x = 0, 1, 2, \cdots, n)$$

式中, x 是成功次数; n 是试验次数; p 是每次试验成功的概率.

使用 stats 包中的 dbinom(x, size, prob) 函数很容易得到相应的概率, 其中 x 是成功次数, size 是试验次数, prob 是每次试验成功的概率. 如果想计算出 n 次试验中成功次数小于等于 x 的累积概率, 可使用 pbinom(q,size, prob) 函数, 其中 q 是二项分布的分位数, size 是试验次数, prob 是每次试验成功的概率.

【例 8-1】 某电商承诺, 在本电商购物, 按预定时间的送达率为 70%. 假定你在该电商购物10次, 可视化以下概率:

(1) 恰好有 5 次按预定时间送达.

(2) 有 6 次及以下按预定时间送达.

(3) 按预定时间送达在 6 次以上.

(4) 按预定时间送达在 5~8 次之间.

使用 vistributions 包中的 vdist_binom_prob 函数可以绘制出给定分位数时二项分布的概率; 使用 vdist_binom_perc 函数可以绘制出给定概率时的分位数. 由 vdist_binom_ prob 函数绘制的例 8–1 的图形如图 8–4 所示.

```
# 图 8-4 的绘制代码
> library(vistributions);library(ggplot2);library(gridExtra)
> mytheme<-theme(plot.title=element_text(size="9"), # 设置主标题字体大小
+    axis.title=element_text(size=8),                # 设置坐标轴标签字体大小
+    axis.text=element_text(size=7))                 # 设置坐标轴刻度字体大小

> p1<-vdist_binom_prob(n=10,p=0.7,s=5,type='exact')+   # 画出点概率 P(X=5)
+   ggtitle("(a) 二项分布: n=10,p=0.7")+mytheme
> p2<-vdist_binom_prob(n=10,p=0.7,s=6,type='lower')+ # 下 (左) 侧的概率 P(X<=6)
+   ggtitle("(b) 二项分布: n=10,p=0.7")+mytheme
> p3<-vdist_binom_prob(n=10,p=0.7,s=6,typ ='upper')+ # 上 (右) 侧的概率 P(X>=6)
+   ggtitle("(c) 二项分布: n=10,p=0.7")+mytheme
> p4<-vdist_binom_prob(n=10,p=0.7,c(5,8),type='interval')+
                                               # 画出区间的概率 P(5<=X<=8)
+   ggtitle("(d) 二项分布: n=10,p=0.7")+mytheme
> grid.arrange(p1,p2,p3,p4,ncol=2)            # 按两列组合图形 p1、p2、p3、p4
```

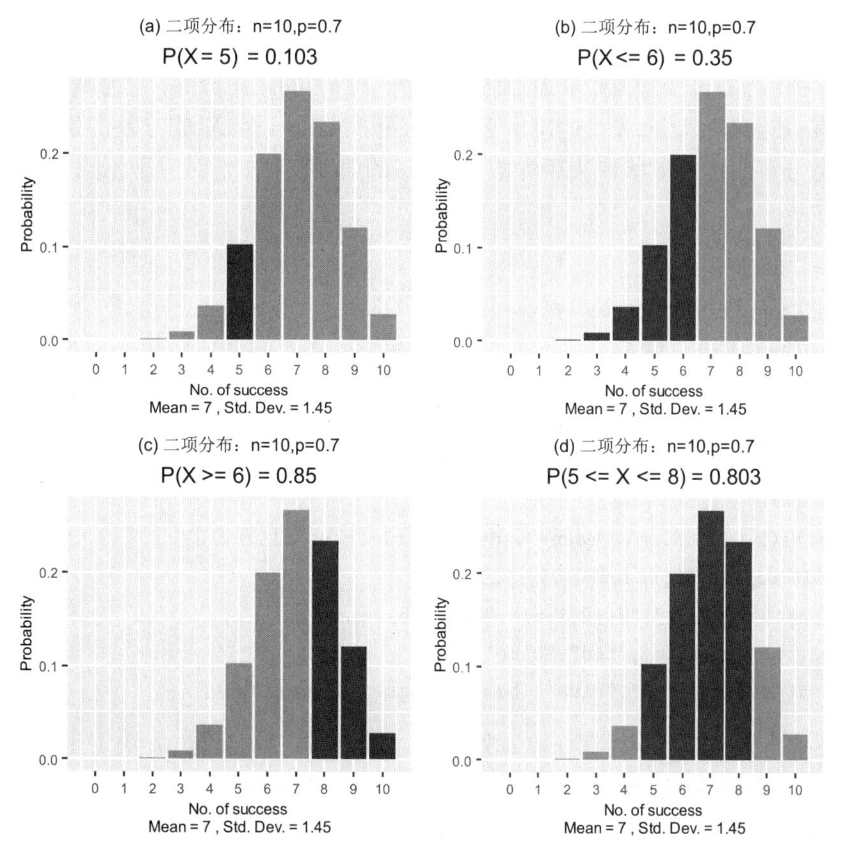

图 8–4　例 8–1 的二项分布概率

图 8–4 中用深蓝色条表示的为例 8–1 的二项概率分布. 图的上方给出了概率表达式和概率值; 图的下方给出了试验成功的次数和二项分布的均值及标准差.

8.2 正态分布可视化

常见的连续型概率分布有正态分布、均匀分布、指数分布, 以及由正态分布推导出来的 χ^2 分布、t 分布、F 分布等. 本节主要介绍如何用 R 模拟这些分布的图像, 以便更好地理解和使用这些分布.

8.2.1 正态分布曲线和概率

在现实生活中, 有许多现象都可以由正态分布来描述, 甚至当未知一个连续总体的分布时, 我们总尝试假定该总体服从正态分布来进行分析, 其他一些分布 (如二项分布、泊松分布等) 概率的计算也可以利用正态分布来近似, 而且由正态分布还可以推导出其他一些重要的统计分布, 如χ^2 分布、t 分布、F 分布等.

如果随机变量 X 的概率密度函数为:

$$f(x) = \frac{1}{\sqrt{(2\pi\sigma^2)}}\mathrm{e}^{-\frac{1}{2\sigma^2}(x-\mu)^2}, -\infty < x < \infty$$

则称 X 为正态随机变量, 或称 X 服从参数为 μ、σ^2 的正态分布, 记为 $X \sim N(\mu, \sigma^2)$. 其中 μ 是正态随机变量 X 的均值, 它可为任意实数; σ^2 是 X 的方差, 且 $\sigma > 0$.

正态分布曲线的形状取决于参数 μ 和 σ 的值, 图 8–5 是对应于不同 μ 和 σ 的正态分布曲线.

```
# 图 8-5 的绘制代码
> curve(dnorm(x,-2,1),from=-6,to=2,xlim=c(-6,6),ylab="Density")
> abline(h=0)
> segments(-2,0,-2,dnorm(-2,mean=-2,sd=1),lty=2)
> curve(dnorm(x,-2,1.5),from=-7,to=3,add=T,xlim=c(-6,6),col="red")
> curve(dnorm(x,2,1.5),from=-3,to=7,add=TRUE,col="blue")
> abline(h=0)
> segments(2,0,2,dnorm(2,mean=2,sd=1.5),col="blue",lty=2)
> legend("topright",inset=0.01,
+  legend=c("N(-2,1)","N(-2,1.5)","N(2,1.5)"),
+  lty=1,col=c("black","red","blue"),
+  fill=c("black","red","blue"),box.col="grey80",cex=0.8)
```

图 8–5 显示, 正态曲线在 $x = \mu$ 处对称, 且峰值在 $x = \mu$ 处. μ 决定正态曲线的具体位置, σ 相同而均值不同的正态曲线在坐标轴上体现为水平位移. σ 决定正态曲线的陡峭或扁平程度. σ 越大, 正态曲线越扁平; σ 越小, 正态曲线越陡峭.

对于任意一个服从正态分布的随机变量, 经过 $Z = ((x - \mu))/\sigma$ 标准化后的新随

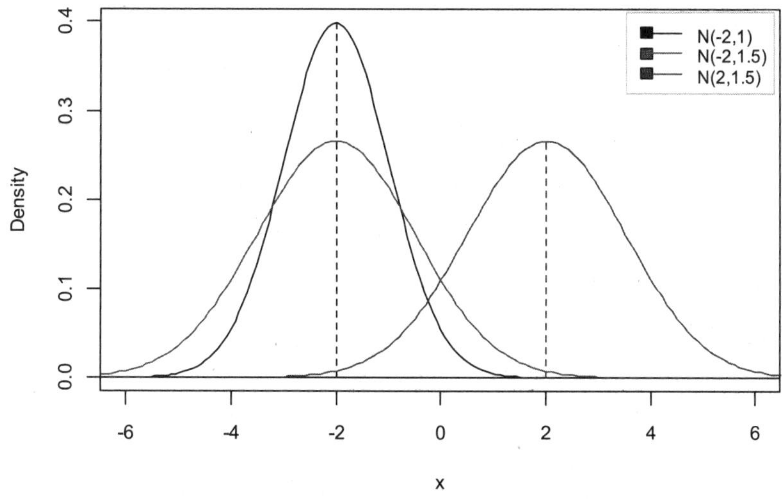

图 8-5　对应于不同 μ 和 σ 的正态分布曲线

机变量服从均值为 0、标准差为 1 的**标准正态分布** (standard normal distribution), 记为 $Z \sim N(0,1)$. 标准正态分布的概率密度函数为:

$$\varphi(x)=\frac{1}{\sqrt{2\pi}}\mathrm{e}^{-\frac{1}{2}x^2},-\infty<x<\infty$$

正态随机变量取特定区间值的概率即为正态曲线下对应的面积. 使用 R 软件中的 dnorm(x,mean=0,sd=1) 函数可以计算出 x 取任意值的密度; 使用 pnorm(q,mean=0, sd=1) 函数可以计算出分位数为 q 时的累积概率; 使用 qnorm(p,mean=0,sd=1) 函数可以计算出累积概率为 p 时的分位数; 用 rnorm(n,mean=0,sd=1) 则可以产生正态分布的 n 个随机数.

图 8-6 展示了一般正态分布和标准正态分布曲线下的面积, 即概率.

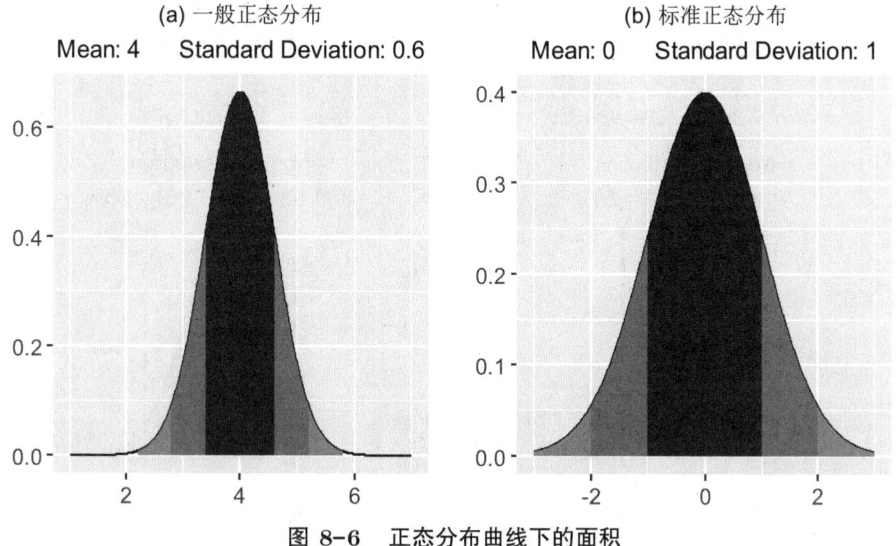

图 8-6　正态分布曲线下的面积

【例 8-2】 可视化以下概率和分位数:

(1) $\chi \sim N(5, 1.5^2), P(X \leqslant 2)$.

(2) $Z \sim N(0, 1), P(|Z| \leqslant 2)$.

(3) $X \sim N(50, 5^2), p = 0.05$, 右侧分位数.

(4) $Z \sim N(0, 1), p = 0.95$, 双侧分位数.

使用 vistributions 包中的 vdist_normal_prob 函数可以绘制出给定分位数时正态分布的概率; 使用 vdist_normal_perc 函数可以绘制出给定概率时的分位数. 由上述函数绘制的例 8-2 的图形如图 8-7 所示.

```
# 图 8-7 的绘制代码
> library(vistributions);library(gridExtra)
> p1<-vdist_normal_prob(perc=2,mean=5,sd=1.5,type="lower")
                        # 均值为 5、标准差为 1.5, P(x<=2 的概率)
> p2<-vdist_normal_prob(perc=c(-2,2),mean=0,sd=1,type="both")
                        # 均值为 0、标准差为 1, P(|x|<=2 的概率)
> p3<-vdist_normal_perc(probs=0.05,mean=50,sd=5,type="upper")
                        # 均值为 50、标准差为 5, 右侧分位数)
> p4<-vdist_normal_perc(probs=0.95,mean=0,sd=1,type="both")
                        # 均值为 0、标准差为 1, 双侧分位数)
> grid.arrange(p1,p2,p3,p4,ncol=2)     # 按两列组合图形 p1、p2、p3、p4
```

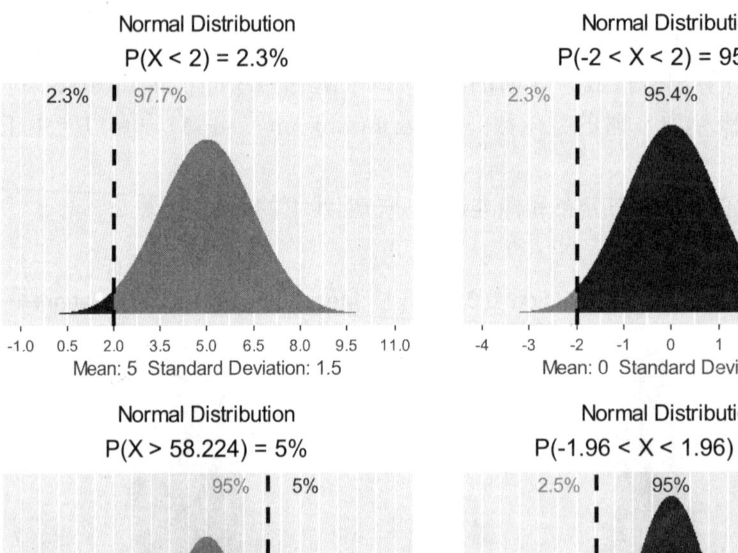

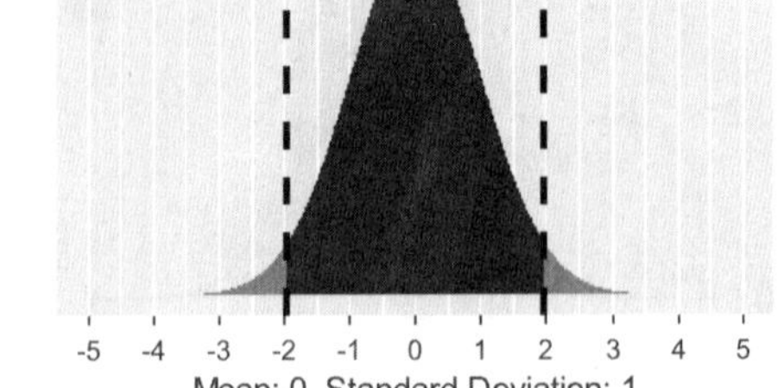

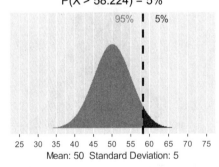

图 8-7 例 8-2 的正态分布概率和分位数

图 8-7 的上方画出了给定分位数时正态分布的概率和给定概率时正态分布的分

位数, 下方列出了正态分布的均值和标准差.

8.2.2　累积分布函数和经验累积分布函数

使用 curve 函数可以绘制出 pnorm(q,mean,sd) 的图像, 即**累积分布函数** (cumulative distribution function, CDF) 曲线. x 在 -4 到 $+4$ 之间正态分布的累积分布函数如图 8–8 所示.

```
# 图 8-8 的绘制代码
> curve(pnorm(x),-4,4,col="red")
```

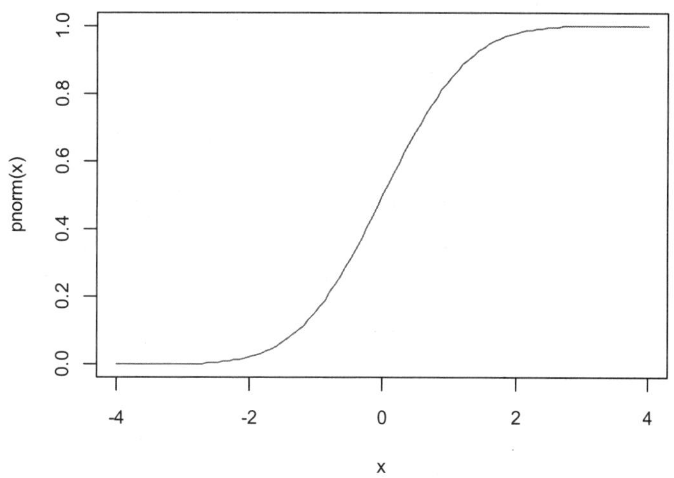

图 8–8　x 从 -4 到 $+4$ 的正态分布的累积分布函数

根据累积分布函数曲线可以观察小于等于 x、大于等于 x、在 x 某个区间内的数据的比例大约是多少. 比如, 图 8–8 显示, 大约有一半的数据在 x 小于等于 0 以下.

对于一组观测数据, 使用 R 基础安装自带的 stats 包中的 ecdf 函数可以计算出**经验累积分布函数** (empirical cumulative distribution function, ECDF), 使用 plot 函数可以绘制出经验累积分布函数曲线. 使用 Hmisc 包中的 Ecdf 函数、DescTools 包中的 PlotECDF 函数、ggpubr 包中的 ggecdf 函数等均可以直接绘制出经验累积分布函数曲线.

以第 4 章中北京市空气质量数据为例, 由 plot 函数和 Hmisc 包中的 Ecdf 函数绘制的 AQI 的经验累积分布函数如图 8–9 所示.

```
# 图 8-9 的绘制代码 (数据: data4_1)
> library(Hmisc);library(DescTools)
> data4_1<-read.csv("C:/mydata/chap04/data4_1.csv")
> par(mfrow=c(1,3),mai=c(0.7,0.6,0.3,0.1),cex=0.7,font.main=1)
> plot(ecdf(data4_1$AQI),col="red",pch=19,cex=0.8,
+   xlab="AQI",ylab="累积概率",main="(a) plot 函数绘制的 ECDF")
```

```
> Ecdf(data4_1$AQI,q=c(0.25,0.5,0.75),xlab="AQI",ylab="累积概率",
+   main="(b) Ecdf 函数绘制的 ECDF")
> PlotECDF(data4_1$AQI,col="blue",
+   xlab="AQI",ylab="累积概率",main="(c) PlotECDF 函数绘制的 ECDF")
```

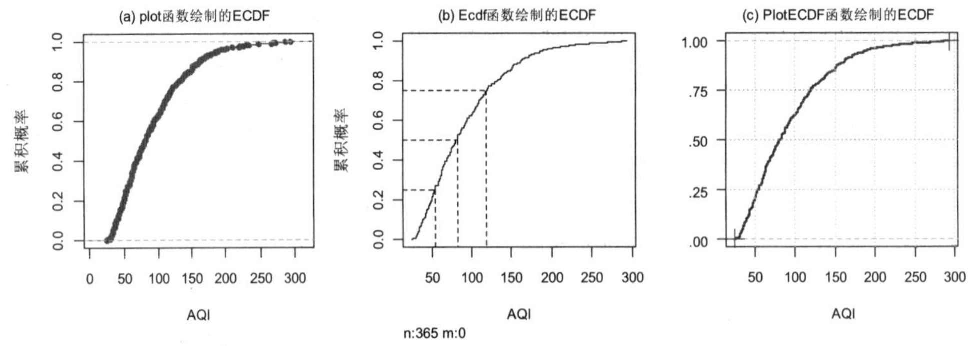

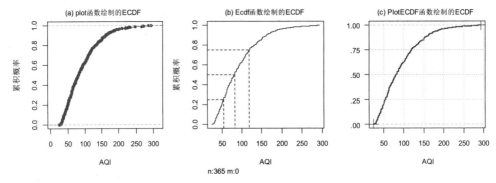

图 8–9　AQI 的经验累积分布函数

图 8–9(b) 中使用参数 q 添加上 25%、50%、75% 三个分位数, 可以观察低于不同分位数所对应的累积概率. 图8–9显示, AQI小于等于80的数据大约有50%.

如果要在一幅图中同时绘制出多个变量的经验累积分布函数, 可以使用 ggpubr 包中的 ggecdf 函数. 以第 4 章中北京市空气质量数据为例, 由该函数绘制的 AQI、PM2.5、PM10、二氧化氮和臭氧浓度几个指标的经验累积分布函数如图 8–10 所示.

```
# 图 8-10 的绘制代码 (数据:data4_1)
> library(ggpubr);library(reshape2)
> data4_1<-read.csv("C:/mydata/chap04/data4_1.csv")
> d<-data4_1[,-c(1,6,7)]                    # 选择绘图变量
> df<-melt(d,id.vars="质量等级",variable.name="指标",value.name="指标值")
                                                      # 将数据转化成长格式
> ggecdf(df,x="指标值",color="指标",linetype="指标")
```

使用 ggecdf 函数也可以绘制出按因子分类的某个变量的经验累积分布函数. 比如, 按质量等级分类绘制 AQI 的经验累积分布函数等.

8.2.3　正态概率图

之前各节介绍的可视化方法主要是观察数据分布的特征. 本小节介绍用于检验数据分布的正态概率图.

在经典的统计推断中, 有时需要假定总体服从某种分布. 比如, 当样本量比较小时, 假定样本来自正态总体. 利用样本数据可以检验正态性假定是否成立, 这就是正态性检验 (normality test).

正态性检验有图示法和检验法两大类. 本小节主要介绍利用图形来检验正态性的方法. 判断数据是否服从正态分布的可视化图形有直方图、核密度图等, 但这类图形

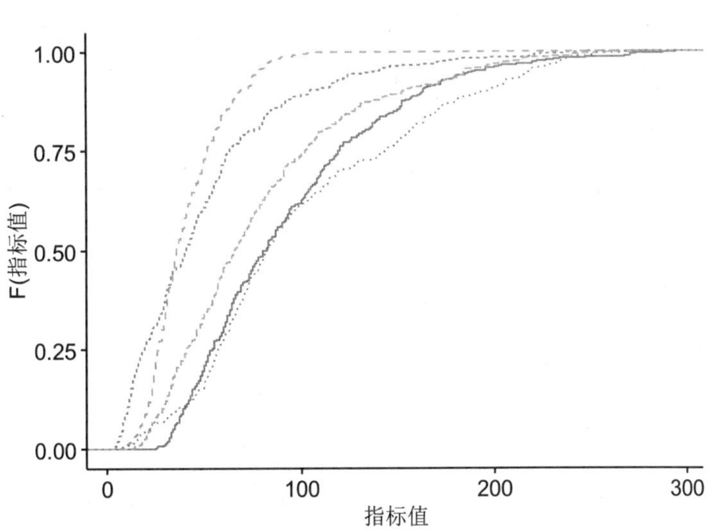

图 8–10　2018 年北京市 5 项空气指标的经验累积分布函数

是将数据分布的形状与正态曲线进行比较, 如果分布的形状与正态分布曲线接近, 就可以初步认为数据近似正态分布. 但这种比较形状的做法有时难以做出确切的判断. 在实际中, 常用的检验正态性的可视化方法是绘制出样本数据的**正态概率图** (normal probability plots), 它可以对正态性做出较为准确的判断.

正态概率图有两种画法, 一种称为 Q-Q 图 (quantile-quantile plot), 一种称为 P-P 图 (probability-probability plot). Q-Q 图是根据样本数据的分位数与理论分布 (如正态分布) 的分位数的符合程度绘制的, 有时也称为分位数–分位数图. P-P 图则是根据样本数据的累积概率与理论分布 (如正态分布) 的累积概率的符合程度绘制的. 除用于正态分布检验外, Q-Q 图 (或 P-P 图) 也可以用于检验 t 分布、χ^2 分布、均匀分布、贝塔分布、伽马分布等.

以正态 Q-Q 图为例, 说明正态概率图的绘制过程. 对于一组样本数据, 可以计算出任意一点的分位数, 记为 Q_o. 如果要检验该数据是否服从正态分布, 我们就可以计算出相应的标准正态分布的分位数, 称为理论分位数, 记为 Q_e. 以 Q_e 作 X 轴, Q_o 作 Y 轴, (X 轴和 Y 轴可以互换), 可以绘制出多个分位数点 (Q_e, Q_o) 在坐标系中的散点图. 如果实际数据服从正态分布, 则所有分位数点应该落在截距为样本均值、斜率为样本标准差的直线上. 如果各分位数点在这条直线周围随机分布, 越靠近直线, 说明实际数据越近似正态分布, 如图 8–11 (a2) 所示; 各分位数点离直线越远, 说明与正态分布的偏差越大; 如果各分位数点的分布有明显的固定模式, 则表示实际数据不服从正态分布, 如图 8–11 (b2) 和图 8–11 (c2) 所示. P-P 图的画法类似, 只不过是根据累积概率绘制的.

在分析正态概率图时, 最好不要用严格的标准去衡量数据点是否在理论直线上, 只要各点近似在一条直线周围随机分布即可. 当样本量较小时, 正态概率图中的点很少, 提供的正态性信息很有限, 因此, 使用 Q-Q 图时, 样本量应尽可能大.

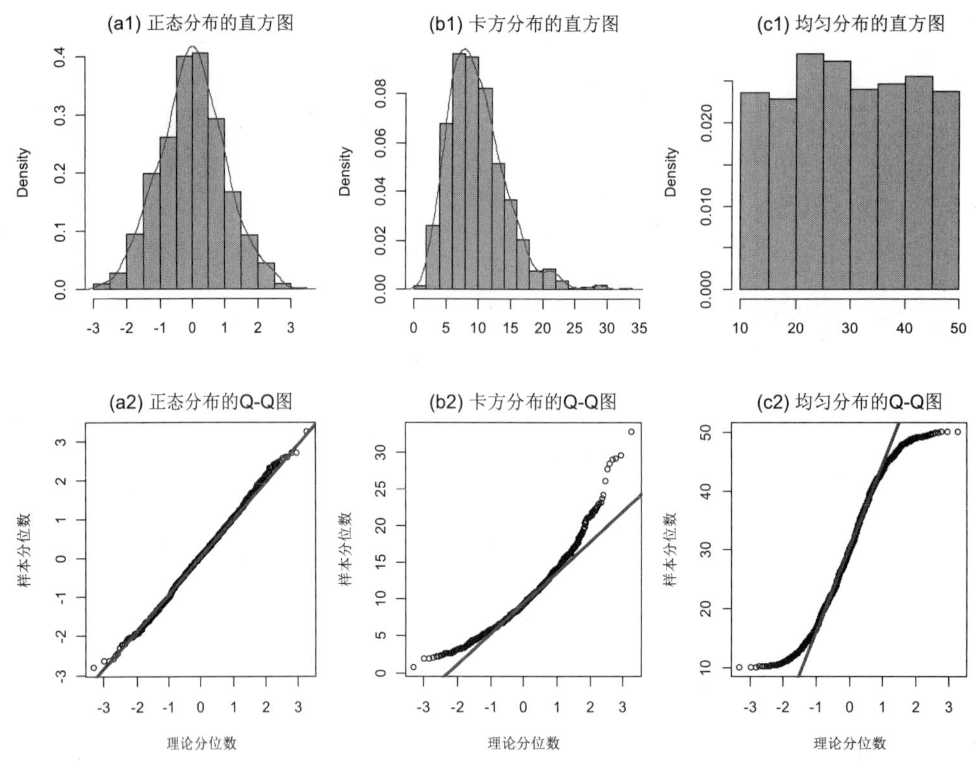

图 8-11　不同分布的直方图与正态 Q-Q 图的比较

使用 stats 包中的 qqnorm 函数、epade 包中的 qq.ade 函数、DescTools 包中的 PlotQQ 函数等, 均可以绘制正态 Q-Q 图. 以例 4-1 中的 AQI 数据为例, 使用 qqnorm 函数和 qqline 函数绘制的正态 Q-Q 图如图 8-12 所示 (要比较多个变量的正态 Q-Q 图时, 设置参数 new=TRUE, 可将多个变量的 Q-Q 图绘制在同一个坐标中).

```
# 图 8-12 的绘制代码 (数据: data4_1)
> data4_1<-read.csv("C:/mydata/chap04/data4_1.csv")
> par(mai=c(0.6,0.6,0.1,0.1),cex=0.7)
> qqnorm(data4_1$AQI,xlab="理论分位数",ylab="样本分位数",main="") # 绘制 Q-Q 点
> qqline(data4_1$AQI,col="red",lwd=2)                # 添加 Q-Q 线
> par(fig=c(0.08,0.55,0.55,0.96),new=TRUE)           # 设置图形位置
> hist(data4_1$AQI,xlab="PM2.5",ylab="",ylim=c(0,0.012),
+   breaks=20,freq=FALSE,col="lightblue",
+   cex.axis=0.7,cex.lab=0.7,main="")                # 绘制直方图
> lines(density(data4_1$AQI),col="red")              # 添加核密度曲线
> box(col="grey80")                                  # 添加盒子
```

为便于理解 Q-Q 图的含义, 图 8-12 中添加了 AQI 的直方图和核密度曲线. 图 8-12 显示, 各观测点并非在理论正态分布直线周围随机分布, 而且观测值越大或越小, 越偏离理论正态分布, 表明 AQI 不服从正态分布. 从直方图和核密度曲线的分布形状可清楚地看到 AQI 的分布呈现明显的右偏.

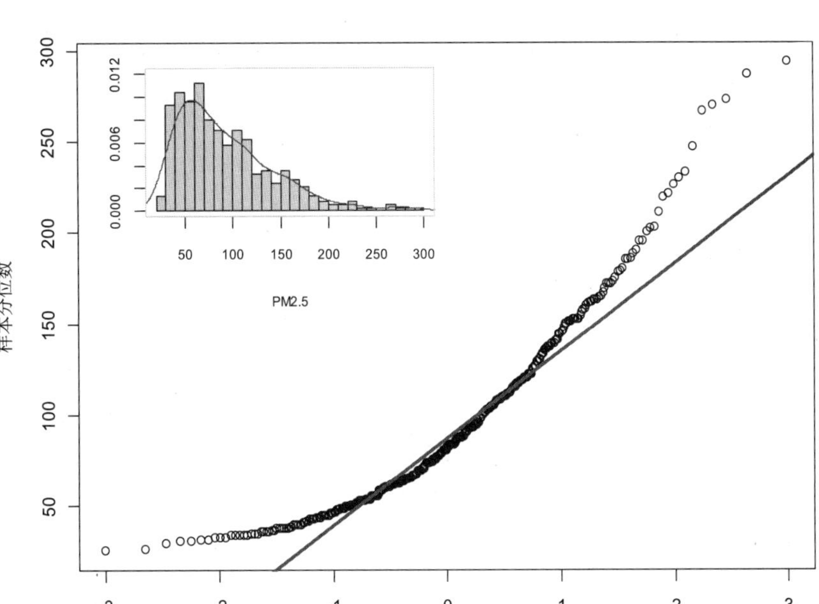

图 8–12　北京市 2018 年 AQI 的正态 Q-Q 图

图 8–13 是使用 DescTools 包中的 PlotQQ 函数绘制的 PM2.5、PM10 和臭氧浓度的正态 Q-Q 图.

```
# 图 8-13 的绘制代码 (数据: data4_1)
> library(DescTools)
> data4_1<-read.csv("C:/mydata/chap04/data4_1.csv")
> par(cex=0.7,mai=c(0.6,0.6,0.3,0.1))
> PlotQQ(data4_1$PM2.5,qdist=qnorm,                     # 绘制正态 Q-Q 图
+   col="red2",args.qqline=list(col="red2"),            # 设置点和线的颜色
+   xlab="理论分位数",ylab="样本分位数",main="")
> PlotQQ(data4_1$PM10,qdist=qnorm,
+   col="green3",args.qqline=list(col="green3"),add=TRUE)
> PlotQQ(data4_1$ 臭氧浓度,qdist=qnorm,
+   col="orange1",args.qqline=list(col="orange1"),add=TRUE)
> legend("topleft",legend=c("PM2.5","PM10","臭氧浓度"),
+   ncol=1,col=c("red2","green3","orange"),
+   fill=c("red2","orange","green3"),
+   box.col="grey80",cex=0.8,inset=0.01)                # 添加图例
```

图 8–13 中的灰色区域是正态 Q-Q 线的 95% 的置信区间. 图形显示, PM2.5、PM10和臭氧浓度均不服从正态分布.

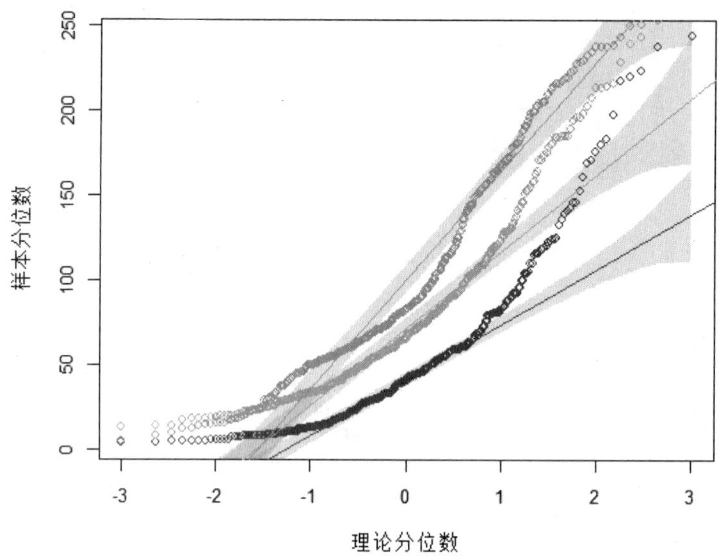

图 8-13 北京市 2018 年 PM2.5、PM10 和臭氧浓度的正态 Q-Q 图

8.3 χ^2 分布、t 分布和 F 分布的可视化

正态分布除了可以作为二项分布、泊松分布的极限分布外, 还可以推导出一些重要的统计分布, 如 χ^2 分布、t 分布、F 分布等. 这些分布在统计推断中具有十分重要的地位和用途.

8.3.1 χ^2 分布可视化

χ^2 分布 (chi-square distribution) 是 n 个独立标准正态随机变量平方和的分布. 设 Z 为标准正态随机变量, 令 $X = Z^2$, 则 X 服从自由度为 1 的 χ^2 分布, 即 $X \sim \chi^2(1)$. 一般, 对于 n 个独立标准正态随机变量 $Z_1^2, Z_2^2, \cdots, Z_n^2$, 随机变量 $X = \sum_{i=1}^n Z_i^2$ 的分布称为具有 n 个自由度的 χ^2 分布, 记为 $X \sim \chi^2(n)$.

$\chi^2(n)$ 分布的图像的形状取决于其自由度 n 的大小, 通常为不对称的右偏分布, 但随着自由度的增大逐渐趋于对称. 对应于不同自由度的 χ^2 分布直方图与核密度曲线如图 8–14 所示.

```
# 图 8-14 的绘制代码
> par(mfrow=c(2,3),mai=c(0.6,0.6,0.2,0.1),font.main=1)
> n=5000
> df=c(2,5,10,15,20,30)
> for(i in 1:6){
```

```
+ set.seed(123)
+ x<-rchisq(n,df[i])
+ hist(x,xlim=c(0,60),prob=T,col='lightblue',
+ xlab=expression(chi^2),ylab="Density",
+ main=paste("df =",df[i]))
+ curve(dchisq(x,df[i]),lwd=1,col=2,add=T)
+ }
```

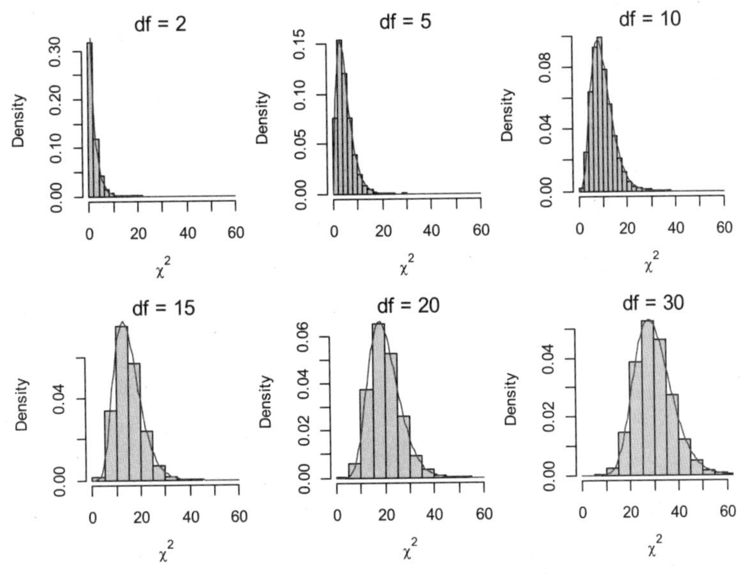

图 8–14　对应于不同自由度的 χ^2 分布

图 8–14 显示, 随着自由度的增大, χ^2 分布的图像逐渐趋于对称.

在总体方差的估计和非参数检验中都会用到 χ^2 分布. 比如, 一个总体方差的估计和检验、两个类别变量的独立性检验等都使用 χ^2 分布.

χ^2 分布的概率即曲线下的面积. 利用 R 软件中的 dchisq(x,df) 函数可以计算给定 x (χ^2 值) 和自由度 df 时的密度; 利用 pchisq(q,df) 函数可以计算给定分位数 q 和自由度 df 时 χ^2 分布的累积概率; 利用 qchisq(p,df) 函数可以计算给定累积概率 p 和自由度 df 时 χ^2 分布的分位数; 利用 rchisq(n,df) 函数可以产生自由度为 df 时 χ^2 分布的随机数.

【例 8–3】 可视化以下概率和分位数:

(1) 自由度为 5, χ^2 值小于等于 1.5 的概率.

(2) 自由度为 6, χ^2 值大于等于 12 的概率.

(3) 自由度为 10, χ^2 分布累积概率为 0.1 时的分位数.

(4) 自由度为 8, χ^2 分布累积概率为 0.95 时的分位数.

使用 vistributions 包中的 vdist_chisquare_prob 函数可以绘制出给定分位数时卡方分布的概率; 使用 vdist_chisquare_perc 函数可以绘制出给定概率时的分位数. 由上述函数绘制的例 8–3 的图形如图 8–15 所示.

```
# 图 8-15 的绘制代码
> library(vistributions);library(gridExtra)
> p1<-vdist_chisquare_prob(perc=1.5,df=5,type="lower")+ # 左尾概率 P(X<=1.5)
+   ggtitle("(a) 卡方分布: chisq=1.5,df=5")+mytheme
> p2<-vdist_chisquare_prob(perc=12,df=6,type="upper")+ # 右尾概率 P(X>=12)
+   ggtitle("(b) 卡方分布: chisq=12,df=6")+mytheme
> p3<-vdist_chisquare_perc(probs=0.1,df=10,type="lower")+
                                              # 累积概率为 0.1 时的分位数
+   ggtitle("(c) 卡方分布: p=0.1,df=10")+mytheme
> p4<-vdist_chisquare_perc(probs=0.95,df=8,type="lower")+
                                              # 累积概率为 0.95 时的分位数
+   ggtitle("(d) 卡方分布: p=0.95,df=8")+mytheme
> grid.arrange(p1,p2,p3,p4,ncol=2)            # 按两列组合图形 p1、p2、p3、p4
```

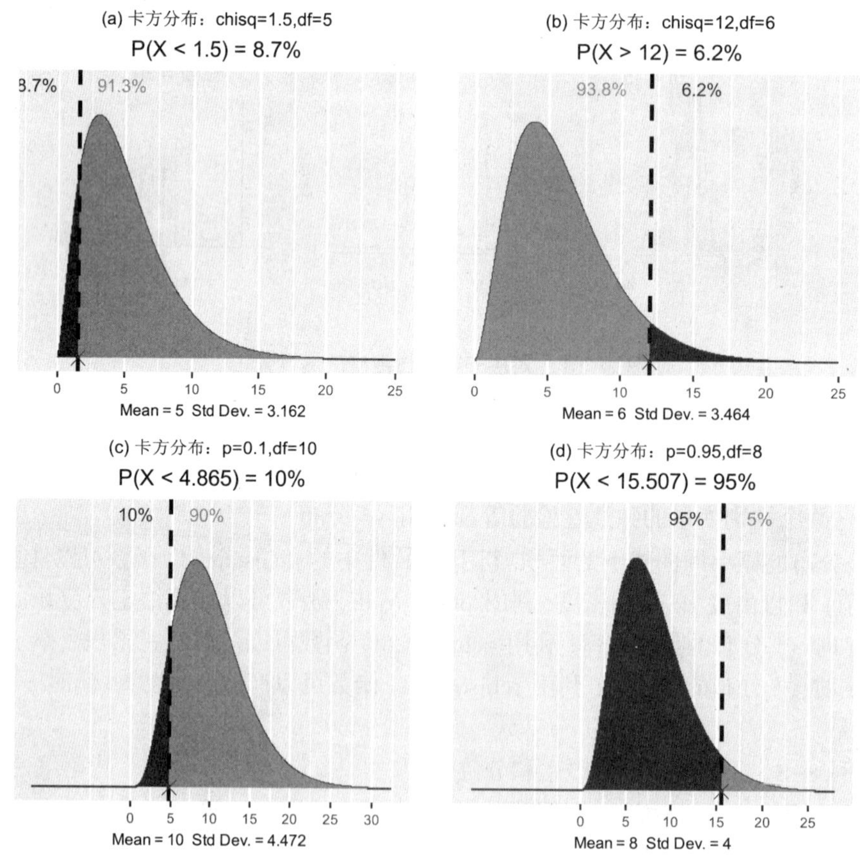

图 8-15 例 8-3 的 χ^2 分布概率和分位数

图 8-15 (a) 和图 8-15 (b) 的上方列出了给定自由度和卡方值时卡方分布的概率, 下方列出了卡方分布的期望值和标准差; 图 8-15 (c) 和图 8-15 (d) 的上方列出了给定累积概率时卡方分布的分位数.

使用 sjPlot 包中的 dist_chisq 函数可以绘制出给定自由度和右尾概率时 χ^2 分布

的分位数, 以及给定自由度和分位数时 χ^2 分布的右尾概率. 如图 8–16 所示.

```
# 图 8-16 的绘制代码
> library(sjPlot)
> dist_chisq(chi2=15,deg.f=10)    # 卡方值 =15, 自由度为 10, 卡方分布的右尾概率
> dist_chisq(p=0.1,deg.f=6)       # 右尾概率 p=0.1, 自由度为 6, 卡方分布的分位数
```

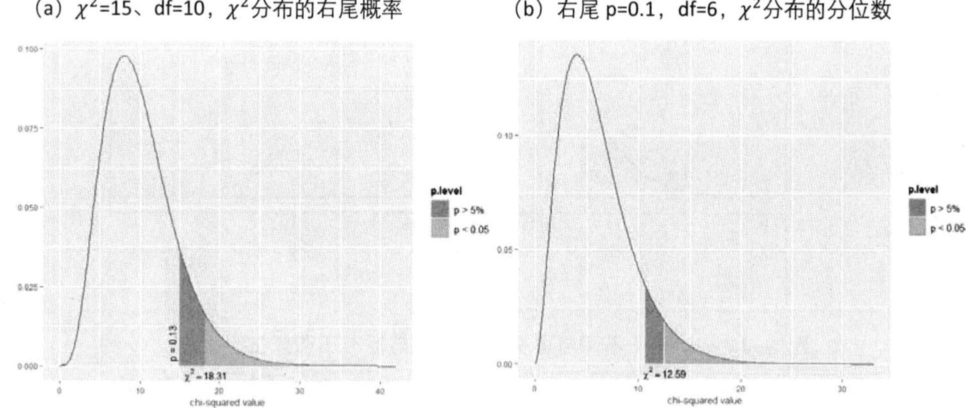

图 8–16　χ^2 分布的右尾概率和分位数

图 8–16(a) 显示, 自由度为 10、右尾概率 $P = 0.05$ 时 χ^2 分布的分位数为 18.31, 分位数为 15 时 χ^2 分布的右尾概率为 0.13. 图 8–16(b) 显示, 自由度为 6、右尾概率 $P = 0.1$ 时, χ^2 分布的分位数为 12.59.

8.3.2　t 分布可视化

t 分布 (t-distribution) 也称为**学生 t 分布** (student's t-distribution). 设随机变量 $Z \sim N(0,1)$, $X \sim \chi^2(n)$, 且 Z 与 X 独立, 则称 $T = \dfrac{Z}{\sqrt{X/n}}$ 服从自由度为 n 的 t 分布, 记为 $T \sim t(n)$.

t 分布是一种类似正态分布的对称分布, 它通常要比正态分布平坦和分散. 一个特定的 t 分布依赖于称为自由度的参数. 随着自由度的增大, t 分布也逐渐趋于正态分布. 对应于不同自由度的分布曲线与标准正态分布曲线如图 8–17 所示.

```
# 图 8-17 的绘制代码
> curve(dnorm(x,0,1),from=-4,to=4,xlim=c(-4,4),ylab="f(x)",lty=1,col=1)
> abline(h=0)
> segments(0,0,0,dnorm(0),lwd=1)
> curve(dt(x,2),from=-4,to=4,add=TRUE,lty=2,col=2,lwd=1)
> curve(dt(x,5),from=-4,to=4,add=TRUE,lty=3,col=4,lwd=1)
> legend(x="topright",legend=c("N(0,1)","t(5)","t(2)"),
+   lty=1:3,col=c(1,2,4),inset=0.01,box.col="grey80",cex=0.8)
```

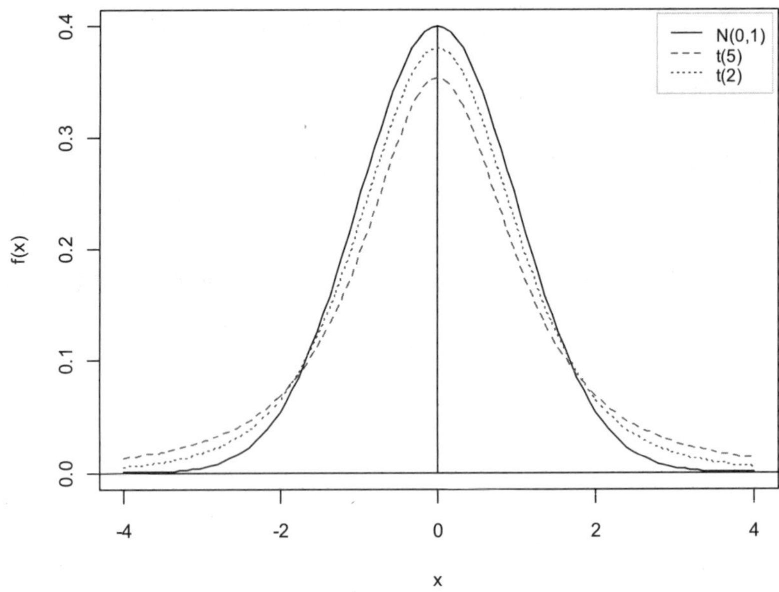

图 8–17 对应于不同自由度的 t 分布与标准正态分布的比较

t 分布在统计推断中有广泛应用, 比如小样本情形下总体均值的估计和检验. t 分布的概率即为曲线下的面积. 利用 R 软件中的 dt(x,df) 函数可以计算给定 x (t 值) 和自由度 df 时的密度; 利用 pt(q,df) 函数可以计算给定分位数 q 和自由度 df 时 t 分布的累积概率; 利用 qt(p,df) 函数可以计算给定累积概率 p 和自由度 df 时 t 分布的分位数; 利用 rt(n,df) 函数可以产生自由度为 df 时 t 分布的随机数.

【例 8–4】 可视化以下概率和分位数:

(1) 自由度为 8, t 值小于等于 -2 的概率.

(2) 自由度为 6, t 值大于等于 2.5 的概率.

(3) 自由度为 12, t 分布累积概率为 0.025 时的分位数.

(4) 自由度为 10, t 分布累积概率为 0.95 时的分位数.

使用 vistributions 包中的 vdist_t_prob 函数可以绘制出给定分位数时 t 分布的概率; 使用 vdist_t_perc 函数可以绘制出给定概率时的分位数. 由上述函数绘制的例 8–4 的图形如图 8–18 所示.

```
# 图 8-18 的绘制代码
> library(vistributions);library(gridExtra)
> p1<-vdist_t_prob(perc=-2,df=8,type="lower")+          # 左尾概率 P(X<=-2)
+   ggtitle("(a) t 分布: t=-2,df=8")+mytheme
> p2<-vdist_t_prob(perc=2.5,df=6,type="both")+          # 右尾概率 P(|X|>=2.5)
+   ggtitle("(b) t 分布: t=2.5,df=6")+mytheme
> p3<-vdist_t_perc(probs=0.025,df=12,type="lower")+
                                           # 累积概率为 0.025 时的分位数
+   ggtitle("(c) t 分布: p=0.025,df=12")+mytheme
```

```
> p4<-vdist_t_perc(probs=0.95,df=10,type="both")+ # 累积概率为 0.95 时的分位数
+   ggtitle("(d) t 分布: p=0.95,df=10")+mytheme
> grid.arrange(p1,p2,p3,p4,ncol=2)              # 按两列组合图形 p1、p2、p3、p4
```

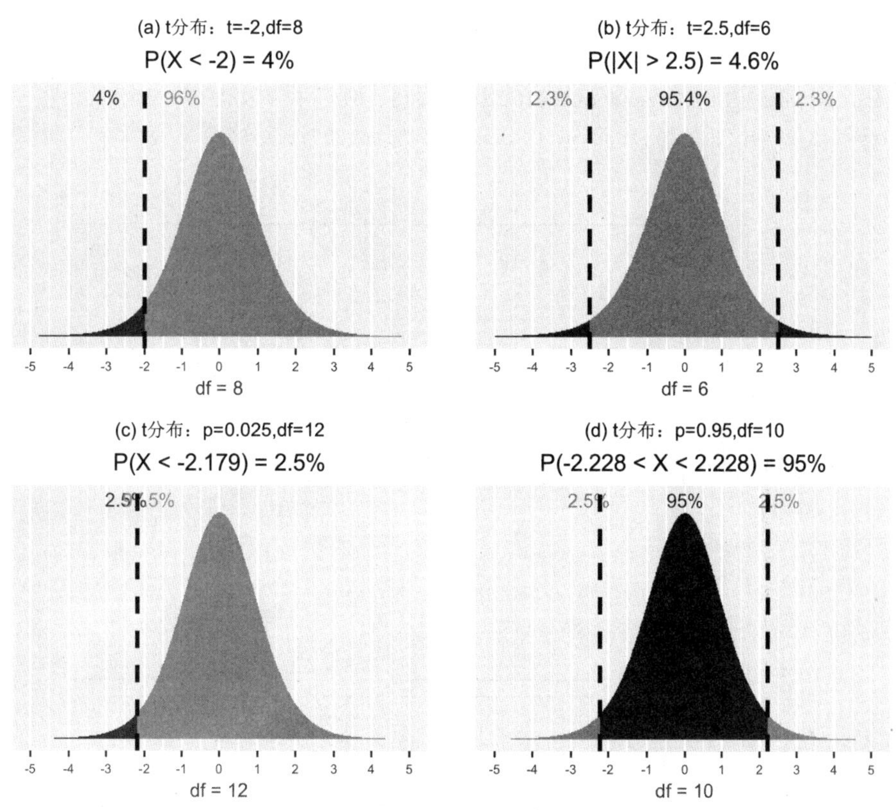

图 8–18 例 8–4 的 t 分布概率和分位数

图 8–18 (a) 和图 8–18 (b) 的上方列出了给定自由度和 t 值时 t 分布的概率, 下方列出了 t 分布的自由度; 图 8–18 (c) 和图 8–18 (d) 的上方列出了给出累积概率时 t 分布的分位数.

使用 sjPlot 包中的 dist_t 函数可以绘制出给定自由度和右尾概率时 t 分布的分位数, 以及给定自由度和分位数时 t 分布的右尾概率. 限于篇幅, 这里不再举例.

8.3.3 *F* 分布可视化

***F* 分布** (F-distribution) 是为纪念著名统计学 R.A.Fisher 以其姓氏的第一个字母而命名的. 它是两个 χ^2 分布变量的比. 设 $U \sim \chi^2(n1)$, $V \sim \chi^2(n2)$, 且 U 和 V 相互独立, 则 $F = \dfrac{U/n1}{V/n2}$ 服从自由度 $n1$ 和 $n2$ 的 F 分布, 记为 $F \sim F(n1, n2)$. F 分布主要用于比较不同总体的方差是否有显著差异.

F 分布的图形与 χ^2 分布类似, 其形状取决于两个自由度. 对应于不同自由度的 F 分布曲线如图 8–19 所示.

```
# 图 8-19 的绘制代码
> curve(df(x,10,20),from=0,to=5,xlim=c(0,5),
+   xlab="F",ylab="f(x)",lty=1,col=1)
> curve(df(x,5,10),from=0,to=5,add=TRUE,lty=2,lwd=1,col=2)
> curve(df(x,3,5),from=0,to=5,add=TRUE,lty=3,lwd=1,col=4)
> abline(h=0,v=0)
>legend(x="topright",legend=c("F(10,20)","F(5,10)","F(3,5)"),
+   lty=1:3,col=c(1,2,4),inset=0.01,box.col="grey80",cex=0.8)
```

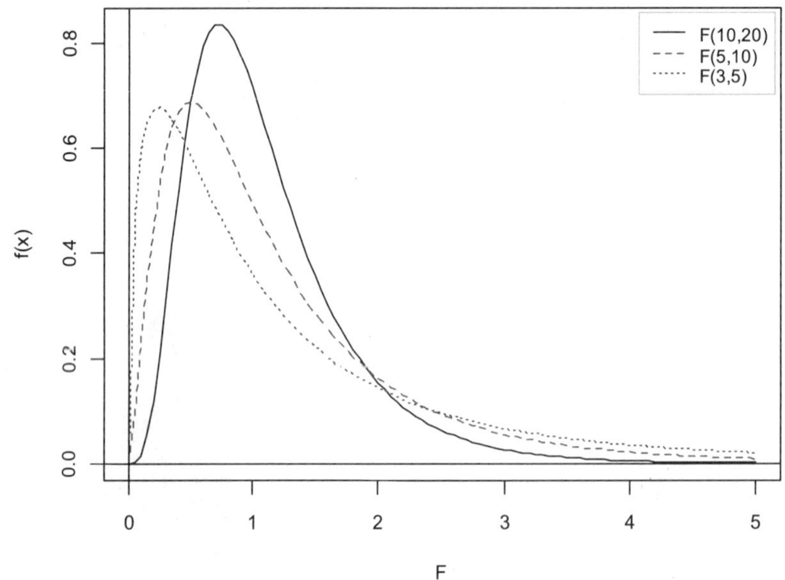

图 8-19　对应于不同自由度的 F 分布曲线

F 分布的概率即曲线下的面积. 利用 R 软件中的 df(x,df1,df2) 函数可以计算给定 x (F 值) 和自由度 df1、df2 时的密度; 利用 pf(q,df1,df2) 函数可以计算给定分位数 q 和自由度 df1、df2 时 F 分布的累积概率; 利用 qf(p,df1,df2) 函数可以计算给定累积概率 p 和自由度 df1、df2 时 F 分布的分位数; 利用 rf(n,df1,df2) 函数可以产生自由度为 df1、df2 时 F 分布的随机数.

【例 8-5】 可视化以下概率和分位数:

(1) 分子自由度为 10, 分母自由度为 45, F 值小于等于 0.5 的概率.

(2) 分子自由度为 5, 分母自由度为 30, F 值大于等于 3 的概率.

(3) 分子自由度为 5, 分母自由度为 30, 累积概率为 0.025 时的 F 值.

(4) 分子自由度为 5, 分母自由度为 30, 右尾概率为 0.05 时的 F 值.

使用 vistributions 包中的 vdist_f_prob 函数可以绘制出给定分位数时 F 分布的概率; 使用 vdist_f_perc 函数可以绘制出给定概率时的分位数. 由上述函数绘制的例 8-5 的图形如图 8-20 所示.

```
# 图 8-20 的绘制代码
> library(vistributions);library(gridExtra)
> p1<-vdist_f_prob(perc=0.5,num_df=10,den_df=45,type="lower")+
                                        # 左尾概率 P(X<=0.5)
+   ggtitle("(a) F 分布: f=0.5,df1=10,df2=45")+mytheme
> p2<-vdist_f_prob(perc=3,num_df=5,den_df=30,type="upper")+
                                        # 右尾概率 P(X>=3)
+   ggtitle("(b) F 分布: f=3,df1=5,df2=30")+mytheme
> p3<-vdist_f_perc(probs=0.025,num_df=5,den_df=30,type="lower")+
                                        # 累积概率为 0.025 时的分位数
+   ggtitle("(c) F 分布: p=0.025,df1=5,df2=30")+mytheme
> p4<-vdist_f_perc(probs=0.05,num_d=5,den_df=30,type="upper")+
                                        # 右尾概率为 0.05 时的分位数
+   ggtitle("(d) F 分布: p=0.05,df1=5,df2=30")+mytheme
> grid.arrange(p1,p2,p3,p4,ncol=2)             # 按两列组合图形 p1、p2、p3、p4
```

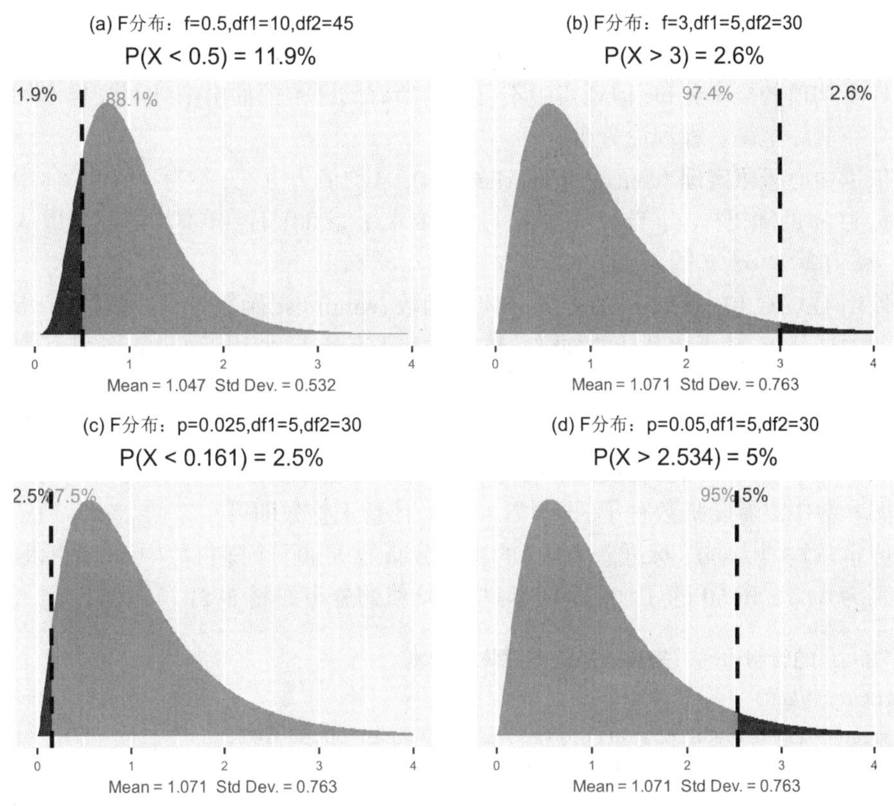

图 8–20　例 8–5 的 F 分布概率和分位数

图 8–20 (a) 和图 8–20 (b) 的上方列出了给定自由度和 F 值时 F 分布的概率, 下方列出了 F 分布的期望值和标准差; 图 8–20 (c) 和图 8–20 (d) 的上方列出了给定累积概率时 F 分布的分位数.

8.4 抽样分布的可视化

经典统计推断通常是用样本统计量推断总体的相应参数. 比如, 用样本均值推断总体均值、用样本方差推断总体方差、用样本相关系数推断总体相关系数等. 统计量是描述样本特征的一个函数. 统计量的取值会因样本不同而变化, 因此样本统计量是一个随机变量.

样本统计量的分布称为**抽样分布** (sampling distribution), 它实际上就是样本统计量的概率分布. 统计量的抽样分布是经典统计中推断的理论依据. 本节主要使用 R 函数来模拟样本均值和样本方差的抽样分布.

8.4.1 样本均值的抽样分布

设总体共有 N 个元素, 从中抽取样本量为 n 的随机样本, 假定从总体中抽出所有可能的样本量为 n 的样本, 则这些样本的均值形成的分布就是样本均值的抽样分布, 或称样本均值的概率分布. 但现实中不可能将所有的样本都抽出来, 因此, 样本均值的概率分布实际上是一种理论分布.

依据**中心极限定理** (central limit theorem), 从均值为 μ、方差为 σ^2 的总体中抽取样本量为 n 的随机样本, 当 n 充分大 (通常要求 $n \geqslant 30$) 时, 样本均值近似服从期望值为 μ、方差为 σ^2/n 的正态分布, 即 $\overline{x} \sim N(\mu, \sigma^2/n)$.

使用 DAAG 包中的 simulateSampDist 函数、sampdist 函数等, 均可以模拟指定统计量的抽样分布. 该函数默认的抽样总体为标准正态分布, 使用者可以指定从任意总体中抽样, 比如, 从已知分布的总体中抽样, 如一般正态分布、均匀分布、指数分布、χ^2 分布、t 分布、F 分布等; 也可以从一个已知的数据集中抽样. 使用 plotSampDist 函数可以绘制出统计量分布的核密度图和正态 Q-Q 图. 要想每次模拟得到相同的结果, 可以在绘图参数中设置随机数种子, 即设置 seed= 任意正整数即可.

假定从均值为 50、标准差为 10 的正态分布的 5 000 个随机数中, 随机抽取样本量分别为 5、10 和 50 的 1 000 个样本, 样本均值的分布如图 8–21 所示.

```
# 图 8-21 的绘制代码 (来自正态分布总体的样本)
> library(DAAG)
> s_mean<-simulateSampDist(rpop=rnorm(5000,mean=50,sd=10),
                  # 抽样总体: 均值=50、标准差=10 的正态分布的 5000 个随机数
+   numsamp=1000,                         # 抽取的样本数为 1000 个
+   numINsamp=c(5,10,50),                 # 样本量分别为 5,10,50
+   FUN=mean)                             # 计算样本均值
> par(pty="s")                            # 生成一个方形绘图区域
> plotSampDist(s_mean,graph=c("density","qq"),          # 画出密度图和 Q-Q 图
+   cex=0.7,                              # 设置字体大小
```

```
+    popsample=TRUE)                    # 显示产生随机样本的抽样总体的分布
```

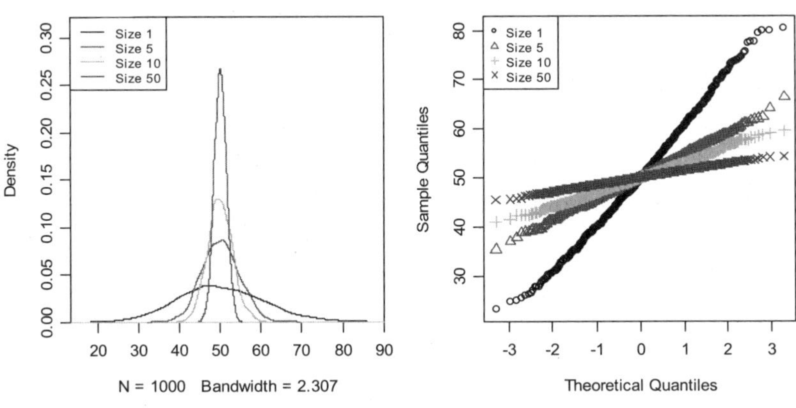

图 8–21　来自正态总体的样本均值的抽样分布

图 8–21 分别绘制出了总体分布 (size1) 和不同样本量的样本均值分布的核密度图和正态 Q-Q 图. 图形显示, 对于来自正态总体的随机样本, 无论样本量大小, 样本均值的分布均近似正态分布.

图 8–22 是来自卡方分布的不同样本量的 1 000 个样本均值的抽样分布.

```
# 图 8-22 的绘制代码 (来自卡方分布总体的样本)
> library(DAAG)
> s_mean<-simulateSampDist(rpop=rchisq(10000,df=10),
                    # 抽样总体: 自由度等于 10 的卡方分布的 10000 个随机数
+   numsamp=1000,numINsamp=c(5,10,30),FUN=mean)
> par(pty="s")
> plotSampDist(s_mean,graph=c("density","qq"),cex=0.7,popsample=TRUE)
```

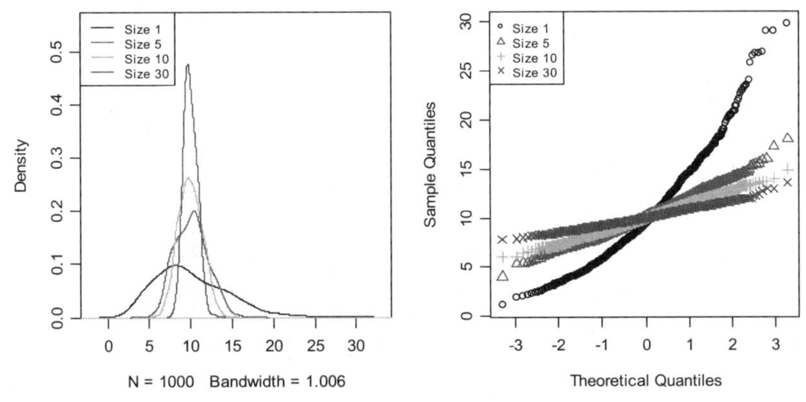

图 8–22　来自卡方分布总体的样本均值的抽样分布

图 8–22 显示, 虽然总体服从卡方分布, 但样本均值的分布随着样本量的增大逐渐趋于正态分布.

抽样总体也可以是任何一个实际数据集. 比如, 以例 4–1 中的 AQI 数据为例, 从全年 365 天的 AQI 数据中, 随机抽取样本量分别为 5、10 和 50 的各 300 个样本, 得到的样本均值的抽样分布如图 8–23 所示.

```
# 图 8-23 的绘制代码 (数据: data4_1)
> library(DAAG)
> data4_1<-read.csv("C:/mydata/chap04/data4_1.csv")
> s_mean<-simulateSampDist(rpop=data4_1$AQI,
                                # 抽样总体: 例 4-1 中 AQI 的 365 个观测值
+   numsamp=300,                # 抽取的样本数为 300 个
+   numINsamp=c(5,10,50),       # 样本量分别为 5,10,50
+   FUN=mean)                   # 计算样本均值
> par(pty="s")
> plotSampDist(s_mean,graph=c("density","qq"),cex=0.7,popsample=TRUE)
```

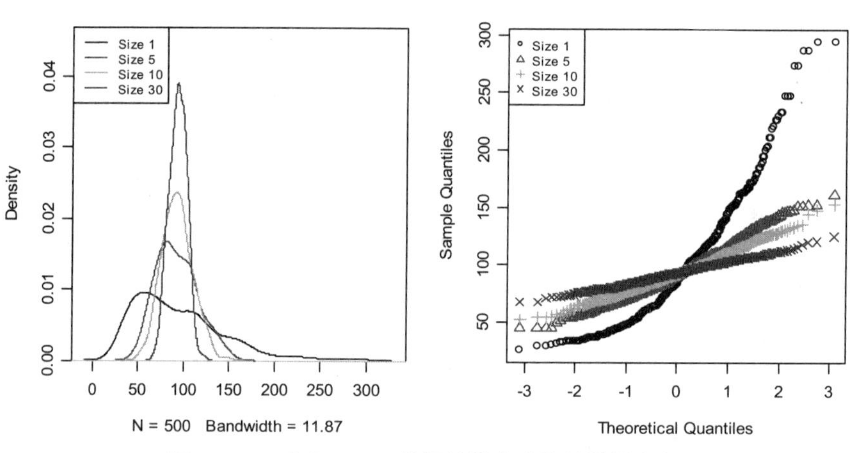

图 8–23 来自 AQI 数据的样本均值的抽样分布

图 8–23 的原始数据显示, AQI 呈明显的右偏分布 (size1), 但样本均值的分布随着样本量的增大逐渐趋于正态分布.

8.4.2 样本方差的抽样分布

样本方差 s^2 是估计总体方差的统计量. 统计证明, 对于来自正态总体的简单随机样本, 比值 $(n-1)s^2/\sigma^2$ 服从自由度为 $(n-1)$ 的 χ^2 分布, 即 $((n-1)s^2/\sigma^2) \sim \chi^2(n-1)$.

使用 DAAG 包中的 simulateSampDist 函数可以模拟指定统计量的抽样分布. 使用 plotSampDist 函数可以绘制出样本方差分布的核密度图和正态 Q-Q 图. 假定从均值为 0、标准差为 1 的标准正态总体中, 随机抽取样本量分别为 5、10 和 30 的 1 000

个样本, 样本方差的分布如图 8–24 所示.

```
# 图 8-24 的绘制代码
> library(DAAG)
> s_var<-simulateSampDist(numsamp=1000, # 从标准正态分布 (默认) 中抽取 1000 个样本
+   numINsamp=c(5,10,30),               # 样本量分别为 5,10,30
+   FUN=var)                            # 计算样本方差
> par(pty="s")
> plotSampDist(s_var,graph=c("density","qq"),cex=0.7, popsample=FALSE)
```

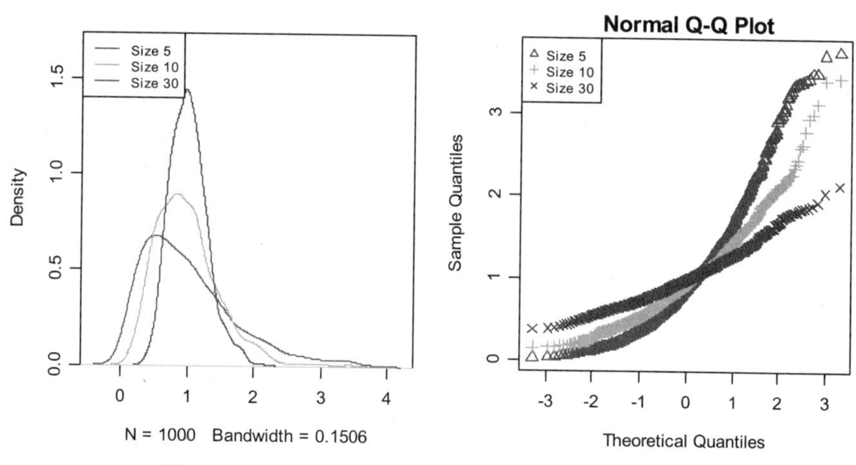

图 8–24 来自标准正态总体的样本方差的抽样分布

图 8–24 显示, 随着样本量的增大, 样本方差的分布逐渐趋于对称.

8.4.3 样本比例的抽样分布

比例 (proportion) 是指总体 (或样本) 中具有某种属性的个体与全部个体之和的比值. 例如, 一个班级的学生按性别分为男、女两类, 男生人数与全班总人数之比就是比例, 女生人数与全班总人数之比也是比例. 再如, 产品可分为合格品与不合格品, 合格品 (或不合格品) 与全部产品总数之比就是比例.

设总体有 N 个元素, 具有某种属性的元素个数为 N_0, 具有另一种属性的元素个数为 N_1, 总体比例用 π 表示, 则有 $\pi = N_0/N$, 或 $N_1/N = 1-\pi$. 相应地, 样本比例用 p 表示, 同样有 $p = n_0/n, n_1/n = 1-p$.

从一个总体中重复选取样本量为 n 的样本, 由样本比例的所有可能取值形成的分布就是样本比例的概率分布. 统计证明, 当样本量很大 (通常要求 $np \geqslant 10$ 和 $n(1-p) \geqslant 10$) 时, 样本比例的分布可用正态分布近似, p 的期望值 $E(p) = \pi$, 方差为 $\sigma_p^2 = \dfrac{\pi(1-\pi)}{n}$, 即 $p \sim N\left(\pi, \dfrac{\pi(1-\pi)}{n}\right)$, 等价地有, $\dfrac{p-\pi}{\sqrt{\pi(1-\pi)/n}} \sim N(0,1)$.

设总体比例 $\pi = 0.2$, 从该总体随机抽取样本量分别为 50、100、500、1 000 的样本各 5 000 个, 模拟的样本比例的分布如图 8–25 所示.

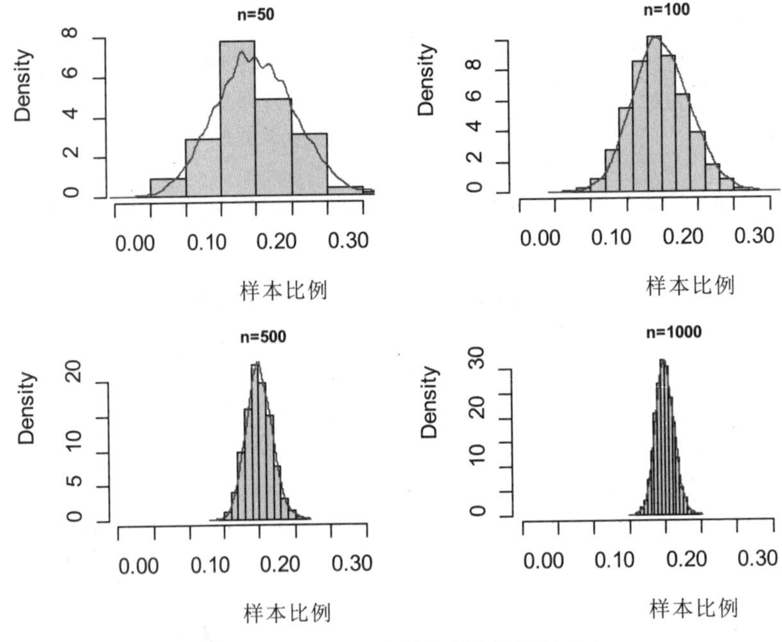

图 8–25　不同样本量的样本比例的分布

图 8–25 显示, 随着样本量的增大, 样本比例逐渐趋于正态分布, 而且分布越来越集中.

8.5 统计推断结果的可视化

假设检验是利用样本信息判断对总体的某种假设是否成立的统计方法, 它是经典统计中一种常用的推断技术. 本节主要介绍几种假设检验的可视化方法, 包括 χ^2 检验、t 检验和 F 检验.

8.5.1 χ^2 检验的可视化

χ^2 检验是利用 χ^2 分布来检验总体的某种假设, 主要用于类别变量的推断, 比如, 一个类别变量的拟合优度检验, 两个类别变量的独立性检验, 等等.

【例 8–6】 (数据: data1_1.csv) 沿用第 1 章例 1–1. 检验并可视化以下假设:

(1) 不同满意度的人数分布是否有显著差异.

(2) 网购次数与满意度是否独立.

检验不同满意度的人数分布是否有显著差异, 也就是检验在满意、不满意、中立的 3 个类别中, 观察人数与期望人数是否一致, 即检验如下假设:

H_0: 观察频数与期望频数差异不显著; H_1: 观察频数与期望频数差异显著

使用 stats 包中的 chisq.test 函数可以实现该检验; 使用 gginference 包中的 ggchisqtest 函数可以绘制出该检验结果的图形, 如图 8–26 所示.

```
# 图 8-26 的绘制代码 (数据: data1_1)
> library(gginference)
> data1_1<-read.csv("C:/mydata/chap01/data1_1.csv");attach(data1_1)
> chisq_test<-chisq.test(table(满意度))
> chisq_test                    # 展示卡方检验结果 (读者可在 R 中查看)
> ggchisqtest(chisq_test,colreject="red2",colstat="blue2") # 绘制卡方检验图
```

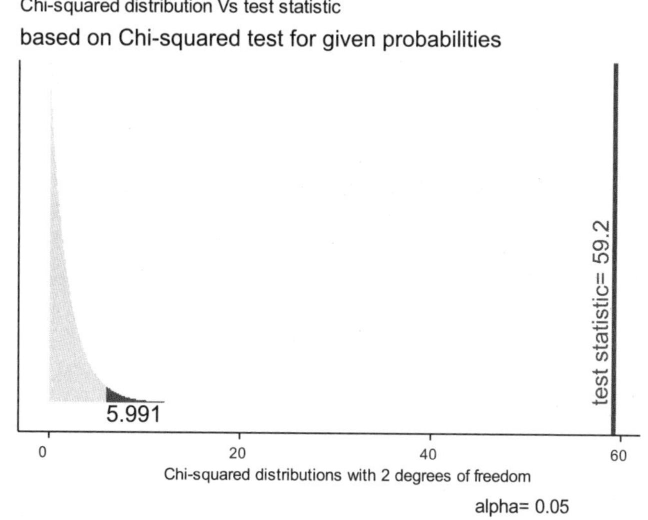

图 8–26　不同满意度人数分布的拟合优度检验

图 8–26 是该检验 χ^2 统计量的概率分布, 红色阴影面积为显著性水平 0.05, 其对应的自由度为 2 时 χ^2 分布的临界值为 5.991; 蓝色竖线是该检验得到的统计量的位置, 统计量的值为 59.2. 由于检验统计量 (相应的 p-value = 1.396e-13) 远大于临界值, 拒绝原假设, 表示不同满意度之间的人数分布有显著差异.

要检验网购次数与满意度是否独立, 也就是检验如下假设:

H_0: 网购次数与满意度独立; H_1: 网购次数与满意度不独立

使用 stats 包中的 chisq.test 函数可以进行检验; 使用 gginference 包中的 ggchisqtest 函数绘制的该检验结果的图形如图 8–27 所示.

```
# 图 8-27 的绘制代码 (数据: data1_1)
> library(gginference)
> data1_1<-read.csv("C:/mydata/chap01/data1_1.csv")
> tab<-table(data1_1$ 网购次数,data1_1$ 满意度)
> chisq_test<-chisq.test(tab)
> chisq_test                    # 展示检验结果
> ggchisqtest(chisq_test,colreject="red2",colstat="blue2")    # 绘制卡方检验图
```

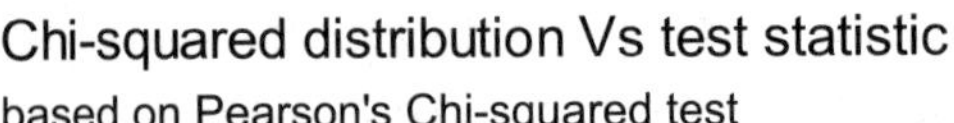
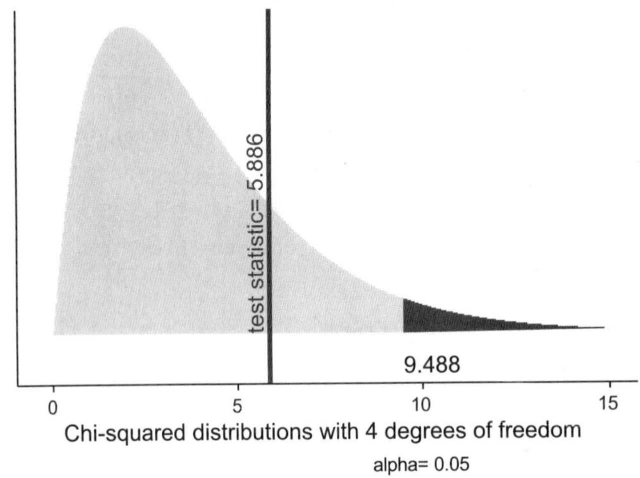

图 8–27 网购次数与满意度的独立性检验

图 8–27 显示了该检验 χ^2 分布的临界值 (9.488) 和检验统计量的值 (5.886). 结果显示不拒绝原假设, 表示网购次数与满意度独立, 即二者之间没有相关性.

8.5.2 *t* 检验的可视化

t 检验在经典统计推断中有着广泛应用, 比如, 小样本条件下一个总体均值的检验, 两个总体均值之差的检验, 两个变量之间的相关系数检验, 等等. 下面通过一个例子说明 *t* 检验的可视化方法.

【例 8–7】 (数据: data8_7.csv) 从某大学的管理、金融和会计 3 个专业中随机抽取 25 名学生, 得到其性别和 3 门课程的考试分数如表 8–1 所示.

表 8–1 25 名学生 3 门考试的考试分数 (显示前 5 行和后 5 行)

专业	性别	数学	统计学
金融	女	71	80
管理	男	79	84
金融	女	79	84
会计	男	84	81
管理	男	84	84
⋮	⋮	⋮	⋮
会计	女	72	89
金融	女	83	87
管理	男	72	83
管理	女	78	85
会计	男	78	85

可视化以下检验结果:

(1) 数学分数与 80 是否有显著差异.

(2) 统计学分数是否显著大于 80.

(3) 男女学生的统计学分数是否有显著差异.

(4) 数学分数与统计学分数之间的相关系数是否显著.

检验数学分数与 80 是否有显著差异, 也就是检验如下假设:

$$H_0 : \mu = 80; H_1 : \mu \neq 80$$

检验统计学分数是否显著大于 80, 也就是检验如下假设:

$$H_0 : \mu \leqslant 80; H_1 : \mu > 80$$

检验男女学生的统计学分数是否有显著差异, 也就是检验如下假设:

$$H_0 : \mu_1 = \mu_2; H_1 : \mu_1 \neq \mu_2$$

检验数学分数与统计学分数之间的相关系数是否显著, 也就是检验如下假设:

$$H_0 : \rho = 0; H_1 : \rho \neq 0$$

使用 stats 包中的 t.test 函数和 cor.test 函数可以实现上述检验; 使用 gginference 包中的 ggttest 函数和 ggcortest 函数可以绘制出上述检验结果的图形, 如图 8–28 所示.

```
# 图 8-28 的绘制代码
> library(gginference)
> data8_7<-read.csv("C:/mydata/chap08/data8_7.csv")
> attach(data8_7)

# 图 (a): 双侧检验
> t_test1<-t.test(数学,mu=80)                          # 双侧检验
> t_test1                                               # 展示 t 检验结果
> ggttest(t_test1,colreject="red2",colstat="blue2")   # 画出 t 检验图

# 图 (b): 右侧检验
> t_test2<-t.test(统计学,mu=80,a="g")                  # 右侧检验
> t_test2                                               # 展示 t 检验结果
> ggttest(t_test2,colreject="red2",colstat="blue2")   # 画出 t 检验图

# 图 (c): 独立小样本两个总体均值之差的检验
> t_test3<-t.test(统计学~性别,var.equal=FALSE)        # 独立小样本的均值差检验
> t_test3                                               # 展示 t 检验结果
> ggttest(t_test3,colreject="red2",colstat="blue2")   # 画出 t 检验图

# 图 (d): 数学分数与统计学分数线性关系的检验
```

```
> corr_test4<-cor.test(数学, 统计学)                          # 相关系数检验
> corr_test4                                                  # 展示相关系数检验结果
> ggcortest(corr_test4,colreject="red2",colstat="blue2")
```

(a) H_0: $\mu=80$; H_1: $\mu\neq 80$的检验图

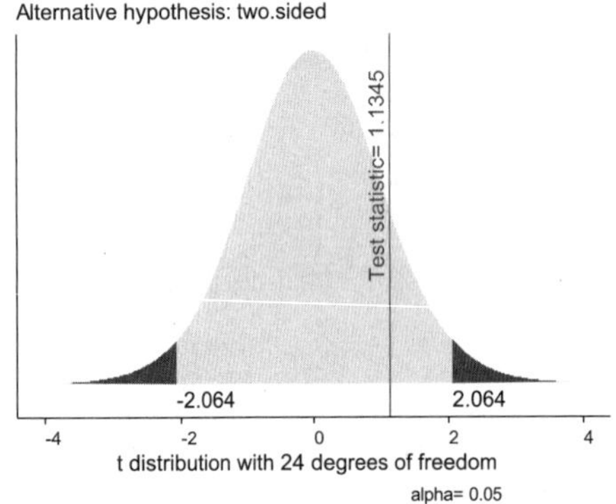

(b) H_0: $\mu\leq 80$; H_1: $\mu>80$的检验图

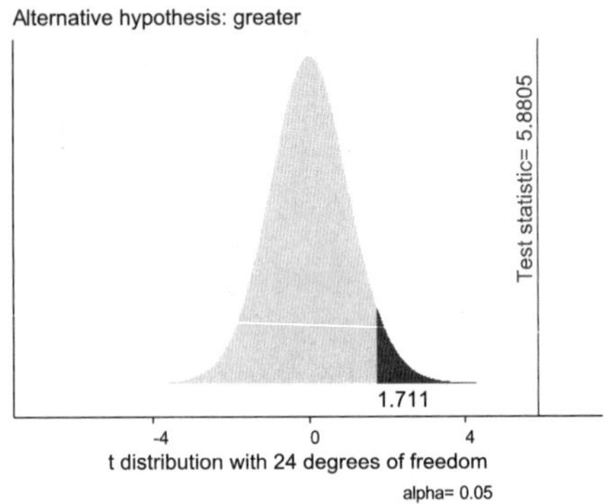

(c) H_0: $\mu_1=\mu_2$; H_1: $\mu_1\neq\mu_2$的检验图

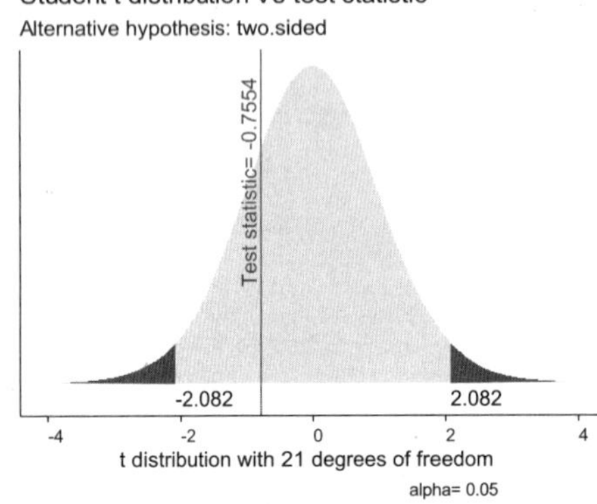

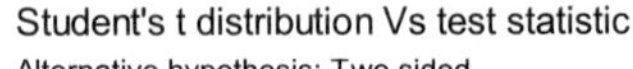
(d) H_0: $\rho=0$; H_1: $\rho\neq 0$ 的检验图

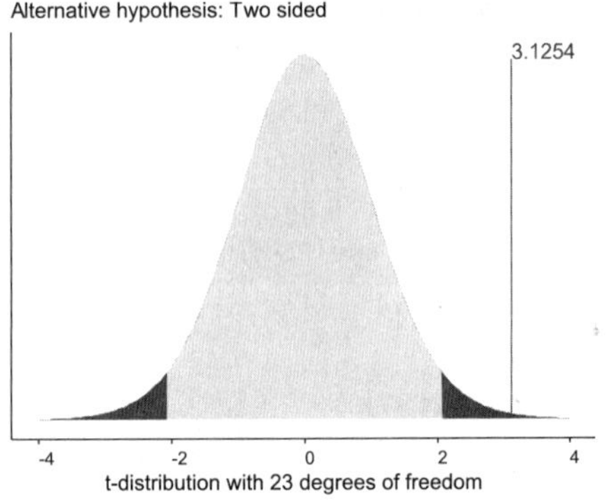

图 8–28 例 8–7 的 t 检验结果(见彩图)

图 8–28 显示: (a) 数学分数与 80 没有显著差异; (b) 统计学分数显著大于 80; (c) 男女学生的统计学分数没有显著差异; (d) 数学分数与统计学分数之间的相关系数显著.

当样本量大于 30 时, gginference 包中的上述检验函数会画出相应的正态检验图, 限于篇幅, 这里不再举例.

如果是配对样本, 只需要在 t.test 函数中设置参数 paired=TRUE 即可.

【例 8–8】 (数据: data8_8.csv) 某饮料公司研制出一款新产品, 为比较消费者对新旧产品口感的满意程度, 随机抽选一组消费者共 10 人, 让每个消费者先品尝一款饮料, 再品尝另一款饮料, 两款饮料的品尝顺序是随机的, 而后每个消费者要对两款饮料分别进行评分 ($0\sim 10$ 分), 评分结果如表 8–2 所示. 检验消费者对两款饮料的评分是否有显著差异.

表 8–2　10 个消费者对两款饮料的评分

消费者编号	旧款饮料	新款饮料
1	7.0	8.0
2	8.0	7.0
3	6.5	9.0
4	7.0	8.0
5	5.5	7.0
6	8.0	9.0
7	6.5	8.5
8	5.0	6.0
9	7.5	7.5
10	9.0	8.0

使用 gginference 包中的 ggttest 函数绘制的检验结果如图 8–29 所示.

```
# 图 8-29 的绘制代码
> data8_8<-read.csv("C:/mydata/chap08/data8_8.csv")
> t_test<-t.test(data8_8$ 旧款饮料,data8_8$新款饮料,paired=TRUE)
> t_test                    # 展示 t 检验结果
> library(gginference)
> ggttest(t_test,colreject="red2",colstat="blue2")            # 画出 t 检验图
```

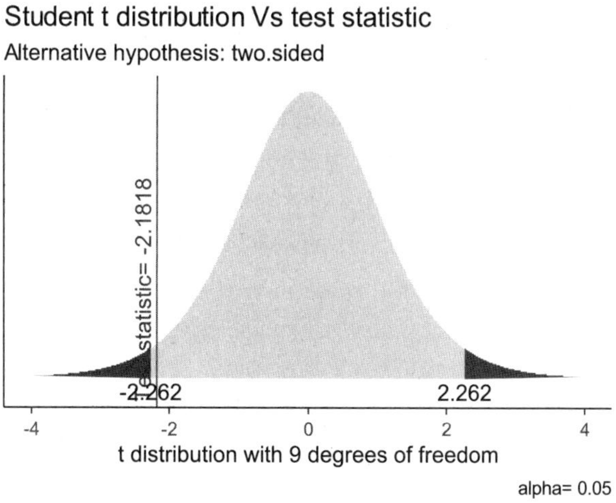

图 8–29　配对样本的 t 检验结果

图 8–29 显示, 消费者对旧款饮料和新款饮料的评分无显著差异.

使用 ggpubr 包中的 ggpaired 函数还可以绘制配对样本的箱线图, 如图 8–30 所示.

```
# 图 8-30 的绘制代码
> data8_8<-read.csv("C:/mydata/chap08/data8_8.csv")
> library(ggpubr)
> ggpaired(data8_8,cond1="旧款饮料",cond2="新款饮料", # 设置绘图的条件变量
+   fill="condition",palette="simpsons",             # 设置箱线图的填充颜色
+   line.color="grey50",line.size=0.2,               # 设置配对连线的颜色和粗细
+   label="消费者编号",repel=TRUE,                 # 设置样本点的标签并避免重叠
+   xlab="饮料类型",ylab="评分")
```

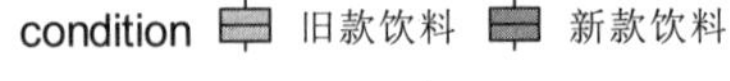

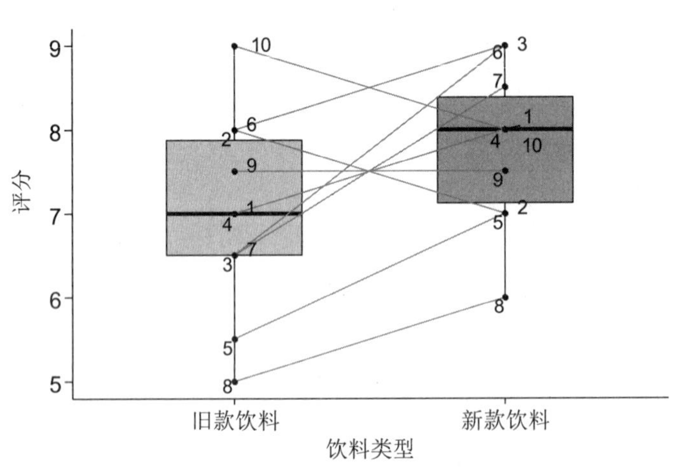

图 8-30 配对样本的箱线图

图 8-30 中的箱线图可用于描述配对样本的评分差异和分布特征. 图中的连线是配对样本的评分连线, 其中的数字是消费者的编号, 可用于观察同一个消费者在两种饮料评分上的差异. 图 8-30 显示, 消费者对新款饮料的评分较旧款饮料高且相对集中, 但评分差异没有达到统计上的显著程度. 图中的配对连线显示, 10 号和 2 号消费者对旧款饮料的评分高于新款饮料, 9 号消费者持平, 其余消费者对新款饮料的评分均高于旧款饮料.

8.5.3 *F* 检验的可视化

F 检验主要用于比较总体方差, 如两个总体方差比的检验、多个总体的方差分析等.

【例 8-9】 (data8_7.csv) 沿用例 8-7. 可视化以下检验结果:

(1) 数学分数和统计学分数的方差是否有显著差异.

(2) 不同专业的统计学分数是否有显著差异.

设数学分数的方差为 σ_1^2, 统计学分数的方差为 σ_2^2, 检验数学分数和统计学分数的方差是否有显著差异, 也就是检验如下假设:

$$H_0: \frac{\sigma_1^2}{\sigma_2^2} = 1, H_1: \frac{\sigma_1^2}{\sigma_2^2} \neq 1$$

使用 stats 包中的 var.test 函数可以实现两个总体方差比的检验; 使用 gginference 包中的 ggvartest 函数可以绘制出上述检验结果的图形, 如图 8–31 所示.

```
# 图 8-31 的绘制代码
> library(gginference)
> data8_7<-read.csv("C:/mydata/chap08/data8_7.csv")
> attach(data8_7)
> var_test<-var.test(数学,统计学,alternative="two.sided")    # 方差比的 F 检验
> var_test                        # 展示方差比的 F 检验结果
> ggvartest(var_test,colreject="red2",colstat="blue2")       # 绘制 F 检验图
```

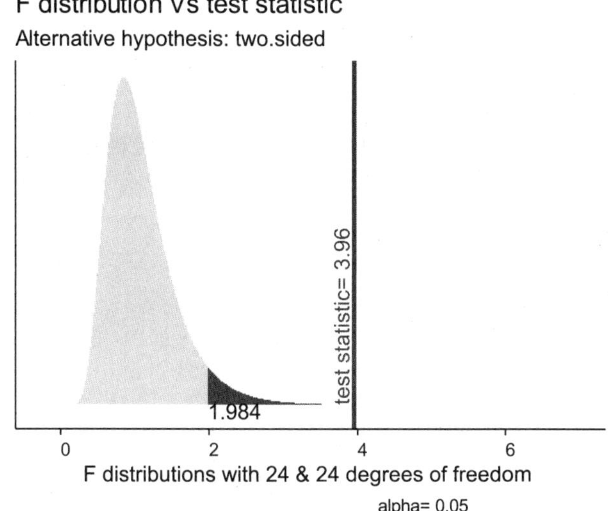

图 8–31　数学分数和统计学分数方差比的 *F* 检验结果

图 8–31 显示, 数学分数和统计学分数的方差比差异显著.

设管理、金融和会计专业统计学分数的均值分别为 μ_1、μ_2、μ_3, 检验不同专业的统计学分数是否有显著差异, 也就是检验如下假设:

$$H_0: \mu_1 = \mu_2 = \mu_3 = 0; H_1: \mu_1, \mu_2, \mu_3 \text{ 不全相等}$$

使用 stats 包中的 aov 函数可以实现方差分析; 使用 gginference 包中的 ggaov 函数可以绘制出方差分析的 F 检验图形, 如图 8–32 所示.

```
# 图 8-32 的绘制代码
> library(gginference)
> data8_7<-read.csv("C:/mydata/chap08/data8_7.csv")
> model<-aov(统计学~专业,data=data8_7)                 # 拟合方差分析模型
> summary(model)                                       # 展示方差分析结果
> ggaov(model,colreject="red2",colstat="blue2")        # 绘制方差分析的 F 检验图
```

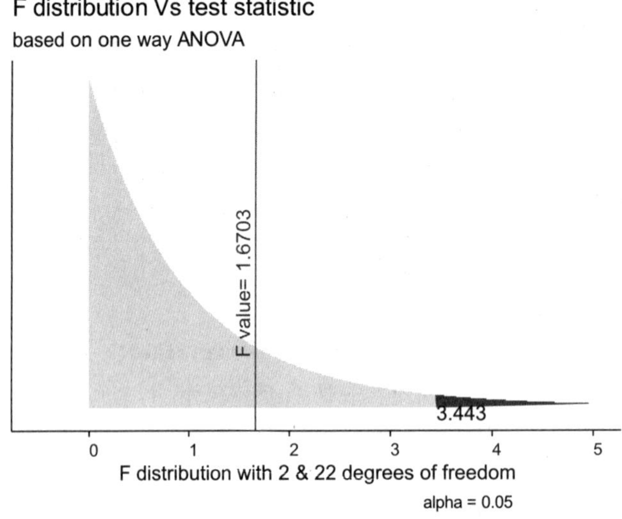

图 8–32 不同专业统计学分数的方差分析结果

图 8–32 显示, 不同专业的统计学分数差异不显著.

除图 8–32 外, 还可以对方差分析的结果做进一步的可视化. 比如, 使用 sjPlot 包中的 sjp.aov1 函数, 可以绘制出单因子方差分析模型的常数项、参数的估计值和方差分析表的有关信息, 如图 8–33 所示.

```
# 图 8-33 的绘制代码
> library(sjPlot)
> data8_7<-read.csv("C:/mydata/chap08/data8_7.csv")
> sjp.aov1(data8_7$ 统计学,data8_7$ 专业,
+   show.values=TRUE,digits=2,          # 绘制出各因子的效应值, 结果保留 2 位小数
+   show.summary=TRUE)                  # 绘制出方差分析表的信息
```

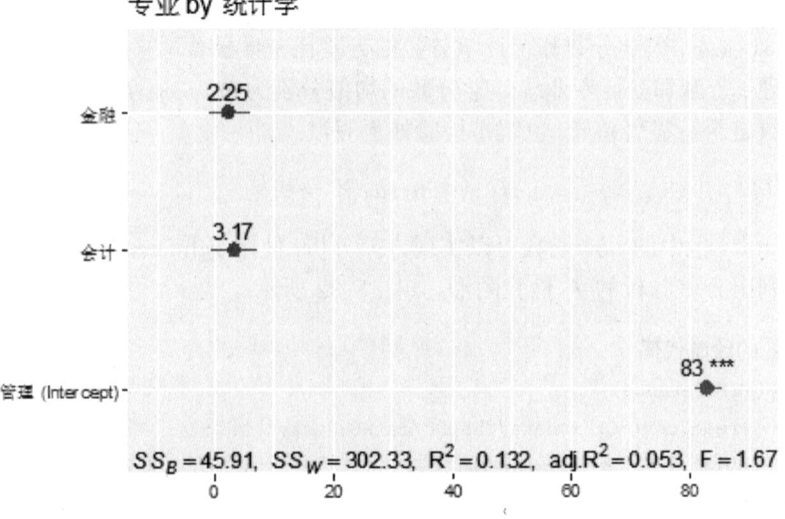

图 8–33 单因子方差分析的可视化

图 8–33 中, 对应于管理的数字 83 是模型的截距项, 这实际上就是管理专业统计学的平均分数; 对应于会计和金融的数字是相对于管理专业 (参照水平) 估计出来的相对效应, 3.17 表示会计专业的平均分数比管理专业高 3.17 分, 2.25 表示金融专业的平均分数比管理专业高 2.25 分. 图中的直线表示相应的置信区间. 运行代码 aov(data8_7$统计学 ~data8_7$ 专业,data=data8_7)$coefficients 可得到相应的估计值.

图 8–33 中下边列出的是方差分析表的信息. 其中, SS_B 表示因子平方和; SS_W 表示随机误差平方和; $R^2 = SS_B/SS_W$, 表示因子的效应量, 0.132 表示在考试分数的总误差中被专业这一因子解释的比例为 13.2%; adjR^2表示调整后的效应量; $F = 1.67$ 是检验统计量的 F 值.

使用 gplots 包中的 plotmeans 函数可以绘制出各样本的均值图, 从描述性分析的角度观察各样本间的差异, 如图 8–34 所示.

```
# 图 8-34 的绘制代码
> library(gplots)
> plotmeans(统计学~专业, data=data8_7,
+   mean.labels=TRUE,digits=2)        # 绘制出均值的数字标签, 结果保留 2 位小数
```

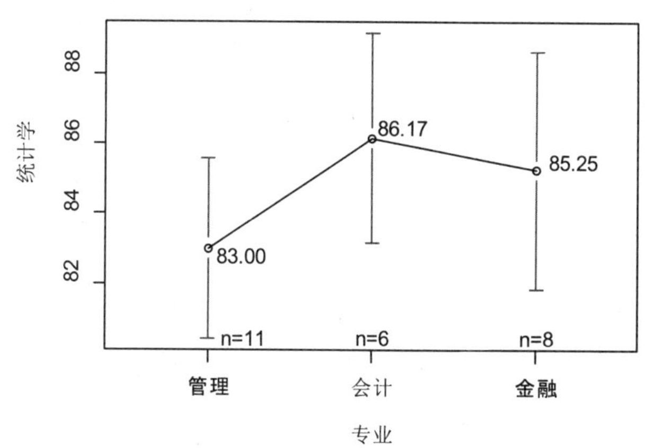

图 8–34　不同专业统计学分数的样本均值及其 95% 的置信区间

图 8–34 中的数字分别表示不同专业统计学分数的样本均值, 图中的线段表示总体均值的 95% 的置信区间. 图中最下面一行数字表示样本量.

本章图谱

下面的图谱展示了本章所绘制的主要图形.

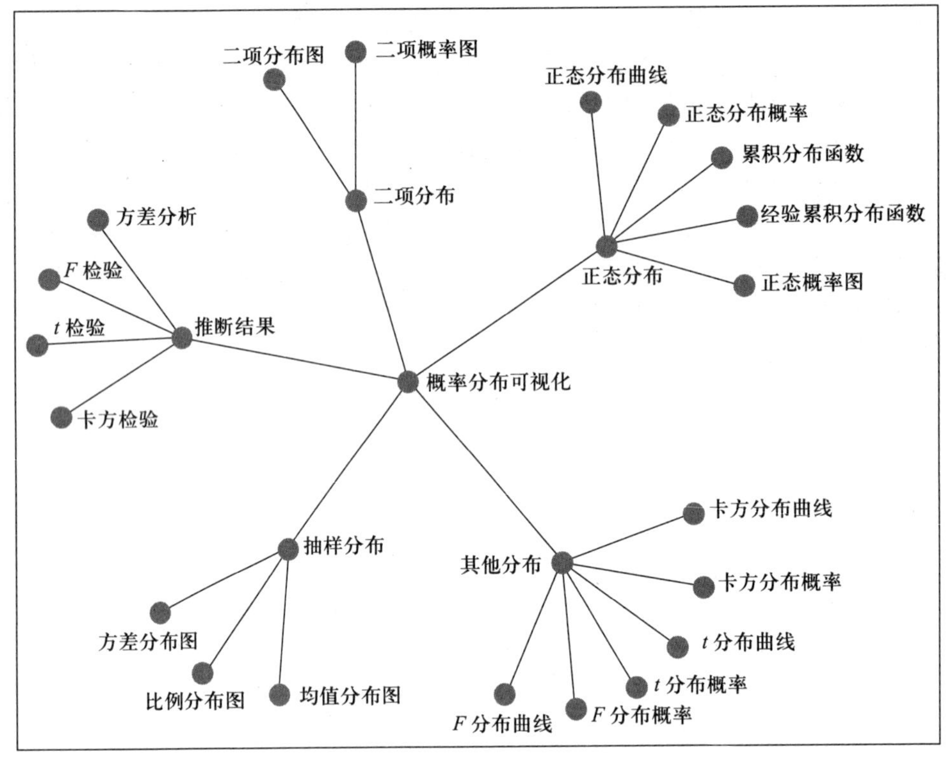

习题

8.1 某种产品的次品率为 5%. 在该产品中有放回地随机抽取 20 件, 可视化以下概率.

(1) 恰好有 3 件次品的概率.

(2) 有 3 件及以下次品的概率.

(3) 有 3 件及以上次品的概率.

8.2 根据第 5 章例 5–1 的数据 (data5_1.csv), 绘制出每股收益的正态 Q-Q 图.

8.3 可视化以下概率和分位数.

(1) $X \sim N(100, 10^2), P(X \leqslant 80)$.

(2) $Z \sim N(0, 1), P(|Z| \leqslant 1.5)$.

(3) $X \sim N(20, 2^2), p = 0.05$, 右侧分位数.

(4) $Z \sim N(0, 1), p = 0.99$, 双侧分位数.

8.4 可视化以下概率和分位数.

(1) 自由度为 8, χ^2 值大于 15 的概率.

(2) 自由度为 10, t 分布概率为 0.05 时的右侧分位数.

(3) 分子自由度为 10, 分母自由度为 8, F 分布概率为 0.05 时的右侧分位数.

8.5 使用 R 自带的数据集 Titanic, 检验 Class 和 Survived 是否独立, 绘制出检验结果的图形.

8.6 某种袋装食品的平均重量为 100g, 现随机抽取 10 袋食品测得的重量分别为: 100.4, 99.6, 101.4, 100.3, 99.0, 99.2, 97.1, 96.0, 100.7, 101.3. 检验检验 $H_0 : \mu = 100$; $H_1 : \mu \neq 100$, 可视化检验的结果.

第 9 章 Chapter 9 其他可视化图形

前几章介绍了经典统计分析中常见的图形. 本章作为前几章内容的补充, 介绍几种特殊的可视化图形, 包括瀑布图、沃罗诺伊图、和弦图、桑基图、平行集图、3D 透视图、词云图等. 这些图形不仅有炫酷的视觉效果, 还可以用于特定的数据分析. 本章最后介绍用 ggpubr 包绘制出版级别的高质量图表以及为图形添加背景图片的方法.

9.1 瀑布图

瀑布图 (waterfall plot) 是由麦肯锡顾问公司独创的一种图形, 因为形似瀑布流水而得名. 瀑布图可看作条形图的一个变种, 其界面与条形图十分形似, 区别是条形图不反映局部与整体的关系, 而瀑布图可以显示多个子类对总和的贡献, 从而反映局部与整体的关系. 比如, 各个产业的增加值对 GDP 总额的贡献, 不同地区的销售额对总销售额的贡献, 等等.

下面通过一个例子说明瀑布图的绘制方法.

【例 9–1】 (数据: data9_1.csv) 沿用例 3–2. 为便于表述和阅读, 将数据移至本章, 并重新命名为 data9-1, 如表 9–1 所示.

表 9–1　2017 年北京、天津、上海和重庆的人均消费支出　　单位: 元

支出项目	北京	天津	上海	重庆
食品烟酒	7 548.9	8 647.0	10 005.9	5 943.5
衣着	2 238.3	1 944.8	1 733.4	1 394.8
居住	12 295.0	5 922.4	13 708.7	3 140.9
生活用品及服务	2 492.4	1 655.5	1 824.9	1 245.5
交通通信	5 034.0	3 744.5	4 057.7	2 310.3
教育文化娱乐	3 916.7	2 691.5	4 685.9	1 993.0
医疗保健	2 899.7	2 390.0	2 602.1	1 471.9
其他用品及服务	1 000.4	845.6	1 173.3	398.1

使用 waterfall 包中的 waterfallchart 函数、waterfalls 包中的 waterfall 函数、ggTimeSeries 包中的 ggplot_waterfall 函数均可以绘制式样不同的瀑布图. 由 waterfall 包中的 waterfallchart 函数绘制的 2017 年北京人均消费支出的瀑布图如图 9–1 所示.

```
# 图 9-1 的绘制代码 (x 轴为各支出项目)
> data9_1<-read.csv("C:/mydata/chap09/data9_1.csv")
> d<-data.frame(支出项目=data9_1$ 支出项目, 支出金额=data9_1$ 北京)
                                   # 选择北京的数据, 并将“北京”命名为“支出金额”
> f<-factor(data9_1$ 支出项目,ordered=TRUE,levels=data9_1$支出项目)
                                                     # 将支出项目变为有序因子
> df<-data.frame(支出项目=f, 支出金额=d$ 支出金额)          # 构建新的数据框

> library(waterfall)
> waterfallchart(支出金额~支出项目,xlab="支出项目",data=df)
```

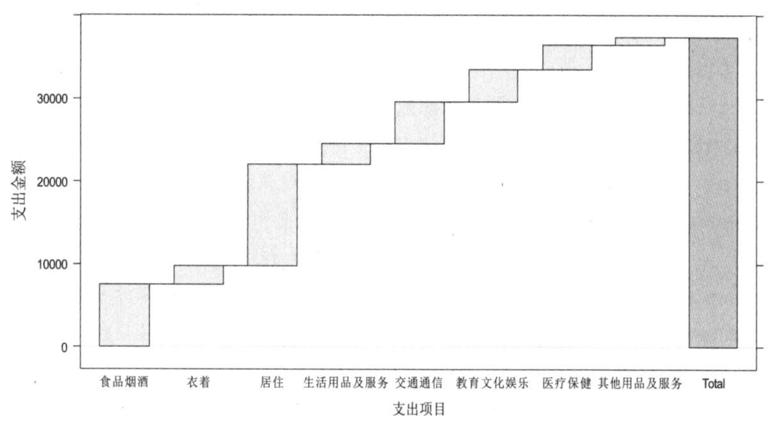

图 9–1　2017 年北京各项人均支出的瀑布图 (x 轴为支出项目)

图 9–1 显示, 北京的各项消费支出中, 对消费总金额 (Total) 贡献最大的是居住支出, 其次是食品烟酒支出, 贡献最小的是其他用品及服务支出.

改变绘图参数的表达式, 可以改变图形中各矩形的摆放方式. 比如, 将图 9–1 中各矩形水平摆放的瀑布图如图 9–2 所示.

```
# 图 9-2 的绘制代码 (y 轴为各支出项目)
> waterfallchart(支出项目~支出金额,summaryname="总支出",box.ratio=3,data=df)
```

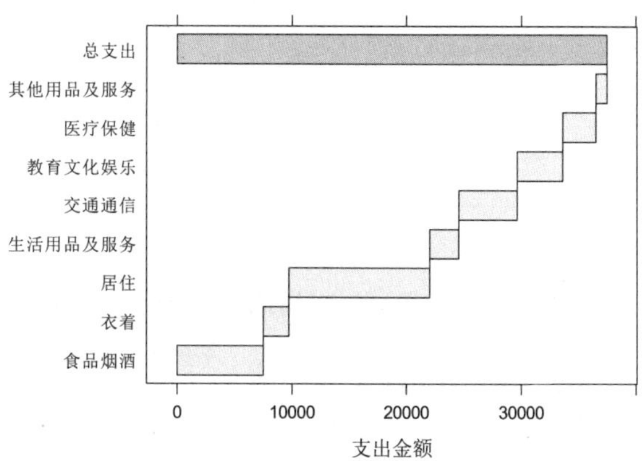

图 9–2　2017 年北京各项人均支出的瀑布图 (y 轴为支出项目)

在图 9–2 的绘制代码中, 参数 summaryname 用于修改总和 (Total) 的名称; 参数 box.ratio 用于设置矩形的宽度与矩形之间的空间比率.

使用 waterfall 包中的 waterfallchart 函数绘制瀑布图的代码简单, 但不易对图形进行修改和美化. waterfalls 包中的 waterfall 函数包含了 20 多个参数, 可以满足绘制瀑布图的多种要求. 如果还想进一步美化图形, 可以结合使用 ggplot2 包中的其他函数. 使用 waterfall 函数绘制的瀑布图如图 9–3 所示.

```
# 图 9-3 的绘制代码
> data9_1<-read.csv("C:/mydata/chap09/data9_1.csv")
> df<-data.frame(支出项目=data9_1$ 支出项目, 支出金额=data9_1$ 北京)
> library(waterfalls)
> palette<-RColorBrewer::brewer.pal(8,"Set3")      # 设置调色板
> waterfall(.data=df,
+   rect_text_labels=paste(df$支出金额),            # 设置矩形标签
+   fill_colours=palette,                           # 设置各矩形颜色
+   calc_total=TRUE,total_rect_color="pink",     # 显示总和矩形并设置其矩形的颜色
+   total_rect_text = paste('总支出','\n',sum(df$支出金额)),
                                                # 设置总和矩形的文本标签
+   total_rect_text_color="black",              # 设置总和文本标签的颜色
+   rect_border="grey50",                       # 设置矩形边框颜色
+   fill_by_sign=FALSE)                         # 设置正值和负值为不同颜色
```

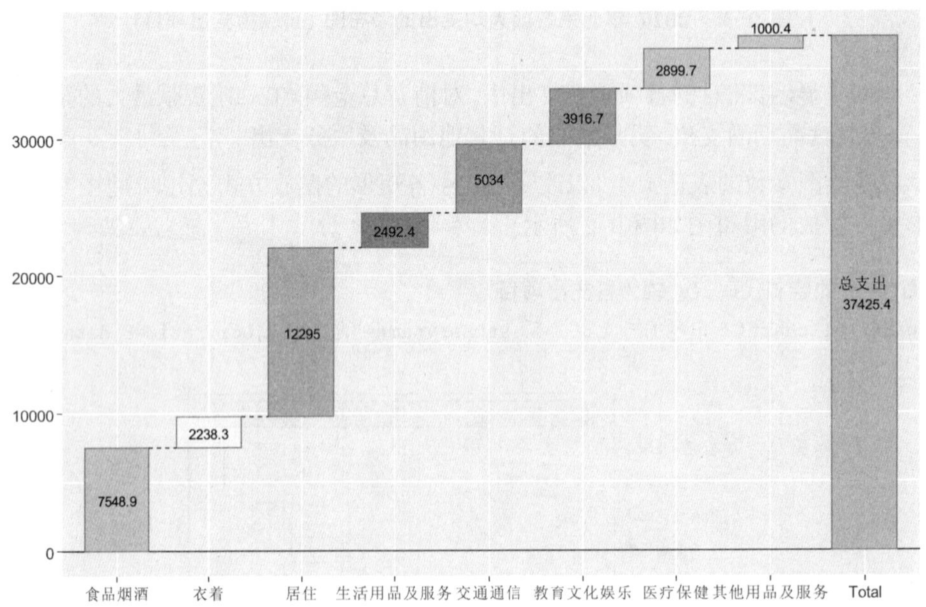

图 9–3 2017 年北京各项人均支出的瀑布图 (waterfall 函数绘制)

9.2　沃罗诺伊图

自然界中有很多东西是由多个不同的多边形组成的, 比如, 长颈鹿的皮肤纹理、蜻蜓的翅膀、植物叶子的微观机理等. 人类建筑的外观也有很多是由多边形组成的, 比如, 北京的奥运建筑鸟巢和水立方等.

沃罗诺伊图 (Voronoi diagram) 就是由多个不同的多边形组成的一种图形, 又称为泰森多边形. 它是由俄国数学家沃罗诺伊 (Georgy Fedoseevich Voronio) 提出的一种划分和分解空间的方法. 它将平面分成若干多边形, 每个多边形内仅含有一个离散点数据, 多边形内的点到相邻离散点的距离最近, 位于多边形边上的点到其两边的离散点的距离相等. 比较各多边形的大小就可以分析不同数据点的差异.

沃罗诺伊图的应用非常广泛. 在计算几何学中, 可用重心沃罗诺伊图方法来优化网格; 在网络通信中, 利用加权沃罗诺伊图设计中继站的位置以提高利用率, 降低成本; 在地理学、气象学、结晶学、航天、核物理学、机器人等领域也应用广泛. 下面通过一个例子说明沃罗诺伊图的绘制方法.

【例 9–2】 (数据: data9_2.csv) 表 9–2 是 2019 年全国 31 个地区的地区生产总值及各地区所占百分比数据.

表 9–2　2019 年全国 31 个地区的地区生产总值及各地区所占百分比
(只列出前 3 行和后 3 行)

地区	区域划分	三大地带	地区生产总值 (亿元)	各地区所占百分比 (%)
北京	华北	东部地带	35 371.28	3.589 778 9
天津	华北	东部地带	14 104.28	1.431 422 5
河北	华北	东部地带	35 104.52	3.562 705 8
⋮	⋮	⋮	⋮	⋮
青海	西北	西部地带	2 965.95	0.301 009 9
宁夏	西北	西部地带	3 748.48	0.380 427 7
新疆	西北	西部地带	13 597.11	1.379 950 6

使用 voronoiTreemap 包中的 vt_d3 函数可以绘制动态交互沃罗诺伊图. 该函数要求必须使用特定格式的数据框. 比如, 我们要按三大地带分组绘制各地区的地区生产总值, 首先要计算出各地区的地区生产总值占全部总和的百分比, 然后将表 9–2 中的数据组织成表 9–2–1 所示的格式 (这里将该数据框命名为 data9_2_1, 只显示前 3 行和后 3 行).

表 9–2–1 中的 h1 是只有一个类别的总数据标签, 这里表示中国; h2 是划分的三大地带; h3 是 31 个地区; color 是为 h2 着色的颜色, 但必须是 16 进制颜色字符串; weight 是数据的比例或百分比 (相加后等于 1 或 100%), 这里是各地区地区生产总值占全部地区生产总值之和的百分比; codes是h3的缩写 (本例与h3相同).

表 9-2-1 构建绘制沃罗诺伊图的数据框 (data9_2_1)

h1	h2	h3	color	weight	codes
中国	东部地带	北京	#77bc45	3.589 778 9	北京
中国	东部地带	天津	#77bc45	1.431 422 5	天津
中国	东部地带	河北	#77bc45	3.562 705 8	河北
⋮	⋮	⋮	⋮	⋮	⋮
中国	西部地带	青海	#f58321	0.301 009 9	青海
中国	西部地带	宁夏	#f58321	0.380 427 7	宁夏
中国	西部地带	新疆	#f58321	1.379 950 6	新疆

表 9-2-1 是使用 voronoiTreemap 包中的 vt_input_from_df 函数将数据框 data9_2 转换为绘图所需的数据结构. 根据表 9-2-1 的数据, 由 vt_d3 函数绘制的沃罗诺伊图如图 9-4 所示.

```
# 图 9-4 的绘制代码 (数据: data9_2_1)
> data9_2_1<-read.csv("C:/mydata/chap09/data9_2_1.csv")
> library(voronoiTreemap)
> d<-vt_input_from_df(data9_2_1)                    # 创建绘图的数据结构
> vt_d3(vt_export_json(d),                          # 绘制沃罗诺伊图
+   seed=12,                                        # 设置随机数种子以使图形固定
+   legend=TRUE,legend_title="三大地带")             # 设置图例和图例标题
```

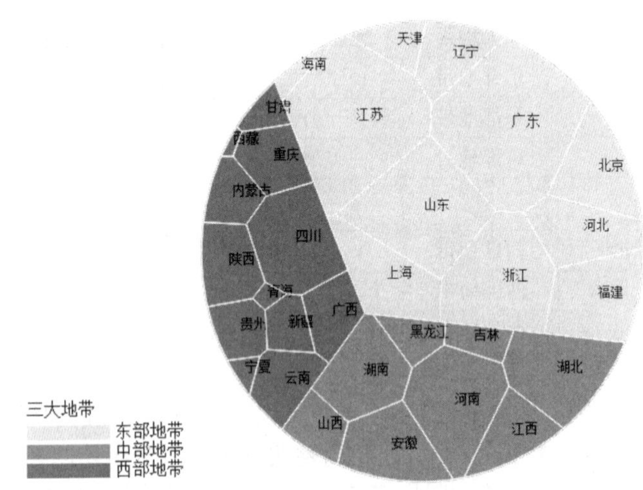

图 9-4 按三大地带划分的地区生产总值的沃罗诺伊图 (截图)

图 9-4 是动态交互的沃罗诺伊图, 移动鼠标指针到任意一个地区上, 即可显现该地区的地区生产总值所占百分比. 图中左下角图例的不同颜色表示 3 个大的多边形代表的 3 个不同地带. 每个大的多边形中的小多边形代表不同的地区. 利用沃罗诺伊图, 既可以分析不同地带的地区生产总值的差异, 也可以分析每个地带内部各地区的地区生产总值差异. 比如, 图 9-4 显示, 在三大地带中, 东部地带的地区生产总值占比最大,

其次是中部地带, 西部地带最小. 在东部地带中, 地区生产总值占比较大的地区分别是广东、江苏、山东、浙江等, 占比较小的是海南、天津等.

如果想要按表 9–2 中的区域划分 (六大区域) 绘制沃罗诺伊图, 只需要将表 9–2–1 中的 h2 替换成表 9–2 中的区域划分即可 (这里将该数据框命名为 data9_2_2). 按六大区域绘制的沃罗诺伊图如图 9–5 所示.

```
# 图 9-5 的绘制代码 (数据: data9_2_2)
> data9_2_2<-read.csv("C:/mydata/chap09/data9_2_2.csv")
> library(voronoiTreemap)
> d<-vt_input_from_df(data9_2_2)
> vt_d3(vt_export_json(d),
+   seed=1211234,legend=TRUE,legend_title="六大区域")
```

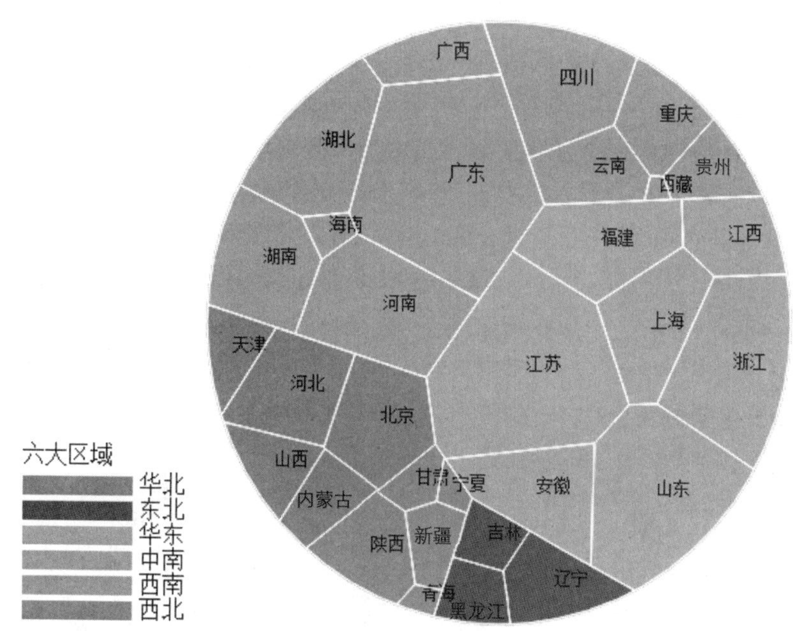

图 9–5　按六大区域划分的地区生产总值的沃罗诺伊图 (截图) (见彩图)

图 9–5 显示, 在六大区域中, 华东地区的地区生产总值占比最高, 中南地区其次, 东北地区最低. 在华南地区中, 广东的地区生产总值占比最高, 最低的是海南, 等等.

9.3　和弦图

如果有两个或两个以上的类别变量, 要分析不同类别之间的数据流向和流量, 则可以绘制和弦图、桑基图和平行集图等进行展示. 本节介绍和弦图, 后面一节介绍桑基图和平行集图.

和弦图 (chord diagram) 也可以称为**圆形图** (circular plot), 它是显示矩阵、数据框或二维列联表中各组别数据间相互关系的可视化图形, 其节点数据 (组别或类别) 沿圆周径向排列, 节点之间使用不同宽度的弧线连接. 和弦图与 9.4 节介绍的桑基图表达的信息差不多, 但图形看起来比桑基图更加炫酷. 和弦图是用圆形来表达数据流量的分布结构, 可用于不同组别之间的关系或相似性比较. 但是, 当组别较多时, 各组别之间的数据连线显得过于混乱, 不易识别和分析.

使用 circlize 包中的 chordDiagram 函数、DescTools 包中的 PlotCirc 函数均可以绘制和弦图, 该函数的绘图数据可以是矩阵、二维列联表, 也可以是数据框. 以例 9–1 的数据为例, 由 circlize 包中的 chordDiagram 函数绘制的和弦图如图 9–6 所示.

```
# 图 9-6 的绘制代码
> data9_1<-read.csv("C:/mydata/chap09/data9_1.csv")
> mat<-as.matrix(data9_1[,2:5]);rownames(mat)=data9_1[,1]
                                          # 将 data9_1 转化成矩阵
> library(circlize)
> set.seed(1)
> chordDiagram(mat,
+   grid.col=mat[,1],                     # 对应于矩阵行或列 (扇区)的网格颜色
+   grid.border="red",                    # 设置外围圆弧边框的颜色
+   transparency=0.6,                     # 设置网格颜色的透明度
+   small.gap=1,                          # 设置扇形之间的最小间隔
+   link.border="grey")                   # 设置网格边框的颜色
> circos.clear()                          # 结束绘图
```

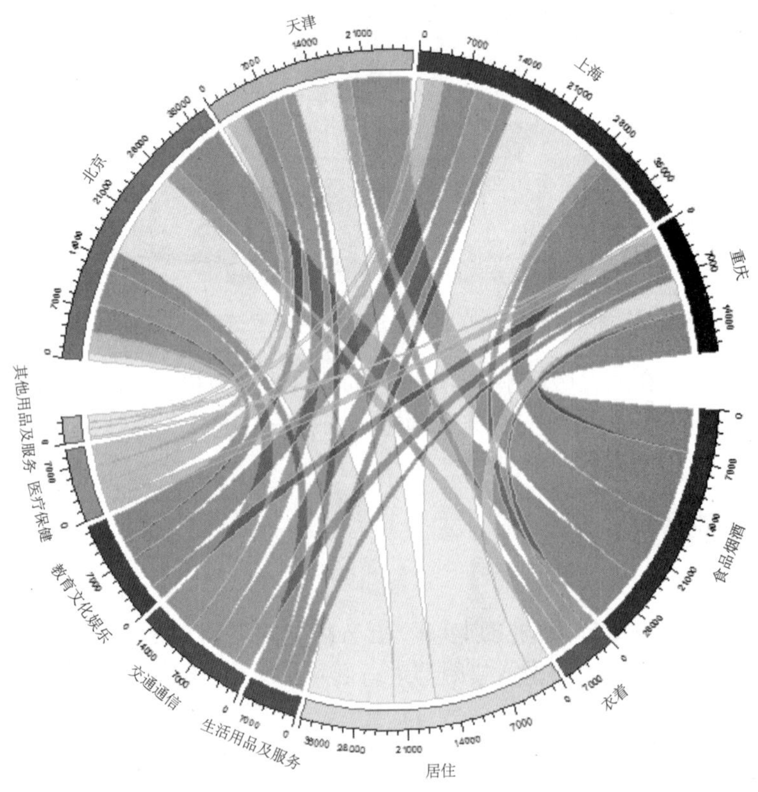

图 9–6　2017 年北京、天津、上海和重庆人均消费支出的和弦图 (见彩图)

在图 9-6 中, 外环的大小与各类别数据的大小成比例, 内部不同颜色连接的弧线表示数据关系流向, 线的粗细表示数据流量的大小或关系强度. 从外环看, 在各项消费支出中, 居住支出最多, 食品烟酒支出其次, 其他用品及服务支出最少; 在 4 个地区中, 北京和上海的支出总额差不多, 重庆的各项支出总额最少. 从 4 个地区各项支出的流向看, 上海和北京的居住支出最多, 其他用品及服务、衣着的支出则相对较少; 天津的食品烟酒支出最多, 其次是居住支出, 其他用品及服务的支出最少; 重庆的食品烟酒支出最多, 其他用品及服务的支出最少, 其他各项支出相差不大.

和弦图也可以用于展示类别数据的二维列联表. 以第 1 章中例 1-1 的数据为例, 由 circlize 包中的 chordDiagram 函数绘制的和弦图如图 9-7 所示.

```
# 图 9-7 的绘制代码 (数据: data1_1)
> library(circlize)
> data1_1<-read.csv("C:/mydata/chap01/data1_1.csv")
> tab<-table(data1_1$ 满意度,data1_1$ 性别)          # 生成满意度与性别的二维表
> set.seed(23)
> chordDiagram(tab,grid.border="yellow2",transparency=0.6,
+   small.gap=1,link.border="grey50")
```

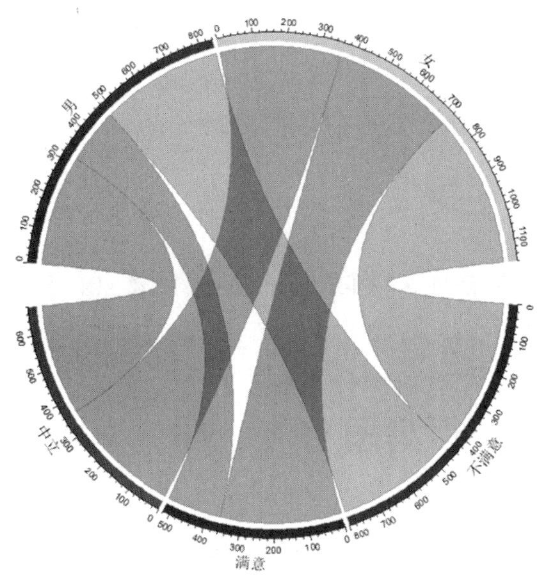

图 9-7 满意度与性别的和弦图

图 9-7 展示了满意度与性别之间的人数流向及其关系.

使用 DescTools 包中的 PlotCirc 函数也可以绘制上述和弦图. 仍然以第 1 章例 1-1 的数据为例, 由 PlotCirc 函数绘制的性别与满意度、网购次数与满意度的和弦图如图 9-8 所示.

```
# 图 9-8 的绘制代码 (数据: data1_1)
> library(DescTools)
> data1_1<-read.csv("C:/mydata/chap01/data1_1.csv")
```

```
> attach(data1_1)
> tab1<-table(性别, 满意度)                          # 生成性别与满意度的二维表
> tab2<-table(网购次数, 满意度)                      # 生成网购次数与满意度的二维表

> par(mfrow=c(1,2),mai=c(.2,.2,.3,.1),cex.main=0.9,font.main=1)
> PlotCirc(tab1,main="(a) 性别与满意度",
+   cex.lab=0.8,                                     # 设置标签字体大小
+   las=1,                                           # 设置坐标轴风格
+   dist=1.5,                                        # 设置标签与图的距离
+   acol=RColorBrewer::brewer.pal(3,"Set1"),         # 设置外围环形的颜色
+   aborder="black",                                 # 设置外围环形边框的颜色
+   rcol=SetAlpha(c("red","green","blue"),0.3))      # 设置色带的颜色和透明度
> PlotCirc(tab2,cex.lab=0.8,main="(b) 网购次数与满意度")
```

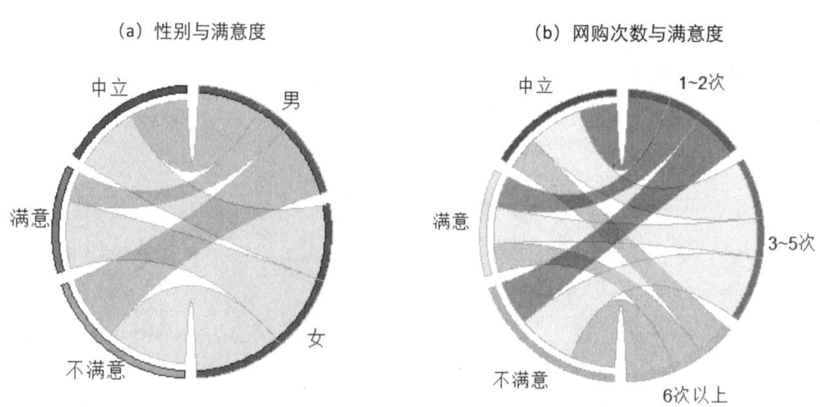

图 9-8 PlotCirc 函数绘制的和弦图

9.4 桑基图和平行集图

桑基图 (Sankey diagram) 也称桑基能量平衡图, 它是一种特定类型的流程图. 图中延伸的分支的宽度对应数据流量的大小. 桑基图通常应用于能源、材料成分、金融等数据的可视化分析. 因 1898 年桑基 (Matthew Henry Phineas Riall Sankey) 绘制的“蒸汽机的能源效率图”而闻名, 此后便以其名字命名为桑基图.

桑基图可用于展示不同分类维度之间的相关性. 比如, 分析 4 种不同品牌的空调在 5 个地区的销售量, 这里的空调品牌是一个维度, 销售地区是另一个维度, 用桑基图可以展示空调品牌与销售地区之间的关联性. 每个品牌的销售量与该品牌在 5 个地区的销售量总和相等, 这就是所谓的能量守恒. 因此, 桑基图的起点数据量与终点数据量总是相等的, 即所有主支宽度的总和与所有分支宽度的总和相等, 无论数据如何流动, 都不可能产生新的数据.

使用 riverplot 包中的同名函数 riverplot、networkD3 包中的 sankeyNetwork 函数以及 ggplot2 包, 均可以绘制桑基图. 比如, 根据例 9–1 数据, 由 ggplot2 包绘制的 2017 年北京、天津、上海和重庆人均消费支出的桑基图如图 9–9 所示.

```
# 图 9-9 的绘制代码
> data9_1<-read.csv("C:/mydata/chap09/data9_1.csv")
> d.long<-reshape2::melt(data9_1,id.vars="支出项目",
+   variable.name="地区",value.name="支出金额")       # 将数据转化成长格式
> a<-data9_1[,1]
> f<-factor(a,ordered=TRUE,levels=a)                  # 将支出项目变为有序因子
> df<-data.frame(支出项目=f,d.long[,2:3])              # 构建新的有序因子数据框

> library(ggalluvial)                                 # 为了使用"alluvium"函数
> library(ggplot2)
> ggplot(data=df,aes(axis1=地区,axis2=支出项目,y=支出金额))+
+ scale_x_discrete(limits=c("地区","支出项目"),expand=c(0.01,0.05))+
+   geom_alluvium(aes(fill=地区))+
+   geom_stratum()+
+   geom_text(stat="stratum",size=3,label.strata=T)+
+   theme(legend.position="none")
```

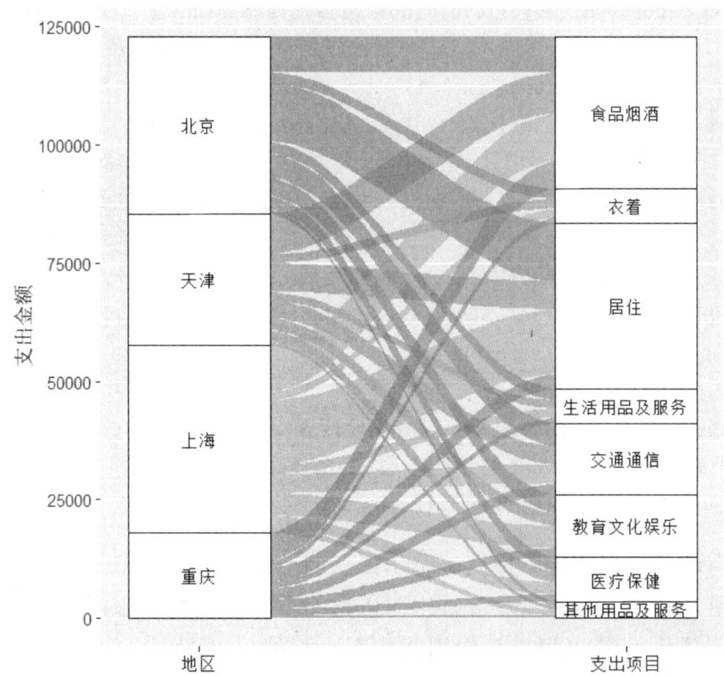

图 9–9　2017 年北京、天津、上海和重庆人均消费支出的桑基图 (见彩图)

在图 9–9 的绘制代码中, 将数据转换为有序因子是为了使图形中各因子的顺序与原始数据框保持一致. 图 9–9 左侧每个地区对应的矩形大小与该地区的总消费支出成

比例, 右侧每个消费项目对应的矩形大小与各项消费支出成比例, 而且, 左侧每个地区的总支出额与分流到右侧的 8 个消费项目的支出额相等, 4 个地区的总支出额与右侧 8 个消费项目的总支出额相等, 这就是所谓的流量平衡.

图 9–9 展示了 4 个地区消费支出的流向. 图形显示, 在 4 个地区中, 上海的消费支出总额最多, 其次是北京, 重庆最少. 在 8 个消费项目中, 居住支出最多, 其次是食品烟酒支出, 其他用品及服务支出最少. 此外, 北京和上海的居住支出最多, 其次是食品烟酒支出, 其他用品及服务支出最少; 天津的食品烟酒支出最多, 其次是居住支出, 其他用品及服务支出最少; 重庆的食品烟酒支出最多, 居住、交通通信和教育文化娱乐的支出相差不大, 其他用品及服务支出最少.

使用 networkD3 包中的 sankeyNetwork 函数可以绘制动态交互桑基图, 其截图如图 9–10 所示.

```
# 图 9-10 的绘制代码
> data9_1<-read.csv("C:/mydata/chap09/data9_1.csv")
> attach(data9_1)
> d<-data.frame(支出项目,A北京=北京,B天津=天津,C上海=上海,D重庆=重庆)
                                        # 为使因子间的排列顺序不发生混乱
dd<-reshape2::melt(d,id.vars="支出项目",
+   variable.name="地区",value.name="支出金额")          # 将数据转化成长格式
> library(networkD3)
> factor_list<-sort(unique(c(levels(dd$ 地区),levels(dd$支出项目))))
                                        # 列出起点和终点的列名称及各列因子水平的名称
> num_list<-0:(length(factor_list)-1)                    # 识别出图的节点长度
> levels(dd$ 地区)<-num_list[factor_list %in% levels(dd$地区)]
                                                         # 识别出地区的节点
> levels(dd$ 支出项目)<-num_list[factor_list %in%levels(dd$支出项目)]
                                                         # 识别出支出项目的节点
> dd$ 地区 <-as.numeric(as.character(dd$ 地区))           # 将因子转化成数值
> dd$ 支出项目 <-as.numeric(as.character(dd$ 支出项目))   # 将因子转化成数值
> df<-data.frame(name=c(factor_list))                    # 构造新的数据框 df

> sankeyNetwork(Links=dd,Nodes=df,Source="地区",
+   Target="支出项目",Value="支出金额",NodeID="name",
+   units="TWh",fontSize=15,nodeWidth=30)
```

将鼠标指针移动到图中的任意一个条上, 可以显示相应的数值.

平行集图 (parallel sets diagrams) 也可以称为**平行坐标图** (parallel coordinate plot), 它是展示多个类别变量之间交互作用或相互影响的一种图形. 如果变量具有内在顺序, 则可以将其视为桑基图; 如果每个变量都是时间中的点, 则类似于**冲积图** (alluvial diagram).

使用 ggforce 包中的 geom_parallel_sets 函数、ggparallel 包中的 ggparallel 函数, 均可以绘制平行集图. 以例 1–1 的数据为例, 由该函数绘制的 3 个类别变量的平行集图

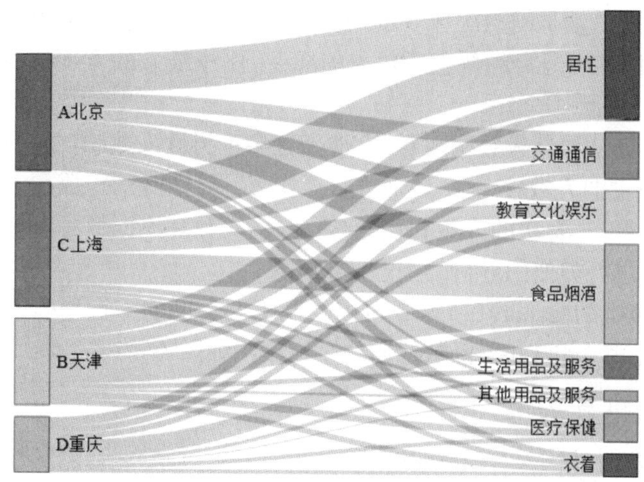

图 9-10 2017 年北京、天津、上海和重庆人均消费支出的桑基图 (截图)

如图 9-11 所示.

```
# 图 9-11 的绘制代码 (数据: data1_1)
> library(ggforce)
> data1_1<-read.csv("C:/mydata/chap01/data1_1.csv")  # 加载数据框 data1_1
> tab<-table(data1_1)                                # 生成频数分布表
> df<-reshape2::melt(tab)                            # 融合数据
> data<-gather_set_data(df,1:3)                      # 生成用于平行集图的数据
> ggplot(data,aes(x,id=id,split=y,value=value))+
+   geom_parallel_sets(aes(fill=性别),alpha=0.5,axis.width=0.1)+
                    # 选择填充变量、颜色透明度和图形与坐标轴之间的距离
+   geom_parallel_sets_axes(axis.width=0.15)+        # 设置坐标轴矩形的宽度
+   geom_parallel_sets_labels(size=3,colour="white") # 设置标签的颜色
```

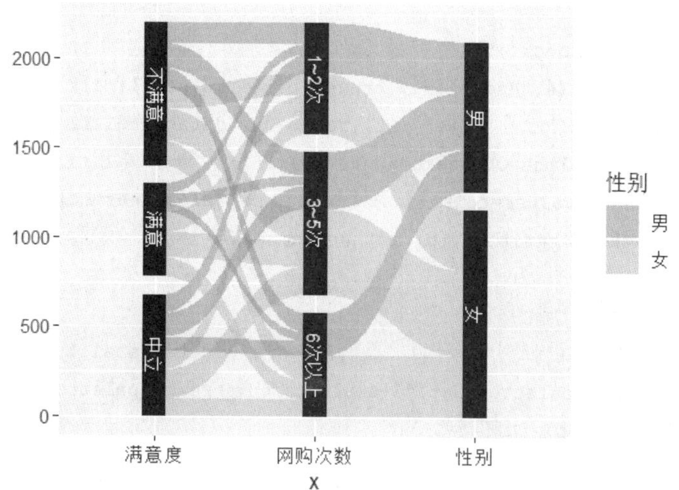

图 9-11 2 000 个被调查者的性别、网购次数和满意度的平行集图

图 9–11 中的 x 轴是网购次数变量, 每个类别用矩形的大小表示该类别的人数多少; 右侧列出了按性别分类的颜色所代表的线条; 图中线条的宽度代表人数的分布及流向.

图 9–11 显示, 从男女人数构成看, 女性人数多于男性人数, 其中, 女性网购次数在 3~5 次和 6 次以上的人数较多, 1~2 次的人数较少; 男性网购次数在 6 次以上的人数较少, 在 1~2 次和 3~5 次的人数相当. 不同网购次数和不同满意度人数的分布也可根据线条的宽度进行类似的分析, 这里不再赘述.

ggparallel 包中的 ggparallel 函数可以绘制不同类型的平行坐标图. 以第 1 章例 1–1 的数据为例, 由 ggparallel 函数绘制的平行集图如图 9–12 所示.

```
# 图 9-12 的绘制代码 (数据: data1_1)
> library(ggparallel);library(ggplot2)
> library(RColorBrewer);library(gridExtra)
> data1_1<-read.csv("C:/mydata/chap01/data1_1.csv")
> mytheme<-theme(plot.title=element_text(size="10"),          # 设置图形主题
+    axis.title=element_text(size=9),
+    axis.text=element_text(size=8),
+    legend.position="none")

# 图 (a) —method="angle"
> p1<-ggparallel(list("性别","满意度"),data=data1_1,
+   method="angle",                   # 使用角度 (可选 adj.angle,parset,hammock)
+   alpha=0.5,                        # 透明度
+   width=0.2,                        # 变量竖条的宽度
+   order=1,                          # 类别标签的排序方式 (可取 -1,0,1)
+   label.size=4,                     # 标签字体大小
+   text.angle=90)+                   # 标签文本的角度
+   mytheme+                          # 使用预设主题
+   ggtitle("(a) method=angle")       # 添加标题

# 图 (b) —method="hammock"
> cols <-c(brewer.pal(4,"Reds")[-1],brewer.pal(4,"Blues")[-1])    # 减掉颜色 1
> p2<-ggparallel(list("性别","满意度"),ratio=0.2,data=data1_1,
+   method="hammock",alpha=0.6,text.angle=90)+         # 吊床图 (hammock plots)
+   scale_fill_manual(values=cols)+scale_colour_manual(values=cols)+
+   theme_bw()+mytheme+ggtitle("(b) method=hammock")

# 图 (c) —改变颜色
> p3<-ggparallel(list("性别","网购次数","满意度"),data=data1_1,text.angle=90)+
+   scale_fill_brewer(palette="Set1")+scale_colour_brewer(palette="Set1")+
+   mytheme+ggtitle("(c) 改变颜色")
```

```
# 图 (d) —图形旋转
>cols<-c(brewer.pal(4,"Reds")[-1],brewer.pal(4,"Greens")[-1],brewer.pal(4,
"Blues")[-1])                                              # 去掉颜色 1
> p4<-ggparallel(list("性别","网购次数","满意度"),
+   ratio=0.2,data=data1_1,text.angle=0)+
+   scale_fill_manual(values=cols)+scale_colour_manual(values=cols)+
+   theme_bw()+mytheme+coord_flip()+                       # 图形旋转
+   ggtitle("(d) 图形旋转")
> grid.arrange(p1,p2,p3,p4,ncol=2)                         # 按 2 列组合图形
```

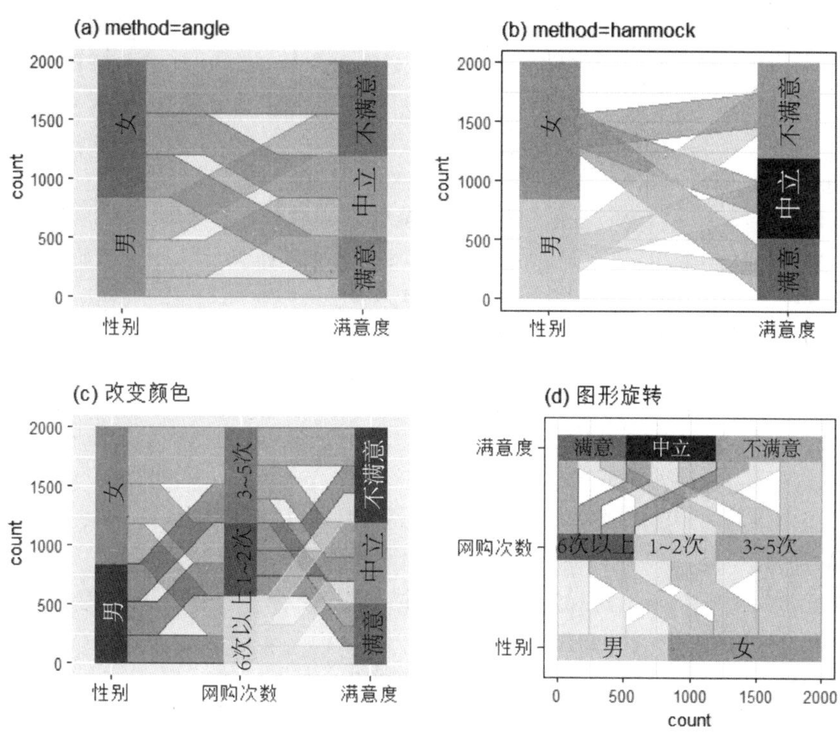

图 9-12　例 1-1 数据的不同类型的平行集图 (见彩图)

9.5　3D 透视图

如果数据是一个矩阵, 则将一个维度作为 x 轴, 另一个维度作为 y 轴, 矩阵中的数值作为 z 轴, 可以绘制出 3D 透视图. graphics 包中的 persp 函数, plotly 包中的 plot_ly 函数, 以及 plot3D 包中的 persp3D 函数、ribbon3D 函数、hist3D 函数等, 均可以绘制 3D 透视图.

以第 6 章例 6-1 的数据 (data6_1.csv) 为例, 由 plot3D 包绘制的 2017 年全国 31 个地区 8 项消费支出的 3D 透视图、3D 色带图和 3D 直方图如图 9-13 所示.

图 9–13 中 x 轴的顺序与矩阵中的列名顺序一致, y 轴的顺序与矩阵中的行名顺序一致. 该图显示了 31 个地区在 8 项消费支出上的差异和相似性.

```
# 图 9-13 的绘制代码 (数据: data6_1)
> library(plot3D)
> data6_1<-read.csv("C:/mydata/chap06/data6_1.csv")
> d<-data6_1[-c(2,3)]
> mat<-as.matrix(d[,2:9]);rownames(mat)=d[,1]

> par(mfrow=c(2,2),mai=c(0.2,0.2,0.3,0.3),cex=0.6,mgp=c(0,1,0),font.main=1)
> persp3D(z=t(mat),
+   colkey=list(width=1,length=0.8,cex.axis=0.8),          #色键设置的参数列表
+   xlab="x=支出项目",ylab="y=地区",zlab="z=支出金额",       # 坐标轴标签
+   main="(a) 3D 透视图 (默认角度)")                        # 主标题

> persp3D(z=t(mat),
+   resfac=c(1,1),                     # x 轴和 y 轴分辨率的向量
+   theta=0,phi=25,                    # 设置查看方向的角度
+   border="grey20",                   # 设置曲面边线颜色
+   colkey=list(width=1,length=0.8,cex.axis=0.8),
+   xlab="x=支出项目",ylab="y=地区",zlab="z=支出金额",
+   main="(b) 3D 透视图 (设置角度和边线)")

> ribbon3D(z=t(mat),
+  expand=0.4,                   # 图形高度 (z 轴) 的扩展空间
+  space=0.3,                    # 条形或色带之间的空间量
+  along="y",                    # 绘制平行于 y 轴的色带
+  colkey=list(width=1,length=0.8,cex.axis=0.8),
+  xlab="x=支出项目",ylab="y=地区",zlab="z=支出金额",
+  main="(c) 平行于 y 轴的 3D 色带图")

> hist3D(z=t(mat),border="grey20",phi=25,theta=-50,d=2,shade=0.3,space=0.1,
+  colkey=list(width=1,length=0.8,cex.axis=0.8),
+  xlab="x=支出项目",ylab="y=地区",zlab="z=支出金额",
+  main="(d) 3D 直方图")
```

使用 plotly 包中的 plot_ly 函数可以绘制动态交互的 3D 透视图, 其截图如图 9–14 所示.

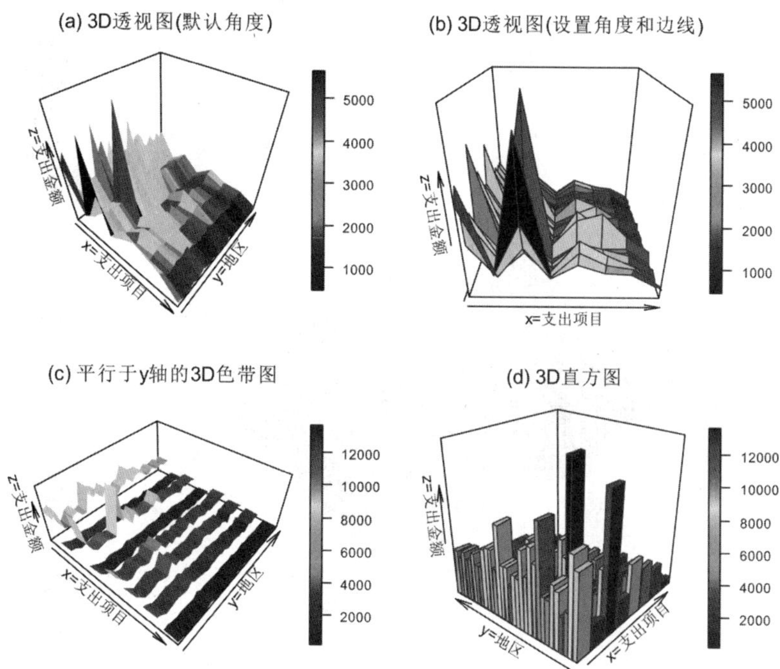

图 9-13　2017 年全国 31 个地区 8 项消费支出的 3D 透视图 (见彩图)

```
# 图 9-14 的绘制代码 (数据: data6_1)
> library(plotly)
> data6_1<-read.csv("C:/mydata/chap06/data6_1.csv")
> d<-data6_1[-c(2,3)]
> mat<-as.matrix(d[,2:9]);rownames(mat)=d[,1]
> names<-c("食品烟酒","衣着","居住","生活用品及服务","交通通信","教育文化娱乐","医疗保健","其他用品及服务")
> plot_ly(z=t(mat),
+   x=data6_1[,1],y=names,                # x 轴和 y 轴的标签向量
+   color=I("red"),alpha=0.5,             # 设置颜色和透明度
+   type="surface")                       # 设置图形为曲面图
```

移动鼠标指针到动态交互 3D 透视图上的任意一点, 可以显示出不同地区和不同支出项目的数值.

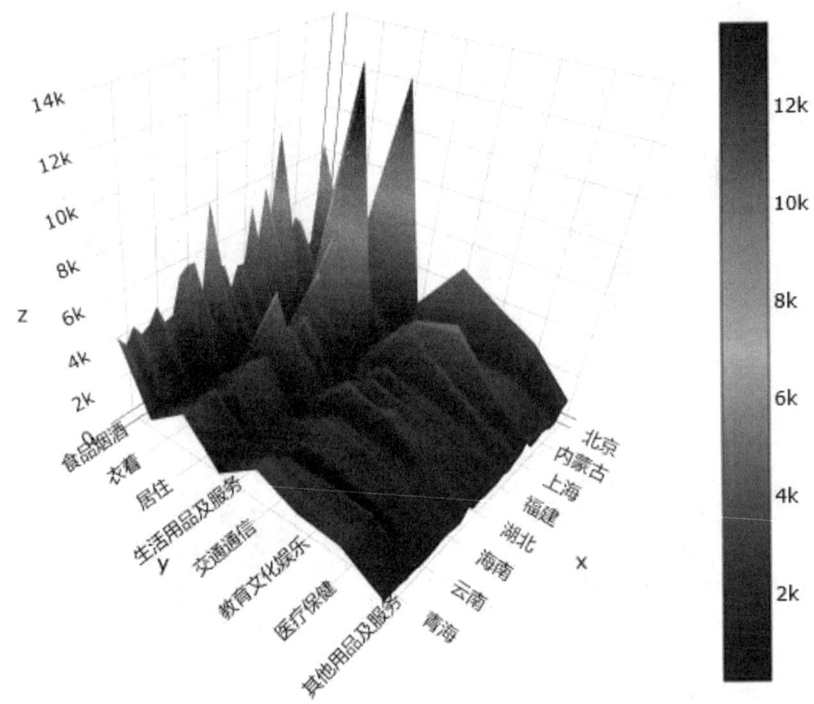

图 9–14　2017 年全国 31 个地区 8 项消费支出的动态交互 3D 透视图 (截图)

9.6　词云图

一个纯文本文件可以看作是一种特殊类型的数据, 比如, 阅读一篇文章、浏览网络文献等, 看到的就是文本文件. 如果你关心一篇文章中哪些词出现得多, 网络文献中的热词是什么, 就可以使用词频进行分析. **词云图** (word cloud) 是由单个的字、词或句子组成的图形. 它可以用于分析一篇文本中某些词语出现的词频、发现网络中的热门词语等. 在词云图中, 可根据词频的多少, 用不同的位置或字体大小来安排各词语. 比如, 高频词用大的字体表示, 并放在图中显眼的位置, 低频词用小的字体表示, 并放在图中次要的位置等.

【例 9–3】 (数据: data9_3.csv) 表 9–3 是 60 个不同的词及相应的词频.

表 9–3　60 个不同的词及其频数

词	词频	词	词频
可视化	1 500	点图	232
R 语言	1 100	核密度图	228
分析	855	散点图	226
数据	846	气泡图	222
函数	773	条件图	220

续表

词	词频	词	词频
颜色	750	轮廓图	217
代码	650	雷达图	214
统计	547	星图	213
绘制	543	脸谱图	213
分布	497	气泡图	210
条件图	430	点图	209
描述	428	大数据	209
推断	426	矩阵	208
图形	411	相关系数	200
数据框	401	树状图	199
随机数	385	森林图	196
频数	373	热图	193
列联表	366	平均数	189
类别数据	359	中位数	187
条形图	359	时间序列	187
聚类图	350	线性回归	180
饼图	341	模型	180
扇形图	314	拟合图	179
环形图	306	方差	178
类别化	280	方差分析	178
变量	277	概率分布	177
直方图	255	概率	176
茎叶图	254	正态分布	174
箱线图	239	图形组合	171
小提琴图	238	词云图	171

使用 wordcloud2 包中的同名函数 wordcloud2, 可以绘制不同形状的动态交互词云图, 使用 letterCloud 函数可以将词云图以某个字母、单个的字或词展示. 函数要求绘图的数据是包含词 (或字) 及其对应词频的数据框. 由 wordcloud2 函数绘制的词云图如图 9–15 所示.

```
# 图 9-15 的绘制代码
> data9_3<-read.csv("C:/mydata/chap09/data9_3.csv")
> library(wordcloud2)
> wordcloud2(data=data9_3,shape="circle",size=0.6)
```

在图 9–15 的绘制代码中, shape 用于设置词云图的形状, 可以是圆形 (circle, 默认)、心形 (cardioid)、钻石形 (diamond)、三角形 (triangle)、五边形 (pentagon) 和星形 (star) 等. size 用于设置字的大小. 图 9–15 显示, 词频较多的词有可视化、R 语言、分析、数据、函数、颜色等.

图 9-15 60 个不同词的词云图 (截图) (见彩图)

使用 wordcloud2 包中的 WCtheme 函数, 可以改变词云图的主题, 可选值有 WCtheme(1)、WCtheme(2)、WCtheme(3). 也可以将几种主题结合使用, 如 WCtheme(1)+WCtheme(2) 等. 使用不同主题绘制的词云图如图 9–16 所示.

```
# 图 9-16 的绘制代码
> data9_3<-read.csv("C:/mydata/chap09/data9_3.csv")
> library(wordcloud2)
> wc<-wordcloud2(data=data9_3,shape="circle",size=0.35,
+   color=ifelse(data9_3[,2]>500,"red","deepskyblue"),
                                        # 词频大于 500用红色, 否则用深天蓝色
+   backgroundColor="black")            # 设置背景颜色
> wc+WCtheme(class=1)                   # 主题 WCtheme(1)
> wc+WCtheme(class=1)+WCtheme(class=2)  # 主题 WCtheme(1)+WCtheme(2)
```

(a) WCtheme(1)　　(b) WCtheme(1)+ WCtheme(2)

图 9-16 不同主题的词云图 (截图) (见彩图)

使用 wordcloud2 自带的数据集 demoFreqC, 由 letterCloud 函数绘制的以词语 “R

可视化”展示的词云图如图 9–17 所示.

```
# 图 9–17 的绘制代码
> library(wordcloud2)
> letterCloud(data=demoFreqC,word="R可视化",size=1,backgroundColor="white")
```

注: 在绘制以字、词或句子展示的词云图时, 如果 letterCloud 不能使用, 则需要重新安装 wordcloud2 包. 安装代码为: devtools::install_github("lchiffon/wordcloud2").

图 9–17　以词语“R 可视化”展示的词云图 (截图)

如果要对一个文本 (如一篇文章) 绘制词云图, 首先需要将文本存为纯文本文件, 然后使用 jiebaR 包中的 qseg 函数分词, 并过滤分词的结果 (比如, 过滤掉长度小于 1 的词), 返回高词频的数量并生成频数分布表, 最后使用 wordcloud2 函数绘制词云图.

【例 9–4】 (数据:《统计学简史》) 下面是 H.O.Lancaster 所写、吴喜之翻译的《统计学简史》一文节选部分 (全文请查阅 C:/mydata/chap09/统计学简史).

统计学简史

H.O.Lancaster 著

中国人民大学统计学院吴喜之译

1. 起源, 分布

统计最初产生于对国家的研究, 特别是对其经济以及人口的描述. 当时现代数学尚未形成. 因此那时的统计史基本上是经济史的范畴. 现代统计主要起源于研究总体 (population)、变差 (variation) 和简化数据 (reduction of data). 第一个经典文献属于 John Graunt (1620—1674), 其具有技巧的分析指出了把一些庞杂、令人糊涂的数据化简为几个说明问题的表格的价值. 他注意到在非瘟疫时期, 一个大城市每年的死亡人数有统计规律, 而且新出生儿的性别比为 1.08, 即每生 13 个女孩就有 14 个男孩. 大城市的死亡率比农村地区要高. 在考虑了已知原因的死亡及不知死亡年龄的情况下, Graunt 估计出了六岁之前儿童的死亡率, 并相当合理地估计出了母亲的死亡率为 1.5%. 因此, 他从杂乱无章的材料中得出了重要的结论. 他还给出了一个新的生命表……

根据上述文本绘制的词云图如图 9–18 所示.

```
# 图 9–18 的绘制代码
> library(wordcloud2);library(jiebaR)
> w<-scan(file="C:/mydata/chap09/统计学史.txt",what="",encoding="unknown")
                                              # 读取文本文件, 选择字符编码
```

```
> seg<-qseg[w]                                          # 调用分词模块进行分词
> seg<-seg[nchar(seg)>1]                                # 过滤掉长度小于 1 的词
> seg<-sort(seg,decreasing=T)[1:150]                    # 返回前 150 个热词
> word_freq<-table(seg)                                 # 词频列表
> wc<-wordcloud2(word_freq,shape='circle',size=0.5)     # 绘制词云图
> wc+WCtheme(class=1)                                   # 主题 WCtheme(1)
```

图 9-18 《统计学简史》一文中 150 个热词的词云图 (截图)

图 9–18 显示了该篇文章中出现频率较高的前 150 个词, 其中"正态分布"一词出现的最多.

9.7 甘特图

甘特图 (Gantt chart) 是以提出者亨利 · 劳伦斯 · 甘特 (Henry Laurence Gantt) 的名字命名的一种图形, 它实际上是一种特殊的条形图, 用于展示特定项目的顺序与持续时间. 甘特图的横轴表示时间, 纵轴表示活动项目, 条形长度表示在整个期间计划和实际的活动完成情况. 甘特图可以直观表明项目的实施顺序、计划完成时间等, 主要用于项目管理, 在建筑、IT 软件、汽车等领域也有应用.

下面通过一个例子说明甘特图的绘制方法和应用.

【例 9–5】 (数据: data9_5.csv) 假定有一个研究项目, 计划在两年时间内完成. 该研究项目分为 5 个阶段进行, 包括项目立项、文献收集和整理、理论研究、方法与实证研究、报告撰写, 其中, 文献收集和整理又细分为文献收集、数据采集和数据处理 3 个子阶段; 方法与实证研究细分为方法研究和实证分析两个子阶段. 具体的项目计划完成时间如表 9–4 所示.

表 9–4　一个研究项目的计划完成时间

研究阶段	开始时间	结束时间
项目立项	2020/01/01	2020/03/01
文献收集和整理	2020/03/02	2020/07/31
文献收集	2020/03/02	2020/03/31
数据采集	2020/04/01	2020/06/15
数据处理	2020/06/16	2020/07/31
理论研究	2020/08/01	2020/12/31
方法与实证研究	2021/01/01	2021/09/30
方法研究	2021/01/01	2021/03/31
实证分析	2021/04/01	2021/09/30
报告撰写	2021/10/01	2021/12/31

使用 plotrix 包中的 gantt.chart 函数可以绘制甘特图. 由该函数绘制的例 9–5 数据的甘特图如图 9–19 所示.

```
# 图 9-19 的绘制代码
> library(plotrix)
# 创建绘制甘特图的数据信息
> Ymd.format<-"%Y/%m/%d"                    # 设置输入日期或时间时使用的格式
> gantt.info<-list(labels=c("项目立项","文献收集和整理","文献收集",
+                        "数据采集","数据处理","理论研究","方法与实证研究",
+                        "方法研究","实证分析","报告撰写"), # 设置项目名称列表
+  starts=as.POSIXct(strptime(c("2020/01/01","2020/03/02","2020/03/02",
+   "2020/04/01","2020/06/15","2020/08/01","2021/01/01","2021/01/01",
+   "2021/04/01","2021/10/01"),                # 使用 POSIXct值计算任务开始时间
+   format=Ymd.format)),
+ ends=as.POSIXct(strptime(c("2020/03/01","2020/07/31","2020/03/31",
+   "2020/06/15","2020/07/31","2020/12/31","2021/09/30","2021/03/31",
+   "2021/09/30","2021/12/31"),                # 使用 POSIXct 值计算任务结束时间
+   format=Ymd.format)),
+   priorities=c(1,2,2,2,2,3,4,4,4,5))              # 设置任务的优先级
> vgridpos<-as.POSIXct(strptime(c("2020/01/01","2020/02/01","2020/03/01",
+   "2020/04/01","2020/05/01","2020/06/01","2020/07/01","2020/08/01",
+   "2020/09/01","2020/10/01","2020/11/01","2020/12/01","2021/01/01",
+   "2021/02/01","2021/03/01","2021/04/01","2021/05/01","2021/06/01",
+   "2021/07/01","2021/08/01","2021/09/01","2021/10/01","2021/11/01",
+   "2021/12/01"),format="%Y/%m/%d"))              # 设置垂直网格线的位置
> vgridlab<-c("2020\n01","02","03","04","05","06","07","08","09","10",
+   "11","12","2021\n01","02","03","04","05","06","07","08","09","10",
+   "11","12")                # 设置垂直网格线的标签
```

```
# 绘制甘特图
> gantt.chart(gantt.info,label.cex=0.8,                 # 设置标签字体大小
+   priority.legend=TRUE,                     # 显示优先颜色图例
+   vgridpos=vgridpos,vgridlab=vgridlab, # 设置垂直网格线的位置和标签
+   hgrid=TRUE,                     # 显示条形之间的网格线
+   border.col="black",             # 设置条形边框的颜色
+   cylindrical=FALSE)              # 设置 cylindrical=TRUE 可将图形显示成圆柱形
```

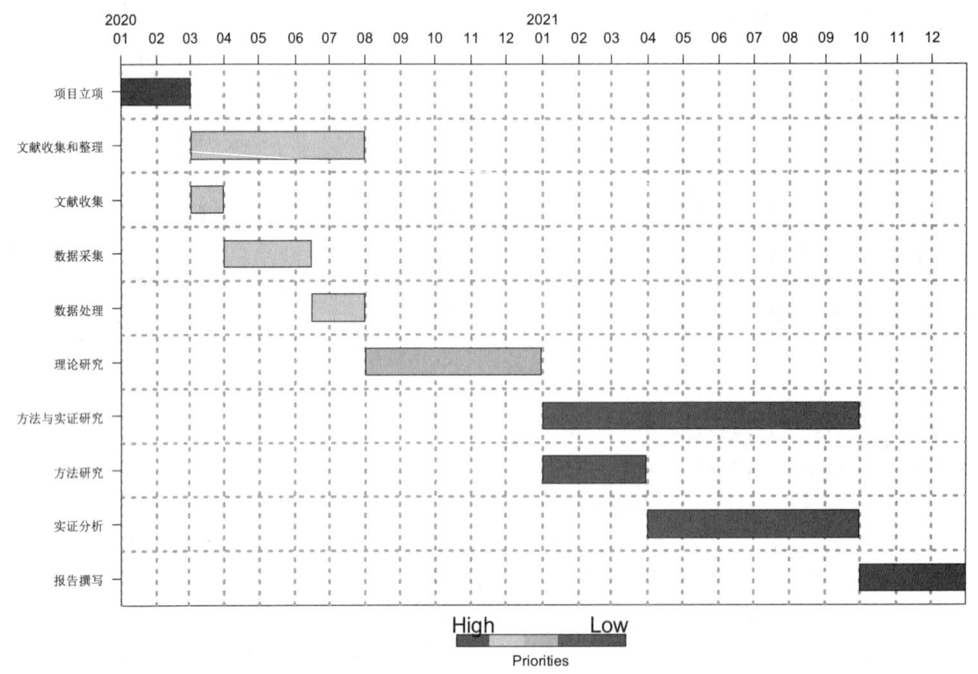

图 9-19　一个研究项目计划完成时间的甘特图

图 9-19 下方的图例显示了不同颜色代表的项目的优先等级. 使用者也可以根据需要使用参数 taskcolors 设置任务优先级的颜色向量.

9.8 网络图

网络图 (network diagram) 是由箭线和节点组成的一种图形, 用于描述事件之间的关系, 因形状如同网络, 故称网络图. 网络图在社交关系分析、企业之间的业务关系分析、工程管理等领域都有广泛应用. 下面通过一个例子说明网络图的绘制方法.

【例 9-6】 (数据: data9_6.csv) 公司或企业之间往往都有业务关系. 假定有 31 家公司, 它们之间的业务关系如表 9-5 所示.

表 9–5 21 家公司的业务关系 (只列出前 3 行和后 3 行)

Source	Target
公司 1	公司 2
公司 1	公司 3
公司 1	公司 4
⋮	⋮
公司 15	公司 30
公司 15	公司 31
公司 18	公司 22

表 9–5 中的 Source 指来源 (from, 当然也可以取其他名称), Target 指去向 (to), 这里表示来源公司与哪些公司有业务关系. 如果还有公司的各种属性 (如公司性质、所属行业等) 也可以作为单独的列列出.

网络图最基本的两个元素是节点 (node) 或称顶点 (vertice) 和边 (edge). 比如, 图 9–20 中用圆圈表示公司的位置, 就是节点, 节点之间的连线就是边. 节点可以是包括人在内的任何实体, 边表示关系, 这种关系也可以是任何互动, 比如对话、业务往来、资金往来等. 边是可以有方向的, 比如公司 1 主动与公司 2 发生业务关系, 那方向就是公司 1 (Source 或 from) 到公司 2 (Target 或 to).

R 语言中的 networkD3 和 igraph 包均可以绘制网络图. networkD3 包中的 simpleNetwork 函数可以创建动态的网络图. 该函数使用简单, 要求的绘图数据是数据框, 其中的前两列用于指定图形的边. 由该函数绘制的 31 家公司的业务关系网络图 (截图) 如图 9–20 所示.

```
# 图 9-20 的绘制代码
> library(networkD3)
> data9_6<-read.csv("C:/mydata/chap09/data9_6.csv")
> simpleNetwork(data9_6,
+   linkDistance=100,            # 节点间连线的长度 (默认为 50)
+   charge=-120,                 # 设置节点之间的排斥力 (负值)或吸引力 (正值)
+   fontSize=8,                  # 设置节点标签字体大小
+   fontFamily="serif",          # 设置节点标签字体
+   linkColour="#DE2D26",        # 设置连线颜色
+   nodeColour="#3182bd",        # 设置节点颜色
+   opacity=1,           # 设置图形的透明度 (0 表示完全透明, 1 表示完全不透明)
+   zoom=TRUE)           # 图形可以缩放
```

图 9–20 是动态的网络图, 将鼠标指针放到任意节点, 可以观察该公司与其他公司的关系. 但图中并没有画出关系的方向, 因此不易于静态观察.

igraph 包绘制的网络图可修改性强, 该包提供的 layout 函数可以对图形进行多种布局, 以改善图形的外观. 使用该包绘制网络图时, 首先需要使用该包提供的 graph_from_data_frame 函数, 将数据框转化成绘图所需的数据格式. 然后使用 layout 函数对

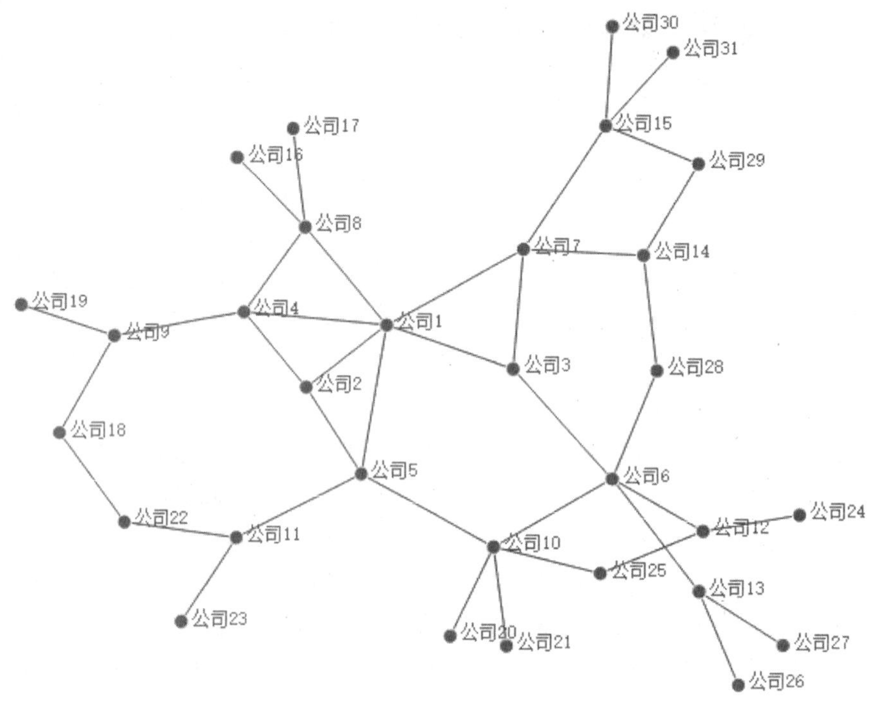

图 9–20 31 家公司业务关系的网络图 (networkD3 包绘制) (截图)

图形进行布局, 还可以根据需要, 使用 V 函数和 E 函数对图形的参数进行设置, 以美化图形. 最后使用 plot 函数绘制出网络图.

以例 9–6 为例, 由 igraph 包绘制的网络图如图 9–21 所示.

```
# 图 9-21 的绘制代码
> data9_6<-read.csv("C:/mydata/chap09/data9_6.csv")
> library(igraph)
# 将数据框转化成绘图所需的数据格式
> graph<-graph_from_data_frame(data9_6,directed=TRUE)
                                # directed=TRUE 表示创建有向图 (连线有方向)
# 图形布局和参数设置
> set.seed(1)                   # 设置随机数种子, 以使布局可重复 (图形固定)
> l<-layout.fruchterman.reingold(graph) # 设置图的布局方式为弹簧式发散布局
> V(graph)$size<-degree(graph)*2+5
                    # 设置节点大小与点中心度成正比 (中心度即与该点相连的点的总数)
> colrs<-rainbow(31)                     # 设置节点颜色
> V(graph)$color=colrs[V(graph)]         # 根据类型设置颜色 (按照类型分组)
> V(graph)$label.color='black'         # 设置节点标签的颜色
> V(graph)$label.cex=0.6                 # 设置节点标签字体大小
> V(graph)$label.dist=2                  # 设置标签与节点的距离
> E(graph)$arrow.size=0.2                # 设置箭头大小
> E(graph)$width=1                       # 设置边 (连线) 的宽度
```

```
> E(graph)$color="black"                # 设置边（连线）的颜色
# 绘制网络图
> plot(graph,layout=l)
```

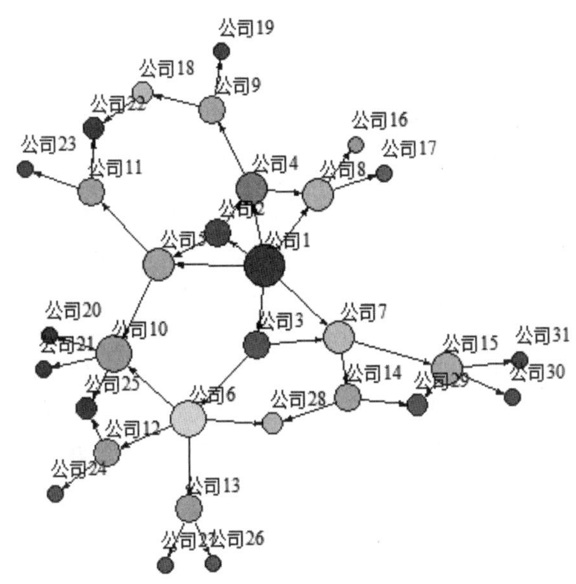

图 9–21　31 家公司业务关系的网络图 (igraph 包绘制)

图 9–21 中的连线箭头表示关系的方向. 节点大小表示点中心度 (即与该点相连的点的总数) 的大小, 中心度越大, 节点就越大, 表示与该公司的业务关系越强.

9.9　出版物中的图表

学术期刊或其他出版物对使用的图表往往有不同的规范和要求, 比如, 表格的形式、图片的格式和清晰度, 等等. 为满足论文发表或著作出版的要求, 规范使用图表是不容忽视的问题.

ggpubr 包是基于 ggplot2 开发的一个衍生包, 它可以生成学术论文或著作中使用的图表, 以满足学术期刊或其他出版物对图表的特殊要求. 本节介绍 ggpubr 包中生成高质量图表的几个函数, 更多应用请查看该包的帮助信息.

9.9.1　绘制表格

在 R 中录入的数据或读入到 R 中的数据, 实际上已经是 R 格式数据. 如果要将该数据或该数据的分析结果以表格的形式应用到学术论文或著作中, 就需要做特定的处理. ggpubr 包中的 ggtexttable 函数可以绘制格式多样的用于学术论文或著作的文本表格. 以表 9–1 的数据为例, 由该函数绘制的文本表格如图 9–22 所示.

```
# 图 9-22 的绘制代码
> library(ggpubr)
> data9_1<-read.csv("C:/mydata/chap09/data9_1.csv")
> ggtexttable(data9_1,row=NULL,                # 绘制表格，去掉行号
+   theme=ttheme("mBlue"))                     # 使用中蓝色主题
```

支出项目	北京	天津	上海	重庆
食品烟酒	7548.9	8647.0	10005.9	5943.5
衣着	2238.3	1944.8	1733.4	1394.8
居住	12295.0	5922.4	13708.7	3140.9
生活用品及服务	2492.4	1655.5	1824.9	1245.5
交通通信	5034.0	3744.5	4057.7	2310.3
教育文化娱乐	3916.7	2691.5	4685.9	1993.0
医疗保健	2899.7	2390.0	2602.1	1471.9
其他用品及服务	1000.4	845.6	1173.3	398.1

图 9-22　中蓝色调的表格

图 9-23 是使用中橘白色调的文本表格.

```
# 图 9-23 的绘制代码
> library(ggpubr)
> data9_1<-read.csv("C:/mydata/chap09/data9_1.csv")
> ggtexttable(data9_1,row=NULL,
+   theme=ttheme("mOrangeWhite"))                # 中橘白色主题
```

支出项目	北京	天津	上海	重庆
食品烟酒	7548.9	8647.0	10005.9	5943.5
衣着	2238.3	1944.8	1733.4	1394.8
居住	12295.0	5922.4	13708.7	3140.9
生活用品及服务	2492.4	1655.5	1824.9	1245.5
交通通信	5034.0	3744.5	4057.7	2310.3
教育文化娱乐	3916.7	2691.5	4685.9	1993.0
医疗保健	2899.7	2390.0	2602.1	1471.9
其他用品及服务	1000.4	845.6	1173.3	398.1

图 9-23　中橘白色调的表格

也可以将数据分析的某些结果绘制成文本表格的形式, 然后放到学术论文或著作中. 比如, 对于表 9-1 的数据, 可以计算出每个地区的描述统计量, 然后绘制文本表格, 如图 9-24 所示.

```
# 图 9-24 的绘制代码
> data9_1<-read.csv("C:/mydata/chap09/data9_1.csv")
> library(pastecs);library(ggpubr)
> tab<-round(stat.desc(data9_1[,-1]),2)  # 计算描述统计量并将结果保留 2 位小数
> ggtexttable(tab,                       # 使用默认的主题
+   theme=ttheme(colnames.style=colnames_style(size=9),
+   rownames.style=rownames_style(size=9),   # 设置行名称字体大小
+   tbody.style=tbody_style(size=9)))        # 设置表体字体大小
```

	北京	天津	上海	重庆
nbr.val	8	8	8	8
nbr.null	0	0	0	0
nbr.na	0	0	0	0
min	1000.4	845.6	1173.3	398.1
max	12295	8647	13708.7	5943.5
range	11294.6	7801.4	12535.4	5545.4
sum	37425.4	27841.3	39791.9	17898
median	3408.2	2540.75	3329.9	1732.45
mean	4678.18	3480.16	4973.99	2237.25
SE.mean	1298.23	917.77	1598.14	601.77
CI.mean.0.95	3069.84	2170.18	3779	1422.97
var	13483306.48	6738385.96	20432451.18	2897055.74
std.dev	3671.96	2595.84	4520.23	1702.07
coef.var	0.78	0.75	0.91	0.76

图 9–24　表 9–1 描述统计量的文本表格

在图 9–24 的绘制代码中, 首先使用 pastecs 包中的 stat.desc 函数计算汇总描述统计量, 再使用 ggtexttable 函数绘制文本表格, 其中的行名称即为描述统计量的名称.

如果要分析表 9–1 中 8 项消费支出的相关性, 就可以计算出相关系数矩阵, 然后绘制文本表格, 如图 9–25 所示.

```
# 图 9-25 的绘制代码
> library(ggpubr)
> data9_1<-read.csv("C:/mydata/chap09/data9_1.csv")
> mat<-as.matrix(data9_1[,-1]);rownames(mat)=data9_1[,1] # 将数据框转化成矩阵
> cor<-round(cor(t(mat)),2)   # 将矩阵转置计算相关系数矩阵, 结果保留 2 位小数
> ggtexttable(cor,theme=ttheme("light"))                  # 使用 light 主题
```

图 9–25 是设置主题 light 绘制的表格. 设置 theme=ttheme("classic") 可以绘制带有横竖线的经典型表格; 设置 theme = ttheme("minimal"), 可以绘制只有竖线的表格; 设置 ttheme("blank"), 可以绘制没有线的表格 (类似于 R 的输出结果) ; 设置 theme=ttheme("mOrange") 可以绘制中橘色表格; 还可以根据自身需要设置不同类型

	食品烟酒	衣着	居住	生活用品及服务	交通通信	教育文化娱乐	医疗保健	其他用品及服务
食品烟酒	1	0.32	0.69	0.29	0.51	0.77	0.66	0.88
衣着	0.32	1	0.57	0.91	0.93	0.48	0.89	0.64
居住	0.69	0.57	1	0.77	0.83	0.99	0.86	0.93
生活用品及服务	0.29	0.91	0.77	1	0.97	0.68	0.91	0.7
交通通信	0.51	0.93	0.83	0.97	1	0.76	0.98	0.84
教育文化娱乐	0.77	0.48	0.99	0.68	0.76	1	0.81	0.94
医疗保健	0.66	0.89	0.86	0.91	0.98	0.81	1	0.91
其他用品及服务	0.88	0.64	0.93	0.7	0.84	0.94	0.91	1

图 9–25　表 9–1 相关系数矩阵的文本表格

的主题绘制表格.

9.9.2　绘制带有表格和注释文本的图形

学术期刊或其他出版物不仅对使用的图形有特殊要求, 也因版面的限制会约束论文或著作的篇幅. 作者应考虑在有限的空间内使图形尽可能展示出更多的信息. 这时, 可以将有些信息 (如数据表格和注释文本等) 直接绘制在图形中, 以节省篇幅. 使用 ggpubr 包中的 ggarrange 函数, 可以将数据表格和注释文本等信息组合在一幅图中.

绘制到图中的数据表格可以是原始数据表格, 也可以是数据分析结果的表格. 比如, 以表 9–1 的数据为例, 绘制条形图并将原始数据表格组合到图形中, 如图 9–26 所示.

```
# 图 9-26 的绘制代码
> library(ggpubr)
> data9_1<-read.csv("C:/mydata/chap09/data9_1.csv")    # 加载数据框 table1_1
> d.long<-reshape2::melt(data9_1,id.vars="支出项目",variable.name="地区",
value.name="支出金额")                                 # 将数据转化成长格式
> a<-data9_1[,1]                                       # 设置因子向量
> f<-factor(a,ordered=TRUE,levels=a)                   # 将支出项目变为有序因子
> df<-data.frame(支出项目=f,d.long[,2:3])               # 构建新的有序因子数据框

> tab<-ggtexttable(data9_1,rows=NULL,theme=ttheme("mOrange"))    # 绘制表格
> bar<-ggbarplot(df,x="地区",y="支出金额",fill="支出项目",palette="Set3",
+   orientation="vertical",label=FALSE)           # 垂直摆放, 不显示数据标签
> ggarrange(bar,tab,                       # 将条形图与表格组合在一个页面中
+   ncol=2,nrow=1,                         # 设置列数和行数
+   widths=c(1,1),                         # 设置图形的宽度比
+   legend="right")                        # 设置图例位置
```

下面以例 4–1 的数据为例, 绘制带有描述统计量表格信息的核密度图. 为便于观察和理解, 这里只绘制出按质量等级分类的 AQI 的图形. 根据分析需要, 也可以绘制其他图形, 比如箱线图、小提琴图、条形图, 等等. 图 9–27 是按质量等级分类计算的

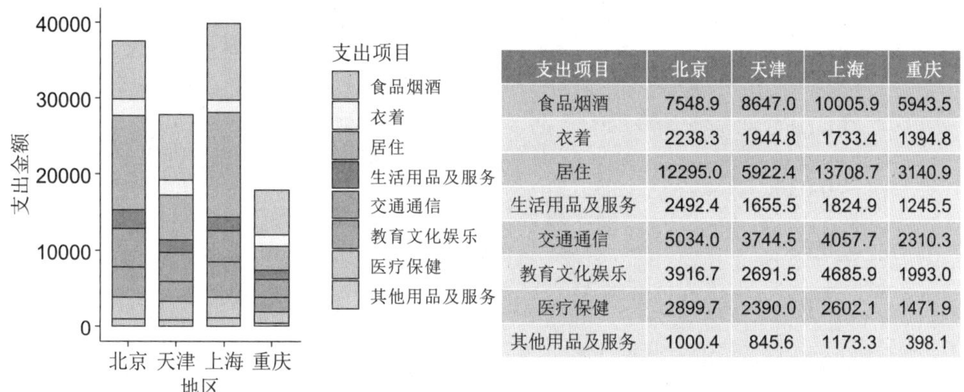

支出项目	北京	天津	上海	重庆
食品烟酒	7548.9	8647.0	10005.9	5943.5
衣着	2238.3	1944.8	1733.4	1394.8
居住	12295.0	5922.4	13708.7	3140.9
生活用品及服务	2492.4	1655.5	1824.9	1245.5
交通通信	5034.0	3744.5	4057.7	2310.3
教育文化娱乐	3916.7	2691.5	4685.9	1993.0
医疗保健	2899.7	2390.0	2602.1	1471.9
其他用品及服务	1000.4	845.6	1173.3	398.1

图 9–26　带有原始数据表格的 4 个地区消费支出的条形图

描述统计量信息与核密度图的组合.

```
# 图 9-27 的绘制代码 (数据: data4_1)
> library(ggpubr)
> data4_1<-read.csv("C:/mydata/chap04/data4_1.csv")
> a<-c("优","良","轻度污染","中度污染","重度污染")  # 设置因子向量
> f<-factor(data4_1[,3],ordered=TRUE,levels=a)      # 将质量等级变为有序因子
> df<-data.frame(质量等级=f,data4_1[,-3])           # 构建新的有序因子数据框
> density.p<-ggdensity(df,x="AQI",                  # 绘制核密度图
+   fill="质量等级",palette="Set3")                  # 设置图形填充颜色和调色板
> stable<-desc_statby(df,measure.var="AQI",grps="质量等级")
                                  # 计算按质量等级分组的 AQI 的描述统计量
> dt<-stable[,c("质量等级","length","min","max","range","mean","sd","cv")]
                                  # 选择表中需要输出的统计量
> stable.p<-ggtexttable(dt,rows=NULL,
+   theme=ttheme(colnames.style=colnames_style(size=10),
+   rownames.style=rownames_style(size=10),
+   tbody.style=tbody_style(fill=get_palette("RdBu",5),size=10)))
                                  # 设置表体为红蓝色调, 字体大小为 10
> ggarrange(density.p,stable.p,   # 将核密度图与表格组合在一个页面中
+    ncol=1,nrow=2,               # 设置列数和行数
+    heights=c(1,0.6),            # 设置图形的高度比
+    font.label = list(size = 9, color = "black"),
+    common.legend=FALSE,         # 不设置公共图例
+    legend="top")                # 设置图例位置
```

使用 desc_statby 函数可以绘制多个描述统计量, 图 9–27 只选择了样本量 (length)、最小值 (min)、最大值 (max)、极差 (range) 、平均数 (mean)、标准差 (sd) 和离散系数 (cv) 等.

有时可能需要将一些必要的注释文本绘制在图形中. 这时, 可以使用 paste 函数

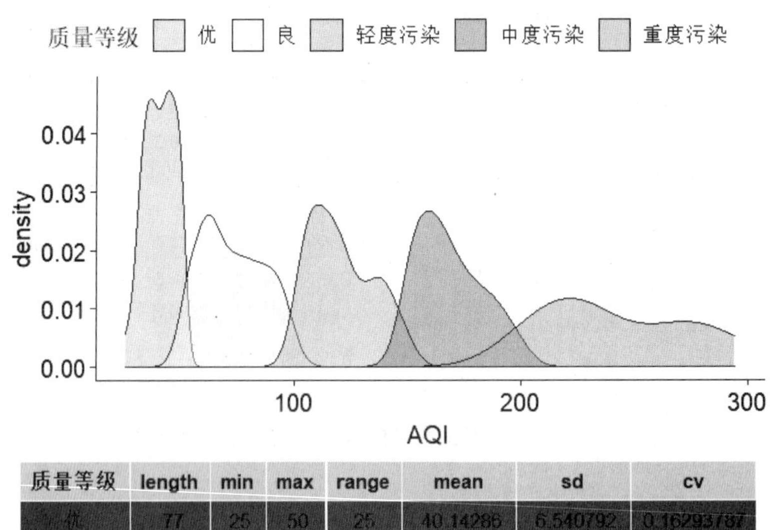

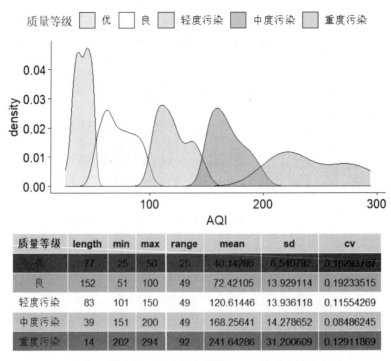

质量等级	length	min	max	range	mean	sd	cv
优	77	25	50	25	40.14286	6.540792	0.16293787
良	152	51	100	49	72.42105	13.929114	0.19233515
轻度污染	83	101	150	49	120.61446	13.936118	0.11554269
中度污染	39	151	200	49	168.25641	14.278652	0.08486245
重度污染	14	202	294	92	241.64286	31.200609	0.12911869

图 9–27　带有描述统计量表格的 AQI 的分类核密度图

将文本段落连接成向量, 然后使用 ggarrange 函数将文本组合到图形中. 以例 4–1 数据中的 PM10 为例, 绘制的箱线图与注释文本的组合图如图 9–28 示.

```
# 图 9-28 的绘制代码 (使用图 9-27 构建的数据框 df)
> library(ggpubr)
> boxplot.p<-ggboxplot(data4_1,x="质量等级",y="PM10",          # 绘制箱线图
+   fill="质量等级",palette="Set3")            # 设置填充变量和调色板
> text<-paste(" (1) PM10 是可吸入颗粒物(inhalable particles)的缩写.",
+     " (2) 空气动力学当量直径≤10微米的颗粒物称为可吸入颗粒物, 又称为 PM10.",
+     " (3) 可吸入颗粒物通常来自在未铺沥青或水泥的路面上行驶的机动车、材料的破碎
碾磨",
+     "处理过程以及被风扬起的尘土.  ",sep=" ")                # 写入文本
> text.p<-ggparagraph(text,face="italic",size=9,color="red4")
                                  # 绘制文本, 并设置文本字体、字体大小和颜色
> ggarrange(boxplot.p,text.p,ncol=1,nrow=2,heights=c(1,0.25),
+   legend="none")                # 组合图形并去掉图例
```

9.9.3 绘制带有检验信息的图形

除了可以将表格和注释文本等信息添加在图形上之外, 还可以将一些较为复杂的分析结果绘制在图形中, 从而减少论文或著作的篇幅. 比如, 想要比较不同空气质量等

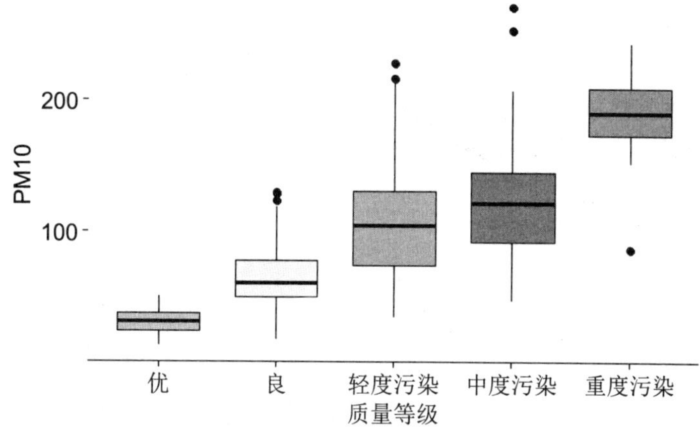

(1) PM10 是可吸入颗粒物 (inhalable particles) 的缩写。
(2) 空气动力学当量直径≤微米的颗粒物称为可吸入颗粒物，又称为PM10。
(3) 可吸入颗粒物通常来自在未铺沥青或水泥的路面上行驶的机动车、材料的破碎碾磨处理过程以及被风扬想的尘土。

图 9–28　带有注释文本的 PM10 的箱线图

级下, 各项污染指标的均值是否有显著差异, 可以在箱线图或小提琴图上画出方差分析中 F 检验和各样本配对检验的 P 值.

使用 ggpubr 包中的 ggboxplot 函数可以画出因子不同水平的箱线图, ggviolin 函数可以画出小提琴图. 使用 stat_compare_means 函数可以添加整体检验和配对检验的 P 值, 如图 9–29 所示.

```
# 图 9-29 的绘制代码 (使用图 9-27 构建的数据框 df)
> library(ggpubr);library(gridExtra)
> compared<-list(c("优","良"),c("良","轻度污染"),c("良","中度污染"),c("良","重度污染"),c("轻度污染","中度污染"),c("轻度污染","重度污染"),c("中度污染","重度污染"))                # 列出比较组 (可以根据需要选择增加或减少)
> p1<-ggboxplot(df,x="质量等级",y="臭氧浓度",      # 绘制箱线图
+   title="(a) 臭氧浓度的箱线图",                  # 设置标题
+   fill="质量等级",palette="Set2")+
+   theme(legend.position="none")                  # 去掉图例
> p1_1<-p1+stat_compare_means(comparisons=compared,method="t.test")+
          # 使用 t.test 做均值比较 (可选方法有 wilcox.test,anova,kruskal.test)
+ stat_compare_means(method="anova",label.y=500)         # 设置方差分析 P 值的位置

> p2<-ggviolin(data=df,x="质量等级",y="二氧化氮",       # 绘制小提琴图
+   title="(b) 二氧化氮的小提琴图",
+   width=1,size=0.5,                              # 小提琴图的宽度和线宽
+   fill="质量等级",palette="Set2",
+   add="boxplot",add.params=list(fill="white",size=0.2))+
                                                   # 添加箱线图并设置填充颜色
```

```
+   theme(legend.position="none")                     # 去掉图例
>p2_1<-p2+stat_compare_means(comparisons=compared,method="t.test")+
+   stat_compare_means(method="anova",label.y=200)
> grid.arrange(p1_1,p2_1,ncol=2)                      # 组合图形 p1_1 和 p2_1
```

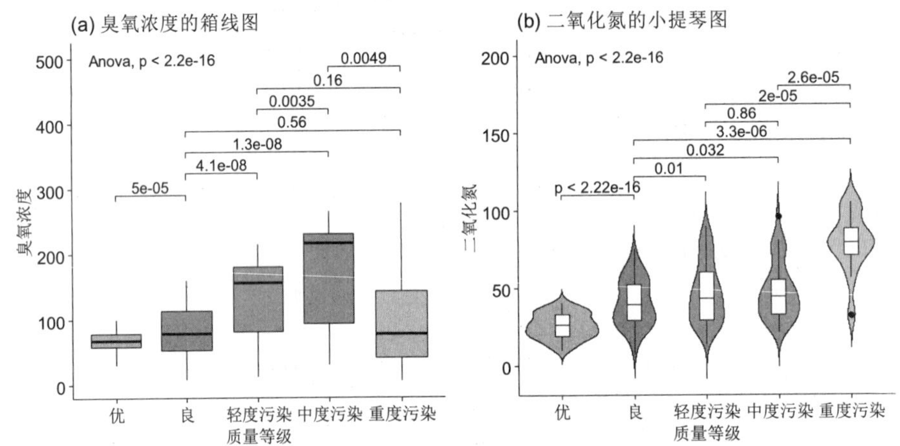

图 9–29 带有方差分析检验 P 值的箱线图和小提琴图

图 9–29 的上方列出了方差分析 (采用 anova 方法) 的 P 值以及各组均值配对比较检验的 P 值.

图 9–29(a) 方差分析的 P 值 (2.2e-16) 显示, 不同空气质量等级下, 臭氧浓度的均值差异显著. 所选择的配对检验的 P 值显示, 良和重度污染、轻度污染和重度污染之间差异性检验的 P 值均较大, 表示它们之间的均值差异不显著, 而其他配对检验的 P 值均较小, 表示其他配对之间臭氧浓度的均值之间均有显著差异.

图 9–29(b) 方差分析的 P 值 (2.2e-16) 显示, 不同空气质量等级下, 二氧化氮的均值差异显著. 所选择的配对检验的 P 值显示, 轻度污染和中度污染之间差异性检验的 P 值较大, 表示二者之间的均值差异不显著, 而其他配对检验的 P 值均较小, 表示其他配对二氧化氮的均值之间均有显著差异.

9.10 为图形添加背景图片

在某些场合, 将带有相关信息的图片作为背景添加到图形中, 不仅可以增强图形的可读性和趣味性, 还可以增加补充信息, 有助于对图形的理解.

为图形添加背景图片的方法有多种, 使用 ggpubr 包中的 background_image 函数可以为 ggplot2 图形添加背景图片. 首先, 需要准备一张 png 格式的图片, 然后使用 png 包中的 readPNG 函数将其读入 R, 再使用 ggplot2 包中的 ggplot 函数生成一个空的图形对象, 使用 background_image 函数添加背景图片, 最后绘制所需的图形.

以例 4–1 的空气质量数据为例, 绘制的以长城和天坛为背景图片的直方图和小提琴图如图 9–30 所示.

```
# 图 9-30 的绘制代码 (数据: data4_1)
> library(png);library(ggplot2);library(ggpubr)
> data4_1<-read.csv("C:/mydata/chap04/data4_1.csv")
# 直方图
> img<-readPNG("C:/mydata/chap08/001.png")         # 读入图片
> p1<-ggplot(data4_1,aes(x=AQI))+                  # 绘制图形对象
+   ggtitle("(a) 直方图")+                          # 设置标题
+   background_image(img)+                         # 添加背景图片
+   geom_histogram(fill="deepskyblue",alpha=0.5,color="white")

# 小提琴图
> df<-reshape2::melt(data4_1[,c(1,2,4,8,5,9)],id.vars="日期",variable.name=
"指标",value.name="指标值")                          # 融合为长格式
> img<-readPNG("C:/mydata/chap08/002.png")         # 读入图片
> p2<-ggplot(df, aes(x=指标,y=指标值))+
+   ggtitle("(b) 小提琴图")+
+   background_image(img)+
+   geom_violin(aes(fill=指标),alpha=0.5,color="white")+
+   fill_palette("jco")+
+ theme(legend.position="none")
> ggarrange(p1,p2,ncol=2)                          # 组合图形 p1 和 p2
```

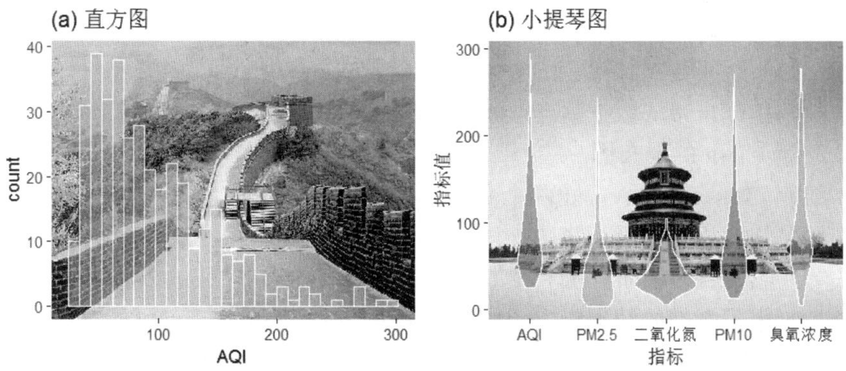

图 9-30 北京市 2018 年空气污染指标的直方图和小提琴图 (见彩图)

本章图谱

下面的图谱展示了本章所绘制的主要图形.

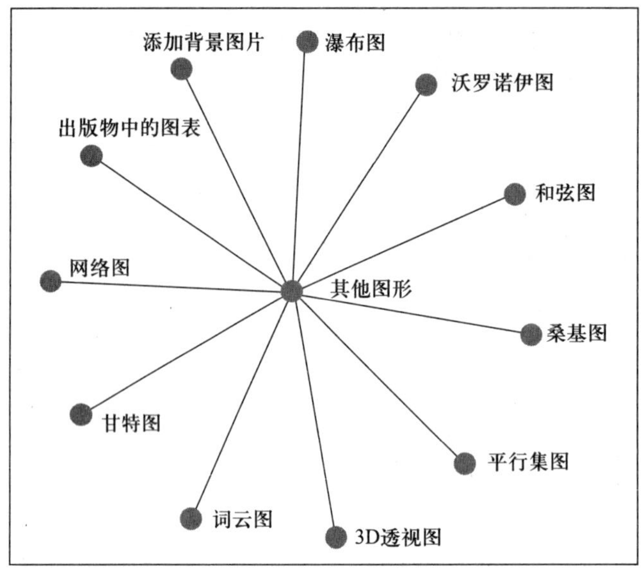

习题

9.1 和弦图、桑基图和平行集图有何区别?

9.2 根据第 6 章例 6–1 的数据 (data6_1.csv), 绘制食品烟酒支出的瀑布图和沃罗诺伊图.

9.3 从网上下载一篇新闻报道, 绘制出词云图.

9.4 使用 R 自带的数据集 Titanic, 绘制以下图形.

(1) 绘制 Class 的瀑布图.

(2) 绘制 Class 和 Survived 两个变量的和弦图和桑基图.

(3) 绘制该数据集的平行集图.

9.5 制定出你一周的学习计划进度表, 并绘制出甘特图.

9.6 使用 R 自带的数据集 faithful, 绘制 eruptions 和 waiting 两个变量的小提琴图, 并在图中添加以下文本注释: "该数据集记录了美国黄石国家公园 (Yellowstone National Park) 老忠实间歇喷泉 (Old Faithful Geyser) 的喷发持续时间 (eruptions) 和下一次喷发的等待时间 (waiting) 的 272 个观测数据."

9.7 选择一个你喜欢的图片作为背景, 使用 R 自带的数据集 faithful, 绘制喷发持续时间 (eruptions) 的直方图, 并叠加在背景图片上.

附录 1　R 语言制作 HTML 表格

表格是呈现数据的一种基本方式. 在 R 中输入的数据或读取的外部数据, 如果本身就是数据框或矩阵形式, 使用 write.csv 函数将其存为 csv 格式数据, 在 Excel 中打开, 很容易对表格进行修改和美化. 但有时需要将数据或数据的分析结果制作成 HTML (Hyper Text Markup Language, 超文本标记语言) 格式的文档, 用于网页制作或展示, 这就需要使用 R 语言进行处理. 本附录主要介绍如何使用 R 语言将数据或数据的分析结果制作成 HTML 格式呈现的表格.

1. 数据呈现表格

一张完整的表格主要由表头、表体和表脚三部分组成. 表头是表格的总标题, 用于说明表格数据的所属时间、地点和内容; 表体是展示数据的部分; 表脚是对表格的某些注释, 如数据来源、变量解释等.

数据呈现表格主要是将原始的数据框或矩阵制作成 HTML 格式的表格. R 中有多个包可以生成 HTML 表格, 如 flextable 包、reactable 包、DT 包、gt 包、kableExtra 包、huxtable 包、rhandsontable 包、pixiedust 包等. 限于篇幅, 这里主要介绍 flextable 包的表格制作方法, 该包不仅可以生成原始数据的 HTML 表格, 还可以生成数据分析结果的表格, 并且可以将表格发布到 word 或 ppt 文档. 此外, 该包提供了多个函数用于表格的修改和美化.

下面利用第 3 章表 3–2 的数据, 说明使用 flextable 包制作 HTML 表格的方法. 由于是 HTML 表格, 下列表格均为截图. flextable 包制作表格的数据可以是原始数据框、矩阵或数据的分析结果. 由该包中的同名函数 flextable 制作的 HTML 表格如附表 1 所示.

```
# 附表 1 的制作代码 (数据: data3_2)
> library(flextable)
> df<-read.csv("C:/mydata/chap03/data3_2.csv")
```

```
> table1<-flextable(df,                    # 制作表格
+   col_keys=names(df),                    # 设置表格的列名称
+   cwidth=1.5,                            # 设置单元格的宽度
+   cheight=0.5,                           # 设置单元格的高度
+   theme_fun=theme_booktabs)              # 设置表格主题 (默认式样)
> table1<-add_header_lines(table1,"表 3-1 2017 年北京、天津、上海和重庆的人均消
费支出 (单位:元)")                          # 添加表头
> table1<-add_footer_lines(table1,"数据来源:《中国统计年鉴》(2018)")
                                           # 添加脚注
> table1
```

附表 1　表 3-2 数据的 HTML 表格 (theme_booktabs 主题)

表3-1 2017年北京、天津、上海和重庆的人均消费支出（单位：元）

支出项目	北京	天津	上海	重庆
食品烟酒	7548.9	8647.0	10005.9	5943.5
衣着	2238.3	1944.8	1733.4	1394.8
居住	12295.0	5922.4	13708.7	3140.9
生活用品及服务	2492.4	1655.5	1824.9	1245.5
交通通信	5034.0	3744.5	4057.7	2310.3
教育文化娱乐	3916.7	2691.5	4685.9	1993.0
医疗保健	2899.7	2390.0	2602.1	1471.9
其他用品及服务	1000.4	845.6	1173.3	398.1

数据来源：《中国统计年鉴》（2018）

附表 1 是使用 flextable 函数制作的默认式样 (theme_booktabs) 的表格, 同时使用 add_header_lines 函数为表格添加了表头和脚注. 该函数提供了 8 个表格主题, 如 theme_alafoli、theme_box 等. 比如, 在附表 1 的制作代码中, 将参数 theme_fun 设置为 theme_fun=theme_tron 和 theme_fun=theme_vader, 即得到附表 2 和附表 3 式样的表格.

附表 2　表 3-2 数据的 HTML 表格 (theme_tron 主题)

表3-1 2017年北京、天津、上海和重庆的人均消费支出（单位：元）

支出项目	北京	天津	上海	重庆
食品烟酒	7548.9	8647.0	10005.9	5943.5
衣着	2238.3	1944.8	1733.4	1394.8
居住	12295.0	5922.4	13708.7	3140.9
生活用品及服务	2492.4	1655.5	1824.9	1245.5
交通通信	5034.0	3744.5	4057.7	2310.3
教育文化娱乐	3916.7	2691.5	4685.9	1993.0
医疗保健	2899.7	2390.0	2602.1	1471.9
其他用品及服务	1000.4	845.6	1173.3	398.1

数据来源：《中国统计年鉴》（2018）

附表 3　表 3–2 数据的 HTML 表格 (theme_vader 主题)

表3-1 2017年北京、天津、上海和重庆的人均消费支出（单位：元）

支出项目	北京	天津	上海	重庆
食品烟酒	7548.9	8647.0	10005.9	5943.5
衣着	2238.3	1944.8	1733.4	1394.8
居住	12295.0	5922.4	13708.7	3140.9
生活用品及服务	2492.4	1655.5	1824.9	1245.5
交通通信	5034.0	3744.5	4057.7	2310.3
教育文化娱乐	3916.7	2691.5	4685.9	1993.0
医疗保健	2899.7	2390.0	2602.1	1471.9
其他用品及服务	1000.4	845.6	1173.3	398.1

数据来源：《中国统计年鉴》（2018）

当数据较大时, 也可将表格分成几页进行显示. 使用 DT 包中的 datatable 函数不仅可以创建 HTML 表格, 还可以将大数据表格以数据切片 (多页) 的方式显示, 并可以对数据进行筛选、排序等. 以第 4 章表 4–1 的数据为例, 由 datatable 函数制作的 HTML 表格如附表 4 所示.

```
# 附表 4 的制作代码 (数据: data4_1)
> library(DT)
> data4_1<-read.csv("C:/mydata/chap04/data4_1.csv")
> datatable(data4_1)
```

附表 4　2018 年 1 月 1 日至 12 月 31 日北京市空气质量数据的 HTML 表格

Show 10 entries　　Search:

	日期	AQI	质量等级	PM2.5	PM10	二氧化硫	一氧化碳	二氧化氮	臭氧浓度
1	2018/1/1	60	良	33	61	10	1.1	48	41
2	2018/1/2	49	优	27	49	7	0.9	35	50
3	2018/1/3	29	优	11	28	5	0.4	23	55
4	2018/1/4	44	优	15	29	5	0.5	35	42
5	2018/1/5	69	良	32	53	9	1	55	39
6	2018/1/6	52	良	16	29	6	0.6	41	53
7	2018/1/7	59	良	38	57	11	0.9	47	55
8	2018/1/8	55	良	12	60	4	0.3	12	66
9	2018/1/9	35	优	7	34	3	0.3	14	69
10	2018/1/10	35	优	6	20	3	0.3	10	69

Showing 1 to 10 of 365 entries　　Previous 1 2 3 4 5 … 37 Next

附表 4 默认显示数据集的前 10 行. 点击左上角的向下箭头, 可以选择要显示的数据行数, 最多可显示前 100 行. 对其余的数据, 以左右滚动的方式显示, 点击右下角的 Next 可以显示下一部分数据, 点击 Previous 可显示前一部分数据, 也可以直接点击其中的数字显示该页的数据. 在每项指标的右侧有上下箭头, 点击向上箭头可以显示该指标的升序, 点击向下箭头可以显示该指标的降序. 使用右上角的 Search 栏可以进行数据筛选, 比如输入“重度污染”, 可将重度污染的数据筛选出来. 在表的左下角列出了数据的总行数和本页所显示的行数.

2. 数据分析表格

除了原始数据的表格呈现外, 也可以将数据的分析结果制作成 HTML 表格. 使用 flextable 包提供的函数, 可以将数据的描述分析、假设检验、数据建模等结果制作成 HTML 表格.

以第 4 章表 4–1 的 AQI 数据为例, 根据需要计算出样本量 (n)、平均数、中位数、标准差、极差、变异系数、偏度系数等描述统计量, 然后使用 flextable 函数将描述统计量制作成 HTML 表格, 如附表 5 所示.

```
# 附表 5 的制作代码 (数据: data4_1)
> library(plyr)                                    # 为使用 ddply 函数计算描述统计量
> library(flextable)
> df<-read.csv("C:/mydata/chap04/data4_1.csv")

# 计算描述统计量
> my_summary<-function(x)                           # 编写计算统计量的函数
+     with(x,data.frame(
+ n=length(AQI), 平均数=mean(AQI), 中位数=median(AQI),标准差=sd(AQI),
+     极差 =max(AQI)-min(AQI), 变异系数 =sd(AQI)/mean(AQI),
+     偏度系数 =e1071::skewness(AQI)))
> df<-ddply(df,.(质量等级),my_summary)               # 按质量等级分组计算统计量

# 制作表格
> table5<-flextable(df,cwidth=1,cheight=1,theme_fun=theme_zebra)
> table5<-add_header_lines(table5,"按质量等级分组的 AQI 的描述统计量")
> table5
```

附表 5 2018 年 1 月 1 日至 12 月 31 日北京市 AQI 描述统计量的 HTML 表格

按质量等级分组的AQI的描述统计量							
质量等级	n	平均数	中位数	标准差	极差	变异系数	偏度系数
良	152	72.42105	70.5	13.929114	49	0.19233515	0.2393660
轻度污染	83	120.61446	118.0	13.936118	49	0.11554269	0.4561383
优	77	40.14286	40.0	6.540792	25	0.16293787	-0.1836330
中度污染	39	168.25641	164.0	14.278652	49	0.08486245	0.5410163
重度污染	14	241.64286	231.5	31.200609	92	0.12911869	0.3097072

也可以计算出表 4–1 中所有指标的描述统计量, 然后将描述统计量制作成 HTML 表格, 如附表 6 所示.

```
# 附表 6 的制作代码 (数据: data4_1)
> library(officer)                        # 为使用 fp_text 函数对文本格式化
```

```
> library(psych)                    # 为使用 describe 函数计算描述统计量
> library(flextable)
> d<-read.csv("C:/mydata/chap04/data4_1.csv")

# 使用 psych 包中的 describe 函数计算描述统计量
> statistic<-round(describe(d[,-c(1,3)]),1)  # 计算统计量并将结果保留 1 位小数
> 指标 <-c("AQI","PM2.5","PM10","二氧化硫","一氧化碳","二氧化氮","臭氧浓度")
> df<-data.frame(指标,statistic[,-c(1,2,13)])
                                        # 选择要制作表格的统计量并构建数据框
# 制作表格
> table6<-flextable(df,cwidth=0.8,cheight=0.5,theme_fun=theme_box)
> table6<-bg(table6,bg="gold",part="header")   # 设置标题栏底色
> table6<-bg(table6,i=~skew>1.5,bg="grey95",part="body")
                                        # 偏度系数大于 1.5 的行用浅灰色
> table6<-bg(table6,j="指标",bg="lightskyblue",part="body")
                                        # 设置第 j 列 (指标列) 的底色
> table6<-style(table6,~skew>1.5,~+skew+kurtosis,
+   pr_t=fp_text(color="red",italic=TRUE,bold=TRUE))
                    # 偏度系数大于 1.5 的单元格和所对应的峰度系数用红色斜体字
> table6<-add_header_lines(table6,"7 项空气指标的描述统计量")
> table6<-add_footer_lines(table6,"注:本表只选择了 describe 函数计算的部分描述统计量，制表时可根据需要选择.")
> img.file<-file.path(R.home("doc"),"html","logo.jpg")        # 读取 R 图标
> mytable<-compose(table6,i=~skew<1,j="skew",   # skew<1 的单元格用 R 图标表示
+   value=as_paragraph(as_image(src=img.file,width=0.20,height=.15)))
> mytable
```

附表 6　2018 年 1 月 1 日至 12 月 31 日北京市 7 项空气质量指标描述统计量的 HTML 表格

7项空气指标的描述统计量

指标	mean	sd	median	trimmed	mad	min	max	range	skew	kurtosis
AQI	93.3	50.9	82.0	87.1	46.0	25.0	294.0	269.0	1.2	1.5
PM2.5	50.2	42.5	41.0	43.2	32.6	4.0	244.0	240.0	***1.8***	***4.0***
PM10	78.5	49.8	65.0	71.5	41.5	13.0	271.0	258.0	1.3	1.3
二氧化硫	5.8	4.1	4.0	5.2	3.0	2.0	26.0	24.0	***1.6***	***2.9***
一氧化碳	0.8	0.4	0.8	0.8	0.4	0.2	2.7	2.5	1.2	1.8
二氧化氮	40.8	19.0	36.0	39.0	17.8	7.0	105.0	98.0	R	0.3
臭氧浓度	100.2	59.1	82.0	94.9	47.4	5.0	277.0	272.0	R	-0.2

注：本表只选择了describe函数计算的部分描述统计量，制表时可根据需要选择。

为了解 flextable 包中各函数的功能, 对附表 6 做了多种修饰和美化, 实际应用时可根据需要做适当美化, 应避免不必要的修饰.

除描述性分析外, flextable 包还提供了推断性分析结果的制表函数, 可以将假设检验、方差分析、线性回归模型、一般线性模型的结果制作成 HTML 表格.

以第 8 章例 8–7 的数据为例, 检验男女学生的统计学分数是否有显著差异, 并将检验结果制作成 HTML 表格, 如附表 7 所示.

```
# 附表 7 的制作代码 (数据: data8_7)
> library(flextable)
> data8_7<-read.csv("C:/mydata/chap08/data8_7.csv")
> tt<-t.test(统计学~性别,data=data8_7)
> table7<- as_flextable(tt)                    # 双样本 t 检验
> table7<-add_header_lines(table7,"【例 8-7】男女学生统计学分数的差异性检验")
> table7<-add_footer_lines(table7,"注:检验结果的解读参阅贾俊平著《统计学——基于
R》(2021, 第 4 版).")
> table7
```

附表 7 男女学生统计学分数差异性检验的 HTML 表格

【例8-7】男女学生统计学分数的差异性检验

estimate	estimate1	estimate2	statistic	p.value	parameter	conf.low	conf.high	method	alternative
-1.182	83.81818	85	-0.755	0.459	20.69085	-4.438192	2.074556	Welch Two Sample t-test	two.sided

注：检验结果的解读参阅贾俊平著《统计学——基于R》（2021，第4版）。

附表 7 中给出了男女学生统计学分数的样本均值、检验统计量、检验的 P 值、男女学生分数差值的 95% 的置信区间等信息. P 值显示, 男女学生的统计学分数差异不显著.

再以第 1 章例 1–1 的数据为例, 检验网购次数与满意度是否独立, 并将检验结果制作成 HTML 表格, 如附表 8 所示.

```
# 附表 8 的制作代码 (数据: data1_1)
> library(flextable)
> data1_1<-read.csv("C:/mydata/chap01/data1_1.csv")
> tab<-table(data1_1$ 网购次数,data1_1$ 满意度)
> chisq_t<-chisq.test(tab)                    # 卡方独立性检验
> table8<-as_flextable(chisq_t)
> table8<-add_header_lines(table8,"【例 1-1】网购次数与满意度的独立性检验")
> table8
```

附表 8 网购次数与满意度独立性检验的 HTML 表格

【例1-1】网购次数与满意度的独立性检验

statistic	p.value	parameter	method
5.886	0.208	4	Pearson's Chi-squared test

下面再举一个线性回归模型结果制表的例子. 以第 5 章例 5-1 的数据为例, 设每股收益为因变量, 其余变量为自变量, 建立多元线性回归模型, 并将回归结果制作成 HTML 表格, 如附表 9 所示.

```
# 附表 9 的制作代码 (数据: data5_1)
> library(flextable)
> data5_1<-read.csv("C:/mydata/chap05/data5_1.csv")
> fit<-lm(每股收益~总股本+每股净资产+净资产收益率+每股资本公积金+每股现金流
量,data=data5_1)                # 建立多元线性回归模型
> table9<-as_flextable(fit)
> table9<-add_header_lines(table9,"【例 5-1】的回归结果")
> table9
```

附表 9 例 5-1 回归结果的 HTML 表格

【例5-1】的回归结果

	Estimate	Standard Error	t value	Pr(>|t|)	
(Intercept)	2.055	0.403	5.103	0.0000	***
总股本	-0.000	0.000	-26.490	0.0000	***
每股净资产	0.053	0.014	3.827	0.0002	***
净资产收益率	0.042	0.016	2.657	0.0085	**
每股资本公积金	-0.083	0.043	-1.917	0.0567	.
每股现金流量	0.005	0.138	0.036	0.9710	

*Signif. codes: 0 <= '***' < 0.001 < '**' < 0.01 < '*' < 0.05 < '.' < 0.1 < '' < 1*

Residual standard error: 0.2776 on 194 degrees of freedom

Multiple R-squared: 0.8756, Adjusted R-squared: 0.8723

F-statistic: 273 on 194 and 6 DF, p-value: 0.0000

附表 9 中列出了回归模型的参数估计和检验信息, 表的下方给出了估计标准误差、R^2 和调整的 R^2、检验统计量 F 的值及其检验的 P 值. 读者可以运行 fit 查看 R 输出的回归结果.

如果想保存表格, 可以使用 flextable 包中的 save_as_docx 函数将 flextable 表格保存在 word 文件中, 使用 save_as_html 函数将表格保存在一个超文本标记语言文件中, 使用 save_as_image 函数将表格另存为图像, 使用 save_as_pptx 将表格另存为 PowerPoint 文件.

附录 2　本书使用的 R 包和 R 函数

本附录列出了本书用到的 R 包和 R 函数. 使用 help(package= 包名称) 可以查阅包的更多信息; 使用 help(函数名) 可以查阅函数的详细信息.

本书使用的 R 包

aplpack	flextable	fmsb	openair	sunburstR
car	forecast	gpairs	pastecs	symbols
changepoint	ggalluvial	gplots	pheatmap	tabplot
circlize	GGally	grDevices	plot3D	treemap
corrgram	ggChernoff	gridExtra	plotly	vcd
corrplot	ggforce	hexbin	plotrix	vistributions
d3r	ggfortify	Hmisc	plyr	vioplot
DAAG	gginference	IDPmisc	png	Voronoidiagram
DescTools	ggiraphExtra	igraph	psych	waterfall
dplyr	ggparallel	investr	RColorBrewer	waterfalls
DT	ggplot2	jiebaR	reshape2	wordcloud2
dygraphs	ggpol	lattice	scatterpie	xts
e1071	ggpubr	latticeExtra	scatterplot3d	yarrr
epade	ggridges	networkD3	sjPlot	
factoextra	ggTimeSeries	officer	sm	

本书使用的 R 函数

函数	描述	来源包
abline	为图形添加截距为 a、斜率为 b 的直线	graphics
acf	计算或估计自相关函数	stats
add_footer_lines	为表格添加脚注	flextable
add_header_lines	为表格添加表头	flextable
addmargins	为多维表或数组添加边际和	stats
aov	拟合方差分析模型	stats
apply	将函数应用于数组或矩阵	base
arima	拟合时间序列的 ARIMA 模型	stats
arrange	按列变量排列数据框	dplyr
array	创建多维数组	base
arrows	为图形添加带箭头的线段	graphics
as.data.frame	将对象转换为数据框	base
as_flextable	将对象转换为 flextable 的方法	flextable
as_image	在 flextable 对象中添加图像	flextable
as.matrix	将对象转换为矩阵	base
as.numeric	将因子转换为数值	base
as_paragraph	连接 flextable 中的文本和图像	flextable
as.vector	将对象转换为向量	base
assoc	绘制高维关联图	vcd
assocplot	绘制二维关联图	graphics
attach	绑定 R 对象	base
auto.arima	自动拟合时间序列的 ARIMA 模型	forecast
autoplot	自动绘图	ggfortify
axis	为图形添加坐标轴	graphics
background_image	为 ggplot2 图形添加背景图片	ggpubr
bar.plot.ade	绘制 3D 条形图	epade
bar3d.ade	绘制 3D 条形图	epade
barplot	绘制条形图	graphics
BarText	为条形图添加频数标签	DescTools
bg	设置表单元格的背景颜色	flextable
box	为图形添加边框	graphics
boxplot	绘制箱线图	graphics
boxplot2	绘制带有样本量的箱线图	gplots
brewer.pal	创建调色板	RColorBrewer
c	将元素组合成向量	base
calendarPlot	绘制日历图	openair

续表

函数	描述	来源包
cbind (rbind)	按列 (或行) 合并对象	base
chisq_test	卡方检验	stats
chordDiagram	绘制和弦图	circlize
class	查看对象类型	base
cloud	绘制 3D 散点图	latticeExtra
cm.colors	创建连续颜色向量	grDevices
colnames	为矩阵添加列名	base
compose	定义 flextable 表显示的值	flextable
coplot	绘制条件图	graphics
cor	计算相关系数	stats
cor.test	相关系数检验	stats
corrgram	绘制相关系数矩阵	corrgram
corrplot	绘制相关系数矩阵	corrplot
cotabplot	绘制条件马赛克图	vcd
cpt.meanvar	计算数据中均值和方差的改变点	changepoint
cumsum	求累计和	base
curve	绘制函数曲线	graphics
cut	将数值转换成因子	base
d3_nest	创建数据的 "d3.js" 层次结构	d3r
data.frame	创建数据框	base
datatable	制作 HTML 表格	DT
dbinom	计算二项分布的密度	stats
ddply	在数据框中返回函数结果	plyr
decompose	时间序列分解	stats
dendroNetwork	绘制聚类网络图	networkD3
density	计算密度	stats
Desc	描述数据	DescTools
describe	计算描述统计量	psych
desc_statby	计算分组描述统计量	ggpubr
dev.new	打开新的绘图窗口	grDevices
df	计算 F 分布的密度	stats
diff	滞后差分	base
dim	检索或设置对象的维度	base
display.brewer.all	展示 R 的调色板	RColorBrewer
display.brewer.pal	展示创建的调色板	RColorBrewer
dist	计算并返回数据矩阵各行之间的距离矩阵	stats
dist_chisq	绘制卡方分布	sjPlot

续表

函数	描述	来源包
dnorm	计算正态分布的密度	stats
dotchart	绘制克利夫兰点图	graphics
dotplot.mtb	绘制 Minitab 风格的点图	plotrix
doubledecker	绘制双层图	vcd
dt	计算 t 分布的密度	stats
dygraph	绘制时间序列动态交互图	dygraphs
dyRoller	绘制时间序列移动平均交互图	dygraphs
E	设置网络图的边序列	igraph
ecdf	计算经验累积分布函数	stats
Ecdf	绘制经验累积分布函数图	Hmisc
ets	拟合指数平滑模型	forecast
faces	绘制 Chernoff 脸谱图	aplpack
factor	将向量编码为因子	base
fan.plot	绘制扇形图	plotrix
file.path	构建文件路径	base
flextable	制作 HTML 表格	flextable
forecast	预测时间序列	forecast
format	格式化 R 对象	base
fp_text	创建描述文本格式属性的 fp_text 对象	officer
Freq	生成单变量频数表	DescTools
ftable	创建多维表格	stats
fviz_cluster	绘制聚类图	factoextra
fviz_dend	绘制层次聚类图	factoextra
gantt.chart	绘制甘特图	plotrix
geom_arcbar	绘制弧形图	ggpol
geom_chernoff	绘制笑脸散点图	ggChernoff
geom_density_ridges	绘制山峦图	ggridges
geom_histogram	绘制直方图	ggplot2
ggparallel	绘制平行坐标图	ggparallel
geom_parallel_sets	绘制平行集图	ggforce
geom_scatterpie	绘制散点饼图	scatterpie
geom_tshighlight	突出显示时间序列	ggpol
geom_violin	绘制小提琴图	ggplot2
ggally_points	绘制散点图	GGally
ggaov	绘制方差分析的 F 检验图	gginference
ggArea	绘制面积图	ggiraphExtra
ggarrange	排列多幅图	ggpubr

续表

函数	描述	来源包
ggballoonplot	绘制气球图	ggpubr
ggBar	绘制条形图	ggiraphExtra
ggbarplot	绘制条形图	ggpubr
ggboxplot	绘制箱线图	ggpubr
ggBoxplot	绘制箱线图	ggiraphExtra
ggboxplot	绘制箱线图	ggpubr
ggchisqtest	绘制卡方检验图	gginference
ggCor	绘制相关系数矩阵	ggiraphExtra
ggdensity	绘制核密度图	ggpubr
ggDonut	绘制环形图	ggiraphExtra
ggDot	绘制威尔金森点图	ggiraphExtra
ggdotchart	绘制克利夫兰点图	ggpubr
ggecdf	绘制经验累积分布函数	ggpubr
ggPair	绘制交互式散点图和折线图	ggiraphExtra
ggpaired	绘制配对样本图	ggpubr
ggpairs	创建配对图形矩阵	GGally
ggparagraph	绘制文本段落	ggpubr
ggparallel	绘制平行集图	ggparallel
ggPie	绘制饼图	ggiraphExtra
ggPieDonut	绘制饼环图	ggiraphExtra
ggplot	初始化图形对象	ggplot2
ggplot_calendar_heatmap	绘制日历图	ggTimeSeries
ggplot_horizon	绘制地平线图	ggTimeSeries
ggplot_waterfall	绘制时间序列瀑布图	ggTimeSeries
ggRadar	绘制雷达图	ggiraphExtra
ggRose	绘制玫瑰图	ggiraphExtra
ggscatter	绘制散点图	ggpubr
ggscatterhist	绘制带有边际图的散点图	ggpubr
ggSpine	绘制脊形图	ggiraphExtra
ggtexttable	绘制文本表格	ggpubr
ggttest	绘制 t 检验图	gginference
ggvartest	绘制 F 检验图	gginference
ggviolin	绘制小提琴图	ggpubr
ggViolin	绘制小提琴图	ggiraphExtra
gpairs	创建配对图形矩阵	gpairs
graph_from_data_frame	创建绘制网络图的数据	igraph
gray.colors	创建经伽马校正的灰色颜色向量	grDevices

续表

函数	描述	来源包
grid	为图形添加网格线	graphics
grid.arrange	将多个图形组合在一个页面	gridExtra
hclust	层次聚类	stats
head（tail）	返回对象的前部分（或后部分）	utils
heat.colors	创建连续颜色向量	grDevices
heatmap	绘制热图	stats
heatmap.2	绘制增强的热图	gplots
help	查看帮助	utils
hist	绘制直方图	graphics
hist3D	绘制 3D 直方图	Plot3D
histogram.ade	绘制叠加直方图	epade
histStack	绘制堆叠直方图	plotrix
horizonplot	绘制地平线图	latticeExtra
ifelse	条件元素选择	base
install.packages	安装包	utils
ipairs	绘制大数据集的散点图矩阵	IDPmisc
ISOdate	创建用数字表示的日期	base
kiteChart	绘制风筝图	plotrix
kmeans	K–均值聚类	stats
layout	图形布局	graphics
layout.fruchterman.reingold	网络图布局	igraph
layout.show	展示图形布局	graphics
legend	为图形添加图例	graphics
letterCloud	绘制词云图	wordcloud2
library	加载包	base
lines	为图形添加线段	graphics
lm	拟合线性模型	stats
ma	移动平均	forecast
matplot	矩阵绘图	graphics
matrix	创建矩阵	base
mean	计算平均数	base
melt	将对象融入数据框	reshape2
monthplot	绘制同季度图	stats
mosaicplot	绘制马赛克图	graphics
mplot	将多幅图组合到一个页面	vcd
mtext	为图形添加文本	graphics
names	设置对象名称	base

续表

函数	描述	来源包
nrow (ncol)	返回数组的行数 (或列数)	base
order	对象排序	base
pacf	计算或估计偏自相关函数	stats
pairs	绘制散点图矩阵	graphics
pairs	绘制马赛克图矩阵	vcd
par	设置或查询图形参数	graphics
paste	连接字符串	base
persp3D	绘制 3D 透视图	Plot3D
pheatmap	绘制热图	pheatmap
pie	绘制饼图	graphics
pie3D	绘制 3D 饼图	plotrix
pirateplot	绘制海盗图	yarrr
plot	基本绘图函数	graphics
plot.dendrite	绘制树状图	plotrix
plotFit	绘制线性回归的置信带和预测带	investr
plot_grid	将多个图形对象组合成单幅图	sjPlot
plot_ly	绘制动态交互 3D 透视图	plotly
plotmeans	绘制各组均值和置信区间	sjPlot
plotSampDist	绘制抽样分布图	DAAG
plot_scatter	绘制 (分组) 散点图	sjPlot
PlotBubble	绘制气泡图	DescTools
PlotCirc	绘制圆形图	DescTools
PlotECDF	绘制经验累积分布函数	DescTools
PlotFdist	绘制图形概要	DescTools
PlotLinesA	绘制折线图	DescTools
PlotPyramid	绘制金字塔图	DescTools
PlotQQ	绘制正态 Q-Q 图	DescTools
plotsummary	绘制图形概要	aplpack
PlotWeb	绘制相关系数网状图	DescTools
pnorm	计算正态分布的累积概率	stats
points	绘制点	graphics
polygon	绘制多边形	graphics
prop.table	将表格表达成比例	base
qqline	增加正态 Q-Q 线	stats
qqnorm	绘制正态 Q-Q 图	stats
qseg	文本分词	jiebaR
quantile	计算样本分位数	stats

续表

函数	描述	来源包
radarchart	绘制雷达图	fmsb
rainbow	创建连续颜色向量	grDevices
rbinom	生成二项分布随机数	stats
rchisq	生成卡方分布随机数	stats
read.csv	读入 csv 格式数据	utils
readPNG	读取 png 格式图片	png
rect	为图形添加矩形	graphics
rect.hclust	在层次结构集群周围绘制矩形	stats
rename	重新命名对象	reshape
rep	重复向量和列表中的元素	base
require	加载包	base
rev	元素反转	base
rexp	生成指数分布随机数	stats
ribbon3D	绘制 3D 色带图	Plot3D
rnorm	生成正态分布随机数	stats
round	数字的舍入	base
rownames	为矩阵添加行名	base
rug	为图形添加地毯图	graphics
runif	生成均匀分布随机数	stats
sample	抽取随机样本	base
sankeyNetwork	绘制桑基图	networkD3
save	保存 R 对象	base
scale	数据标准化	base
scan	读取文本	base
scatter.ade	绘制散点图	epade
scatterplot	绘制散点图	car
scatterPlot	绘制散点图	openair
scatterplot3d	绘制 3D 散点图	scatterplot3d
scatterplotMatrix	绘制散点图矩阵	car
sd	计算标准差	stats
seasonplot	绘制按年折叠图	forecast
segments	为图形添加直线	graphics
seq	生成序列	base
set.seed	设置随机数种子	base
set_theme	设置图形主题	sjPlot
sieve	绘制筛网图	vcd
simpleNetwork	绘制网络图	networkD3

续表

函数	描述	来源包
simulateSampDist	模拟抽样分布	DAAG
sizetree	绘制树状图	plotrix
sjp.aov1	绘制单因子方差分析表	sjPlot
sjp.chi2	绘制列联表的 Pearson 卡方检验 P 值	sjPlot
sjp.corr	绘制相关矩阵	sjPlot
sjp.frq	绘制变量频数	sjPlot
sjp.xtab	绘制列联表	sjPlot
skewness	计算偏度系数	e1071
smoothScatter	绘制平滑散点图	graphics
sort	向量排序	base
spineplot	绘制脊形图	graphics
stackpoly	绘制堆叠多边形	plotrix
stars	绘制星图	graphics
stat.desc	计算描述统计量	pastecs
stat_compare_means	为图形添加均值比较的 P 值	ggpubr
stat_horizon	绘制地平线图	ggTimeSeries
stat_steamgraph	绘制蒸汽图	ggTimeSeries
stat_waterfall	绘制时间序列瀑布图	ggTimeSeries
stem	制作简单茎叶图	graphics
stem.leaf	制作复杂茎叶图	aplpack
stem.leaf.backback	制作背靠背茎叶图	aplpack
str	展示 R 对象的结构	utils
stripchart	绘制带状图	graphics
strucplot	绘制马赛克图	vcd
structable	构建列联表	vcd
style	设置 flextable 表格式样	flextable
sum	求和	base
summaryPlot	绘制概要图	openair
sunburst	绘制旭日图	sunburstR
sunflowerplot	绘制太阳花图	graphics
symbol	绘制符号图	symbols
symbols	绘制符号	graphics
t.test	t 检验	stats
table	创建表格	base
terrain.colors	创建连续颜色向量	grDevices
text	为图形添加文本	graphics
tile	绘制瓦片图	vcd

续表

函数	描述	来源包
timePlot	绘制时间序列图	openair
title	为图形添加标题	graphics
topo.colors	创建连续颜色向量	grDevices
treemap	绘制树状图	treemap
ts	创建时间序列对象	stats
ttheme	定义表格主题	ggpubr
twoord.plot	绘制双坐标图	plotrix
Untable	将列联表转化成原始数据框	DescTools
V	创建网络图顶点的序列	igraph
var	计算方差	stats
var.test	方差比检验	stats
vdist_binom_prob	可视化二项分布概率	vistributions
vdist_chisquare_perc	可视化卡方分布分位数	vistributions
vdist_chisquare_prob	可视化卡方分布概率	vistributions
vdist_f_perc	可视化 F 分布位数	vistributions
vdist_f_prob	可视化 F 分布的概率	vistributions
vdist_normal_perc	可视化正态分布分位数	vistributions
vdist_normal_prob	可视化正态分布概率	vistributions
vdist_t_perc	可视化 t 分布分位数	vistributions
vdist_t_prob	可视化 t 分布概率	vistributions
vioplot	绘制小提琴图	vioplot
vt_input_from_df	创建绘制沃罗诺伊图的数据框	voronoiTreemap
vt_d3	绘制沃罗诺伊图	voronoiTreemap
waterfall	绘制瀑布图	waterfalls
waterfallchart	绘制瀑布图	waterfall
wordcloud2	绘制词云图	wordcloud2
write.csv	将对象写为 csv 格式	utils
xts	生成时间序列对象	xts

参考文献

[1] John Jay Hilfiger. R 图形化数据分析. 北京: 人民邮电出版社, 2017.

[2] Winston Chang. R 数据可视化手册. 北京: 人民邮电出版社, 2014.

[3] Paul Murrell. R 绘图系统: 第 2 版. 北京: 人民邮电出版社, 2016.

[4] Robert I. Kabacoff. R语言实战: 第 2 版. 北京: 人民邮电出版社, 2016.

[5] 丘祐玮. 数据科学: R 语言实现. 北京: 机械工业出版社, 2017.

[6] 贾里德 · P. 兰德. R 语言: 实用数据分析和可视化技术. 北京: 机械工业出版社, 2015.

[7] Joseph Adler. R 语言核心技术手册: 第 2 版. 北京: 电子工业出版社, 2014.

[8] Paul Teetor. R 语言经典实例. 北京: 机械工业出版社, 2013.

[9] 张杰. R 语言数据可视化之美. 北京: 电子工业出版社, 2019.

[10] 贾俊平. 统计学——基于 R. 4 版. 北京: 中国人民大学出版社, 2021.

图书在版编目（CIP）数据

数据可视化分析：基于R语言/贾俊平著. -- 2版
. -- 北京：中国人民大学出版社，2021.5
（基于R应用的统计学丛书）
ISBN 978-7-300-29015-7

Ⅰ.①数… Ⅱ.①贾… Ⅲ.①程序语言-程序设计②统计分析-统计程序 Ⅳ.①TP312②C819

中国版本图书馆CIP数据核字（2021）第023337号

基于R应用的统计学丛书
数据可视化分析——基于R语言（第2版）
贾俊平　著
Shuju Keshihua Fenxi——Jiyu R Yuyan

出版发行	中国人民大学出版社		
社　　址	北京中关村大街31号	**邮政编码**	100080
电　　话	010－62511242（总编室）		010－62511770（质管部）
	010－82501766（邮购部）		010－62514148（门市部）
	010－62515195（发行公司）		010－62515275（盗版举报）
网　　址	http://www.crup.com.cn		
经　　销	新华书店		
印　　刷	北京市鑫霸印务有限公司	**版　　次**	2019年5月第1版
规　　格	185 mm×260 mm　16开本		2021年5月第2版
印　　张	21.75　　插页4	**印　　次**	2021年5月第1次印刷
字　　数	485 000	**定　　价**	56.00元

教师教学服务说明

中国人民大学出版社管理分社以出版经典、高品质的工商管理、统计、市场营销、人力资源管理、运营管理、物流管理、旅游管理等领域的各层次教材为宗旨。

为了更好地为一线教师服务，近年来管理分社着力建设了一批数字化、立体化的网络教学资源。教师可以通过以下方式获得免费下载教学资源的权限：

在中国人民大学出版社网站 www. crup. com. cn 进行注册，注册后进入“会员中心”，在左侧点击“我的教师认证”，填写相关信息，提交后等待审核。我们将在一个工作日内为您开通相关资源的下载权限。

如您急需教学资源或需要其他帮助，请在工作时间与我们联络：

中国人民大学出版社　管理分社

联系电话：010-82501048，62515782，62515735

电子邮箱：glcbfs@ crup.com.cn

通讯地址：北京市海淀区中关村大街甲 59 号文化大厦 1501 室（100872）